清华大学电气工程系列教材

电力设备的在线监测与故障诊断
（第2版）

On-line Monitoring and Diagnosis
for Power Equipment
(Second Edition)

高胜友　王昌长　李福祺　编著
Gao Shengyou　Wang Changchang　Li Fuqi

清华大学出版社
北　京

内 容 简 介

电力设备的在线监测与故障诊断是当前电力行业最具活力的技术领域之一。本书介绍相关的带电检测、状态监测及故障诊断技术,内容包括传感器技术、监测系统的基本组成和数据处理等基础知识,以及局部放电、介质损耗角正切值和油中溶解气体的气相色谱分析等测量方法。着重介绍在线监测技术在发电机、变压器、断路器、互感器和电缆等输变电设备带电检测或在线监测中的应用。同时还介绍了国内外该领域的最新进展。

本书可作为高等学校电气工程一级学科的专业基础课教材,也可作为电力行业绝缘监督部门技术人员的参考用书。

版权所有,侵权必究。举报:010-62782989,beiqinquan@tup.tsinghua.edu.cn。

图书在版编目(CIP)数据

电力设备的在线监测与故障诊断/高胜友,王昌长,李福祺编著.—2 版.—北京:清华大学出版社,2018(2025.1重印)
(清华大学电气工程系列教材)
ISBN 978-7-302-50748-2

Ⅰ.①电… Ⅱ.①高… ②王… ③李… Ⅲ.①电力设备-在线监测系统-故障监测-高等学校-教材 ②电力设备-在线监测系统-故障诊断-高等学校-教材 Ⅳ.①TM711

中国版本图书馆 CIP 数据核字(2018)第 172705 号

责任编辑:许 龙
封面设计:何凤霞
责任校对:王淑云
责任印制:丛怀宇

出版发行:清华大学出版社
  网 址:https://www.tup.com.cn, https://www.wqxuetang.com
  地 址:北京清华大学学研大厦 A 座   邮 编:100084
  社 总 机:010-83470000   邮 购:010-62786544
  投稿与读者服务:010-62776969,c-service@tup.tsinghua.edu.cn
  质量反馈:010-62772015,zhiliang@tup.tsinghua.edu.cn
印 装 者:涿州市般润文化传播有限公司
经 销:全国新华书店
开 本:185mm×260mm 印 张:20.5   字 数:496 千字
版 次:2006 年 3 月第 1 版 2018 年 10 月第 2 版 印 次:2025 年 1 月第 10 次印刷
定 价:59.80 元

产品编号:072555-03

编著者简介

高胜友，工学博士，现任清华大学高电压实验室主任。主要从事高电压实验及电力设备的在线监测与故障诊断方面的教学与科研工作。获教育部科技进步二等奖 1 项、湖北省科技进步二等奖 1 项、山东省科技进步三等奖 1 项。发表论文 50 余篇。合作编写教材《电力设备的在线监测与故障诊断》和专著《输变电设备风险评价与检修策略优化》，参编《中国电力百科全书》（第 3 版）和《高电压绝缘技术》（第 3 版）。

王昌长，清华大学教授。1954 年毕业于清华大学电机系。长期从事高电压技术、电力设备在线监测、可靠性评估的教学和科研工作。发表论文 50 余篇。主编教材《电力设备的在线监测与故障诊断》，参编专著《电气设备状态监测与故障诊断技术》和《电绝缘诊断技术》等 4 本。两次访问美国南加州大学并参加合作研究。

李福祺，清华大学研究员。中国电机工程学会测试技术及仪表专业委员会委员，中国电工技术学会输变电设备专业委员会委员。早年从事发电厂的技术管理工作和高压分压器的研制工作，1989 年以后主要研究电力设备的在线监测和故障诊断。累计完成科研项目 20 余项。曾获省、部级和电力局的科技进步奖共 7 个奖项。在国内外核心期刊和会议上发表论文 30 余篇。

清华大学电气工程系列教材编委会

主　任　曾　嵘

编　委　梁曦东　孙宏斌　夏　清

　　　　肖　曦　于歆杰　袁建生

　　　　赵　伟　朱桂萍

序

"电气工程"一词源自英文的"Electrical Engineering"。在汉语中,"电工程"念起来不顺口,因而便有"电机工程"、"电气工程"、"电力工程"或"电工"这样的名称。20世纪60年代以前多用"电机工程"这个词。现在国家学科目录上已经先后使用"电工"和"电气工程"作为一级学科名称。

大约在第二次世界大战之后出现了"电子工程"(Electronic Engineering)这个词。之后,随着科学技术的迅速发展,从原来的"电(机)工程"范畴里先后分划出"无线电电子学(电子工程)""自动控制(自动化)"等专业,"电(机)工程"的含义变窄了。虽然"电(机、气)工程"的专业含义缩小到"电力工程"和"电工制造"的范围,但是科学技术的发展使得学科之间的交叉、融合更加密切,学科之间的界限更加模糊。"你中有我,我中有你"是当今学科或专业的重要特点。因此,虽然高等院校"电气工程"专业的教学主要定位于培养与电能的生产、输送、应用、测量、控制等相关科学和工程技术的专业人才,但是教学内容却应该有更宽广的范围。

清华大学电机系在1932年建系时,课程设置基本上仿效美国麻省理工学院电机工程学系的模式。一年级学习工学院的共同必修课,如普通物理、微积分、英文、国文、画法几何、工程画、经济学概论等课程;二年级学习电工原理、电磁测量、静动力学、机件学、热机学、金工实习、微分方程及化学等课程;从三年级开始专业分组,电力组除继续学习电工原理、电工实验、测量外,还学习交流电路、交流电机、电照学、工程材料、热力工程、电力传输、配电工程、发电所、电机设计与制造以及动力厂设计等选修课程。西南联大时期加强了数学课程,更新了电工原理教材,增加了电磁学、应用电子学等主干课程和电声学、运算微积分等选修课程。抗战胜利之后又增设了一批如电子学及其实验,开关设备、电工材料、高压工程、电工数学、对称分量、汞弧整流器等选修课程。

1952年院系调整之后,开始了学习苏联教育模式的教学改革。电机系以莫斯科动力学院和列宁格勒工业大学为模式,按专业制定和修改教学计划及教学大纲。这段时期教学计划比较注重数学、物理、化学等基础课,注重电工基础、电机学、工业电子学、调节原理等技术基础课,同时还加强了实践环节,包括实验、实习和"真刀真枪"的毕业设计等。但是这个时期存在专业划分过细,工科内容过重等问题。

改革开放之后,教学改革进入一个新的时期。为了适应科学技术的发展和人才市场从计划分配到自主择业转变的需要,清华大学电机系在20世纪80年代末把原来的电力系统及其自动化、高电压与绝缘技术、电机及其控制等专业合并成"宽口径"的"电气工程及其自动化"专业,并且开始了更深刻的课程体系的改革。首先,技术基础课的课程设置和内容得到大大的拓展。不但像电工基础、电子学、电机学这些传统的技术基础课的教学内容得到更新,课时有所压缩,而且像计算机系列课、控制理论、信号与系统等信息科学的基础课程以及电力电子技术系列课已经规定为本专业必修课程。此外,网络和通信基础、数字信号处理、现代电磁测量等也列入了选修课程。其次,专业课程设置分为专业基础课和专业课两类,初步完成了从"拼盘"到"重组"的改革,覆盖了比原先3个专业更宽广的领域。电力系统分析、高电压工程和电力传动与控制等成为专业基础课,另外,在专业课之外还有一组以扩大专业知识面和介绍新技术、新进展为主的任选课程。

虽然在电气工程学科基础上新产生的一些研究方向先后形成独立的学科或专业,但是曾经作为第三次工业革命三大动力之一的电气工程,其内涵和外延都会随着科学技术和社会经济的发展而发展。大功率电力电子器件、高温超导线材、大规模互联电网、混沌动力学、生物电磁学等新事物的出现和发展等,正在为电气工程学科的发展开辟新的空间。教学计划既要有相对的稳定,又要与时俱进、不断有所改革。相比之下,教材的建设往往相对滞后。因此,清华大学电机系决定分批出版电气工程系列教材,这些教材既反映近10多年来广大教师积极进行教学改革已经取得的丰硕成果,也表明我们在教材建设上还要不断努力,为本专业和相关专业的教学提供优秀教材和教学参考书的决心。

这是一套关于电气工程学科的基本理论和应用技术的高等学校教材。主要读者对象为电气工程专业的本科生、研究生以及在本专业领域工作的科学工作者和工程技术人员。欢迎广大读者提出宝贵意见。

清华大学电气工程系列教材编委会

2003 年 8 月于清华园

前言

对电力设备进行带电检测、在线监测和故障诊断，是开展设备状态评估和实现设备预知性维修的前提，是保证设备安全可靠运行的关键，也是对传统的离线预防性试验的重大补充和拓展。

近 40 多年来，在线监测和故障诊断技术在世界上得到了迅速发展和广泛应用。为适应这种技术上的发展，清华大学电机工程与应用电子技术系在本科和研究生教学计划上分别安排了"电气设备在线监测"和"电力设备诊断技术"的选修课程。编著者为此于 1996 年编写了本书第 1 版的教材。

本书是编著者在讲授上述课程和长期从事在线监测科研工作的基础上，对该教材作了广泛的修改和充实后编写而成。内容以监测技术为主，既论述原理，也介绍具体的监测系统和应用技术。考虑到监测和诊断之间的密切关系，以及知识的系统性、完整性，本书还讲述一些诊断技术和寿命预测的知识，并对有关绝缘结构、绝缘劣化的基本知识作了简单介绍，以便读者更好地理解监测的依据和目的。其中监测技术又以绝缘性能的监测为主，因为绝缘故障是电力设备的主要故障模式。同时，本书针对不同设备的特点，论述了其他一些常用的监测内容，例如电机的振动、温度、气隙间距、气隙磁通密度，以及断路器的机械特性等监测，以使读者对一台电力设备整体性能的监测有较完整的概念。

本书第 1 版自 2006 年 3 月出版以来，深受广大读者的欢迎。这 10 多年间，带电检测和在线监测技术取得了长足的进步，为了更好地讲述近年来发展的新方法和新技术，对第 1 版的部分内容进行了修订，在内容编排上也进行了一些调整。主要的变化为：①新增了输电线路的监测；②新增了物联网和云技术在在线监测中的应用；③对红外监测进行了必要的简化；④对第 1 版中部分内容进行了调整，补充了一些新技术，删除了一些相对过时的技术和方法；⑤参照新国标对第 1 版中部分符号及表达式进行了修改。

本书共 10 章：第 1 章论述发展在线监测技术的必要性和概况；第 2 章讨论各种电力设备进行在线监测的共同性问题，包括监测系统的组成、各类传感器的原理和结构、抗干扰技术、数据处理、诊断技术等；第 3～9 章按照被监测设备类型分别讲述变压器、电容型设备、避雷器、GIS 和高压断路器、电力电缆、输电线路和旋转电机的在线监测和故障诊断技术；

第10章介绍物联网和云技术在电力设备在线监测中的应用。

在取材上,本书尽量介绍国内外先进和成熟的技术,同时重视对国内同行单位和本校近30年来在该领域内的科研成果的介绍。由于在线监测技术尚在发展之中,现场的具体情况也不尽相同,因此不同单位在观点上、技术应用上可能会有所不同,难以做出结论性判断,需通过实践不断总结和完善。本书由李福祺编写第1章,2.3～2.5节,3.1节,3.3节,3.5～3.9节,第7章,9.2.5～9.10节;高胜友编写3.2节,第4章,第5章,第8章和第10章;王昌长编写第2章的其余各节,3.4节,9.1～9.2.4节,9.11节,第10章。全书由高胜友修订并统稿。

本书在编写过程中得到了高电压和绝缘技术研究所的朱德恒教授、谈克雄教授、陈昌渔教授、钱家骊教授、张节容教授、徐国政教授、刘卫东教授、黄瑜龙副教授,北京电力科学研究院程玉兰高工以及南加州大学电机工程系金显贺博士等许多同事的支持和帮助。在此一并致以衷心的感谢。

由于编者学识水平所限,有些内容也未经亲自实践,难免有谬误或不妥之处,望读者不吝指正。

编著者

2017 年 7 月于清华园

目 录

第1章

概　论

1.1　电气设备的绝缘故障及其危害性

电气设备是组成电力系统的基本元件,是保证供电可靠性的基础。无论是大型关键设备如发电机、变压器等,还是小型设备如电力电容器、绝缘子等,一旦发生失效,都可能引起局部甚至全部地区的停电。

大量资料表明,绝缘劣化是导致设备失效的主要原因之一。例如,2002—2005 年间,国家电网公司系统 110kV 及以上等级电力变压器事故统计分析表明,绕组、主绝缘和引线等处绝缘是变压器发生事故的主要部位。各个电压等级的纵绝缘和主绝缘事故占总事故的比例达到了 78.6%[1-3]。根据 1998 年 1 月—2003 年 3 月京津唐电网在役 100MW 以上发电机的故障、障碍和缺陷的统计结果,包括定子绕组端部手包绝缘、转子绕组匝间短路在内的绝缘缺陷所占比例高达 75%[4]。2000—2001 年全国共发生了 7 台次 500kV 电流互感器在正常运行电压下的绝缘击穿事故,包括油浸电容型 3 台次、油浸倒置型 2 台次和 SF_6 气体绝缘型 2 台次[5,6]。湖北省对 1987 年前发生故障的 22 台电压互感器、45 台电流互感器和 45 只套管的统计表明,绝缘故障占总事故台次的比例分别为 86%、69% 和 64%[7]。

国外的统计结果也类似。例如,北美电力系统曾因绝缘故障引起至少三个电力局的 230kV 电流互感器爆炸。对美国某 4.8kV 配电系统在 1980—1989 年失效电容器的统计分析表明,其中 92% 是因绝缘劣化引起失效[8]。日本日新公司对故障变压器的统计结果中,绝缘故障占 45%。2003 年 8 月 14 日发生的北美电力系统大停电,波及美国 8 个州和加拿大 1 个省,估计美国的总损失为 40 亿~100 亿美元,而加拿大 8 月份的国内总产值下降了 0.7%。为研究停电原因和改进措施,成立了美国-加拿大电力系统停电特别工作组,工作组的最终分析报告指出:造成停电的最主要原因是俄亥俄州的地区电力局计算机失效和几条关键的 345kV 输电线对生长过速的树木放电引起的对地短路事故[9]。

可见电气设备故障中绝缘性故障占有很大的比例。其原因是电气设备的绝缘在运行中受到电场、热、机械应力、环境等多种因素的作用,其内部发生复杂的物理或化学变化,造成性能逐渐劣化而导致绝缘故障。例如:变压器短路故障产生的巨大电磁力会引起绕组变形,使绝缘受损伤而导致匝间击穿;变压器内局部过热可导致油温上升,使绝缘过热而发生裂解,最后发展为放电性绝缘故障。

电力设备,特别是大型设备故障会造成巨大的经济损失。例如,某地区在 1992 年前后发生的三起重大事故中,有两起是由于 220kV 变压器因绝缘故障导致起火,直接损失费用(包括设备损失和电量损失)超过 200 万元,加上由于停电引起的间接损失,总损失约为 500 万元。以一台三相 500kV、360MV·A 的大型变压器为例,若发生绝缘故障,其维修费用应当在数百万元,停电一天的直接电量损失(按 1kW·h 电 0.4 元计)达 280 万元,而因停电引起的间接损失(按 1kW·h 电产值为 4 元计)可高达 2800 万元。若计入社会损失,例如,按我国权威部门指出的直接损失、间接损失和社会损失的比例为 1∶4∶6 来估计损失,那么它给整个社会造成的损失将更大。

有些非大型设备虽自身价值并不昂贵,但故障后果严重。例如,以往互感器、电容器、避雷器常因绝缘故障发生爆炸和起火,不仅会波及邻近设备,且由于故障的突发性,会因爆炸而造成人员伤亡。

鉴于绝缘故障在故障中所占的比重及其故障后果的严重性,电力运行部门历来十分重视电气设备的绝缘监督。各省、市电力公司均设有绝缘监督的专职工程师,上至总公司,也均有相应的机构和人员来管理设备的绝缘监督工作,并规定每年春天对设备进行一次全面的绝缘性能检查。

1.2　在线监测与状态维修的必要性和意义

1.2.1　预防性维修和试验

对电气设备进行绝缘监督的主要手段,以往一直是采用定期进行绝缘预防性试验,即根据《电力设备预防性试验规程》,针对不同设备所规定的项目和相应的试验周期[10,11],定期在停电状态下进行绝缘性能的检查性试验。以电力变压器为例,油中溶解气体色谱分析可视变压器的电压、容量每 3(6 或 12)个月进行一次,绕组的绝缘电阻和吸收比测试 1～3 年进行一次,绕组连同套管的泄漏电流测试也是 1～3 年进行一次。

预防性试验一般在每年雷雨季节前的春检时进行。将预试结果和上述规程中的标准进行比较,若有超标,则应安排维修计划对设备进行停电检修,即进行预防性维修[12]。

此外,还要根据电力设备运行规程,按规定的期限和项目,对设备进行定期检修。以变压器为例,主变压器在投入运行后的第 5 年和以后每隔 5～10 年大修 1 次[13],在此时间范围内按试验结果确定大修时间。即使预试不超际,到了期限也要进行大修(吊芯检修)。预防性维修是一种计划性维修方式。

从上述的预试到维修可统称为预防性维修体系,其在我国已沿用了 40 多年。该维修体系无疑在防止设备事故的发生和保证供电安全可靠性方面起到了很好的作用。但长期的工作经验也表明,这样一个维修体系有一定的局限性。

从经济角度看,定期试验和大修均需停电,不仅要造成很大的直接和间接的经济损失,而且增加了工作安排的难度。此外,定期大修和更换部件也需要投资,而这种投资是否必要尚不好确定。因为设备的实际状态可能完全不必作任何维修,而仍能继续长期运行。若维修水平不高,反而可能使设备越修越坏,从而产生新的经济损失。

英国人 P. J. 达夫勒研究了定期检查和维修(计划维修方式)的经济效益问题[14],他认为,只有 60% 的维修费用是该花的。而另一种估计则认为,定期维修更换下来的设备中,有 90% 是没有必要更换的。总之,不论怎样估计,这种维修体系都不是最经济的。

从技术角度分析,离线的定期预防性试验有两个方面的局限性。首先,它们的试验条件不同于设备运行条件,多数项目是在低电压下进行检查。例如,介质损耗角正切 tanδ 是在 10kV 下测试的,而设备的运行电压,特别是超高压、特高压,远比 10kV 要高,并且运行时还有诸如热应力等其他因素的影响,无法在离线试验时再现,这样就很可能发现不了绝缘缺陷和潜在的故障。

其次,绝缘的劣化和缺陷的发展具有统计性,绝缘劣化发展速度有快有慢,但总有一定的潜伏和发展时间。在此期间会有反映绝缘状态变化的各种信息发出。而预试是定期进行的,经常不能及时准确地发现故障。第一是漏报,即预试通过后仍有可能发生故障,甚至发生严重事故。例如,前述的一台 220kV 变压器爆炸起火事故,该变压器自 1982 年大修后预防性试验结果一直正常,却在 1999 年底突然爆炸起火烧毁。第二是误报或早报。例如,预试结果虽局部超标,但若故障不进一步发展,可不必马上停电检修,而仍可继续运行,只需加强监视即可。若按预防性试验结果马上进行维修,就要耗费停电检修的费用。

1.2.2 状态维修和在线监测

20 世纪 70 年代以来,随着世界上装机容量的迅速增长,对供电可靠性的要求越来越高。考虑到原有预防性维修体系的局限性,为降低停电和维修费用,提出预知性维修或状态维修这一新概念。其具体内容是对运行中的电气设备的绝缘状况进行带电检测或连续在线监测(或称状态监测),随时获得能反映绝缘状况变化的信息;进行分析处理后,对设备的绝缘状况做出诊断;根据诊断的结论安排必要的维修,即做到有的放矢地进行维修。故状态维修应包括三个步骤,即设备状态量获取→状态评价及分析诊断→预知性维修。

状态维修有以下优点:

(1) 可更有效地使用设备,提高了设备的利用率;

(2) 降低了备件的库存量以及更换部件与维修所需的费用;

(3) 有目标地进行维修,可提高维修水平,使设备运行更安全、可靠;

(4) 可系统地向设备制造部门反馈设备的质量信息,用以提高产品的可靠性。

状态维修的组成及相互关系可用图 1-1 所示的框图来表示。在线监测是开展状态评估的重要依据之一。当然为设备建立一套在线监测系统也需要投资,因此在分析某电气设备是否有必要建立在线监测系统时,应进行经济核算,根据其经济效益来做出决定。

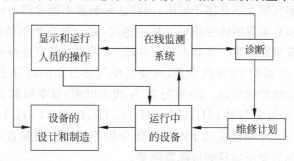

图 1-1　状态维修体系框图

　　建立一套在线监测系统需要的投资和设备本身的价值有关。英国人 P. J. 达夫勒认为，对一般工业部门，电机的监测系统约是设备费的 5%[14]。美国麻省理工学院（MIT）认为，为单台价值 100 万美元的大型变压器建立一套完整的监测和诊断系统需 8 万美元，并认为该系统的经济效益将超过 200 万美元[15]。在我国，仍以一台三相 500kV、360MV・A 变压器为例，其价值在 2000 万元左右，为其建立一套监测系统，投资不会超过设备价值的 5%。何况一套在线监测系统，除传感器等部分单元外，可巡回监测多台电气设备，这样，投资的实际比例还将降低。

　　在线监测和状态维修带来的经济效益是十分显著的。例如，据美国某发电厂统计，采用状态维修体系后，每年可获利 125 万美元。英国中央发电局（CEGB）的统计结果表明，利用气相色谱分析对充油电气设备进行诊断，可使变压器的年维修费用从 1000 万英镑减少到 200 万英镑。日本资料介绍，监测和诊断技术的应用，使每年维修费用减少 25%～50%，故障停机时间则可减少 75%。

　　有资料报道，若以 1000MW 的火电或核电机组的电厂为例，应用监测和诊断技术使设备可用率提高 1%，则每年可增收电费约 400 万美元。我国有相关人员针对电容型电气设备采用在线监测后的经济效益作了以下估计：以全国售电量 6000 亿 kW・h 为例，若每座 110kV 及以上变电站，用于电容型设备（包括电容型套管、耦合电容器、电容式电压互感器、电流互感器等）的停电维修时间为 10 天，则每年将少送电 164 亿 kW・h。当运用在线监测技术后，可减少不必要的停电，若减少其中的 10%，则可多送电 16.4 亿 kW・h，直接效益为 6.56 亿元（按每 kW・h 电 0.4 元计），间接效益为 65.6 亿元（按每 kW・h 电 4 元计）。

1.3　在线监测技术的国内外发展概况及趋势

　　在线监测这一设想由来已久。早在 1951 年，美国西屋公司的约翰逊（John S. Johnson），针对运行中发电机因槽放电的加剧导致电机失效，提出并研究了在运行条件下监测槽放电的装置[16]。这可能是最早提出的在线监测思想。限于当时的技术条件，来自线路的干扰无法被抑制，只能在离线条件下进行检测，但是在线监测的基本思想则沿用至今。

　　20 世纪 60 年代，美国最先开发监测和诊断技术，成立了庞大的故障诊断研究机构，每年召开 1～2 次学术交流会议[17]。20 世纪 60 年代初，美国就已经使用可燃性气体总量（TCG）检测装置来测定变压器储油柜油面上的自由气体，以判断变压器的绝缘状态。但在潜伏性故障阶段，分解气体大部分溶于油中，因此这种装置不能检测潜伏性故障。

　　针对这一局限性，日本等国研究使用气相色谱仪，在分析自由气体的同时，分析油中溶解气体，从而能够发现早期故障。其缺点是要取油样，需在实验室进行分析，试验时间长，故不能在线连续监测。20 世纪 70 年代中期，能使油中气体分离的高分子塑料渗透膜的发明和应用，解决了在线连续监测问题。20 世纪 70 年代末以来，日本研制了油中 H_2、三组分气体（H_2，CO，CH_4）和六组分气体（H_2，CO，CH_4，C_2H_2，C_2H_4，C_2H_6）的油中气体监测装置[18,19]。加拿大于 1975 年研制成功了油中气体分析的在线监测装置，随之由 Syprotec 公司开发为正式产品，称为变压器早期故障监测器。

　　近年来，我国也研制出能够同时监测 H_2、CO、CH_4、C_2H_2、C_2H_4、C_2H_6、CO_2 七种气体组

分和微水含量的变压器在线监测系统,并将其安装于多个变电站,取得了宝贵的运行经验,该系统在变压器在线监测和状态评估中发挥了重要作用。

气相色谱分析技术已日趋成熟,并为长期的实践所证明是一种行之有效的监测和诊断技术,目前已广泛应用于各种充油电气设备的监测。其局限性是气体的生成有一个发展过程,故对突发性故障不灵敏,这就要借助于局部放电的监测。

局部放电的在线监测难度较大,数十年来它的发展一直受到限制。随着传感器技术、信号处理技术、电子和光电技术、计算机技术的发展,其监测灵敏度和抗干扰水平有所提高。例如,近 20 年来,压电元件灵敏度的提高和低噪声集成放大器的应用,大大提高了超声传感器的信噪比和监测灵敏度,使其得以广泛用于局部放电的在线监测。

到了 20 世纪 80 年代,局部放电的监测技术已有较大发展。加拿大安大略水电局[20]研制了用于发电机的局部放电分析仪(PDA),并将其成功地用于加拿大等国的水轮发电机上。这种装置在 1981—1991 年间共装备了 500 多台。

魁北克水电局研究所(IREQ)研制了一套多参数的监测系统(AIM),除可对 735kV 变压器监测其局部放电外,还可分析油中的溶解气体组分及线路过电压,并具有初步的自动诊断功能[21]。日本东京电力公司于 20 世纪 80 年代研制了变压器局部放电自动监测仪,用光纤传输信号,采用声、电联合监测和抑制干扰,并对放电源进行故障点定位[22]。英国 DMS (Diagnostic Monitoring System)公司于 1993 年开发出世界上第一套基于超高频信号检测的局部放电在线监测系统,是国际上对全封闭组合电器(gas insulation substation, GIS)类设备普遍采用的局部放电检测技术,检测信号的频段为 100MHz~1500MHz[23]。意大利 Techimp 公司所研制的高频局部放电带电检测装置,采用 100MSa/s 的采样率获取局部放电信号的原始波形,采用等效时频分离技术来分离信号与噪声或者不同类型的放电信号,在电力电缆的带电检测和在线监测中得到了广泛应用[24,25]。

自 20 世纪 80 年代以来,我国的在线监测技术也得到了迅速发展。各单位都相继研制了不同类型的监测装置,特别是各省电力部门,如安徽、吉林、河北、内蒙古、广东和湖南等地,都研制了电容型设备的监测装置,主要监测电力设备的介质损耗、电容值、三相不平衡电流。电力部电力科学研究院、武汉高压研究所和东北电力试验研究院等单位,除研究电容型设备的监测外,还研制了各种类型的局部放电监测系统。电力科学研究院和西安交通大学还结合油中气体分析,开展了用于绝缘诊断的专家系统的研究工作。

近年来,我国智能电网的研究及应用大力发展,取得了多项具有世界先进水平的成果。在智能电网的变电环节,提出了实现高压设备的智能化;在信息化接入方面,提供了完整的解决方案。针对电力变压器、断路器、避雷器、互感器、GIS 等设备在线监测与诊断评估,以及电介质材料老化检测和故障机理分析等方面开展了大量的研究与实践,红外线测温、多组分油色谱在线监测、GIS 超高频局部放电在线监测等技术已经被广泛应用,使监测技术和手段得到了大大的提升。

从以上国内外发展的总体情况来看,电力设备在线监测与诊断系统正在朝着远程化、智能化和综合化的方向发展。

我国近年来成功研制了变压器、断路器、电容型设备等综合监测系统,这些监测系统也逐步得到了应用。以变压器综合在线动态监测与故障诊断系统为例,它由在线监测和故障诊断两大部分组成。在线监测部分包括油中溶解气体及微水、套管介质损耗因数和局部放电等基本监测单元,并可扩展铁芯接地、绕组变形、温度负荷和开关量输入接口(冷却风扇、油泵、瓦斯继电器)等的在线监测。故障诊断部分包括故障有无判断模块、故障定性与定位诊断模块、故障严重程度与发展趋势分析模块、故障危害性评估模块和维修策略模块。

在上述针对某类设备的监测系统的基础上,又研制了变电站综合在线监测系统和输电线路综合监测系统。例如,变电站监测系统集成了变压器、GIS、电容型设备、避雷器、开关柜等变电站内高压设备的多项监测单元,实时地多通道采集各种运行数据,实现对变电站内高压设备状态的综合数据分析与诊断。系统能够在第一时间发现设备内部的潜伏性故障,根据综合监测数据的分析结果,估算出高压设备的运行特性和寿命损失,为设备安全运行提供可靠依据。

以上研究成果代表了在线监测技术的发展趋势。图 1-2 所示是一个变电站的电力设备的监测系统示意图,变电站的监测智能电子设备(intelligent electronic device,IED)或常规监测装置采集变压器与断路器等一次设备的测量与状态信息。综合监测单元用于接入常规在线监测装置,确保与站端监测单元进行 IEC61850 标准化数据通信。变电站配置描述语言(substation configuration description language,SCL)用于综合监测单元与监测 IED 功能模型与通信模型的描述与配置。公共信息模型(common information model,CIM)通过网络服务描述语言(web service description language,WSDL)服务模型实现主站对变电站模型的共享[26]。

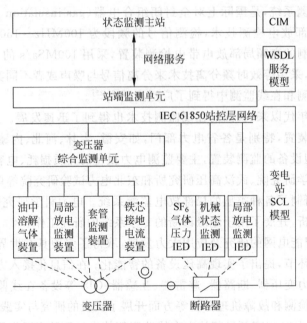

图 1-2　变电站综合在线监测系统示意图

1.4　在线监测系统的技术要求

在线监测系统的技术要求可归纳为:

(1) 系统的投入和使用不应改变和影响一次电气设备的正常运行;

（2）能自动地连续进行监测、数据处理和存储；

（3）具有自检和报警功能；

（4）具有较好的抗干扰能力和合理的监测灵敏度；

（5）监测结果应有较好的可靠性和重复性，以及合理的准确度；

（6）具有在线标定其监测灵敏度功能；

（7）具有对电气设备故障的诊断功能，包括故障定位、故障性质和故障程度的判断以及绝缘寿命的预测等；

（8）具有统一的通信接口和数据远传功能。

思考题和讨论题

1. 与预防性维修相比，输变电设备带电检测或在线监测的优、缺点各是什么？

2. 电力设备在线监测和故障诊断系统的发展趋势是什么？

3. 电力设备在线监测系统有哪些技术要求？

参 考 文 献

[1] 王梦云. 2002—2003 年国家电网公司系统变压器类设备事故统计与分析（一）[J]. 电力设备,2004, 5(10)：20-26.

[2] 王梦云. 2004 年度 110kV 及以上变压器事故统计与分析[J]. 电力设备,2005,6(11)：31-37.

[3] 王梦云. 2005 年度 110(66)kV 及以上变压器事故与缺陷统计分析[J]. 电力设备,2006,7(11)： 99-102.

[4] 白恺,白亚民. 京津唐电网发电机缺陷统计及分析[J]. 华北电力技术,2003(8)：42-45/49.

[5] 王梦云. 2000—2001 年全国超高压变压器、电流互感器事故和障碍统计分析[J]. 电力设备,2002, 3(4)：1-6.

[6] 沈力,李龙,王梦云,等. 2005 年度 110(66)kV 及以上电压等级互感器事故与缺陷统计分析[J]. 电力 设备,2007,8(1)：11-14.

[7] 操敦奎. 变压器油中气体分析诊断与故障检查[M]. 北京：中国电力出版社,2005.

[8] 王昌长,郑光辉,郑振中. 电力电容器的可靠性评估和失效分析[J]. 清华大学学报,1991,31(4)： 107-112.

[9] U. S.-Canada Power System Outage Task Force. Final report on the August 14, 2003 blackout in the United and Canada：causes and recommendations[R]. April 2004.

[10] 中华人民共和国电力工业部. 电力设备预防性试验规程：DL/T 596—1996[S]. 北京：中国电力出版 社,1997.

[11] 中国南方电网有限责任公司. 电力设备预防性试验规程：Q/CSG 114002—2011[S]. 广州：[出版者 不详],2011.

[12] 全国电工电子可靠性与维修性标准化技术委员会. 可靠性、维修性术语：GB/T 3187—1994[S]. 北 京：中国标准出版社,1995.

[13] 中华人民共和国电力工业部. 电力变压器检修导则：DL/T 573—1995[S]. 北京：中国电力出版 社,1995.

[14] 姜建国,史家燕泽. 电机的状态监测[M]. 北京：水利电力出版社,1992.

[15] CROWLEY T H. Expert system for on-line monitoring of large power transformers[R]. MIT, 1985.

[16]　JOHNAON J S, WARREN M. Detection of slot discharge in high-voltage stator windings during operation[J]. AIEE. Trans. Part II, 1951, 70: 1998-2000.

[17]　湖北电力技术编辑部. 诊断技术在电力设备中的应用[J]. 湖北电力技术, 1987(1): 1-7.

[18]　顾国城. 变压器油中气体的连续监测—日本近年来用高分子膜作为分离油中气体的研究工作一览[J]. 高电压技术, 1983, 9(4): 422-428.

[19]　TSUKIOKA H, SUGAWARA K, MORI E, et al. New apparatus for detecting transformer faults [J]. IEEE Trans. on EI, 1986, 21(2): 221-229.

[20]　STONE G C. Practical techniques for measuring PD in operating equipment[J]. Electrical Insulation Magazine, 1991, 7(4): 9-19.

[21]　MALEWSKI R, DOUVILLE J, BELANGER G. Insulation diagnostic system for HV power transformer in service [C]. CIGRE 1986 Session, No. 12-01.

[22]　严璋. 日本绝缘在线监测的发展动向[J]. 高电压技术, 1991, 17(4): 39-45.

[23]　金春峰, 胡煜亮, 陆为赟. 超高频局部放电在线监测系统的原理及应用[J]. 上海电力, 2010(6): 382-384.

[24]　CAVALLINI A, MONTANARI G C, CONTIN A, et al. A new approach to the diagnosis of solid insulation systems based on PD signal inference [J]. IEEE Electrical Insulation Magazine, 2003, 19(2): 23-30.

[25]　陈腾彪, 邬韬, 魏前虎, 等. 高频脉冲电流法在高压电缆带电局部放电检测以及定位中的应用[J]. 广东电力, 2014, 27(1): 114-119.

[26]　王德文, 阎春雨. 变电站在线监测系统的一体化建模与模型维护[J]. 电力系统自动化, 2013, 37(23): 78-82/113.

第 2 章

监测系统的组成

2.1　系统的组成和分类

2.1.1　系统的组成

不论监测系统是什么类型,它均应包括以下基本单元。

1) 信号变送

一般由相应的传感器来完成,它从电气设备上监测出反映设备状态的物理量,例如电流、电压、温度、压力、气体成分等,并将其转换为合适的电信号传送到后续单元。

2) 信号预处理

其功能是对传感器变送来的信号进行适当的预处理,将信号幅度调整到合适的电平;对混叠的干扰采用滤波器、极性鉴别器等硬件电路进行抑制,以提高系统的信噪比。

3) 数据采集

将经过预处理的信号转换为数字量并进行存储。

4) 信号传输

将监测结果按照统一的格式发送到监测平台,一般使用光纤以太网进行数据传输。对固定式监测系统,因数据处理单元远离现场,故需配置专门的信号传输单元。对便携式带电检测或监测装置,只需现场显示、记录或通过通用分组无线服务技术(GPRS)等手段进行远程数据传输。

5) 数据处理

对所采集到的数据进行处理和分析,例如,对获取的数字信息作时域和频域分析,利用软件滤波、平均处理等技术,对信号作进一步的处理,以提高信噪比。获取反映设备状态的特征值,为诊断提供有效的数据和信息。

6) 诊断

对处理后的数据和历史数据、判据及其他信息进行比较、分析后,对设备的状态或故障部位作出诊断。必要时要采取进一步措施,例如,安排维修计划、是否需要退出运行等,一般在监测系统后台完成。

上述 6 个基本单元可用图 2-1 所示的框图表示。

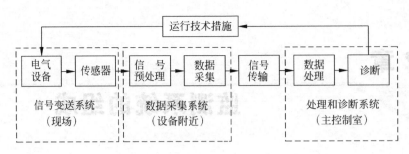

图 2-1　在线监测系统组成框图

整个监测系统可归纳为以下 3 个子系统：

（1）电气设备和传感器，在设备现场；

（2）信号预处理和数据采集子系统（监测 IED），一般在被监测设备附近，也在现场；

（3）数据处理和诊断系统，是一台微型计算机和监测系统专用软件，位置在距现场数十至数百米的主控室内。

2.1.2　系统的分类

1. 按使用场所分类

监测系统按其使用场所分为便携式和固定式。

1）便携式

整个系统构成较简单，便于携带，可以在不同地点进行带电检测或监测，常用液晶屏直接显示监测结果。也可配备便携式计算机进行数据处理、显示、存储和诊断。其优点是便于携带，使用灵活，可实现对多台设备的巡回检测。缺点是无法实现长期连续不断的监测，另外针对性稍差。

2）固定式

针对某处或某种设备，配置有针对性的专用监测系统，固定安装在某处设备上。其抗干扰能力和监测灵敏度比便携式稍高，可对设备实现连续监测，功能强，成本高，适合于重要场所和重大设备的监测。

2. 按监测功能分类

监测系统按监测功能可分为单参数监测系统和多参数综合性诊断系统。

1）单参数监测系统

选择某类或某个能反映绝缘状态的物理量进行监测，例如局部放电量、介质损耗角正切等。其监测功能比较单一，是当前广泛使用的机型。

2）多参数综合性监测系统

可以监测反映设备状态的各类参数，对设备进行全面的状态监测，进而形成对整个变电站设备进行全面监测的分布式在线监测系统，这是监测系统的发展方向。

3. 按诊断方式分类

监测系统按诊断方式可分为人工诊断和自动诊断。

1）人工诊断

目前多数监测系统的诊断还是根据运行经验，由试验人员最后作出诊断。

2）自动诊断

由监测系统自动地进行诊断,这也是监测系统发展的趋势。

2.2 传　感　器

2.2.1 概述

传感器将反映设备状态的各种物理量,诸如电、机械力、化学等各种能量形式的信息监测出来,是状态监测和故障诊断的第一步,也是很重要的一步,它直接影响着监测技术的发展。由于电信号容易进行各种处理,因此无论这些物理量是电量还是非电量,一般都是通过各类传感器将其转换为电信号后再进一步处理。

对传感器的基本要求包括以下三方面。

(1)能监测出反映设备状态特征量的信号,有良好的静态特性和动态特性。静态特性是指传感器的灵敏度、分辨率、线性度、准确度、稳定度和迟滞特性。传感器应有足够的灵敏度;分辨率,即传感器能分辨出的最小监测量,这是与灵敏度相关的一个参数;线性度是传感器输出量和输入量间的实际关系与它们的拟合直线(可用最小二乘法确定)之间的最大偏差与满量程输出值之比;准确度和稳定度是一般仪器设备的基本要求;迟滞特性指正向特性和反向特性不一致的程度。动态特性是指传感器的频率响应特性。

(2)对被测设备无影响或影响很微弱,不吸收或者吸收待测系统的能量极小,能和后续单元很好地匹配。

(3)可靠性好,寿命长。

传感器若按变换过程中是否需要外加辅助能量的支持来分类,可分为无源传感器和有源传感器。根据传感器技术的发展阶段则可分为:结构型传感器,这种传感器目前使用最多;物性型传感器,这是当前发展最快、新品最多的传感器,特别是由半导体敏感元件制成的传感器;智能型传感器,它将传感元件与后续信号处理电路组合成一个很小的模块,代表着传感器的发展方向。例如美国的 ST-3000 智能型压力传感器,它在 3mm×4mm×6.2mm 的体积中安装了静电、差压、温度三种敏感元件及微处理器等,可自动选择量程测量 0～21MPa 的压力[1]。

以下着重介绍电气设备绝缘在线监测技术中常用的一些传感器。

2.2.2 温度传感器

温度是最常见的监测量,温度传感器广泛应用于电气设备中,有时也用于监测系统本身的温度控制。温度传感器主要包括接触式温度传感器和非接触式温度传感器两种。

接触式温度传感器的检测部分与被测对象有良好的接触,又称温度计。主要包括固体温度传感器、半导体温度传感器和光纤温度传感器三类。

1. 固体温度传感器

1）热电偶

其基本原理是将两种不同金属丝(或半导体)的两端连接起来,并将两端保持在不同温度中,在所形成的回路中就会产生热电动势,称为温差电效应。根据温差和热电势的关系

（事先绘制成标准曲线）得到待测温度。这是一种点接触式的温度计。其结构简单，对待测物体的温度影响小，热容量小，响应时间短，适合于快速变化的温度测量。热电偶的测量范围为 $-273℃\sim3000℃$。例如铜-康铜组成的热电偶测温范围为 $-250℃\sim400℃$，在 $400℃$ 时热电动势（输出电压）为 20mV。

热电偶的缺点是灵敏度低，重复性不好，线性很差。

2）电阻式温度计

它利用高强度的金属电阻丝具有稳定的正温度系数这一特点来监测温度。铂金、镍和铜均被广泛用于电阻式温度计。电阻的基值通常选定在 $0℃$ 时为 $100Ω$。电阻式温度计从结构上可分为薄膜式和金属丝绕制两种，测温范围可达 $600℃$，可广泛用作气体温度的测量元件。通常用惠斯登电桥来测定电阻值。电阻式温度计在较大温度范围内具有良好的线性度，有较高的测量准确度。它的缺点是：灵敏度较低，价格较贵，薄膜式元件的阻值长时间使用后还会产生漂移；是一种面接触式温度计，测温部分通常在几毫米至几十毫米之间，对温差大的固体测量的是平均温度；响应速度慢，对快速变化的温度会产生滞后偏差，故适于测量稳态温度。

2. 半导体温度传感器[2]

1）热敏电阻

这是最早出现的半导体温敏器件，是以 MnO、CoO、NiO 等金属氧化物为基本成分制成的陶瓷半导体。它的电阻值是温度的函数。其优点是灵敏高、响应快、体积小、成本低，典型工作温度是 $-60℃\sim300℃$，最高温度也可到 $600℃$，甚至 $1000℃$，已广泛应用于各个领域。主要缺点是线性度差，需在测量系统中作修正和补偿，故不能用于精密测量。

2）温敏二极管和晶体管

它的工作原理是基于在恒定电流条件下，PN 结的正向电压与温度在很宽的范围内呈现良好线性关系。例如硅温敏二极管在 $30K\sim400K$ 时，平均灵敏度为 $-2.75mV/K$。利用该特性可使之成为 $1K\sim400K$ 温度范围的全量程低温温度计。温敏晶体管在恒定集电极电流条件下，发射结上的正向电压随温度上升而近似线性下降，而且比二极管具有更好的线性和互换性，因而得到了快速发展。图 2-2 所示是温敏晶体管的基本电路及其输出持性，三条曲线对应于不同的集电极电流值 I_c。由图可见，较小的 I_c 值有较大的电压温度系数，而且 I_c 值对电压温度系数的影响不大，这是因为 U_{be} 是 I_c 的对数函数。温敏二极管和晶体管统称为结型半导体温敏器件，均在 20 世纪 70 年代实现商品化。

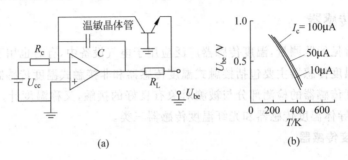

图 2-2　温敏晶体管

(a)基本电路；(b)输出特性

集成电路温度传感器是将作为感温器件的温敏晶体管及其外围电路集成在同一芯片上的集成化温度传感器。其最大优点是小型化,有的具有一线数字接口(例如 DS18B120),使用方便和成本低廉,已成为半导体温度传感器的主要发展方向之一。商品化的传感器已广泛用于各种场合。

如上所述,晶体管的基极-发射极电压近似地与温度成线性关系,但是这种线性关系是不完全的,存在着本征非线性项,加之不同晶体管的电压值还存在分散性,为此集成化的温度传感器一般采用对管差分电路,这种电路可给出直接正比于绝对温度的、理想的线性输出。

3. 光纤温度传感器

光纤温度传感器包括两种类型:传光型和功能型。

传光型光纤温度传感器的温敏元件仍是半导体。如图 2-3 所示,光源(发光二极管)发出的光,经光纤通过温敏元件,当温度增加时,透射光的强度随温度上升而下降,且有较好的线性度。用光探测器(例如雪崩光电二极管)测定透射光的强度,即可测得该处温度。测温范围为 $-10℃\sim300℃$,准确度为 $1℃\sim3℃$。

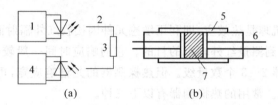

图 2-3　半导体吸收型光纤温度传感器

(a) 示意图;(b) 探头结构

1—光源;2—光纤;3—探头;4—光探测器;5—不锈钢套;6—光纤;7—半导体吸收元件

该传感器的特点是体积小,抗电磁干扰性能力强。由于光纤绝缘性能优良,因此光纤温度传感器特别适合于监测高电位处或设备内部的温度。由于这里的光纤并不作为敏感元件,而只是用作光信号传输,故称之为传光型光纤温度传感器。

功能型光纤温度传感器则是利用光纤本身的温敏特性(例如,利用光在光纤中的喇曼散射效应)来监测被测物体的温度分布。近年来分布式光纤温度传感器已经广泛用于电力工程、石油化工、煤炭工程等多个领域。与传统的温度测量仪器相比,分布式光纤温度传感器具有无法比拟的优势,它不但具有耐腐蚀和抗电磁干扰的优点,还能在几十千米的范围内连续不断地进行实时温度测量。它的主要性能指标为空间分辨率、测量温度不确定度、测量时间和测量距离等[3]。

2.2.3　红外线传感器[4]

非接触式温度传感器的敏感元件与被测对象互不接触,可用来测量运动物体、小目标和热容量小或温度变化迅速(瞬变)对象的表面温度,也可用于测量温度场的温度分布。广泛使用红外线传感器来实现电力设备温度的非接触式测量[4]。

任何物体只要其温度高于绝对零度,随着原子或分子的热运动,都会以电磁波形式释放能量,称为热辐射。物体温度不同,其辐射出的能量和波长都不同,但总是包括红外线的波谱,且峰值波长将随温度的降低而增加。红外线所占的电磁波波谱范围的波长为 $0.76\mu m\sim1000\mu m$,当它在大气中传播时,大气会有选择地吸收红外辐射而使之衰减,仅有三个较小的波段(1μm～2.5μm, 3μm～5μm, 8μm～14μm)能穿透大气,这三个波段称为红外线的大气透射窗口。

红外线传感器可接收这些波段的红外辐射,并转换为相应的电信号,从而测得物体的温度。故红外测温是一种非接触式的温度测量,它不存在热接触和热平衡带来的缺点和应用范围的限制。它的测温速度快、范围广,测量灵敏度高;对被测温度场无干扰,可测量各种物体的温度,包括液面和微小的、运动的、远距离的目标。特别适合于带电检测和在线监测。

红外线传感器也称红外探测器,它的主要技术参数为:①响应度(V/W),即灵敏度,是探测器的输出信号电压与入射到探测器的辐射功率之比;②响应时间,指传感器受辐射照射时,输出信号上升到稳定值的 63% 时所需的时间;③噪声等效功率(NEP),指当辐射小到在探测器上产生的信号完全被探测器的噪声所淹没时的功率,它代表了探测器的探测极限;④探测率,指当探测器的敏感元具有单位面积、放大器的测量带宽为 1Hz 时,单位辐射功率所能获得的信号电压噪声比;⑤光谱响应,指传感器的响应度随入射波长的变化。

红外探测器可分为热探测器和光子探测器两大类。

1. 热探测器

热探测器的测量机理是热效应,即利用敏感元件因接收红外辐射而使温度升高,从而引起一些参数变化,以达到测量红外辐射的目的。它的响应时间一般较长,在毫秒级以上,探测率也低于光子探测器 2～3 个数量级。但热探测器的光谱响应宽,可在室温下工作,使用方便,仍有广泛的应用。常用的热探测器有以下三种。

1) 热敏电阻型探测器

热敏电阻型探测器一般由锰、钴、镍金属氧化物按一定比例混合、压制成型,经高温烧结而成。热敏薄片作为敏感元件,具有较高的负温度系数。由两个相同的热敏片构成一个热敏电阻,一个为工作片,另一个为补偿片,工作时分别作为电桥电路的两臂。红外辐射透过热敏电阻的红外窗口,射到作为工作片的热敏片上,使之温度升高;热敏片的电阻亦随之改变,并引起桥路对角线输出电压的改变;输出电压达到的稳定值,就代表了红外辐射功率的大小。从辐射照射开始,到输出电压达到稳定值为止,这个间隔就是它的响应时间,一般为 1ms～10ms。

2) 热电偶型探测器

热电偶型探测器利用热电偶的温差电效应来测量红外辐射。通常热电偶两臂分别用正温差电动势率和负温差电动势率的材料制成,以增加响应度。

图 2-4(a)所示为半导体热电偶型探测器的结构。热电偶的热端与涂黑的接收面接触,接收面涂黑是为了更有效地吸收外来的辐射;其冷端与热容量较大的物体接触,使冷端保持在环境温度。

图 2-4(b)所示为金属丝型探测器的结构。早期的金属丝热电偶材料主要采用锑、铋及其合金,两臂的热端应交接在一起作为电连接,它们的温差电动势为每摄氏度数十微伏。一般半导体热电偶材料的一臂用 P 型材料(如铜、银、硒、硫、碲的合金),另一臂用 N 型材料(如硫化银、硒化银等),其温差电动势比金属约高一个数量级,为每摄氏度数百微伏,甚至更高。

热电偶型探测器的响应时间较长,为 30ms～50ms。半导体热电偶的热端需焊接在涂黑接收面下面一层极薄的金属箔上,以保证良好的电接触。热电偶和涂黑接收面等都密封在高真空的玻璃管内,管壁上带有透过红外辐射的窗口。

为增加探测器的输出,可以由许多热电偶串联而成热电堆。热电堆最多可由一百多对

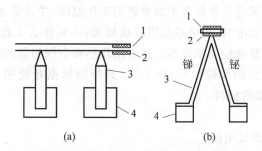

图 2-4　测辐射的热电偶结构示意图
(a) 半导体测辐射的热电偶；(b) 金属丝测辐射热电偶
1—涂黑的接收面；2—金属膜；3—热电偶的臂；4—大热容量支持物

热电偶组成。为降低热电偶的内阻，可将数对热电偶并联连接。为消除周围环境和杂光的干扰，可将两组性能相同的热电偶或热电堆反向连接，用其中的一组接收信号，另一组抵消干扰。这就是补偿式热电偶型探测器。

3) 热释电探测器

热释电探测器是一种新型红外探测器，与其他热探测器相比，其响应时间短，甚至可制成响应时间小于微秒级的快速热释电探测器。与光子探测器相比，虽然其灵敏度较低，但光谱响应宽，可从可见光到亚毫米区（相应的波长为 $0.4\mu m\sim 1000\mu m$），且可在室温下工作。因而该探测器颇受重视，发展迅速。

热释电探测器根据热释电效应工作，所用材料是热电晶体中的铁电体。这种极性晶体由于其内部晶胞的正、负电荷重心不重合，在外电场作用下，会出现类似磁滞回线那样的电滞回线。其极化强度会随电场强度的增大而增大，但在外加电压去除后，仍有一定的极化强度，称为自发极化强度。它是温度的函数，即随温度升高而降低，相当于释放了一部分面电荷。当温度高于居里温度时，则降为零。

居里温度是铁电相转变为顺电相时的温度。由于自发极化，热电晶体外表面上应出现束缚电荷，平时这些束缚电荷常被晶体内和外来的自由电荷所中和，故晶体并不显示出存在电场。但由于自由电荷中和面束缚电荷所需时间很长，从数秒至数小时，而晶体自发极化的弛豫时间极短，约为皮秒级。故当热电晶体温度以一定频率发生变化时，由于面束缚电荷来不及被中和，晶体的自发极化强度或面束缚电荷必然以同样的频率出现周期性变化，而在垂直于极化强度的两端面间产生一个交变电场，这种现象就是热释电效应。

根据上述原理，在使用热释电探测器时要注意两点：一是接收红外辐射的时间必须大于探测器的热平衡时间常数；二是只有温度有变化时，探测器才会有信号输出。为此，对待测的红外辐射信号，需将其进行调制后去照射热电晶体，这样，晶体的温度、自发极化强度以及由此引起的面束缚电荷密度，均随调制频率 f 发生周期性变化。若 $1/f$ 小于自由电荷中和面束缚电荷所需要的时间，则在垂直于极化强度的两端面间将会产生交变开路电压。若在两个端面涂上电极并接以负载，则在负载上会输出交变的信号电压，这就是热释电探测器的基本工作原理。

热电系数（$C\cdot cm^2\cdot K^{-1}$）是描述热电晶体自发极化强度随温度变化的基本参数。当温度比居里温度低得多时，热电系数很小；当温度与居里温度比较接近时，热电系数值变大，且比较恒定。这一段温区适合作热释电探测器的工作温度,并希望这段温区宽些,且在室温附近。当过于接近居里温度时,热电系数值起伏较大,不宜作为工作温度。为此,希望热释电材料的居里温度最好显著地高于室温。适合用作热释电探测器的热电晶体有硫酸三甘钛(TGS)、锆钛酸铅(PZT)、钽酸锂(LiTaO₃)等。选择的依据是使用热电系数大、介电常数小、热容量和介质损耗低的材料。

2. 光子探测器

1)光电导探测器(光敏电阻)

当一种半导体材料吸收入射光子后,会激发出附加的自由电子和(或)自由空穴,该半导体因增加了这些附加的自由载流子而使其电导率增加,称为光电导效应。通过测量这个变化,可测得相应物体的温度。单晶型光电导探测器常用材料为碲镉汞(CdHgTe),它的响应度高,响应频带宽,频率从零赫到数兆赫(指光电转换后的电信号),且易于和前置放大器连接。通常 8μm~14μm 碲镉汞探测器工作于 77K~193K,故工作时需有制冷条件。为进一步提高其灵敏度,满足热成像系统的要求,可采用长条型的碲镉汞扫积型器件,即将多元碲镉汞与集成电路配合,使之不仅具有光电信号转换功能,还有信号延时、传输和积分功能,并大大提高了器件的响应度和探测率。例如,8 条扫积型探测器组成的阵列,相当于 50 个传统探测器组成的阵列所能得到的响应度,而体积和功耗却大大降低。薄膜型光电导探测器常用硫化铅(PbS)制成,其光谱响应延伸到 3μm,可做成多元阵列,并向焦平面结构器件发展,也是性能优良的红外探测器。

2)光伏探测器

光伏探测器利用了半导体的光生伏特效应,即材料吸收入射光子而产生附加载流子的地方,由于有势垒存在,从而把不同的电荷分开,而形成电势差的效应。碲镉汞也可制成光伏探测器,工作于液氮制冷(77K)温度时的工作波段为 8μm~14μm。响应时间一般取决于电路常数,对于高频器件为 5ns~10ns。它和碲锡铅一样,也可制成线阵和面阵器件或光电导探测器。

3)多元阵列探测器

如同普通的电视成像一样,红外成像也要求画面有足够多的像素,以保证图像的清晰度。实现的方法是红外探测器对被测设备进行二维扫描,若探测器是单敏感元或敏感元数很少,则要求相当快的扫描速度,致使红外光机扫描热成像仪变得相当复杂而庞大,使用很不方便。若探测器有较多的敏感元,例如 64 元、128 元,则可大大降低系统的扫描速度,使结构简单而易于实现。

多元阵列探测器包括一维成列的和二维成面阵列两种。当敏感元件达到 128 元×128元或 256 元×256 元时,即可构成数以万计的面阵列,此时红外热成像系统就可以取消光机扫描机构,形成所谓的焦平面热成像系统。综合多元器件的优点为:增加了视场,提高了分辨率、帧速度和信噪比,增大了信息量;动态范围大,可跟踪多个目标;光谱分辨率高;结构简化,可靠性高。同时,它也带来一些新问题:随着单元数的增加,引出线及相应的放大器也随之增加,将给信息处理带来麻烦,对要求制冷的探测器还会增加制冷的能耗。

碲镉汞焦平面阵列器件在红外焦平面阵列中占有极其重要的位置。通过控制碲镉汞材料的组分,可使焦平面器件分别工作于 1μm~2.5μm、3μm~5μm 和 8μm~14μm 三个红外大气透射窗口。该器件一般由红外光电转换和信号处理两部分组成,而信号处理和读出部分均由硅电路实现。

碲镉汞焦平面阵列的结构简图如图 2-5 所示。它在每个碲镉汞光二极管下放置一个 MOS（金属氧化物半导体作绝缘层的绝缘栅型场效应管）开关，多路传输操作由 MOS 开关执行。每个光二极管的正极接到公共地线上，负极经过开关器件接到输出干线上，每列的开关控制栅极连接在一起，并由列移位寄存器寻址。工作时，开关选择出某一列 MOS 管使其导通，该列中二极管的光电路就直接传送到分离的引线上去，从杜瓦瓶引出，并由焦平面外电路进行积分，积分放大器的输出经过多路传输器，以单线视频信号输出。信号积分和多路传输在焦平面外实现。二维碲镉汞光二极管阵列和硅信号处理电路相互连接成碲镉汞焦平面阵列后，装入杜瓦瓶中，以保证其工作温度。

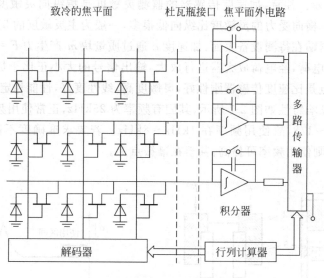

图 2-5 碲镉汞焦平面阵列结构简图

2.2.4 振动传感器

振动的监测也是一项十分重要的内容。振动不仅包括旋转电机的机械振动，还包括因静电力或电磁力作用引起的振动，例如全封闭组合电器中，带电微粒在电场作用下对壳体的撞击，以及变压器内部局部放电引起的微弱振动等。可见，振动的强弱范围很广。测量振动有三个参数：位移、速度和加速度。根据振动的频率来确定所测量的量，如当振动的速度增加时，位移量减少而加速度要增加，故随频率的上升可分别选用位移传感器、速度传感器和加速度传感器。

1. 位移传感器

在低频区最为有效。它用一高频电源在探头上产生电磁场，当被测物体表面与探头之间发生相对位移时，该系统的能量发生变化，以此来测量相对位移。其灵敏度可达到 $10\text{mV}/\mu\text{m}$，广泛用于测量重型电机机座的振动和偏心度[5]。

2. 速度传感器

在 $10\text{Hz}\sim1\text{kHz}$ 频率范围内的振动用速度传感器最有效。其基本结构是将永久磁铁块放在线圈内，将此线圈再牢牢地贴在传感器外壳上，传感器和探头一起安装在被测物体的表面上。一旦发生振动,传感器内线圈与磁铁块之间会发生相对位移,线圈中产生感应电势。由电势的大小来测定振动的速度。速度传感器的特点是输出信号大,缺点是不够坚固,常用来测量各类电机振动的均方值[5]。

3. 加速度传感器

常用来测量频率较高的振动,特别是对于频率超过 1kHz 的振动其优点尤为突出。由于加速度是位移的二阶导数,故它是三个测量参数(位移,速度,加速度)中灵敏度最高的。通常都用压电式传感器,选用具有压电效应的晶体,如石英和锆钛酸铅等作为敏感元件。传感器由磁座、质量块、压电晶体组成,如图 2-6 所示。压电晶体在传感器中的布置形式主要有两种:一种是压缩型,即晶片受压力,如图 2-6(a)所示;另一种是剪切型,即晶片受剪切力,如图 2-6(b)所示。注意,加速度传感器的监测灵敏度是指纵向灵敏度,即主灵敏度,在敏感轴方向受力。横向受力的灵敏度比纵向低很多,一般为主灵敏度的 5%～10%。

整个传感器紧贴在待测设备表面,加速度 a 通过质量块 m 产生力 $F=ma$。振动力传到压电晶片上,产生电荷,经电荷放大器进行放大,输出信号的大小正比于加速度。压电式加速度传感器的特点是比速度传感器刚性好,灵敏度高,线性度好,性能稳定,内置放大器后使用更为方便。其频响特性如图 2-7 所示,其固有频率为 25kHz,正常使用频率应低于固有频率,一般为其 1/5～1/3,故使用频率在 1kHz～8kHz。若要求准确度不高,例如用于测量 GIS 内部放电时,则使用频率可提高,甚至在谐振点上。

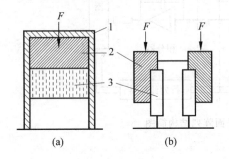 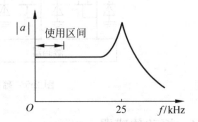

图 2-6　压电式加速度传感器结构原理　　　　图 2-7　加速度传感器频响曲线
(a) 压缩型;(b) 剪切型
1—磁座(安装用);2—质量块;3—压电晶体

4. 声发射传感器

监测更高频率的信号需用声发射传感器。实际上声发射的覆盖频率很宽,从 20Hz 以下的次声,到 20Hz～20kHz 的可听声,直到 100MHz 的高频。20kHz 以下可用加速度传感器监测,20Hz～60kHz 则用超声传感器(AT),60kHz～100MHz 则用声发射传感器。一般也用压电晶片作为换能元件。与压电式加速度传感器相比,其主要差别在于声发射传感器是利用压电片自身的谐振特性工作。声发射传感器可分为窄带和宽带两种,前者带宽仅为 200kHz,后者为 700kHz,甚至更宽,但灵敏度低。在线监测中一般选用窄带。由于它利用的是谐振特性,故结构上和加速度传感器不同,不用质量块,而是直接和待测设备表面相接触,其结构如图 2-8 所示。

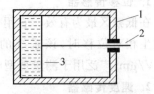

图 2-8　声发射传感器结构
1—屏蔽外壳;2—引线;3—压电晶片

2.2.5 电流传感器

1. 互感器型电流传感器

这种类型的电流传感器广泛用于在线监测。类似于电流互感器,它的一次侧多为一匝,若条件允许,宜采用多匝,效果会更好。监测时,将闭合或开口的磁芯套在待测设备的接地

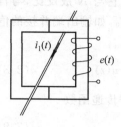

图 2-9　电流传感器
结构原理图

线上,如图 2-9 所示。磁芯材料根据使用频率进行选择。当测量高频或脉冲电流时可选用铁淦氧(铁氧体)。锰锌铁氧体的最高使用频率约为 3MHz,镍锌铁氧体的最高使用频率约为 15MHz 甚至更高,相对磁导率为 2000。测量 50Hz 低频电流时,可选用坡莫合金,其磁导率为 10^5。近年来发展较快的微晶磁芯,其磁导率大于 10^4,灵敏度高,加工成型方便,使用频率为 40Hz~500kHz,适合于各种频率电流的监测。

电流信号 $i_1(t)$ 和次级线圈两端的感应电压,即输出信号 $e(t)$ 的关系为

$$e(t) = M\frac{\mathrm{d}i_1(t)}{\mathrm{d}t} \tag{2-1}$$

式中互感

$$M = \mu\frac{NS}{l} \tag{2-2}$$

式中:N 为次级线圈匝数;S 为磁芯截面;l 为磁路长度。由式(2-1)可见,输出信号 $e(t)$ 的大小与 $i_1(t)$ 的变化率成正比。若在输出端加上积分电路,则 $e(t)$ 与待测电流 $i_1(t)$ 成正比。

这种电流传感器的结构类似测量冲击大电流用的罗戈夫斯基线圈,故有时也称该电流传感器为罗戈夫斯基线圈。只是后者用于测量数十千安至数百千安的冲击大电流,对灵敏度的要求较低,不必用磁芯,采用的是空芯线圈;而本电流传感器测的是毫安级和微安级的小电流,要求有较高的灵敏度。二者的原理相同。

传感器的积分方式分两种,分别适用于宽带和窄带型传感器。

1) 宽带型电流传感器[6]

又称自积分式传感器。在线圈两端并接一个积分电阻 R,如图 2-10 所示。可列出下列电路方程:

$$e(t) = L\frac{\mathrm{d}i_2(t)}{\mathrm{d}t} + (R_\mathrm{L} + R)i_2(t) \tag{2-3}$$

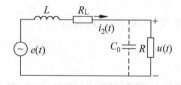

图 2-10　宽带型电流传感器等效电路

$$L = \mu\frac{N^2 \cdot S}{l} \tag{2-4}$$

式中:L 为线圈的自感;R_L 为线圈电阻。当满足条件

$$L\frac{\mathrm{d}i_2(t)}{\mathrm{d}t} \gg (R_\mathrm{L} + R)i_2(t) \tag{2-5}$$

则

$$e(t) = L\frac{\mathrm{d}i_2(t)}{\mathrm{d}t} \tag{2-6}$$

由式(2-1)、式(2-2)、式(2-4)和式(2-6)得

$$i_2(t) = \frac{1}{N}i_1(t)$$

则

$$u(t) = Ri_2(t) = \left(\frac{R}{N}\right)i_1(t) = Ki_1(t) \tag{2-7}$$

故信号电压 $u(t)$ 和监测的电流 $i_1(t)$ 成线性关系。式中，K 为灵敏度，它与 N 成反比，与自积分电阻 R 成正比。实际上，积分电阻 R 常并联有一定的杂散电容 C_0，如输出端并接的信号电缆。由此可列出微分方程式

$$e(t) = LC_0\frac{\mathrm{d}^2u(t)}{\mathrm{d}t} + \left(\frac{L}{R} + R_L C_0\right)\frac{\mathrm{d}u(t)}{\mathrm{d}t} + \left(1 + \frac{R_L}{C_0}\right)u(t) \tag{2-8}$$

对式(2-1)和式(2-8)进行拉普拉斯变换，并设初始条件为零，可得传递函数

$$H(s) = \frac{u(s)}{I_1(s)} = \frac{R}{N}\frac{s}{RC_0 s^2 + \left(1 + \frac{R_L C_0 R}{L}\right)s + \frac{R_L + R}{L}} \tag{2-9}$$

对于自积分式宽带传感器，因 $R_L C_0 R/L \ll 1$，故

$$H(s) = \frac{R}{N}\frac{s}{RC_0 s^2 + s + \frac{R_L + R}{L}} \tag{2-10}$$

对上式取模，得幅频特性为

$$H(\omega) = |H(\mathrm{j}\omega)| = \frac{1}{C_0 N}\frac{\omega}{\sqrt{\left(\frac{R + R_L}{RC_0 L} - \omega^2\right)^2 + \left(\frac{\omega}{RC_0}\right)^2}} \tag{2-11}$$

当 $\omega = \omega_0 = \sqrt{\dfrac{R_L + R}{RC_0 L}}$ 时，$|H(\omega)|$ 最大，即

$$H(\omega)_{\max} = |H(\mathrm{j}\omega)|_{\max} = K = \frac{R}{N} \tag{2-12}$$

与式(2-7)结果相同。此时

$$f = f_0 = \frac{1}{2\pi}\sqrt{\frac{R_L + R}{RC_0 L}} \tag{2-13}$$

一般 $R_L \ll R$，则上式变为

$$f_0 = \frac{1}{2\pi}\frac{1}{\sqrt{LC_0}} \tag{2-14}$$

f_0 是该传感器的谐振频率，按 3dB 带宽，即 $H(\omega) = \dfrac{1}{\sqrt{2}}|H(\mathrm{j}\omega)|_{\max}$，估算其上、下限频率 ω_H、ω_L 为

$$\omega_H \omega_L = \omega_0^2 = \frac{R_L + R}{RC_0 L} \tag{2-15}$$

带宽为

$$\omega_H - \omega_L = \Delta\omega = \frac{1}{RC_0} \tag{2-16}$$

实际上 ω_H 常比 ω_L 要大一个数量级以上，故

$$\omega_H \approx \frac{1}{RC_0}, \quad f_H = \frac{1}{2\pi RC_0} \tag{2-17}$$

则

$$\omega_{\mathrm{L}} \approx \frac{R+R_{\mathrm{L}}}{L}, \quad f_{\mathrm{L}} = \frac{R+R_{\mathrm{L}}}{2\pi L} \approx \frac{R}{2\pi L} \tag{2-18}$$

根据式(2-4)、式(2-12)、式(2-17)和式(2-18)即可对宽带传感器进行设计。表 2-1[7] 给出了用铁淦氧体做磁芯,在不同的匝数 N 和积分电阻 R 条件下,对传感器特性影响(如灵敏度 K 等)的实测结果。可见: K 与 R 成正比,与 N 成反比; f_{L} 随 R 的增加而增加; f_{H} 则随 R 和 C_0 的增加而降低,随 N 的增加而下降。特别是传感器经 20m 传输电缆后,上限截止频率 f_{H} 因 C_0 的增加而下降了一个数量级。

表 2-1　宽带型电流传感器特性与参数关系

N	$R/\mathrm{k\Omega}$	直接测量结果			经 20m 电缆后		
		$f_{\mathrm{L}}/\mathrm{kHz}$	$f_{\mathrm{H}}/\mathrm{kHz}$	$K/\mathrm{V \cdot A^{-1}}$	$f_{\mathrm{L}}/\mathrm{kHz}$	$f_{\mathrm{H}}/\mathrm{kHz}$	$K/\mathrm{V \cdot A^{-1}}$
50	2.50	39.0	530	48.0	22.0	52	47.0
50	1.25	17.8	923	24.0	18.2	77	23.9
50	0.62	7.4	1650	12.3	7.4	138	12.1
50	0.31	3.5	2000	6.2	3.5	272	6.2
25	0.62	30.0	1622	24.4	30.0	149	24.0
25	0.31	14.0	2050	12.3	14.0	295	12.2
25	0.15	7.0	2064	6.0	7.0	589	6.0

2) 窄带型电流传感器

又称外积分式或谐振型电流传感器,它比宽带型电流传感器具有更好的抗干扰性能。由积分电阻 R 和积分电容 C 构成的积分电路如图 2-11 所示。

可列出等效电路方程为

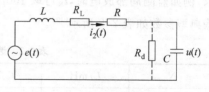

图 2-11　窄带传感器等效电路

$$e(t) = L\frac{\mathrm{d}i_2(t)}{\mathrm{d}t} + (R_{\mathrm{L}}+R)i_2(t) + \frac{1}{C}\int i_2(t)\mathrm{d}t \tag{2-19}$$

当待测电流 $i_1(t)$ 的频率 $f = \dfrac{1}{2\pi\sqrt{LC}}$ 时,电路发生谐振,则上式变为

$$e(t) = (R_{\mathrm{L}}+R)i_2(t) \tag{2-20}$$

由式(2-1)可得

$$u(t) = \frac{M}{(R_{\mathrm{L}}+R)C}i_1(t)$$

为提高监测灵敏度,通常取 $R=0$,故灵敏度为

$$K = \frac{M}{R_{\mathrm{L}}C} \tag{2-21}$$

为使传感器监测脉冲电流时,保证其脉冲分辨时间 t_{R},在 C 上并接阻尼电阻 R_{d},此时等值电路的构成与图 2-10 完全相同,所不同的只是具体参数的选取。故可得与式(2-11)相同形式的幅频特性,即

$$H(\omega) = \frac{1}{CN} \frac{\omega}{\sqrt{\left(\dfrac{R_d + R_L}{R_d CL} - \omega^2\right)^2 + \left(\dfrac{\omega}{R_d C}\right)^2 \left(1 + \dfrac{R_L R_d C}{L}\right)^2}} \tag{2-22}$$

相应的谐振频率为

$$f_0 = \frac{1}{2\pi \sqrt{LC}} \sqrt{\frac{R_d + R_L}{R_d}}$$

一般 $R_L \ll R_d$，故

$$f_0 = \frac{1}{2\pi \sqrt{LC}} \tag{2-23}$$

灵敏度为

$$K = \frac{R_d}{N + \dfrac{R_L R_d C}{M}} \tag{2-24}$$

一般 $(R_L R_d C/M) \ll N$，故

$$K \approx \frac{R_d}{N} \tag{2-25}$$

　　窄带型电流传感器的参数选择比宽带复杂一些。从式(2-24)可知，当 R_d、C 固定时，N 有一个最佳值，使 K 最高；而 C 增加，灵敏度下降。L、C 的值可由式(2-23)，即由已确定的 f_0 来选择。磁芯选定后，由匝数确定 L，故 N 和 C 可能需要试算几次。R_d 的大小取决于脉冲分辨时间 t_R，按 R-C 型检测阻抗考虑，可取 $t_R = 3\tau_d = 3 R_d C^{[8]}$。$t_R$ 取决于对监测系统的要求，例如监测局部放电时，t_R 可取 $100\mu s$ 以下[9]。用铁淦氧作磁芯的谐振型电流传感器的一些典型参数如表 2-2 所示[10]。

表 2-2　谐振型电流传感器的参数选择

N	L/mH	f_0/kHz	C/pF	$R_d/\text{k}\Omega$	$t_R/\mu s$
		40	21700	0.77	50
20	0.73	250	560	10	20
		400	220	30	20

　　关于一次侧的电路参数对二次侧参数的选择是否有影响的问题，曾进行分析、计算和实测[10]。由得到的局部放电信号 Δu 和传感器输出信号 $u(t)$ 间的传递函数的幅频特性可知，在工程实际条件下，一次侧参数包括待测设备的等效电容 C_x 及与设备并接的等值耦合电容 C_k 等基本上不影响传感器参数的选择，传感器的谐振频率主要由式(2-23)所确定。

　　用甚高频监测电气设备局部放电时，使用更高监测频率的射频电流互感器(radio frequency current transformer,RFCT)作传感器，例如安大略水电局在监测出线端并有保护电容器的汽轮发电机和电动机的局部放电时，其频带为 $0.3\text{MHz} \sim 100\text{MHz}$，此时铁芯宜用高频铁淦氧。该传感器的外形图和参考文献见第 9 章。特高频监测交联聚乙烯(XLPE)电缆局部放电所用的电流传感器名为电容耦合的感应传感器，它只有一匝线圈套在电缆外面，详见第 7 章。

以上两种类型的传感器已广泛用于局部放电的在线监测,铁芯均选用铁淦氧。由于所测电流常是微安级的,故要求灵敏度及信噪比尽量高。另外,由于监测时不可避免地有工频电流通过,故要求磁芯有较强的抗工频磁饱和能力,使磁芯不会因饱和而影响监测。一般来说,对于铁淦氧磁芯,该要求不难满足。

2. 低频电流传感器

用于监测电容型设备的介质损耗角正切(简称为介损)和氧化锌避雷器阻性电流的传感器,测的是工频及其谐波电流,故均属低频电流($50\text{Hz}\sim250\text{Hz}$),且数值也较小,前者为数十毫安至数百毫安,后者为数百微安。

介质损耗角正切测量要求传感器的准确度较高,特别是角差。这类传感器的一种结构如图 2-12 所示[11],N_1、N_2 分别为初级、次级线圈的匝数,Z_2 是负载阻抗。忽略线圈的电阻和漏抗后,引起误差的主要原因是铁芯的激磁电流,故应选用高磁导率的材料(如坡莫合金)作铁芯。适当增大铁芯截面,增加 N_2 或 N_1 的匝数,减小激磁电流在总电流中的比例,可以减小测量误差。减少负载中的阻性分量也可降低角差。

表 2-3 列出了额定值为 30mA 的某低频电流传感器(N_1 为 $1\sim10$ 匝,N_2 为 1000 匝,采用 1J85 坡莫合金环形铁芯)在 I_1 不同时,对灵敏度 K 和角差 $\Delta\varphi$ 的影响。由表可知,I_1 不同时,灵敏度不变,但角差在 I_1 为额定值时极小,随 I_1 的减小而增加。故传感器的一次电流应工作在额定值附近,以减小激磁电流在总电流中的比例。

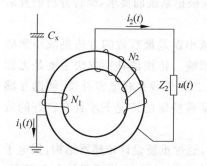

图 2-12　低频电流传感器结构原理(1)

表 2-3　I_1 对角差的影响

I_1/mA	$K/\text{V}\cdot\text{A}^{-1}$	$\Delta\varphi$/rad
30	16.7	0
22.5	16.6	0.00049
15.0	16.6	0.00149

另一种是用内外径分别为 22mm 和 37mm 的微晶环形铁芯组成的自积分式低频电流传感器。从式(2-18)知,为降低下限频率 f_L,需增加匝数 N 或降低积分电阻 R,这样均可使灵敏度下降。为此,选用了图 2-13 所示的电路[7],图中放大器的输入电阻 R_i 相当于积分电阻,$R_i = R_f/A_{od}$。放大器的开环增益 A_{od} 较大,故 R_i 较小,f_L 主要由线圈 N 的电阻 R_L 决定(见图 2-11)。在通频带内,$i_2(t)=i_1(t)/N$,当满足条件 $i_2(t) \gg i_{ib}$(放大器输入偏置电流),$i_2(t)R_f \gg u_{id}$ 时,$u(t) \approx i_2(t)R_f$,则

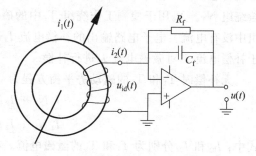

图 2-13　低频电流传感器结构原理(2)

$$u(t) = \frac{R_f}{N}i_1(t) = Ki_1(t) \tag{2-26}$$

因反馈电阻 R_f 对频率特性几乎无影响，故可增大 R_f 以提高灵敏度 K，并联电容 C_f 是为了降低噪声影响。表 2-4[7] 列出了该传感器的 f_L、K、N 和 R_f 参数的实测结果，与上述分析是一致的。

表 2-4　低频电流传感器的参数和特性

N	R_f/Ω	f_L/Hz	$K/\mathrm{V \cdot A^{-1}}$
25	574	8	22.7
25	1124	8	44.6
25	1698	8	65.3
10	574	40	56.8
10	1124	42	103.9
10	1698	42	152.1

当被测电流很小时，如氧化锌避雷器的泄漏电流在数十微安至数百微安之间，此时放大器输入偏置电流 i_{ib} 将引起较大的测量误差，且当温度变化时，i_{ib} 也会改变而影响测量结果。故宜选用低输入偏置、低温漂的运算放大器。反馈电阻的温度特性也会影响测量结果，应选用低温度系数的电阻。传感器与放大器输入的连线应设置护圈或采用空间布线，以防止杂散泄漏电流的影响。

究竟选用什么材料和结构作为监测系统的传感器，应根据系统的要求，综合分析研究后确定。

由于电流传感器的误差是由激磁电流引起的，因此减小误差最有效的方法是减小激磁电流，为此可采用一些补偿方法来尽量减小激磁电流的影响。传统的补偿方法主要是无源补偿，包括磁动势补偿、电动势补偿，常用的有匝数补偿、二次负载并联电容补偿、辅助互感器补偿等。这些方法属于传感器的自补偿方法，只有在某些特定的情况下才具有较好的效果，因此具有一定的局限性[12]。

补偿型"零磁通原理"的小电流传感器属于有源补偿，通过重新设计传感器结构，用电子电路将激磁电流降到极低的程度，达到近似"零磁通"的效果，使小电流传感器具有高精度、高稳定度、强抗干扰能力的优秀特性[13]，其原理图如图 2-14 所示。该电流传感器基于双极电流传感器的工作原理，在普通电流传感器的基础上增设了辅助磁芯 T_2、检测绕组 N_0 和补偿绕组 N_3。N_0 用于检测工作绕组 T_1 中的磁通密度，为电子电路提供反馈电压信号，该绕组中没有电流。电子电路输出的补偿电流 $\underline{I}_3$ 通过 N_3 产生励磁磁动势，$\underline{I}_3$ 的二次电流即相当于补偿电流 $\underline{I}_0'$ 对激磁电流 $\underline{I}_0$ 进行补偿。

无补偿时 T_1 和 T_2 的磁动势平衡方程为

$$\underline{I}_1 N_1 + \underline{I}_2 N_2 = \underline{I}_{01} N_1 \tag{2-27}$$

$$\underline{I}_1 N_1 + \underline{I}_2 N_2 = \underline{I}_{02} N_1 \tag{2-28}$$

式中：$\underline{I}_{01}$ 和 $\underline{I}_{02}$ 分别为 T_1 和 T_2 的激磁电流。补偿后 T_1 和 T_2 的磁动势平衡方程变为

$$\underline{I}_1 N_1 + \underline{I}_2' N_2 = \underline{I}_{01}' N_1 \tag{2-29}$$

$$\underline{I}_1 N_1 + \underline{I}_2' N_2 + \underline{I}_3 N_3 = \underline{I}_{02}' N_1 \tag{2-30}$$

式中：$\underline{I}_2' = \underline{I}_2 + \underline{I}_2''$，$\underline{I}_2''$ 为 $\underline{I}_3$ 在二次侧感应的附加电流，调节 $\underline{I}_3$，即调节 $\underline{I}_2'$ 的幅值和相位，使得

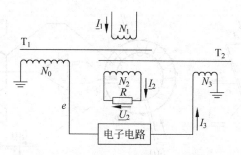

图 2-14 补偿型零磁通电流传感器原理图

$\underline{I}_2' N_2 = -\underline{I}_1 N_1$，则两个磁芯的磁动势平衡方程变为

$$\underline{I}_{01} N_1 = 0 \qquad (2\text{-}31)$$

$$\underline{I}_3 N_3 = \underline{I}_{02}' N \qquad (2\text{-}32)$$

此时 T_1 的激磁电流为 0，磁通也为 0，T_1、N_1、N_2 构成了一个无励磁误差的电流传感器。

补偿后的磁动势向量图如 2-15 所示，补偿后 $\underline{I}_2 N_2$ 变为 $\underline{I}_2' N_2$，与 $\underline{I}_1 N_1$ 处于同一直线，角差为 0。

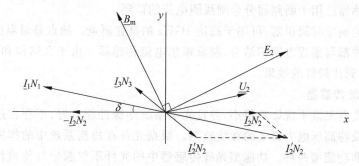

图 2-15 补偿后的磁动势向量图

3. 霍尔电流传感器

霍尔电流传感器是利用半导体材料的磁敏特性，通过测量其磁感应强度，推算出待测的电流值。当将霍尔元件置于磁场 B 中时，如图 2-16(a)所示，在霍尔元件的一对侧面(a,b)上通以控制电流 I，在另一对侧面(c,d)上会产生霍尔电势

$$U_H = \frac{R_H I B \cos\varphi}{\Delta} \qquad (2\text{-}33)$$

式中：B 为外加的磁感应强度，T；Δ 为器件厚度，m；R_H 为霍尔系数，m^3/C；K_H 为霍尔灵敏度，$K_H = R_H / \Delta$，$V/A \cdot T$。提高灵敏度的关键是材料和厚度。图 2-16(b)所示是补偿式霍尔电流传感器。待测电流 $i_1(t)$ 贯穿于环形铁芯中，铁芯用以集聚磁场，提高灵敏度。在偏置控制电流 I(图中未标出)和 $i_1(t)$ 的磁场作用下，霍尔片输出的电压经放大器放大，产生的电流 $i_2(t)$ 流经反馈线圈 N，在铁芯内形成与待测电流 $i_1(t)$ 的磁通 Φ_1 方向相反的磁通 Φ_2，且使 Φ_1 和 Φ_2 相平衡，则

$$i_2(t) N_2 = i_1(t) N_1$$

当 $N_1 = 1$，$N_2 = N$，$u = i_2(t) R$ 时，有

$$i_1(t) = i_2(t) N = uN/R \qquad (2\text{-}34)$$

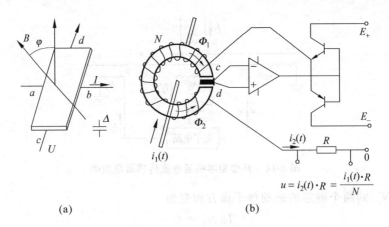

图 2-16 霍尔电流传感器

(a) 霍尔效应原理；(b) 补偿式霍尔电流传感器

该传感器的特点是由于磁通相互补偿,铁芯体积可以做得很小,交直流均可用。它既可做成铁芯固定的贯穿式结构,也可做成钳式结构。可作为大电流传感器,测量高达 5000A 的电流。该传感器已用于断路器分合闸线圈电流的监测。

霍尔元件的响应时间很短,可用于高达 1GHz 的高速测量。缺点是对温度变化很敏感,故目前多数器件都与集成电路相结合,制成霍尔电流传感器。由于在结构和电路上采取了补偿措施,可达到比较好的效果。

4. 光纤电流传感器

光学信号受电磁波干扰影响很小,并且光学系统绝缘性能良好,不存在过电压问题,十分适合超高压及特高压电力设备的在线监测。根据光纤在检测系统中的作用不同,可将其分为功能型和非功能型两种。功能型光纤传感器中的光纤不仅起信号传输作用,而且又是基本敏感元件；而非功能型光纤传感器中的光纤只是信号的传输媒介,对被测量的敏感或光调制借助其他元器件完成,这种传感器的传输和传感是分开的。以全光纤电流传感器为代表的功能型传感器更具有应用前景。

全光纤电流传感器是将光纤缠绕在被测通电导体周围,从光源发射的光经过光纤送至调制区,在调制区,由于法拉第磁光效应,通电导体周围产生的磁场使光的性质发生变化,最后携带传感信息经光纤送入光电探测器,解调光而获得被测电流量。光传输与传感部分都用光纤,又称为功能型光纤电流传感器。根据信号检出方法的不同,可分为偏振调制和相位调制两种。图 2-17 是一种基于法拉第磁光效应原理的光纤电流传感器的原理图,光源发出的光经过起偏器变为线偏振光,该线偏振光在保偏光纤中传播时,其相位会在电流产生磁场中发生偏转,这样携带电流信息的光信号经过检偏器到达光电探测器,其中起偏器和检偏器的夹角为 45°,经过后续信号处理电路得到电流信息。为了提高检测的灵敏度,可以采用双螺线管结构设计方案,使光路传播方向与电流磁场方向一致,根据安培环流定律可知相位旋转角只与闭合回路内的电流大小有关,从而有效地避免了外界电磁干扰。通过采用该结构缩短了光纤长度,减小了光路损耗,提高了检测的灵敏度[14-17]。目前光纤电流传感器已可用于局部放电等微弱电流信号的检测。

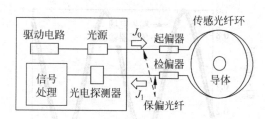

图 2-17　光纤电流传感器检测原理

2.2.6 电压(电场)传感器

1. 电场传感器

监测电压也可用电场传感器,其原理是基于电光晶体(例如 $LiNbO_3$)在外电场作用下,当线性偏振光射入晶体后,出射光即变成椭圆偏振光的泡克尔(Pockes)效应,或称电光效应。运用检偏镜即可测定其偏振特性的变化,而这一变化和外加电场强度成正比,故可测定外电场强度。若在晶体上直接加上电压,可直接测定外加电压。

这种传感器线性度好,在 $-15℃\sim70℃$ 范围内,准确度优于 $\pm3\%$;频响特性好,可测量从直流到脉冲的各种波形电压;传感器部分尺寸很小,不会影响待测电场。

图 2-18 所示是原电力部西北电力试验研究院运用电光效应研制的 GCD-100 光纤场强电压表。场强测量范围为 $2V/cm\sim6000V/cm$,已用于实验室条件下监测氧化锌避雷器的电压分布[18]。

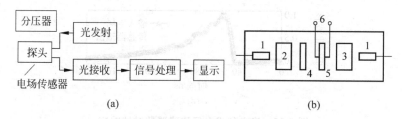

图 2-18　GCD-100 型光纤场强电压表
(a)原理框图;(b)探头结构示意图
1—微透镜;2—偏振镜;3—检偏镜;4—波阻片;5—泡克尔元件;6—待测电压

清华大学从传感器半波电场的设计、静态偏置点的可控性、温度稳定性和湿度稳定性四个关键问题入手,开展了长期的研究工作,研制了适用于电气工程领域强电场测量的光电集成电场传感器。可应用于以下几个主要领域:①稳态电场的测量,例如交直流混合输电线路下电场测量、复合绝缘子绝缘缺陷检测;②μs 级暂态电压检测,例如换流站短路故障电场测量、长空气间隙放电电场测量;③ns 级暂态电压测量,例如瞬态电场测量、暂态脉冲电场测量等[19]。图 2-19 是该传感器对不同频率范围信号的测量波形。

2. 耦合式传感器

监测局部放电的特高频信号常用耦合式传感器,即利用电容耦合原理来监测相关的脉冲信号。它已广泛用于电机和 GIS 的在线监测,结构形式随待测设备而不同,详见第 6 章和第 9 章。

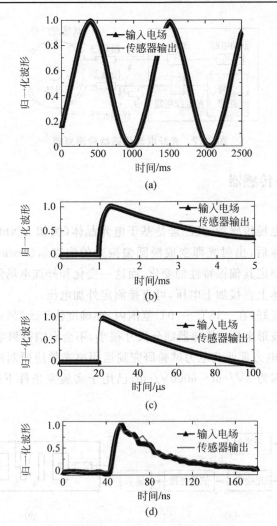

图 2-19　光电集成电场传感器的时域响应

（a）交流电场；（b）ms 级暂态电场；（c）μs 级暂态电场；（d）ns 级暂态电场

2.2.7　气敏传感器

监测气体用的传感器的基本要求是：

（1）具有足够的灵敏度，能监测出气体的允许浓度；

（2）选择性好，对被测气体以外的共存气体或物质不敏感；

（3）响应时间 t_{res} 快，重复性好；

（4）恢复时间 t_{rec}（气敏器件从脱离被测气体到恢复正常状态所需的时间）快，恢复时间越快越好；

（5）长期稳定性好，维护方便，价格便宜，有较强的抗环境影响能力。

气体传感器可分为干式和湿式两大类。干式又可分为接触燃烧式、半导体式、固体电解质式、红外线吸收式和导热率变化式传感器等，湿式如比色法传感器等。其中接触燃烧式和半导体式气敏传感器由于具有使用方便、价格便宜，且可将气体浓度作为电信号输出等特点，在监测可燃性气体及有毒气体的领域得到了迅速发展，同时也广泛用于在线监测电气设备油中的溶解气体。

1. 接触燃烧式气敏传感器

传感器的结构如图 2-20(a)[20] 所示。其工作原理是当可燃性气体与铂丝上的催化剂接触时，由于催化剂的催化作用引起氧化反应，使气体燃烧而导致传感器温度上升，铂丝电阻变大。该变化与气体浓度成正比，以此来监测可燃性气体的浓度。工作时，需用铂丝将传感器预热至 350℃。它的优点是不受可燃性气体周围其他气体的影响，可用于高温、高湿环境下；同时对气体的选择性好、线性好、响应快。缺点是催化剂长期使用易劣化和"中毒"，使器件性能下降或失效。

测定电阻用的惠斯登电桥如图 2-20(b) 所示，图中 F_1 是气敏器件，F_2 是温度补偿元件，均为铂电阻丝。由 F_1、F_2、R_3 和 R_4 组成惠斯登电桥。不存在可燃性气体时，电桥平衡；存在可燃性气体时，F_1 的电阻产生增量，电桥失去平衡，输出与可燃性气体浓度成比例的电信号。由于 F_1 的电阻随气体浓度变化的变化量较小，故需设计高性能的放大电路。

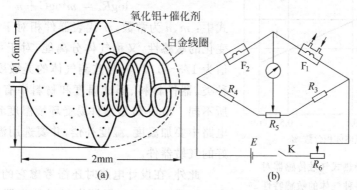

图 2-20 接触燃烧式气敏传感器

(a) 结构；(b) 电路原理图

日本日立公司曾将接触燃烧式气敏传感器用于三组分的油中气体监测系统[20]。

2. 半导体式气敏传感器

与接触燃烧式气敏传感器相比，半导体式气敏传感器因其灵敏度高、结构简单、使用方便、价格便宜，得到了迅速发展，其中应用最为广泛的是氧化锡（SnO_2）气敏传感器。

烧结型氧化锡气敏传感器的结构如图 2-21 所示。它由 SnO_2 基体材料、加热丝、测量丝三部分组成。加热丝（3，4）和测量丝（1，2）都直接埋在 SnO_2 烧结体内（故称为直热式器件），

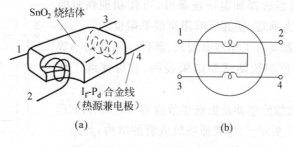

图 2-21 直热式气敏传感器

(a) 结构；(b) 符号

工作时需加热到 300℃ 左右。此时,加热丝通电加热,测量丝的阻值即反映了测量气体的浓度。传感器监测气体的灵敏度受加热温度的影响,在某一温度时传感器对某气体最敏感,利用此持性可实现不同气体的选择性监测。

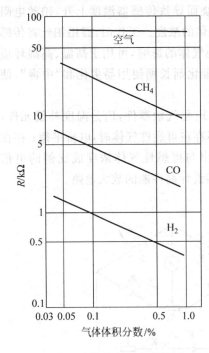

图 2-22 旁热式气敏传感器对
各种气体的敏感特性

图 2-22 是日本 TGS-812 型旁热式烧结型 SnO₂ 气敏传感器对不同气体的灵敏度特性[21]。

气敏传感器的灵敏度 K 常以一定浓度的监测气体中的电阻 R_s 与正常空气中的电阻之比,或者与在一定浓度下同一气体或其他气体中的电阻 R_{so} 之比(例如 1000×10^{-6} 下的甲烷 CH₄)来表示,即

$$K = R_s/R_{so} \qquad (2\text{-}35)$$

不同类型烧结型器件的灵敏度特性虽各有差异,但都遵循器件电阻 R_s 与监测气体浓度 C 的如下关系:

$$\log R_s = m\log C + n \qquad (2\text{-}36)$$

式中:m、n 为常数,m 代表器件相对于气体体积分数变化的敏感性,又称气体分离能,对于可燃性气体,m 值为 $1/3 \sim 1/2$;n 与监测气体的灵敏度有关,随气体种类、器件材料、测试温度和材料中有无增感剂而有所不同。SnO₂ 气敏器件易受环境温度和湿度影响,在电路中要加温度、湿度补偿,并要选用温度、湿度性能好的气敏器件。

此外,在设计电路时还需考虑它的初期恢复时间和初期稳定时间。初期恢复时间指器件在短期不通电状态下存放后,再通电时,从通电开始到器件电阻达到稳定值的时间。它随存放时间而增加。当不通电存放时间达到 15 天左右时,初期恢复时间一般都在 5min 以内。初期稳定时间是指器件在长时间不通电存放后,从再通电开始,到器件电阻达到初始稳定值时所需的时间。它随器件种类、表面温度等不同而异,直热式较长,可达 30 天,而旁热式则约为 7 天。一般来讲,器件在空气中不通电放置一周时间以内,不会产生高阻化现象,即不存在初期稳定时间。如放置时间达到 6 个月,初期稳定时间将达到最大值。

对于便携式或间断式工作的监测系统,必须注意初期恢复时间和初期稳定时间的影响。可在仪器通电开始后、监测气体前,先经过一段时间的高温处理,称为加热清洗。适当选择加温清洗条件,可使初期恢复时间和初期稳定时间大大缩短,使其影响降至最低限度。

烧结型气敏传感器具有工作寿命较长、器件电阻变动小等特点。例如直热式器件的长期试验结果表明,它可连续工作 10 年。

另一种半导体式气敏传感器是钯栅场效应管(Pd-MOSFET)气敏传感器,如图 2-23 所示[21]为钯栅场效应管的结构,其是一个金属氧化物半导体场效应管(MOSFET),只是用金属钯(Pd)薄膜替代常用的铝作为栅电极 G,SiO₂ 绝缘层的厚度比通

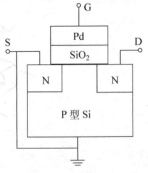

图 2-23 钯栅场效应管结构

常的 MOSFET 要薄,其底层仍是 P 型硅(Si)衬底。Pd 具有只允许 H₂ 通过而阻挡其他成分通过的特殊选择性,所以又称它为 Pd-MOSFET 氢敏器件。它的漏极电流 I_{DS} 由栅压控制,若将栅极 G 和漏极 D 短接,在源极 S 与漏极之间加电压 U_{DS},则 I_{DS} 可由下式表示:

$$I_{DS} = \beta(U_{DS} - U_T)^2 \tag{2-37}$$

式中:β 为常数,只与 Pd-MOSFET 的结构参数有关;U_T 为阈值电压。

当栅电极暴露于氢气中时,由于 Pd 的催化作用,氢分子在 Pd 外表面发生分解,形成的氢原子通过 Pd 膜迅速扩散,并吸附于金属和绝缘体 SiO₂ 的界面。在此界面上,氢原子于 Pd 金属一侧极化而形成偶极层,使 Pd 金属的电子功函数减小,从而使 U_T 下降。若保持 I_{DS} 不变,则 U_{DS} 将随 U_T 作等量变化,根据 U_{DS} 的变化量 $\Delta U_{DS} = \Delta U_T$ 来测定氢气浓度。故它属于非电阻型的气敏器件。

图 2-24 所示为在 150℃、工作电流 100μA 下灵敏度测试实例。它以空气为稀释气体,以不同浓度氢气下的阈值电压 U_T 与无氢时的阈值电压 U_{T0} 的差 ΔU_T 表示阈值电压的变化幅度。由图可知:当氢气体积分数小于 1% 时,传感器具有良好的线性关系;大于 4% 时,ΔU_T 趋于饱和。故它适合于在氢气体积分数低于 4% 的条件下使用。当氢气体积分数为 5×10^{-6}(H₂ 与空气的体积分数之比)时,ΔU_T 为 36mV,因此可以作为微量氢气的监测器件使用。

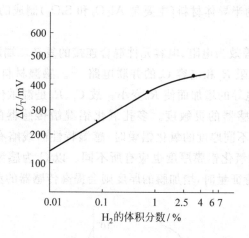

图 2-24 Pd-MOSFET 的 ΔU_T 和氢气浓度关系

传感器的响应时间 t_{res} 和恢复时间 t_{rec} 是反映其特性的重要参数。t_{res} 定义为 ΔU_T 达到其 90% 所需时间。t_{rec} 定义为从稳定值恢复到 $\left(1 - \dfrac{1}{e}\right)\Delta U_T$ 所需的时间。t_{res} 和 t_{rec} 取决于 H₂ 和 Pd 在界面上的反应过程,均随工作温度上升而减少。若要求几秒钟或更短的响应时间,一般需选择 100℃~150℃ 的工作温度。此外,响应时间 t_{res} 和恢复时间 t_{rec} 与氢气浓度、气室体积、测试装置的设计和气路长短均有很大关系。浓度大则 t_{res} 缩短,而 t_{rec} 增大。例如,在上述测试条件下,气室容积为 2cm³,当空气中氢气浓度为 0.01% 时,t_{res} 为 4.2s,t_{rec} 为 3s;而当浓度为 4% 时,t_{res} 为 0.8s,而 t_{rec} 增加为 8.7s。该器件的主要缺点是 U_T 会随时间缓慢漂移,需通过改进工艺来解决。中国科学院半导体研究所采用了在 HCL 气氛中生长 Pd-MOSFET 的栅氧化层工艺,研制的器件在 150℃、$I_{DS} = 50\mu A$、气室体积为 100cm³ 的条件下的测试表明,已消除慢漂移现象。另外,连续 24 小时测量其在 $0.1\%(H_2/N_2)$ 条件下的 U_T,得到最大相对偏差 $\leqslant 4\%$[22]。

2.2.8　湿敏传感器

湿敏传感器一般用于气体,特别是大气中含水量的监测,它的主要特征参数包括[21]:

(1) 湿度量程,一般以相对湿度(relative humitity,RH)表示;

(2) 感湿特征量,一般以湿敏器件的等效电阻值或等效电容值作为感湿特征量;

(3) 灵敏度;

(4) 湿度温度系数,表示传感器的感湿特性曲线随环境温度而变化的特性参数;

(5) 响应时间;

(6) 湿滞回线和湿滞回差,湿敏传感器在吸湿和脱湿两种情况下,不仅响应时间不同,且感湿特性曲线也不重复,一般两者的感湿曲线可形成一回线,称为湿滞回线。

湿敏传感器按其所用感湿材料主要分为:

(1) 高分子化合物感湿材料制成的化学感湿膜湿敏传感器,又称聚合物薄膜传感器;

(2) 电解质感湿材料制成的传感器;

(3) 半导体陶瓷材料制成的烧结型和涂覆膜型陶瓷湿敏传感器;

(4) 多孔金属氧化物半导体材料(主要是 Al_2O_3 和 SiO_2)制成的多孔氧化物(膜)湿敏传感器。

湿敏器件一般都可等效为电阻、电容元件混合连接的复杂二端网络,在一定的测试频率下,又都可将其简化为电阻 R_p 和电容 C_p 的并联电路[21]。感湿材料吸水后因介电常数的增加而使 C_p 变大,同时因电导的增加而使 R_p 变小。故 C_p、R_p 是湿敏传感器的感湿特征量,它随湿度的变化量即是传感器的灵敏度。多孔氧化铝湿敏传感器的典型感湿特性曲线如图 2-25[21] 所示。当选用不同厚度的氧化铝膜时,感湿特性曲线略有差别。易知,选择不同感湿特征量时,宜选用的氧化铝膜厚度也应有所不同。以 C_p 为感湿特征量时,膜的厚度越小越好,而以 R_p 为感湿特征量时,增加膜的厚度则会提高传感器的灵敏度。

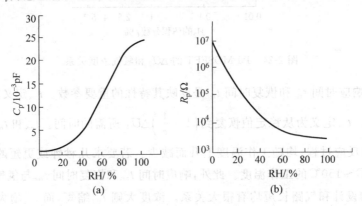

图 2-25　多孔氧化铝湿敏传感器的特性曲线

(a) C_p-RH 曲线;(b)R_p-RH 曲线

用于交联聚乙烯电缆中监测水渗透的传感器是由聚氯乙烯构成的湿敏传感器,其感湿特征量是电阻。聚合物薄膜传感器还用于变压器油中含水量的监测,其感湿特征量是电容。

2.3 数据采集系统

2.3.1 数据的采集

数据采集系统的功能是采集来自传感器的各种电信号,并将其送往数据处理和诊断系统,以对监测到的数据进行进一步的分析处理。数据的分析处理一般是由微机配合相应的软件进行。而送入微机的信号应是数字信号,故应将传感器输出的信号预先进行模数转换。模数转换器(ADC)对输入的模拟信号的电平大小是有一定要求的,例如 0~5V、0~3V、−5V~+5V、−1V~+1V 等。这就要求对采集到的信号的幅值作必要的调整,使采集系统具有较宽的动态范围。此外,为提高监测系统的监测灵敏度,还需采取一些抗干扰措施,以提高信号的信噪比。这些均属于信号预处理的范畴。

对于固定在变电站作连续监测的系统,数据处理的微机往往在远离电气设备的主控制室中,例如距离设备数十米到数百米。信号经过长距离传送会产生衰减和畸变,同时在传输过程中还可能有干扰信号进入而使信噪比降低。特别是对微弱信号,干扰影响更大。故一般均对信号采取就地处理的方式,即对传感器送出的信号立即进行预处理。

预处理单元可安排在数据采集之前,甚至和传感器安排在一起,这样在信号传输过程中受到的干扰影响将大大削弱。其原因可分析如下。由图 2-26(a)可以看出,从传感器输出信号 u_s,经预处理单元 P 放大 K 倍;设在信号 Ku_s 传输过程中传入干扰信号 u_i,那么数据处理单元 A 得到的信噪比 $\mathrm{SNR}_1 = (u_s/u_i)K$。如果将预处理单元 P 和数据处理单元 A 安排在一起,如图 2-26(b)所示,那么通过 P 后不仅 u_s 放大了 K 倍,而且干扰信号 u_i 也放大了 K 倍。进入 A 的信号的信噪比 $\mathrm{SNR}_2 = Ku_s/Ku_i = u_s/u_i$,是对信号就地预处理时的信噪比的 $1/K$。这就清楚地说明了信号就地处理的必要性。

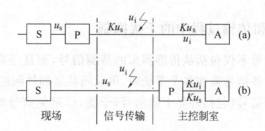

图 2-26 预处理单元在不同位置时对信噪比的影响

数据采集系统一般由以下三部分组成。

1) 多路转换单元

用以对多台设备和某设备的多路信号(均来自传感器)进行选择或作巡回监测。一般可选用继电器或程控模拟开关对信号进行选通。

2) 预处理单元

其功能主要是对输入信号的电平作必要的调整和采取抑制干扰的措施,以提高信噪比。该单元又可分为两个部分:一部分是放大倍数可以调整的程控放大器;另一部分是抗干扰单元,例如组合滤波器、差动平衡系统等。

3) 数据采集单元

包括采样保持和模数转换器。前者由采样保持放大器(放大倍数为 1)、电子开关、保持电容器等元器件组成,它的功能是在模数转换周期内存储信号的各输入量,并把数值大小不变的信号送给 ADC。它缩短了模数转换的采样时间,从而提高了系统的运行速度。ADC是数据采集系统的核心,它要满足转换速度和准确度两方面的要求。转换速度也即采样率,低速采样如 200kSa/s,高速采样如 100MSa/s 等,视被测信号的频率和数据采集要求选用。例如,要采集信号的波形,就需要较高的采样率;而若只需要采集信号的峰值,那么可选择较低的采祥率。

监测装置的分辨率和 ADC 的分辨率有关,后者又和 ADC 的位数有关,例如 ADC 为 8位,输入电平为 0~5V,即将 5V 电平分成 256 个单位,则每个单位约代表 20mV,即分辨率为 20mV。ADC 位数越多,则分辨率越高。

此外,还要考虑采集单元的存储容量。容量越大,记录信号的持续时间越长。例如,一个 8 位采集单元的采样率为 50kSa/s,容量为 8KB,即 $20\mu s$ 采一个点,可采 8000 个点。记录时间为 160ms,相当于 8 个工频周期。

ADC 的基本误差是量化误差,它等于 $\pm 1/2$LSB(最低有效位),其大小也取决于位数。若位数为 8 位,电平仍为 5V,则量化误差约为 $\pm\left(\dfrac{1}{2^{8+1}}\times 5\right)$V,即 ± 10mV。但这只是静态误差,使用时的动态特性不同于静态,例如高速 ADC 由于内部噪声将使量化误差增为 ± 1LSB。此外,还存在非线性误差、幅值误差、相位误差等,在使用时应予注意。

可以用单片机或工控机对采集系统进行控制,并且对采集的数据利用专门的处理软件进行分析、处理和存储。对固定式的在线监测系统,一般由设在主控制室的计算机(上位机)对监测结果作最后的分析和诊断,因此还需要解决数据采集系统和上位机间的数据通信问题。

2.3.2 信号的传输和传输过程中的干扰抑制

在线监测系统的信号不仅包括从传感器来的待测信号,而且还有来自微机的控制信号(一般是数字信号)。这些信号需在各个系统间、单元间甚至部件间进行传送,需要保证信号在传送过程中不受其他信号(包括外界干扰信号)干扰,以避免信号的畸变或误动作。干扰一般来自两个方面。

1. 监测系统内部的相互干扰

一般宜采取以下措施来抑制监测系统内部的相互干扰。

1) 通道间保持距离

各个通道间尽可能保持一定的距离,特别要避免各通道通过电磁耦合相连。例如,多路信号传送时本可共用一个集成芯片(内含多个模拟开关或多个运算放大器),为避免不同通道间的干扰,最好分别选用芯片。

2) 保证一点接地

多点接地时容易在地线回路上有环流,从而引起共模干扰。各个部件、单元均应自成回路,不要共用地线。特别是数字电路和模拟电路的地线更需分开,以防止相互间的共模干扰。同时地线尽可能粗一些,地回路也尽量短些,以降低地回路阻抗。

3）隔离

信号通过一定的隔离措施再传送到另一单元，以避免各单元间的相互干扰。常用的隔离方式有变压器隔离、光电耦合器隔离和电-光纤-电隔离三种。

（1）变压器隔离

变压器隔离是通过一台 1∶1 的变压器进行隔离，一级绕组间及绕组对铁芯均有一定的绝缘水平，绕组间还有接地的金属屏蔽，用以隔断相互间的干扰，以及危险电位的传递。信号通过磁路的耦合来传送。

（2）光电耦合器隔离

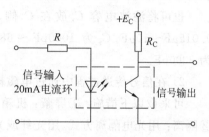

图 2-27 光电耦合器工作原理图

光电耦合器隔离[23]是一种光电隔离方式，系统在电路上相互绝缘，隔离电位可为数百伏至数千伏。信号通过电光转换，以光信号传送到下一单元，再经光电转换，恢复为电信号。其工作原理如图 2-27 所示。

光电耦合器的输入阻抗一般仅为 $0.1k\Omega \sim 1.0k\Omega$，而干扰源的内阻一般在 $1M\Omega$ 以上，所以馈送到光电耦合器输入端的噪声变得很小。整个耦合器是密封的，不受外界光的影响。耦合器输入和输出端之间的寄生电容很小，仅为 $0.5pF \sim 2pF$，而绝缘电阻为 $10^{12}\Omega$，故输出系统的干扰噪声也很难通过耦合器反馈到输入系统。由此可见，光电耦合器的隔离效果和抗干扰能力是比较好的，它特别适合于短距离信号的传送。

（3）电-光纤-电隔离

电-光纤-电隔离同样是用光电隔离方式来隔离两个系统之间的干扰，但光信号的传输用光纤（或光缆）来完成，适合于远距离的信号传输，抗干扰能力最强。由于光纤的耐压很高，1m 光纤交流闪络电压大于 $100kV$[24]，故可用于隔离很高的电位。该传输方式结构复杂，成本较高。

2. 来自监测系统外的电磁干扰

广播、载波通信、晶闸管整流、高次谐波、高压输电线的电晕、电焊操作等都是干扰源。它们主要通过以下三个途径进入监测系统。

1）从交流电源进入

分共模和差模干扰。共模干扰是指两根电源线对地之间存在的电磁干扰，其对地的干扰电位相等、相位相同。差模干扰则是在两电源线之间存在的干扰，干扰电流在两根线上是异向的环流。为抑制这类干扰，监测系统一般由隔离变压器供电，输出端还接有低通滤波器，如图 2-28 所示。

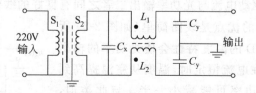

图 2-28 隔离变压器和低通滤波器供电接线回路

为了对不同干扰频率下的共模和差摸干扰均产生良好的抑制效果,宜采用双层屏蔽,S_1屏蔽差模干扰,S_2屏蔽共模干扰。低通滤波器由共模抑制线圈 L_1 及 L_2、差模电容 C_x 和两个共模电容 C_y 组成。L_1、L_2 是绕在同一磁环(一般选用铁淦氧圆磁环)上匝数、绕法均相同的两个独立线圈,故 $L_1 = L_2 = M$。当有负载电流流过时,电流在磁环内产生的磁通相互抵消,电感的作用呈现不出来,且不会使磁环饱和,故对负载电流(或信号)的传输没有影响。

L_1 和 C_y、L_2 和另一个 C_y 分别构成两对独立端口的低通滤波器,以抑制电源线上存在的共模干扰信号;而 C_x 和 L_1、L_2 及两个 C_y 的串联电容又构成 π 形滤波网络,可抑制电源上存在的差模干扰。这样,便可实现对电源系统电磁干扰的抑制。

也可将滤波电容 C_x 放在 C_y 侧,其作用相似。L_1、L_2 一般为 0.3mH～24mH,C_x 为 0.015μF～10μF,C_y 为 1000pF～6800pF。图 2-28 所示电路采用的 C_x 为 0.15μF,C_y 为 2300pF。

2) 在信号传送过程中通过电磁耦合进入

可采取以下措施:①屏蔽:机箱、机柜均由金属屏蔽制成,连线用屏蔽线或高频电缆;②隔离:用光电隔离方式,用光纤或光缆传送信号;③良好的一点接地。

3) 通过传感器和信号混叠后一起进入监测系统

这常常是外部干扰的主要来源,而且干扰水平高,较难抑制,但必须采取相应的技术措施加以抑制,才能保证必要的监测灵敏度和信噪比。

2.3.3   光电信号传输通道[25-30]

1. 信号的调制方式

光电信号传输通道的光端部分(也称光端机)由光源、光纤、光监测器组成。其中发送端的光源(半导体发光二极管 LED 或激光二极管 LD)起着电/光变换作用,光纤作为光信号的传输介质,接收端的光监测器(半导体光电二极管 PD 或雪崩光电二极管 APD)起着光/电变换作用。

传输通道中的光信号可以看作光频载波。欲传送的监测信号或控制信号 $u_s(t)$ 可通过一定的方式调制光频载波,使光频载波携带着 $u_s(t)$ 的信息从发送端传向接收端。但这种调制和无线电通信不同,并不是指光频载波的外差调制,而是指光载波的光强度调制。光强度调制方式(IM)是使光源发出的光强度的大小在时间上随 $u_s(t)$ 变化。信号 $u_s(t)$ 对光频载波的调制方式实际使用较多的有以下三种。

1) 调幅式调制

又称振幅调制-光强调制(AM-IM)。这种调制方式由模拟信号直接对光载波进行光强度调制,故要求光源的驱动电流与光功率输出二者之间有良好的线性关系。发光二极管能满足这种线性关系。它的优点是线路简单(如图 2-29 所示)、频带宽,缺点是 LED 的温度特性会使光功率的输出随温度而变化。例如,在电流恒定时,温度从室温提高到 100℃时,LED 的输出功率可能减小一半。与此类似,LED 电源电压的变化以及 LED 的老化,也会引起输出光功率的变化。这些缺点大大影响了调幅方式的使用。

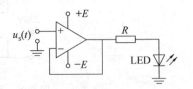

图 2-29   调幅式调制原理图

2) 调频式调制

又称频率调制-光强调制(FM-IM)。这种调制方式由模拟信号先对电载波进行频率调制,即先将电信号调制为振幅不变而频率随调制信号幅度变化的电调频波,即图 2-30 中的 FM。它输入的是经过预处理后的监测信号,通过 FM 输出的就是调频波。

频率调制功能一般由压控振荡器或电压-频率变换器来完成。电调频波通过发光二极管的电/光变换后,输入光纤 OF 的是和电调频波相同的光信号的调频波。这样 LED 的温度特性和电源电压就不会再影响光信号,故这种调制方式的应用较为广泛。通过光纤输出的光信号经光/电变换后恢复为电信号的调频波,再经解调(DM)、放大和低通滤波后即复原为预处理后的电信号,然后送往数据采集单元。该方案可以将数据采集系统的数据采集单元和数据处理诊断系统一起安排在主控室。

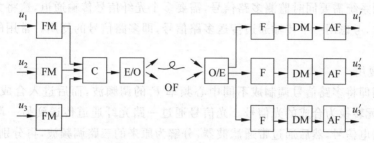

图 2-30　调频和频分复用光纤信号传输通道原理框图

FM—频率调制;C—多路信号合成;E/O—电光转换;OF—光纤;O/E—光电转换;F—带通滤波器;
DM—解调;AF—放大和低通滤波;u—输入信号;u′—输出信号

解调一般选用锁相环或鉴频器和频率-电压变换器。调频方式的优点还在于当调频波的波形和振幅受到干扰、波形发生畸变时,其基波频率不变,通过限幅线路的处理仍可获得好的解调效果。

光源通常选用工作在红外线范围内、波长为 $0.85\mu m$ 左右的发光二极管。光纤可选用阶跃型多模光纤。压控振荡器的中心频率应至少选得比信号的最高频率高 10 倍,而且中心频率 F_c 必须保持稳定。载波频率的不稳定有可能使调频波的部分有效频谱、甚至全部调频信号超出接收端的正常接收范围,使接收到的信号失真,严重时甚至接收不到信号。

压控振荡器应有良好的调制线性度,以使频率偏移 Δf 与调制电压 $u_s(t)$ 成比例。调制灵敏度是指频偏与调制电压的比值,它的大小应合适。若灵敏度太低,就需要高的输入调制电压,这可能使调频元件(如变容二极管)容易进入非线性区。若灵敏度太高,则调频元件参数(如变容二极管的结电容)的改变对频率影响就灵敏,温度和电压等因素的变化也容易引起中心频率的偏移。压控振荡器是整个调频电路的关键部件,应精心设计和调试。光检测器可用 PIN 结构的光电二极管。

调频波的频带宽度 B_f 可近似由下式估算:

$$B_f = 2(\Delta f + F) = 2(M_f + 1)F \tag{2-38}$$

式中:F 为调制信号的频率;Δf 为调制信号振幅决定的频偏;$M_f = \Delta f/F$ 是调频指数。例如,监测变压器局部放电的超声信号时,其截止频率为 200kHz。若 $M_f=1$,则可由上式算得调频信号的带宽 $B_f=800kHz$。载波的中心频率则可选为 3MHz,则调频波的频带为 3MHz $\pm400kHz$。

3）脉码调制-光强调制（PCM-IM）

这种调制方式先将模拟信号通过 ADC 转换为数字信号，再通过 LED 将数字信号转换为数字光信号。这是一种数字光信号的传输方式，它与以上模拟光信号的传输相比有明显的优点。首先，模拟信号由于信号的畸变和衰减无法进行长距离的传输，而数字光信号则可以长距离传送。其次，数字光信号传输还具有较强的抗干扰能力，对信噪比的要求低。再次，数字光信号传输具有宽的动态范围和准确度，在同样有效输入电压范围内，它的准确度要比模拟系统好。最后，数字光信号传输使信号传输通道大为简化，省去了调制、解调、滤波等诸多部件，且避免了由于调制器件的中心频率不稳定（例如受环境温度的影响）而引起的信号失真等问题。

2. 信号的多路复用

有的监测系统需要同时监测多路信号，需要多个光纤信号传输通道，这将大大增加系统的成本。为此，考虑用一个传输通道传送多路信号，即多路信号的复用。常用的复用方式有两种。

1）频分复用

频分复用即将多路信号调制成不同中心频率 F_c 的调频波，而后进入合成单元 C，再经电/光转换单元转换为合成的光信号。光信号通过一路光纤通道传送到另一端，再经光/电转换为合成的电信号，然后通过带通滤波器，分解为原来的三路调频波，再分别经解调、低通滤波，复原为调制前的三路信号。整个过程如图 2-30 所示。为减少复用时不同信道间的相互干扰，调制波的最高中心频率 $F_{c,max}$ 和最低中心频率 $F_{c,min}$ 间应满足下列要求[29]：

$$F_{c,max} < 2F_{c,min} \tag{2-39}$$

例如，若选择 F_c 为 3MHz 和 5MHz，如为二路信号复用，能满足上式要求。若选 3MHz、5MHz 和 7MHz 为三路信号复用，则不能满足上述要求。这时应将各 F_c 提高，如改为5MHz、7MHz 和 9MHz，即能满足式(2-39)的要求。可见复用路数越多，中心频率越高。显然频分复用适合于模拟信号的传输。

2）时分复用

时分复用即在不同时间上分别传送不同的信号，适合于数字信号（脉码调制方式）的传送。其优点是结构简单，缺点是传输时间较长。

3. 数据的传送

从数据采集系统采集到的数据，最后要送入微机进行处理和诊断。数据的传送根据微机的不同接口分为两种方式。

1）串口传送

通过微机的 RS232 异步串行通信端口传送，优点是结构简单，缺点是传输时间长。适合于数据量较小、对通信实时性要求不高的场合。

2）以太网传送

随着光通信技术的飞速发展，光纤以太网的速度在不断提高，成本却在不断下降，已经逐渐成为主流的数据传输方式。

4. 光电器件的选择

1）光源

光源有发光二极管（LED）和激光二极管（LD）两种。LED 发光功率不大，发散角大，故出纤功率小(例如对多模光纤的耦合效率仅为百分之几),但结构工艺不复杂,寿命长而线性度好,适宜于短波长、短距离、小容量的光纤信号传输,因而特别适合于在线监测系统。LD发光功率大、出纤功率大、耦合效率高,但工作寿命短,适合于中、长距离和大、中容量的通信。

2) 光检测器件

光检测器件有两种。一种是 PIN 型光电二极管,它的特点是输出功率小,但输出电流和接收的光功率之间线性关系好,且和外加偏压的关系不密切,适合于在线监测系统。另一种是雪崩光电二极管(APD),它的输出功率大,内部有放大作用,但易受温度、偏压的影响,适合于要求高灵敏度的场所。

3) 光纤[30]

光纤分单模和多模两种。单模光纤纤径较小($3\mu m$),要求光源发散角小,适合于 LD 光源;它的带宽极大,适合于长距离、大容量传输。多模光纤的优点是纤芯直径较大($60\mu m$),适合于发散角大的 LED 光源,可保证较好的耦合效率;缺点是损耗大,带宽小,适合中容量和中、短距离的传输。

在线监测系统的光纤传输通道一般由 LED、PIN 和多模光纤组成。一般光源和光检测器件都连有一段尾纤(很短的光纤),这是个永久性的固定连接,有严格的工艺要求。应将光源的发光面和光纤的端面对接,光电管的受光面和光纤的端面应有良好的对接。通过连接器将传输信号用的光纤与尾纤相连。这个连接器是个活接头,光纤可通过它方便地从光端机上插拔。

2.4 抗干扰技术

前面提到,通过传感器进入监测系统,与信号混叠在一起的干扰信号是外部干扰的主要来源,应在预处理时采取措施予以抑制。特别是在监测微弱的瞬态脉冲信号时,这种抑制尤为重要。干扰信号按照其波形特征可分为如下几种[31-33]。

1. 周期性干扰信号

1) 连续的周期性干扰信号

如广播、电力系统中的载波通信、高频保护信号、高次谐波、工频干扰等,其波形一般是正弦波。以载波通信和高频保护的干扰为主,其频率范围在 30kHz～500kHz 之间,具体频带随地点而不同。例如,在东北某 500kV 变电站 A 相变压器外壳接地线上测得的背景干扰中[31],载波通信的功率比占 97%,其中 58.5% 是 415kHz 的载波干扰,其余依次为339.4kHz、190.4kHz、380.9kHz、300kHz、117.2、256.3kHz 和 95.2kHz。

2) 脉冲型周期性干扰信号

如可控硅整流设备在可控硅开闭时产生的脉冲干扰信号、旋转电机电刷和滑环间的电弧等。其特点是脉冲干扰周期性地出现在工频的某些相位上。可控硅干扰的频谱主要分布在 133kHz 以下[31]。

2. 脉冲型干扰信号

高压输电线的电晕放电,相邻电气设备的内部放电,以及雷电、开关、继电器的断合,电焊操作等无规律的随机性干扰均属于脉冲型干扰信号。

上述干扰信号的特征和性质不同,需采取不同的措施抑制。而监测系统安装在不同场合,其干扰信号的构成也是不同的。因此,需针对现场的具体情况,采取综合措施予以抑制。

抑制干扰有硬件、软件两类方法。对于干扰较轻的场合,采用其中的任何一种方法,即可见效。但在干扰特别严重的环境下,必须两种方法同时使用,才能将干扰抑制到允许的水平。即首先用硬件措施,将干扰作初步抑制;但由于硬件方法的灵活性较差,其抑制干扰的能力会受到限制。这时,可以发挥软件措施的灵活性,采取各种先进的处理方法,以进一步降低干扰水平,提高信噪比。

2.4.1　硬件措施

1. 硬件滤波器

使用各种带通滤波器可有效地消除和抑制连续的周期性干扰。滤波器带宽和中心频率的选择视干扰信号的频带而定。窄带滤波器抗干扰性能好,能有效抑制通频带外的大部分干扰信号,但也容易造成有用信号本身某些频率成分的过分丧失。宽带滤波器可获得的信号频率成分比较丰富,但不利于干扰的抑制。

图 2-31 所示是可方便调节通频带的组合式滤波器[34],它由一系列平行的低通和高通滤波器组成。当它们通过选择不同的组合开关进行不同的级联时,即可得到不同通频带的带通滤波器。若将截止频率相同的低通滤波器和高通滤波器并联输入,而其输出通过加法器合成,即可组成组合式带阻滤波器。滤波器截止频率的选择可程控或手动。组合式滤波器的缺点是频带不能太窄。

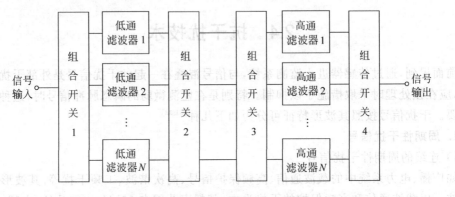

图 2-31　组合式带通滤波器结构框图

图 2-32 所示是使用组合式滤波器对一台 110kV 变压器局部放电在线监测的实例。图 2-32(a)所示波形为使用带通滤波器(2kHz~250kHz)后的结果,与图 2-32(b)所示的原始波形相比,周期性干扰信号被抑制,局部放电信号可清晰地辨识出来。

2. 差动平衡系统

差动平衡系统主要用以抑制共模干扰,基本原理如图 2-33 所示。当来自线路的共模干扰进入电气设备 C_{x1}、C_{x2} 时,其电流方向是相同的。在电流传感器 CT_1、CT_2 上输出同方向信号,进入差动放大器后,这两个干扰信号相当于共模信号被抑制。若是设备内部放电,例如 C_{x2} 有放电故障,那么在 CT_1、CT_2 上流过的电流方向是相反的,进入差动放大器后,这两个信号相当于差模信号被放大,从而提高了监测的信噪比。

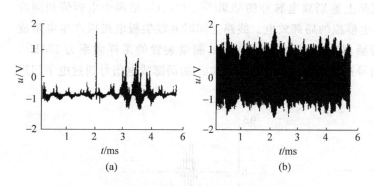

图 2-32 组合式带通滤波器的输出波形与原始波形
(a) 滤波器输出;(b) 原始波形

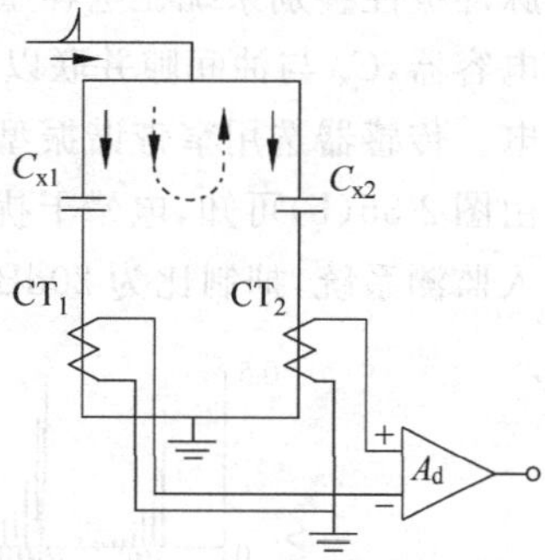

图 2-33 差动平衡系统原理图

差动平衡系统的关键是要求两路共模信号的相位、波形完全一致,从而获得高的抑制比。这不仅要求电流传感器 CT_1、CT_2 以及两个监测通道的特性基本一致,更主要的是 C_{x1}、C_{x2} 的结构、组成基本相同。否则抑制作用会降低,甚至丧失。为此,当具体用于在线监测时,需采取相应的技术措施,例如调节两路信号的幅度和相位,使之尽可能相等。

3. 电子鉴别系统

根据干扰信号和待测信号某些特征的差异(例如时延不同)进行抑制。最典型的就是监测局部放电时使用的脉冲极性鉴别系统。其原理框图如图 2-34 所示。

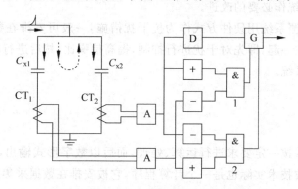

图 2-34 脉冲极性鉴别系统原理框图

与差动平衡系统类似,若是设备内部放电,例如 C_{x2} 放电,则 CT_1、CT_2 将输出两个极性相反的脉冲。经放大并分别经整形和反相整形后,加于与门 1 和与门 2 上,于是与门 2 开启,使电子门 G 打开,放电信号将通过时延单元 D 和 G 送至监测系统。同理,如果 C_{x1} 放电,将使与门 1 开启而送出放电信号。这样,通过与门 1 和与门 2 就可辨别是哪一台设备放电。由于鉴别系统的动作总需要一定的时间,故需监测的信号也要经 D 延迟一定时间后由 G 送出。

若是外界(例如线路上电晕放电)的干扰信号,则将在 CT_1、CT_2 上输出同极性的脉冲,于是与门关闭,干扰信号将被阻止而不会送到监测系统。

脉冲极性鉴别法最早由 Hashimoto 提出,1975 年由 Black 最先将其应用于实验室内的局部放电测量[35]。测量系统采用的是宽带系统,并在电容型试品上实现。图 2-35 所示是脉冲极性鉴别系统在电容型试品上鉴别放电脉冲的结果[36]。C_{x1}、C_{x2} 是两个电容值相同的电容器，C_{x1} 与油间隙并联以产生模拟的局部放电。线路上同时并联尖板电极以产生电晕放电。传感器选用窄带谐振型传感器，中心频率为 250kHz，测量装置的采样频率为 1MHz。由图 2-35(b)可知，电晕干扰信号被抑制，而与之相隔仅 $20\mu s$ 的局部放电信号通过电子门进入监测系统，抑制比为 20dB。

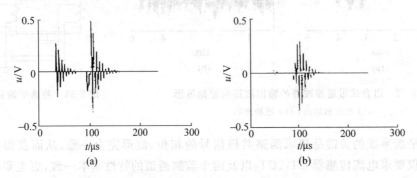

图 2-35　极性鉴别系统对电容型试品的抑制效果

(a) 抑制前；(b) 抑制后

　　该系统抑制干扰的关键和差动系统类似，即要求通过 C_{x1}、C_{x2} 后的信号波形基本相同，且相互无时延，方可取得显著的抑制效果。为此，当它用于在线监测系统时，需根据试品的具体情况，对鉴别系统作必要的改进。

　　顺便指出，若监测系统用硬件方式作为抗干扰措施，一般可安排在数据处理之前，可与数据采集系统安排在一起，即先对干扰进行抑制，提高信噪比，然后进行模数转换，再将数字信号送到数据处理系统。

2.4.2　软件措施

1. 数字滤波器

　　对一个数字信号按一定要求进行运算、处理，而后以数字形式输出，这种处理就是一种数字滤波。数字滤波技术实际也是一个计算程序，它被安排在数据采集之后，故这是一种运用软件抑制干扰的方法。数字滤波技术主要是抑制连续的周期性干扰，可用于局部放电脉冲信号的监测中。与模拟滤波器相比，它具有可任意改变滤波器参数的优点。数字滤波器有多种算法，下面介绍两种。

　　1) 理想滤波器

　　其基本原理如图 2-36 所示[37,38]。设放电信号为理想的狄拉克冲激函数，干扰信号为正弦函数，当这两种信号在时域混叠在一起时，成为图 2-36(a)所示的波形。经快速傅里叶变换(fast Fourier transformation，FFT)后，在频域上，局部放电信号的频谱变成一条水平直线，它包含所有的频率分量，是均匀谱；而干扰信号则是单一频率的冲激函数，二者在频域叠加后，干扰谱线突出于局部放电谱线之上，如图 2-36(b)所示。图 2-36(c)所示为在频域中将干扰谱线去除后的波形。最后经快速傅里叶反变换(IFFT)回到时域，从图 2-36(d)所示可看出，干扰信号(正弦函数)已被消除，只剩下局部放电脉冲信号。

　　虽然实际上局部放电信号远非理想的狄拉克函数(有时是衰减的正弦振荡波)，干扰信

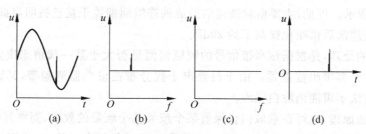

图 2-36　数字滤波基本原理

(a) 原始信号；(b) FFT；(c) 滤波；(d) IFFT

号也非严格的正弦信号，但仍可运用上述方法来抑制周期性干扰。图 2-37 所示是对廊坊变电站的 110kV 变压器进行在线监测时，运用数字滤波技术的实例。

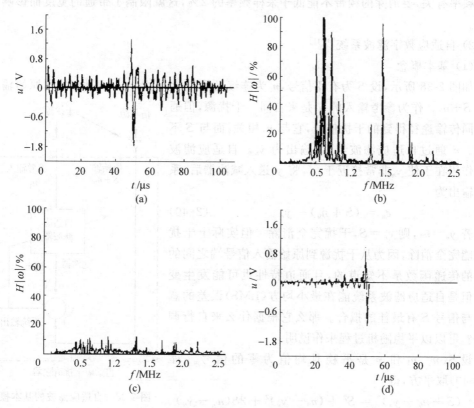

图 2-37　数字滤波技术在在线监测中的应用

(a) 原始信号；(b) FFT；(c) 滤波；(d) IFFT

图 2-37(a)所示[37]是用采样频率为 5MSa/s 的采集系统采集到的局部放电信号（从套管末屏注入方波来模拟）和干扰信号混叠的波形。传感器选用中心频率为 250kHz 的谐振型窄带传感器，并在变压器外壳接地线上监测信号。经 FFT 变换后，其频谱特性如图 2-37(b)所示。得到的频谱上有较强的周期性干扰，其频率集中在 276kHz、316kHz、344kHz、396kHz 和 720kHz 处，基本上处在该变电站载波通信所用的频段（272kHz～276kHz、312kHz～316kHz、344kHz～348kHz、392kHz～396kHz）内。在频域上对干扰谱线进行处理后，得到图 2-37 (c)所示的波形，再经 IFFT 反变换后，返回时域，得到处理后的信号波形

如图 2-37 (d)所示。可见,主要由载波通信造成的连续周期性干扰已被明显抑制,而局部放电信号突出,处理前后信噪比提高了约 20dB。

干扰谱线的处理,是根据该窄带信号的频域幅值是否大于某一阈值来决定是否将其消除,其实质是一个多带阻滤波器。由于白噪声干扰分布在整个监测频带,其频域幅值比较小,故用上述方法不可能消除白噪声。

运用相同的原理,也可在频域内仅保留某个或某几个频带的频谱,而将其他频带的频谱舍去,即是一个理想多带通数字滤波器。其通带也可加各种窗函数,如矩形窗、汉宁窗等。将处理后的频谱变换到时域,即可得到滤波后的时域波形。曾用此法[37]对前述的 500kV 变压器外壳接地线上测得的周期性干扰信号和从套管末屏注入的脉冲信号进行处理,滤波后的信噪比为 11.9dB,而用前一方法时为 5.7dB。但理想多带通数字滤波器的滤波效果和采样频率有关,要消除的频带不能低于采样频率的 2%,这就限制了带通的宽度而影响滤波效果。

2) 自适应数字滤波系统[39-41]

(1) 基本概念

如图 2-38 所示,设 S 为有用信号,n_0 为连续的周期性干扰,与 S 不相关,则原始输入信号为 $S+n_0$。作为参考输入的 n_1 是来自同一干扰源,但通过不同传输途径得到的干扰信号,它与 n_0 相关,而与 S 不相关。n_1 通过自适应滤波器后,输出为 y_n。自适应滤波器的作用在于使 y_n 非常接近于 n_0,将 y_n 送入减法器后,系统的输出为

$$e_n = (S + n_0) - y_n \qquad (2\text{-}40)$$

若 $y_n = n_0$,则 $e_n = S$,干扰完全消除。但实际上干扰不可能完全消除,因为从干扰源到原始输入信号端之间的通道的传递函数是不知道的,且通道特性也可能发生变化。但是自适应滤波系统能在最小均方(LMS)误差的意义上与信号 S 有最佳的拟合。那么它根据什么来自行调节呢? 可以以平稳随机过程来作说明。

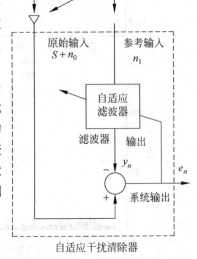

图 2-38 自适应滤波的基本概念

设 S、n_0、n_1 和 y 是平稳且均值为零的信号。对式(2-40)取平方,得

$$e_n^2 = (S + n_0 - y_n)^2 = S^2 + (n_0 - y_n)^2 + 2S(n_0 - y_n)$$

取期望值

$$E[e_n^2] = E[S^2] + E[(n_0 - y_n)^2] + 2E[S(n_0 - y_n)]$$

所以

$$E[e_n^2] = E[S^2] + E[(n_0 - y_n)^2] \qquad (2\text{-}41)$$

式中:$E[S^2]$ 是信号平均能量,与调节过程无关。只要让调节过程使 $E[e_n^2]$ 最小,即使系统功率输出最小,则

$$\min E[e_n^2] = E[S^2] + \min E[(n_0 - y_n)^2] \qquad (2\text{-}42)$$

也即使 $E[(n_0 - y_n)^2]$ 最小,则滤波器的输出 y_n 将是噪声 n_0 在最小均方意义上的最佳估计。又因为

$$e_n - S = n_0 - y_n$$

所以

$$E[(n_0 - y_n)^2] = E[(e_n - S)^2] \tag{2-43}$$

为最小,即此时系统的输出 e_n 就是信号 S 的最佳估计,并获得了最佳信噪比。

概括起来说,就是调节自适应滤波器的冲激响应(都是有限冲激响应,即 FIR 型的滤波器),使系统的输出功率最小。由于信号功率与调节过程无关,因而其结果是使自适应滤波器的输出,抵消原始输入信号中的干扰,从而达到消除干扰的目的。由于 n_0 与 n_1 是同一个干扰源,但经过了不同的通道,所以自适应滤波器实质上就是设法模拟 n_0 与 n_1 之间的传递函数。

（2）自适应滤波器的原理和构成

由 LMS 自适应滤波器和减法器组成的自适应数字滤波系统如图 2-39 所示,可用于局部放电在线监测,抑制周期性干扰。

自适应滤波器由带分接头的时延线和自适应线性组合器所构成。实际情况是:图 2-38 中的 n_1 常不易单独获得,故图 2-39 中的原始输入和参考输入常取自同一信号。

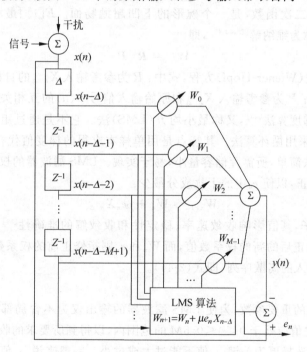

图 2-39　自适应数字滤波系统

以 $x(n)$ 表示测得的离散信号(n 表示不同时刻),它包含脉冲信号(有用信号)和周期性干扰信号。设 M 为带分接头的时延线的数目,也即滤波器的阶数。

若数字化测量的采样率足够高,由于在原始输入和参考输入中连续周期性干扰信号相互间的相关性,通过在参考输入 $x(n)$ 中插入合适的固定时延 Δ,使二者的脉冲信号互不相关,便可方便地将脉冲信号从周期性干扰信号中分离出来。被延时 Δ 的参考信号经各时延线分接头输出的离散序列可表示为

$$\boldsymbol{X}_{n-\Delta}^T = [x(n-\Delta), x(n-\Delta-1), \cdots, x(n-\Delta-M+1)] \tag{2-44}$$

原始输入信号 $x(n)$ 可用来评价自适应数字滤波系统的中间输出 $y(n)$，以使此输出成为输入离散序列中，所含周期性干扰信号在最小均方意义上的最佳近似。故 LMS 滤波器是先将所有局部放电脉冲衰减，以得到仅包含不需要的周期性干扰信号的输出 $y(n)$，通过减法器的处理，从输入信号中消除此周期性干扰信号，因而系统的最终输出 e_n 仅包含脉冲信号。

LMS 滤波器的输出为

$$y(n) = \sum_{i=0}^{M-1} w_i(n) x(n - \Delta - i) \tag{2-45}$$

式中：$w_i(n)$ 为滤波器在时刻 n 的第 i 个权系数。滤波器的权系数为时变的，可表示为如下的列向量：

$$W_n^{\mathrm{T}} = [w_0(n), w_1(n), \cdots, w_{M-1}(n)] \tag{2-46}$$

则自适应数字滤波系统的输出为

$$e_n = x(n) - y(n) = x(n) - W_n^{\mathrm{T}} \cdot X_{n-\Delta} \tag{2-47}$$

它反映了离散信号 $x(n)$ 与 LMS 滤波器的输出 $y(n)$（它逐步趋向于干扰信号）之差。权系数向量 W_n 将由自适应算法不断修正，以得到最小均方误差意义上的最佳结果，即 $E[e_n^2]$ 最小。$E[e_n^2]$ 是 W_n 的二次函数，是一个碗形的下凹超抛物面。$E[e_n^2]$ 最小时，即到达了"碗底"，获得最佳解，称为维纳解[39,42,43]，即

$$W^* = R^{-1}P \tag{2-48}$$

上式也称维纳-霍夫（Wiener-Hopf）方程，式中：R 为参考输入 $X_{n-\Delta}$ 的自相关矩阵，绝大部分情况下为对称正定；P 为参考输入 $X_{n-\Delta}$ 和原始输入信号 $x(n)$ 的互相关列向量。为得到最佳解，使用了随机梯度算法[43]，又称最小均方（LMS）法。它不是通过矩阵运算直接求解维纳-霍夫方程，而是采用循环算法。其特点是用单样本求得的梯度值代替真实梯度，不需要二阶统计知识，算法简单，所需存储容量小，易于实现。LMS 滤波器的权系数在自适应过程中将按下式不断修正，以使 e_n 中的干扰成分最少：

$$W_{n+1} = W_n + \mu e_n X_{n-\Delta} \tag{2-49}$$

式中：μ 是收敛因子，其值影响收敛速率、稳定性和收敛解的准确性[39]。需注意的是此处 W_{n+1} 的含义是指修正后的新的权系数值，而 W_n 和 e_n 则指修正前的权系数值和系统输出值。$X_{n-\Delta}$ 则仍是参考输入的离散序列，即式（2-44）。

（3）参数选择

时延 Δ 是系统的重要参数，为使 LMS 滤波器的输出仅为不含局部放电脉冲信号的周期性干扰信号，Δ 之值应处于 $0 < \Delta \leqslant 0.5M$ 的范围内，以得到所要求的收敛。

收敛因子 μ 的选择更为关键，μ 值不能过大或过小。一般来说，μ 值大，收敛快，但有可能使收敛过程不稳定而导致不收敛；同时 μ 值大，要求 M 值小（否则可能不收敛），这样虽可缩短处理时间，但将影响得到最优解。μ 值小，收敛慢，在数据长度足够时，也能收敛到最优解，但要求增加滤波器阶数 M，这些均将导致自适应处理时间增加。μ 取值无一般性解答，使收敛过程比较稳定的范围是 $0 < \mu < 1$[42]。

如前所述，自适应数字滤波器的关键是时延和收敛因子的选择，它直接影响收敛性能和滤波效果。如果选择不合适将造成某些情况下滤波效果并不理想，例如用它对上述理想滤波器中提到的 500kV 变压器外壳接地线上测得的周期性干扰信号和从套管末屏注入的脉冲信号进行处理，相应的参数为 $M=10$，$\mu=0.2$，$\Delta=1$，结果信噪比仅为 1.7[40]。

  M 的取值也取决于信号的统计性。例如对低电平的干扰信号,低阶滤波器系统就能很快抑制它们。M 取值较高时,在某些情况下可取得较好效果,但将显著地增加计算和处理时间。例如当采样数据长度 $N=1\text{kB}, \mu=0.6, \Delta=4$ 时,处理时间 t 随 M 呈线性增加。另外 M 增加时,稳态失调可能性会增加。

  在线监测一般希望所处理的数据长度越长越好,然而这也将使处理时间线性增加。故用于现场在线监测时,为防止计算时间迅猛增长,将 M 和其他参数设置为较低值[42],而通过改变 μ 的取值来获得期望的结果。总之,可通过协调阶数 M 及 μ 的取值来获得 W^* 的最优解。

  图 2-40 是在清华大学变电站对 110kV 主变压器在线监测的结果。局部放电脉冲仍由注入方波来模拟。由中心频率为 250kHz 的 JFY-1 型电流传感器从电力变压器的外壳接地线上监测信号。采样频率为 2MHz,$M=10, \mu=0.4, \Delta=4$。

  对比图 2-40(a) 和 (b) 可知,处理前后,局部放电脉冲无明显畸变,而信噪比却显著提高,载波通信引起的周期性干扰被 10 阶滤波器很好地抑制。本次试验处理的数据长度为 2048B,计算时间共约 10s。

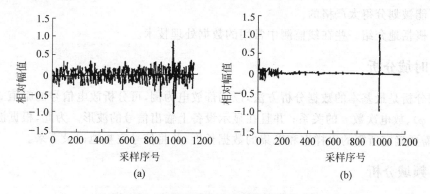

图 2-40 自适应滤波在在线监测中的应用
(a) 滤波前的信号;(b) 经 10 阶滤波器滤波后

2. 平均技术

  这是用软件,即数据处理的方法抑制干扰,主要是处理随机性干扰。随机性噪声一般遵从正态分布,故将数据样本多次进行代数和相加,并取其平均值,即可减弱随机性干扰的影响,从而提高信噪比。若样本数为 N,则信噪比的改善为 $\sqrt{N}$(因为样本均值的标准偏差为 $\dfrac{\sigma}{\sqrt{N}}$,是样本的标准偏差的 $\dfrac{1}{\sqrt{N}}$)。用平均技术需确定采样率、每次采样样本的容量以及样本数,而这些采样值的采样周期必须是严格相同的。

3. 逻辑判断

  从逻辑推理上设定一些判据,去判断测得的是真实信号还是干扰信号。例如监测过程中仅测得一次幅值很高的信号,那么该信号很可能是一个随机干扰信号,可在数据处理时舍弃。

4. 开窗

  对一些已知的且相位固定的干扰,可运用电子技术或软件方法对这些信号不予采集,或不予显示,或直接置零。

　　软件抗干扰措施是一些专门开发的处理程序,也属于数据处理范畴。功能复杂的处理程序,需要由高性能的计算机来支持。

2.5　数　据　处　理

　　数据处理是对监测到的信号进行分析,它有两方面的作用。

　　(1) 去伪存真。通过处理将干扰信号抑制,提高信噪比,以防止对故障做出误报或漏报。其关键是要完善抗干扰措施,如上节所述,视具体情况,某些抗干扰措施需安排在数据处理时实施。

　　(2) 由表及里。除了提高信噪比以外,还需将采集到的数据所能反映的信息更好地显示出来,这就不能只简单地罗列出采集到的原始数据,还要作一些由表及里的分析处理,使之成为在线诊断设备故障的可靠判据。

　　由此可见,数据处理也是构成在线监测和诊断系统的一个十分重要的内容。如上所述,抗干扰技术实际上也是一种数据处理技术,而数据处理技术本身也常具有抗干扰的效果,二者是不可能被划分得太严格的。

　　以下概括地介绍一些在线监测中常用的数据处理技术。

2.5.1　时域分析

　　时域分析是最基本的数据分析方法,以局部放电为例,可分析放电信号的幅值 q 和时间 t(或相位 φ)、放电次数 n 的关系;并且在显示设备上输出信号的波形。为此,根据波形的采集要求,需要确定所需的采样率和采集的数据长度,并将信号完整地记录下来。

2.5.2　频域分析

　　分析信号的某些特征在频域上的变化,如幅度谱、相位谱、能量谱、功率谱等。谱分析也是信号处理的一种重要手段。由于快速傅里叶变换(FFT)的出现,使得频谱计算变得容易实现。

　　目前,电气设备在线监测用得较多的是幅度谱,即幅频特性。基本方法是将时域波形经采样后,变成一组有相同时间间隔的离散值,再经过 FFT 变成一组有相同频率间隔的、频域内的离散值。设时域内连续的周期函数 $g(t)=g(t+T)$,当用一组相同时间间隔的离散值来描述连续的时间信号时,可表示为 $g(t_n)$,它是在 t_n 各个瞬间对信号时域的抽样。显然 $g(t_n)=g(t)\cdot p(t)$,$p(t)$ 是抽样脉冲序列。将 $g(t_n)$ 作离散傅里叶变换为频域时,则

$$G(f_k) = \frac{1}{N}\sum_{n=0}^{N-1} g(t_n)\,\mathrm{e}^{-\mathrm{j}2\pi nk/N} \tag{2-50}$$

其反变换为

$$g(t_n) = \sum_{k=0}^{N-1} G(f_k)\,\mathrm{e}^{-\mathrm{j}2\pi nk/N} \tag{2-51}$$

　　有时,可根据不同的频谱特征来识别干扰或故障的性质。

2.5.3 相关分析

相关分析是在时域上研究两个信号间或信号自身间的相互关系,前者称为互相关,后者称为自相关。所谓相互关系指的是波形的相似性。互相关函数定义如下:

$$R_{fh}(\tau) = \int_{-\infty}^{\infty} f(t)h(t+\tau)dt \tag{2-52}$$

数字化(即离散化)后为

$$R_{fh}(m) = \sum_{n=-\infty}^{\infty} f(n)h(n+m) \tag{2-53}$$

互相关函数是将另一个信号 $h(t)$ 或 $h(n)$ 推迟一段时间间隔 τ,或者推迟 m 个采样时间间隔(即 $h(n)$ 序列左移 m 个单位)之后,和 $f(t)$ 或 $f(n)$ 序列对应相乘,再求和的结果。据此分析其相似性。图 2-41(a)是互相关分析的计算框图,图 2-41(b)是互相关函数在 τ 取不同值的相关曲线。

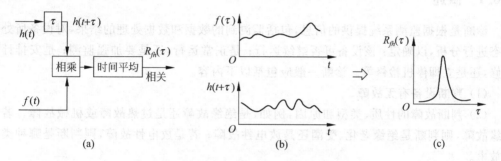

图 2-41 互相关函数计算及原理框图
(a) 计算框图;(b) 输入信号;(c) 输出信号

从图 2-41 可见,在两个信号波形的相似点处,相关曲线将出现峰值,由此可找出峰值所对应的 τ 或 m。若 $f(t)$、$h(t)$ 为功率信号,按上式定义函数将会出现无穷大,从而失去物理意义。故图 2-41 将两信号相乘后取其时间平均,则互相关函数可重新定义如下:

$$R_{fh}(\tau) = \lim_{T \to \infty} \frac{1}{2T} \int_{-T}^{T} f(t)h(t+\tau)dt \tag{2-54}$$

或

$$R_{fh}(m) = \lim_{N \to \infty} \frac{1}{2N+1} \sum_{n=-N}^{N} f(n)h(n+m) \tag{2-55}$$

如上所述,互相关函数是提供了一个波形及其自身时移形式之间的相似性量度。与互相关函数相似,定义自相关函数如下:

$$R_f(\tau) = \lim_{T \to \infty} \frac{1}{2T} \int_{-T}^{T} f(t)f(t+\tau)dt \tag{2-56}$$

或

$$R_f(m) = \lim_{N \to \infty} \frac{1}{2N+1} \sum_{n=-N}^{N} f(n)f(n+m) \tag{2-57}$$

相关分析可用于抑制干扰以鉴别信号是否存在、估计两个相似信号间的时延等,后者还可用于电缆的放电故障的定位。

2.5.4 统计分析

对监测到的随机性信号可进行统计分析,统计分析主要有以下内容。

(1)均值计算。均值计算不仅可了解信号取值的集中程度,而且可提高信噪比。

(2)二维谱图(直方图)。以局部放电的监测为例,有统计放电量 q 随放电相位 φ 分布的直方图,即 q-φ 二维谱图;还有统计放电次数 n 随放电量 q 分布的直方图,即 q-n 二维谱图。

(3)三维谱图。例如局部放电监测中常用的 φ-q-n 三维谱图。

通过统计分析,可以了解故障的严重程度或发展趋势,以及故障的性质和模式。

2.6   诊   断

2.6.1 概述

诊断是根据监测系统提供的信息,包括监测到的数据和数据处理的结果,对设备所处的状态进行分析,以确定:该设备可否继续运行;是正常运行,还是要加强监测;是安排计划检修,还是立即停机检修等。诊断一般应包括以下内容。

(1)判断设备有无故障。

(2)判断故障的性质、类型和原因,例如,是绝缘故障还是过热故障或机械故障。若是绝缘故障,则判断是绝缘老化、受潮还是放电性故障;若是放电性故障,则判断是哪种类型的放电。

(3)判断故障的状况和预测设备的剩余寿命,即对故障的严重程度及发展趋势作出诊断。

(4)判断故障的部位,即故障定位。

(5)作出全面的诊断结论和相应的反事故对策。

2.6.2 阈值诊断

阈值诊断是一种基本而重要的诊断方式,应用也最广泛。在各种国家标准、规程和导则中,规定了反映设备绝缘状况或其他状况的某些特征参数的正常值和注意值,以此作为阈值诊断的参照标准。例如,我国原电力工业部颁布的中华人民共和国电力行业标准《电力设备预防性试验规程:DL/T 596—1996》中对电力设备作了一些阈值量的规定[44,45]。诊断时,将监测到并经数据处理后的真实数据与之比较。阈值诊断一般用来判断设备是否发生故障,也可判断故障的严重程度以及故障的类型和原因。

阈值诊断简单方便,但由于故障本身是带有随机性的复杂过程,加之方法上的不完善和监测误差[46],总会存在诊断错误的可能性。可用图 2-42 来表示诊

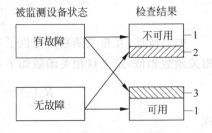

图 2-42   诊断结果分组

1—准确可靠的结果;2—第一类错误(虚假故障);3—第二类错误(未发现的故障)

断错误的分类。

1）误报

误报即虚假故障，相当于统计检验中第一类错误（取伪）。其后果是增加检修工作量和维修费用。

2）漏报

漏报相当于第二类错误（弃真），即存在故障而未被发现，这将引起设备严重的事故损坏，造成巨大的经济损失。

这两类错误的发生概率常常是相互联系的，第二类错误的发生概率降低，将导致第一类错误发生概率的增加，可分析如下。

设 x 是反映某种设备绝缘状况的参数（例如介质损耗角正切 $\tan\delta$），$f_1(x)$ 和 $f_2(x)$ 分别代表绝缘正常和存在故障的概率密度分布曲线。理想情况下，可根据 x 值将设备单值地分类为可用或不可用，这样的分类和其绝缘状态无故障或有故障是一致的，如图 2-43（a）所示。但实际上 $f_1(x)$ 和 $f_2(x)$ 总是相交的，有一个共同的范围，如图 2-43（b）所示。这种情况下，会由于阈值诊断方法的不完善而产生错误。若取 x_1 为设备不可用时的参数 $x_c(x_c=x_1)$，则设备故障未能发现的概率对应于阴影部分 P_2 的面积，而无故障的设备误定为不可用的概率对应于 P_1 的面积。将设备不可用的判定标准（阈值）减少到 x_2，可降低第二类错误的发生概率 P_2，但这时第一类错误的发生概率 P_1 会明显增加。

此外，监测误差也会引起诊断错误，图 2-44 中，概率密度曲线 $f_1(x)$ 包含了所有该类设备的参数 x（有故障和无故障均包括在内）。若设备的参数值 $x=x_1$ 超过了阈值 x_c，则设备有故障。但监测系统有随机误差 y，其概率密度为 $f_2(y)$，故实际与规程的标准值作比较的不是参数 x，而是监测结果 z。大多数情况下，x 和 y 均遵循正态分布，故监测结果 z 也遵循正态分布。

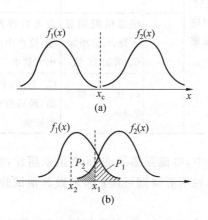

图 2-43 监测方法不完善引起的错误

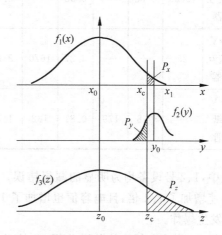

图 2-44 监测误差引起的错误

若参数 x 位于区域 P_x 内，则设备应该定为有故障。但根据监测的结果，判定设备不可用的将是监测到的参数 z 位于区域 P_z 内的那些设备，阈值 $z_c=x_c$。若因测量误差使监测值 $z_1<z_c$，则故障将未能被发现而发生漏报。发生此错误的概率为 $f_2(y)$ 曲线的阴影部分 P_y。为减少漏报错误，需提高监测的准确度。一般认为，监测结果的标准差 S_z 小于被测参数值 x

的标准差 S_x 的 1/10 即可[46]。进行在线监测时这个要求是可以满足的,但在阈值较小时容易因监测误差而引起漏报。

同样,监测误差也会引起误报,特别是在阈值较小时。据分析[46],监测电力变压器绝缘的 $\tan\delta$ 时,只有当 $\tan\delta \geq 1\%$ 时监测该参数才有意义,此时误报的概率小于 2%,否则误报概率可能达到 20%~40%。此外,当存在外来的严重干扰信号时,也会发生误报现象。

在作阈值诊断时,要注意以科学态度对待标准值。标准值是长时期经验的积累和理论分析的结果,具有普遍的指导意义,要严格执行。但是也不能将标准值作为判定故障的惟一判据。

正确的分析方法应是要对监测结果作全面的、历史的综合分析,掌握设备性能变化的规律和趋势,以及周围的干扰情况。这就不仅要和规程的标准值作比较,还要和该设备历史上的历次试验结果作纵向比较;有时还要和其他同类设备的监测结果作横向比较;必要时,还要和其他反映绝缘状况的参数的监测结果进行对照,经过全面衡量后作出诊断结论。

表 2-5 是绝缘故障的一些典型事例。[47]

表 2-5 电力设备绝缘故障典型事例

序号	设备名称	绝缘电阻/MΩ	绝缘特性						油击穿电压/kV	绝缘变化趋势	综合分析
			上年		本年		规定值				
			$\tan\delta$/%	C_x/pF	$\tan\delta$/%	C_x/pF	$\tan\delta$/%	C_x/pF			
1	220kV 电流互感器	10000	0.41	—	1.4	—	1.5		30.36(放水后)	$\tan\delta$ 增加 2.4 倍,C_x 增加 10%	端部密封不良,进水,电容屏间击穿,运行 10h 后爆炸
2	66kV 电流互感器	10000	0.58	—	2.98	—	3.0	变化 ±5% 时应注意	50	$\tan\delta$ 增加 4.1 倍	绝缘受潮,运行 10 个月后爆炸
3	66kV 电流互感器	25	—	—	3.27	1670	3.0		—	绝缘电阻明显下降,$\tan\delta$ 增加,C_x 增加 16 倍	设备内部严重受潮,检修中内部放出大量水
4	66kV 油纸套管		0.8	179	0.81	162	1.5		—	C_x 比上年减小 9.4%	C_x 下降,内部缺油,经检查内部严重缺油

表中,1、2 号设备均为明显的漏报错误。1 号中,电流互感器的 $\tan\delta$ 虽未超标,但在一年内迅速增加了 2.4 倍,且电容值也增加了 10%,说明有受潮可能;因未做其他试验,运行 10h 后发生爆炸。

事故后,作油中气体的色谱分析,乙炔的含量为 34×10^{-6},严重超标(正常值小于 5×10^{-6}),说明内部有放电性故障。解体后从互感器中放出 3.5kg 水。故障原因是端部密封不良,进水后,引起绝缘劣化,导致电流互感器电容屏间击穿,最后发生爆炸。该设备如果及时作色谱分析或其他检查,可避免事故的发生。

2 号电流互感器的 $\tan\delta$ 虽未超标,但已接近标准值。由于死扣标准,认为合格。结果一年中 $\tan\delta$ 迅速增加,说明内部已受潮。最后运行 10 个月后爆炸。

3号电流互感器的绝缘电阻明显下降，tanδ 超标，C_x 剧增，综合分析后判断为设备进水，严重受潮。

4号套管的 tanδ 合格，且无明显变化；但 C_x 下降了 9.4%，已明显超标。判断为缺油。（注：表2-5所引用的规定值是1997年前的电力设备预防性试验规程的规定。）

综上所述，阈值诊断简单易行，但存在判断不够全面、准确性不高的缺点，需由工程技术人员根据实际情况进行纵向和横向的对比分析，或借助于逻辑判断，或对多个监测参数进行综合分析，以作出正确的诊断。它目前仍然是电力设备故障诊断的主要方式。

2.6.3 模糊诊断[48-50]

1. 基本概念

从集合论的观点分析，阈值诊断的局限性在于它的特征函数只有两种取值（有故障或无故障），忽视了实际诊断工作中"亦此亦彼"的模糊性，使诊断结论绝对化。根据集合论的概念，凡具有某种特定属性的对象的全体叫集合。集合里所含有的个体称为集合中的元素，同一集合中的元素都具有某种共同的性质。人们就是根据这种性质来判定某一讨论范围内的事物是否属于该集合。一个集合可以用特征函数 $\chi_A(x)$ 来表示元素 x 是否属于集合 A。若 $x \in A$，则 $\chi_A(x)=1$；若 $x \notin A$，即 x 不属于 A，则 $\chi_A(x)=0$。这就是普通集合（或经典集合）论的概念，其特征函数只有两个取值。

以绝缘诊断中的介质损耗角正切 tanδ 为例，它的取值 x 构成一个集合。按规程规定标准值为 $\tan\delta_s$，当 $\tan\delta > \tan\delta_s$ 时，$\chi_A(x)=1$，$x \in A$，即 x 属于子集 A，此时绝缘有故障。此处 A 是包含有故障的 x 取值的子集。反之，若 $\tan\delta < \tan\delta_s$，则 $\chi_A(x)=0$，$x \notin A$，绝缘无故障。如图2-45所示。实际上 $\tan\delta > \tan\delta_s$ 时，未必有故障；而 $\tan\delta < \tan\delta_s$ 时，绝缘未必完好。这里就存在着"亦此亦彼"的模糊性，它是一个模糊集合，要用模糊集合论的方法来分析。

模糊集合的特征函数称为隶属函数（或从属函数），取值范围从集合 $\{0,1\}$ 扩大到在 $[0,1]$ 区间连续取值，如图2-46所示。

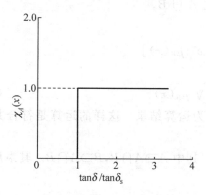

图 2-45 经典集合论的特征函数

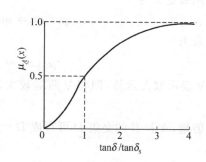

图 2-46 模糊集合论的隶属函数

它的隶属函数形式[48]为

$$\mu_{\underset{\sim}{A}}(x) = \frac{\tan\delta^2}{\tan\delta^2 + \tan\delta_s^2} \tag{2-58}$$

式中：tanδ 为实测值；$\tan\delta_s$ 为规程规定的标准值。当 $\tan\delta = \tan\delta_s$ 时，$\mu_{\underset{\sim}{A}}(x) = 0.5$，该函数

表现出最大的模糊性,这与人们实际判断的情况相符。当 $\tan\delta > \tan\delta_s$ 时,$\mu_A(x) > 0.5$,表示当 $\tan\delta$ 超过规定值时,诊断为有故障的倾向就大,且超过程度越大,倾向性越强。当 $\tan\delta = 2\tan\delta_s$ 时,即判定有 80% 的可能性存在故障。当 $\tan\delta < \tan\delta_s$ 时,$\mu_A(x) < 0.5$,表示倾向于判断为无故障。

从图 2-46 可知:当 $\tan\delta < \tan\delta_s$ 时,函数下降较迅速;而当 $\tan\delta > \tan\delta_s$ 时,上升较平缓。这是因为,当 $\tan\delta$ 低于规定值时,一般不会出现故障,而当 $\tan\delta$ 高于规定值时,则要根据其超过的程度来确定是否存在故障。故 $\mu_A(x)$ 的取值表示了元素 x(此处是 $\tan\delta$)属于模糊集合 A(此处是绝缘故障)的程度,又称隶属度。换言之,它代表了某监测量反映绝缘发生故障的程度,比之经典集合的诊断更为科学。

可见,隶属函数的确定是进行模糊诊断的关键,通常它是在诊断经验或故障统计的基础上确定的。它近似地反映了专家对该情况的理解,故带有一定的主观性。函数的形式及特征参数的选择还可在以后的实践中进一步调整和改善。据此,根据经验可提出各种监测量的隶属函数,一般均选用能反映概念特性的简单函数形式。常见的隶属函数有梯形分布、Γ形分布和哥西分布等。例如,绝缘电阻不合标准的隶属函数可表示为

$$\mu_A(R) = \frac{R_s}{R_s + R} \tag{2-59}$$

事实上,在讨论中,任何诊断均分为两个区域,即故障成立或不成立。相应的模糊子集为 A 和 A^c,易知模糊子集 A^c 是 A 的补集合,其隶属函数为

$$\mu_{A^c}(x) = 1 - \mu_A(x) \tag{2-60}$$

模糊集合的运算不同于普通集合,需另下定义。模糊集合 A 和 B 的并集是 C,根据并集的定义,C 既包含了 A,也包含了 B,因此可写成

$$C = A \cup B$$

其中

$$A \subset A \cup B, B \subset A \cup B。$$

其隶属函数定义为

$$\mu_C(x) = \max[\mu_A(x), \mu_B(x)]$$

也可表示为

$$\mu_C(x) = \mu_A(x) \vee \mu_B(x) \tag{2-61}$$

式中:$\vee$ 表示取大运算,即将 $\vee$ 两端较大的数作为运算结果。这样的运算是符合并集定义的。

类似地,A 和 B 的交集 D 可写成 $D = A \cap B$。其中 $A \supset A \cap B, B \supset A \cap B$。其隶属函数定义为

$$\mu_D(x) = \min[\mu_A(x), \mu_B(x)]$$

也可表示为

$$\mu_D(x) = \mu_A(x) \wedge \mu_B(x) \tag{2-62}$$

式中:$\wedge$ 表示取小运算,即将 $\wedge$ 两端较小的数作为运算结果。这样也是符合交集定义的。

同样可定义 $\mu_A(x) = 0$ 时,A 为空模糊集合,记作 $\varnothing$;反之,若对所有的 x 有 $\mu_A(x) = 1$,

则 $\underset{\sim}{A}$ 为全集合。空集和全集互为补集。

2. 模糊不精确推理

模糊推理是指根据某些故障现象或某些反映故障的证据(称为前提)推断设备有无故障或故障的性质(称为结论)。根据经验可以建立一些推理规则,但这些规则和前提均有一定的模糊性或不确定性,对结论的不确定性要进行演算,这就是不精确推理。

为了在直观感觉中更便于理解诊断结论的确定性,引入了置信度 CF,它建立在隶属度概念的基础上,定义为

$$CF(x) = \mu_{\underset{\sim}{A}}(x) - \mu_{\underset{\sim}{A}^c}(x)$$

由式(2-60),CF(x)也可表示为

$$CF(x) = 2\mu_{\underset{\sim}{A}}(x) - 1 \tag{2-63}$$

CF(x)称为置信度函数。CF=1 表示判断完全肯定;CF=−1 表示判断完全否定;CF=0 表示无法判断(即判断未知);CF>0 表示判断倾向于成立;CF<0 表示判断倾向于不成立。数值型的判断由隶属度定量算出,而其他类型判断则常直接给出置信度。

模糊推理的演算,可分为以下几种情况。

(1) 证据节点为"与"连接,规则形式为 IF A AND B THEN C,根据前述运算规则,$\underset{\sim}{D}$ 是 $\underset{\sim}{A}$ 和 $\underset{\sim}{B}$ 的交集,则有

$$\mu_{\underset{\sim}{D}}(x) = \mu_{\underset{\sim}{A}\cap\underset{\sim}{B}}(x) = \mu_{\underset{\sim}{A}}(x) \wedge \mu_{\underset{\sim}{B}}(x)$$

则 $\underset{\sim}{D}$ 的置信度 CF(D)可计算如下:

$$CF(D) = 2\mu_{\underset{\sim}{D}}(x) - 1 = 2[\mu_{\underset{\sim}{A}}(x) \wedge \mu_{\underset{\sim}{B}}(x)] - 1$$

$$= \begin{cases} 2\mu_{\underset{\sim}{A}}(x) - 1 = CF(A), \mu_{\underset{\sim}{A}}(x) \leqslant \mu_{\underset{\sim}{B}}(x) \\ 2\mu_{\underset{\sim}{B}}(x) - 1 = CF(B), \mu_{\underset{\sim}{A}}(x) \geqslant \mu_{\underset{\sim}{B}}(x) \end{cases}$$

所以

$$CF(D) = \min[CF(A), CF(B)] = CF(A) \wedge CF(B) \tag{2-64}$$

(2) 证据节点为"或"连接,规则形式为 IF A OR B THEN C,根据前述运算规则,$\underset{\sim}{C}$ 是 $\underset{\sim}{A}$ 和 $\underset{\sim}{B}$ 的并集,则有

$$\mu_{\underset{\sim}{C}}(x) = \mu_{\underset{\sim}{A}\cup\underset{\sim}{B}}(x) = \mu_{\underset{\sim}{A}}(x) \vee \mu_{\underset{\sim}{B}}(x)$$

则不难推出 $\underset{\sim}{C}$ 的置信度 CF(C)为

$$CF(C) = \max[CF(A), CF(B)] = CF(A) \vee CF(B) \tag{2-65}$$

(3) 规则具有不确定性,规则形式为 IF A THEN C,CF(C/A),其中 CF(C/A)为规则的置信度。可假定规则本身是一模糊集合 $\underset{\sim}{B}$,则

$$\underset{\sim}{C} = \underset{\sim}{B} \cap \underset{\sim}{A}$$

可推出

$$CF(C) = CF(C/A) \cdot CF(A) \tag{2-66}$$

(4) 多个规则具有同一结论,规则形式为

$$IF\ A\ THEN\ C, CF_1(C/A)$$

或

$$\text{IF } B \text{ THEN } C, \text{CF}_2(C/B)$$

则

$$\text{CF}(C) = \text{CF}_1(C) + \text{CF}_2(C) - \text{CF}_1(C) \cdot \text{CF}_2(C) \qquad (2\text{-}67)$$

其中

$$\text{CF}_1(C) = \text{CF}_1(C/A) \cdot CF(A)$$

$$\text{CF}_2(C) = \text{CF}_2(C/B) \cdot CF(B)$$

3. 模糊综合评判

故障诊断中,常遇到多个因素同时影响诊断结论、但影响程度又各不相同的情况。例如,油中溶解气体分析,不仅要考虑某气体成分是否超标,而且要考虑其增长的速度;又如,多个不同的故障原因可能引起相同的或不同的多个故障现象等。此时可运用模糊综合评判方法。

已知引起故障的因素集 $U = \{u_1, u_2, \cdots, u_i, \cdots, u_n\}$。

例如,评判变压器是否受潮时,要考虑其绝缘电阻、泄漏电流、$\tan\delta$、吸收比等多个因素,将它们作为集合 U 的元素 u_1、u_2、u_3、u_4。各因素对故障的影响程度,即权重是不同的。权重的分配可看作 U 的模糊子集 $\underset{\sim}{A}$:

$$\underset{\sim}{A} = (a_1, a_2, \cdots, a_i, \cdots, a_n) \in U$$

式中:a_i 表示第 i 个因素 u_i 的权重,也就是模糊集合的隶属度,一般要求 $\sum\limits_{i=1}^{n} a_i = 1$。判断结果,即评价集或决断集 $V = \{v_1, v_2, \cdots, v_m\}$,即有 m 种结果。模糊综合评判结果 $\underset{\sim}{B}$ 是 V 上的模糊子集 $\underset{\sim}{B}$,$\underset{\sim}{B}$ 由下式决定:

$$\underset{\sim}{B} = (b_1, b_2, \cdots, b_j, \cdots, b_m) \in V$$

式中:b_j 反映了第 j 种决断的隶属度。故障原因 A 和故障结果(或表现出的故障现象)B 之间的模糊关系为 $\underset{\sim}{R}(u_i, v_j)$,它是一个模糊关系矩阵(或称单因素评判矩阵),表示为

$$\underset{\sim}{\boldsymbol{R}} = \begin{bmatrix} r_{11} & r_{12} & r_{13} & \cdots & r_{1m} \\ r_{21} & r_{22} & r_{23} & \cdots & r_{2m} \\ \vdots & \vdots & \vdots & & \vdots \\ r_{n1} & r_{n2} & r_{n3} & \cdots & r_{nm} \end{bmatrix}$$

其中:r_{ij} 表示第 i 个因素隶属于第 j 种决断的程度。模糊关系 $\boldsymbol{R}$ 又是一种模糊变换器,表示系统特性的模糊型。$(U, V, \underset{\sim}{\boldsymbol{R}})$ 构成了一个综合评判的数学模型。$\underset{\sim}{A}$、$\underset{\sim}{B}$、$\underset{\sim}{R}$ 之间构成的模糊关系方程为

$$\underset{\sim}{B} = \underset{\sim}{A} \circ \underset{\sim}{\boldsymbol{R}} \qquad (2\text{-}68)$$

式中:。为算子符号;$\underset{\sim}{B}$ 的求法可采取模糊矩阵的复合运算,列出模糊线性方程组,即

$$(b_1, b_2, \cdots, b_m) = (a_1, a_2, \cdots, a_n) \begin{bmatrix} r_{11} & r_{12} & r_{13} & \cdots & r_{1m} \\ r_{21} & r_{22} & r_{23} & \cdots & r_{2m} \\ \vdots & \vdots & \vdots & & \vdots \\ r_{n1} & r_{n2} & r_{n3} & \cdots & r_{nm} \end{bmatrix} \qquad (2\text{-}69)$$

该法与普通矩阵乘法运算步骤类似,但不是行、列对应的两项相乘再相加,而是先在相乘的两项中取数值小者,再在相加各项中取数值大者作为新矩阵中的元素。这种取大与取小的

运算法有其现实根据,是模糊数学的特色。于是式(2-69)可展开为

$$\begin{cases} b_1 = (a_1 \wedge r_{11}) \vee (a_2 \wedge r_{21}) \vee \cdots \vee (a_n \wedge r_{n1}) \\ b_2 = (a_1 \wedge r_{12}) \vee (a_2 \wedge r_{22}) \vee \cdots \vee (a_n \wedge r_{n2}) \\ \vdots \\ b_m = (a_1 \wedge r_{1m}) \vee (a_2 \wedge r_{2m}) \vee \cdots \vee (a_n \wedge r_{nm}) \end{cases} \quad (2\text{-}70)$$

对每种故障结果,可只取其中的一个方程,即

$$b_j = (a_1 \wedge r_{1j}) \vee (a_2 \wedge r_{2j}) \vee \cdots \vee (a_n \wedge r_{nj}) \quad (2\text{-}71)$$

该法因采用取小与取大的运算,对于某些问题可能丢失太多的信息,使结果显得粗糙。特别是影响因素较多、权重分配又较均衡时,由于 $\sum\limits_{i=1}^{n} a_i = 1$,因而每一因素所分得的权重 a_i 必然很小,于是综合评判中得到的 b_j 注定很小($b_j \leqslant \vee a_i$)。这时较小的权重通过"$\vee$"运算而被剔除,那么实际得到的结果会变得不真实。该情况下也可采用下式计算:

$$b_j = \sum (a_i, r_{ij}) = (a_1 r_{1j}) + (a_2 r_{2j}) + \cdots + (a_n r_{nj}) \quad (2\text{-}72)$$

易见这是一种加权平均的算法。下面举例说明模糊判断算法。

例 2-1 根据油中气体含量和产气速率来判断变压器有无故障[48]。

解 因只需判断有无故障,决断集 V 和模糊子集只有一个元素,可运用式(2-72)运算。根据诊断经验,给出以下模型(均用置信度表示):

$$b_1(\text{故障}) = [(\text{气体含量较高 } a_1), (\text{产气速率较高 } a_2)]$$

模糊关系 $\underset{\sim}{R}$ 的元素 $r_{11} = 0.3, r_{21} = 0.7$,其中

$$(\text{产气率较高 } a_2) = [(\text{绝对产气率 } r_a \text{ 较高}), (\text{相对产气率较高 } r_r)]$$

r_a、r_r 的置信度(也即权重)为 0.5、0.5,故

$$a_2 = (0.5 r_a + 0.5 r_r)$$

$$(\text{气体含量较高 } a_1) = [(\text{H}_2 \text{ 含量较高}) \text{ 或} (\text{C}_2\text{H}_2 \text{ 含量较高})$$

$$\text{或} (\text{可燃性气体总量 TCG 含量较高})]$$

按照模糊集的或运算,并以 H_2、C_2H_2、TCG 表示各自的置信度,由式(2-65)可得

$$a_1 = \text{H}_2 \vee \text{C}_2\text{H}_2 \vee \text{TCG}$$

则

$$b_1 = a_1 r_{11} + a_2 r_{21}$$

部分推理计算结果如表 2-6 所示。可知,根据第 1、2 次试验结果,应判定为有故障。第 3、4 次是检修后的试验结果,故障置信度为负值,应判为无故障。

表 2-6 变压器有无故障的推理结果

序号	测试时间	H_2	C_2H_2	TCG	a_1	r_r	r_a	a_2	故障 b_1
1	10.1	-0.51	-0.22	0.78	0.78	1.0	0.97	0.99	0.93
2	11.6	-0.47	-0.72	0.98	0.98	1.0	0.97	0.99	0.99
3	12.18	-0.97	-1	-0.67	-0.67	-0.27	-0.34	-0.3	-0.42
4	5.18	-0.88	-1	0.19	0.19	-1	-1	-1	-0.64

综合评判的逆问题,即已知 $\underset{\sim}{B}$、$\underset{\sim}{R}$ 求取 $\underset{\sim}{A}$ 也有着普遍的实用价值。例如,通过故障现象

B(故障的表现形式,由某些故障原因造成的结果)和故障原因与故障现象之间的模糊关系
$\underset{\sim}{R}$(由历史资料建立)去确定可能的故障原因 A[51]。但上述方法运算比较困难,有时可采用
比较选择法。例 2-2 是较为简单的一个实例。

例 2-2   某台电力变压器在运行中发生轻、重瓦斯保护动作,防爆筒喷油,高压线圈变
形且有烧伤痕迹,试诊断其故障原因[51]。

解   根据现场运行经验可归纳出 14 种故障原因。A 的隶属函数分别为(a_1, a_2, ···,
a_{14}),20 种故障现象 B 的隶属函数分别为(b_1, b_2, ···, b_{20})。A 和 B 间的模糊关系分为 5 种
情况,有密切关系的取其隶属函数 r_{ij} 为 0.9,较密切的为 0.7,有关系的为 0.5,有点关系的
为0.3,无关系为空格,故 $\underset{\sim}{R}$ 是由 0.9、0.7、0.5、0.3 和空格组成的矩阵。由该变压器的故障
现象按上述归纳分类,可确定 $b_1=b_2=1.0$,$b_{10}=0.9$,$b_{15}=0.5$,$b_{20}=0.7$。根据 $\underset{\sim}{R}$ 的构成和
式(2-70)可列出故障诊断方程如下:

$$
\begin{cases}
a_1 \wedge r_{1,1} = b_1 & b_1 = 1.0, & r_{1,1} = 0.9 & (1) \\
a_{14} \wedge r_{14,2} = b_2 & b_2 = 1.0, & r_{14,2} = 0.9 & (2) \\
a_{13} \wedge r_{13,10} = b_{10} & b_{10} = 0.9, & r_{13,10} = 0.9 & (3) \\
a_9 \wedge r_{9,15} = b_{15} & b_{15} = 0.5, & r_{9,15} = 0.9 & (4) \\
a_{13} \wedge r_{13,20} = b_{20} & b_{20} = 0.7, & r_{13,20} = 0.9 & (5)
\end{cases}
$$

解(3)、(4)、(5)式可得

$$a_{13} = [0.9, 1.0], \quad a_9 = 0.5, \quad a_{13} = 0.7$$

根据模糊数学的最大隶属度原则,可确定故障原因为沿围屏树枝状放电 a_{13},但不排斥匝间
短路 a_9 的可能性。变压器解体检查结果为围屏内侧、纸夹层处树枝状放电故障。

2.6.4   时域波形诊断

由设备监测到的某特征量随时间变化的曲线,与事先已测到的标准曲线进行对照,
以判断设备的状态称为时城波形诊断[52,53]。下面以高压开关操作机构的诊断为例进行
说明。

高压开关一般以电磁铁为操作的第一级控制元件,并以直流为控制电源。图 2-47 所示
为用霍尔电流传感器测得的电磁铁线圈中随时间变化的控制电流波形,它所包含的重要信
息可供诊断用。

图 2-47 中,t_0 为命令下达时刻,是开关分、合过
程计时起点;t_1 为线圈中电流、磁通上升到足以驱动
铁芯运动,即铁芯开始移动的时刻;t_2 为控制电流的
谷点,是铁芯触动操作机构负载,也是开关触头开始
运动的时刻;$t_1 \sim t_2$ 间的变化表征着铁芯运动机构有
无卡涩、脱扣、储能机构变动的情况;t_3 为开关辅助
接点切断,即电磁线圈回路断开的时刻;$t_0 \sim t_3$ 或
$t_2 \sim t_3$ 可反映操作传动系统运动的情况。将测得的
电流波形与标准波形对比,可诊断出操作机构是否

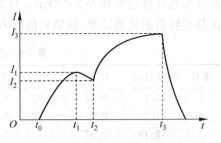

图 2-47   电磁操作线圈的电流波形

存在故障。

2.6.5 频率特性诊断

频率特性诊断[52,54]是由设备上测得的频率特性或频谱与已知的标准频谱进行对比,以诊断设备是否存在故障。下面以鼠笼式异步电动机转子断条及电力变压器绕组变形为例进行说明。

转子有断条的鼠笼式异步电动机运行时,定子绕组中除有电网频率 f 的电流外,还有频率为 $(1-2S)f$ 的电流(S 为滑差)。采用自适应噪声滤波技术来提高 $(1-2S)f$ 分量电流的信噪比,然后用 FFT 作频谱分析。根据幅频图中是否有 $(1-2S)f$ 的分量,来判断转子有无断条。

变压器绕组是由电感、电容组成的分布参数网络,当频率超过 1kHz 时,网络可以认为是无源、线性的二端口网络,可用传递函数(频率响应)描述其特性。绕组发生变形后,单位长度的电感、电容将会发生变化,其频响特性随之改变。故可通过比较变压器绕组的频响特性来诊断绕组是否存在变形。

2.6.6 指纹诊断

对设备监测到的数据进行统计分析处理后,可得到一些特殊的谱图,例如三维谱图或二维谱图。通过分析谱图,或将谱图和已知的标准图形作对比,从而判断设备的绝缘状态,称为指纹诊断[52,55]。下面以电气设备的局部放电谱图识别为例进行说明。

电气设备的局部放电量 q、放电发生时工频电压的相位 φ 以及每秒内的放电次数 n 包含了局部放电的丰富信息。画出 q-n、φ-q 二维谱图(图 2-48)和 φ-q-n 三维谱图(图 2-49),便得到放电的"指纹"信息。将其和标准"指纹"对比可对设备进行诊断。

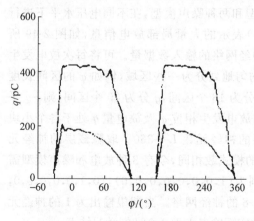

图 2-48 绝缘结构的 φ-q 谱图

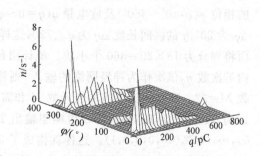

图 2-49 绝缘结构的 φ-q-n 谱图

显然,相对于仅根据最大放电量进行的阈值诊断,指纹诊断显得更全面。指纹诊断包括目测诊断和参数诊断。前者是用目测法诊断,其准确性取决于有关人员的经验。对有些设备,例如环氧树脂等固体绝缘的 φ-q 谱图,可采用图形的不对称度 S 等参数来诊断设备的劣化严重程度。

2.6.7　基于人工神经网络的诊断

人工神经网络可作为模式识别的一种工具对设备进行诊断[52-57]，如上所述，用目测法识别放电指纹，其准确性不够，而用人工神经网络来识别可提高识别的准确性。

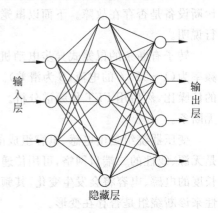

在人工神经网络中[52]，人工神经元模拟了脑神经元的基本特性，它按不同的权重接收其他神经元传递来的信号，而输出则是这种加权和信号的非线性函数值。人工神经网络由大量人工神经元相互连接组成，如图 2-50 所示的前馈网络模型包含输入层、隐藏展和输出层。每层由数量不等的神经元 L、M、N 组成。相邻的神经元之间由连接线相互联系，信息分散地存储在连接线权重上。

设 W_{HI} 和 W_{OH} 分别为输入层与隐藏层和隐藏层与输出层各神经元间的连接权矩阵；B_{HI} 和 B_{OH} 分别表示隐藏层和输出层各神经元的预置向量；I 为输入层输入，T 表示输出层的期望输出；输入层的神经元收

图 2-50　前馈网络模型简图

到信号后，即以原值作为自己的输出，因此其输出也是 I；隐藏层的输出为 H；输出层的实际输出为 O，其值与期望输出 T 不一致。一般采用反向传播算法逐步调整各系数 W_{HI}、B_{HI}、W_{OH}、B_{OH}，故该神经网络也称反向传播网络或 BP 网络。

当输出单元的输出与期望不符时产生误差信息，据此信息修改各神经元的权值和预置，即令网络不断学习，使误差减小。当实际输出与期望输出之差小于规定数值时，即认为学习过程结束。

例如，对电力变压器典型的六种局部放电模型和两种噪声模型，在不同电压水平下进行局部放电试验[57]，测得了相应的以三维图（φ-q-n）表示的大量局部放电信息，如图 2-49 所示。因数据量大，需对它进行处理，以压缩人工神经网络的输入数据量。可将每次放电发生的相位 φ（$\varphi=0°\sim360°$）及放电量 q（$q=0\sim q_{max}$）均匀地划分为一些区域，例如 φ 的区间长度 $\Delta\varphi$ 为 $20°$，q 的区间长度 Δq 为 $q_{max}/20$，这样 φ 将分为 18 个区间，q 分为 20 个区间，则 φ-q 平面将划分为 $18\times20=360$ 个小块。统计出每秒内放电发生相位 φ 及放电量 q 处于各个小块内的次数 n，依次作为神经网络的输入，则输入层的神经元数 $L=360$。取隐藏层的神经元数 $M=32$。通常输出层的神经元数 N 和需识别的模式数相同，今有 8 种放电和噪声模型需识别，故 N 取为 8。相应的 8 组期望输出 T^T 分别为 $(1,0,0,0,0,0,0,0)$，$(0,1,0,0,0,0,0,0)$，$\cdots$，$(0,0,0,0,0,0,0,1)$。这样就构成了 360-32-8 的神经网络。当期望输出为 1 的神经元的实际输出大于 0.99，而期望输出为 0 的神经元的实际输出小于 0.01 时，学习结束。

运用三种不同的神经网络对上述模型进行模式识别以比较其性能[57]，它们是反向传播（BP）网络、训练向量分区（LVQ）网络和模糊自适应共振理论变换（fuzzy ARTMAP）网络。表 2-7 是三种神经网络的性能比较结果，其中 CR 是识别率，PS 是识别所需的运算次数，TM

表 2-7　三种神经网络的性能比较

网络名称	CR	PS	TM/s
BP	0.9333	11515	290
LVQ	1.0000	362	5
fuzzy ARTMAP	1.0000	77	<2

是识别所需的时间。可见,模糊自适应共振理论变换网络的性能最好。

目前,用人工神经网络作局部放电的模式识别目前尚局限于模型试验,其具有较高的识别率。但电力设备的实际结构要复杂得多,要获得学习所需的放电数据难度很大,因此它离实用阶段尚有一定距离。

2.6.8 专家系统在故障诊断中的应用

1. 概述

虽然故障诊断已经积累了许多成熟的经验和各种手段,但目前主要由有经验的人即专家进行诊断,凭借他们的理论知识和丰富的诊断经验进行综合判断,最后给出诊断结论。尽管如此,人工判断也有它的局限性,特别是影响故障的因素常常很多,可参考的数据也很多(包括历史上的和同类设备的数据)。因此,人工判断虽有综合分析归纳的优点,但由于工作量太大或客观条件的限制,难以对历史数据参考得太远,也难以对同类设备的数据参考得很全面,这就影响了判断的准确性。加上专家个人主观因素造成的判断失误,这些都会使诊断结论存在一定的随机性,导致误诊断。

人工智能专家系统是能够在一定程度上模拟人类专家经验及推理过程的计算机程序系统,其优点在于易于学习、模拟专家的经验性知识,实现监测系统的自动化、智能化。它的适用性强,其知识和规则可随新的经验或新的情况方便地增删、修改或扩展程序;它可综合多个专家的最佳经验使之条理化,而不受时间、地点的限制。其功能可超过单个专家,易于解决诊断过程中的一些复杂问题;降低判断上的随机性,提高判断的准确性和诊断水平,甚至给出定量的判断,例如给出置信度;系统具有解释功能,便于人们理解和掌握其推理过程,可更好地为运行人员提供参考和培训。

2. 变压器故障诊断的专家系统[48]

1) 系统构成

一个用于变压器故障诊断的专家系统结构框图如图 2-51 所示。主控制机、推理机是专家系统的核心。知识库是专家经验知识通过分析总结后形成的规则集,它可单独存于一个磁盘文件,运行时由系统调入内存。知识库管理系统是为了对知识库进行删除、修改及增添新规则操作的人机接口程序,常存于内存。数据库是用来存放监测数据(包括设备历史数据)以及推理中间结果的数据文件,类似于知识库,平常也存入一个磁盘文件,系统运行时调入内存。数据库管理系统是进行数据库操作的人机接口程序,常存于内存。解释系统是向用户解释推理过程的接口程序,它包括说明推理过程用到过的规则以及结论的自然语言解释等,常驻于内存。

该系统的基本功能如下。

(1) 诊断变压器是否存在故障。系统运行后即进入自动诊断状态,定期或由用户的命令控制输入监测信息,对设备状态作出评价,确定是否存在故障。该系统以油温和油中气体分析为主判断是否存在内部故障。故输入监测信息包括油温、油位、油中气体含量以及变化情况等。

(2) 诊断故障发生的部位及原因。当系统怀疑设备存在内部故障时,则根据需要向用户提示要求输入设备的其他试验数据、历史数据等。进一步证实故障,确定故障原因及部位等。例如,根据油温及油中气体分析等推断设备内部存在过热故障时,则要求输入变压器主

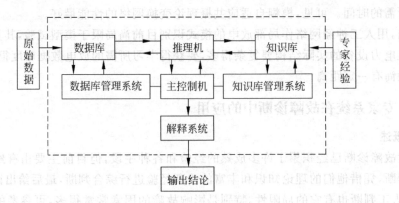

图 2-51 专家系统的结构框图

回路直流电阻、绝缘电阻、铁芯绝缘电阻、接地线电流等数据,以确定过热原因、部位及程度等。当用户未知或无法取得某项参数时,可以回答不知道,系统可根据其他已知信息推断。当所有数据都不知道时,则系统输出几种可能的部位、原因及其经验性概率。例如,若变压器内部过热,且其他电气结果未知,则故障部位为[(分接开关 0.7),(磁路 0.2),(线圈 0.1)]。

(3) 提出故障处理意见。例如,是否立即停运检修,或加强跟踪监测,或正常运行等。

该系统的推理流程图如图 2-52 所示。在正向推理阶段主要是根据监测到的现象及状态参数等进行综合评价,确定设备是否存在故障,提出存在故障的初始诊断。

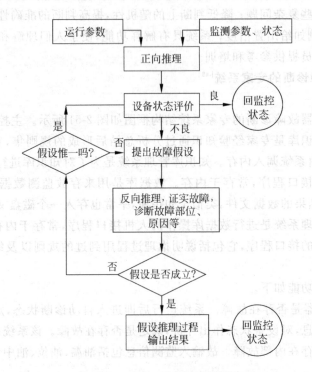

图 2-52 专家系统推理流程图

其后则用反向推理证实故障的初始诊断,确定故障原因、部位等,然后输出结果并解释推理过程。例如变压器内部过热故障的诊断规程,如图 2-53 所示。

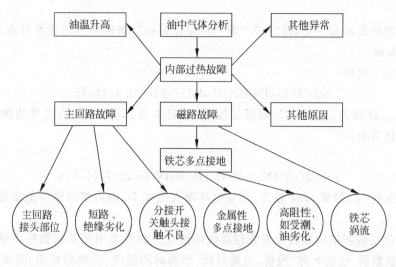

图 2-53 变压器内部热故障诊断流程

2) 系统实现

该系统采用 Turbo-Prolg 语言编程,它是一种高级的编译型人工智能程序语言。当涉及复杂的数值计算问题时,则采用 C 或 FORTRAN 等语言编写接口子程序。知识库的设计包括知识表达方式和知识库管理系统。前者采用目前广泛使用的产生式系统的知识表达方式,它将知识分为以事实表示(例如油中气体含量的判断标准值、油温与负荷的关系等)的静态知识,和以产生式规则表示的推理和行为过程。

产生式规则的基本形式为:IF(前提)THEN(结论),产生式规则通过前提(即条件)和结论的相互关系构成一个树状推理网络。例如一个前提成立,可有一个结论构成一个规则。前提也可以是若干子前提通过"与""或""综合"等逻辑关系构成的复合前提。一条规则的前提可以是另一条规则的结论。

图 2-54 是由四条规则构成的规则集的推理网络(推理树),其规则集如下:

IF E_1 THEN H

IF E_2 THEN H

IF E_3 AND E_4 THEN E_1

IF E_5 OR E_6 THEN E_2

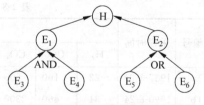

图 2-54 推理网络

最高节点 H(没有输出线)称为结论节点。最低节点(没有输入线)称为证据节点,其余为中间节点。推理从下向上进行搜索称为正向推理,推理从上向下进行搜索称为反向推理。针对变压器故障诊断的两个目标,规则有两类:第一类用于诊断是否存在故障;第二类用于诊断故障性质、部位等。两类规则可表示为:

rule 1(RNO,STR,(CONDS),CF,(ACTION))

rule 2(RNO,STR1,STR2,(CONDS),CF,(ACTION))

其中:RNO 为规则号;STR 为字符串,表示规则结论;STR1 为字符串,表示规则的起点;STR2 为字符串,表示规则的终点;CONDS 为字符串,表示条件表;CF 为数字,表示规则置信度;ACTION 为数字,表示规则操作表,它包括条件的逻辑关系、初始权重以及结论的操作代码。

条件的逻辑关系有三类,即"与"、"或"和"综合关系",条件的否定关系可由条件字符串加后辍"N"构成。

例如有以下规则:

$$rule\ 1(17,IN\text{-}F,(OI\text{-}R,OT\text{-}FD),0.9,(1,3))$$

它的自然语言解释为:规则 17,如果油温升高,且非外部故障,则为内部故障,置信度为0.9,进行气体分析。

又如

$$rule\ 2(65,IN\text{-}F,IS\text{-}D,(IL\text{-}B,IV\text{-}D),0.7,(1,5))$$

其含义为:规则 65,如果 $\tan\delta$ 较大,且随电压增大而减小,则内部故障为绝缘受潮或劣化,置信度为 0.7。

数据库包括数据结构和数据库管理系统的设计。前者采用关系式数据库结构,数据类型有:监测量数据,包括名称、数值、监测时间、监测时的温度、监测的相别、测试电压等;观察的"是非"型现象,包括名称、观察条件,"是"用置信度 $CF=1$ 表示,"非"用置信度 $CF=-1$ 表示;中间结果,是指一些条件,包括条件名称、置信度、条件所在的规则号;设备的型式、电压等级。

解释系统有两个功能:一是显示输出成功应用的规则及中间结果。系统在推理过程中,按照搜索推理路径的顺序记录了所有应用成功的规则及中间结果,人们可据此了解推理过程。二是显示规则,输入规则号,即可显示该规则的知识形式以及用自然语言解释的内容。

该系统采用基于置信度的模糊不精确推理方法(参见 2.6.3)。由观测到的信息,利用知识库来推断结论。

3) 应用实例

运用上述系统对油中气体分析进行了诊断,共收集 66 组试验数据和故障情况,表 2-8所示是其中 7 组。

表 2-8   原始试验数据及故障情况

编号	采样时间	各气体组分/10^{-6}								情况说明
		H_2	CO	CO_2	CH_4	C_2H_4	C_2H_6	C_2H_2	总烃	
1a	1987-3-24	22	160	600	32	21	6.8	痕	60	正常
1b	1990-8-24	31	460	2300	89	61	20	痕	170	轻度过热
4c	1991-9-9	69	1300	6800	160	57	51	0	270	裸金属过热
16a	1991-9-7	13	1100	8300	41	63	11	0	120	有过热迹象,退出
24b	1984-4-4	180	170	4370	90	100	7.5	220	410	放电性故障,退出
25b	1992-7-13	37000	41000	1500	11000	960	1000	3400	16000	突发性放电故障
31a	1984-5-25	7.8	270	4620	9	9.7	5.9	6	31	C_2H_2 超标,有载调压开关漏油

表 2-9 是相应的分析诊断结果,表中数据为置信度,其中故障为第一层分析结果;过热、放电、过热兼放电为第二层分析结果;低能放电、高能放电和低温、高温、中温过热为第三层分析结果。

表 2-9 分析诊断结果

编号	故障	过热	放电	过热兼放电	低能放电	高能放电	低温过热	高温过热	中温过热	结果说明
1a	0.02									正常
1b	0.23	0.994	−0.971	0.000			0.034	0.512	0.488	轻度较高温过热
4c	0.61	0.740	−0.956	0.000			0.417	0.049	0.583	中度的中温过热
16a	0.76	0.995	−0.975	0.000			0.005	0.874	0.126	高温过热
24b	0.89	−0.098	0.498	0.502	0.121	0.806	0.000	0.989	0.011	有放电的高温过热
25b	1.0	−0.419	0.738	0.262	0.233	0.658	0.531	0.032	0.469	电弧性放电
31a	0.23	−0.187	0.133	0.18	0.013	0.976	0.184	0.141	0.816	轻度放电性故障

关于是否存在故障的 66 例判断中,与原记录故障情况完全符合的共 63 例,符合率为 95%。关于故障性质的诊断共 26 例,完全符合实际情况的共 24 例,符合率为 92%。其中 31a(见表 2-8)原记录为有载调压开关漏油引起 C_2H_2 超标,而专家系统诊断为轻度放电,仍属于错判。

3. 小结

在故障诊断中运用专家系统是在线监测技术的发展方向,而如何提高和完善专家系统,使之有更高的准确性和科学性,须从以个两个方面着手。

首先要有完善的知识库,这就需要大量专家知识和运行、维修经验的积累。所谓"没有专家也就产生不了专家系统"就是这个意思。这是个基础性工作,需要各部门的专家们分工合作,系统地积累各种设备的试验数据和故障情况,这样才能不断完善和充实知识库。

另一方面也有赖于诊断技术的发展和完善。已有的一些专家系统常采取传统的阈值诊断,它有较多的局限性。模糊推理和人工神经网络的引入则可提高诊断水平,使之更具科学性。故运用更先进的诊断技术也是提高专家系统的关键。

2.7 小 结

本章较完整地介绍了一个在线监测系统的各个组成部分,包括传感器、数据采集、数据处理和故障诊断。回顾一下这四个方面的内容可知,数据的采集和处理一般可选用已有的较成熟的技术,包括数据采集技术、信号处理技术、计算机技术等。须重点研究的关键技术是传感技术、抗干扰技术和诊断技术。传感器直接影响监测灵敏度和信噪比,是整个在线监测技术的前提和基础。现场大量干扰的存在,影响着监测的灵敏度和可靠性,如何较好地抑制干扰信号以得到合适的信噪比是在线监测的关键。在线监测的目的是实现状态维修,判断运行中的设备所处的状态,因而故障诊断是又一关键技术,需要不断完善和充实。要发展在线监测技术,就需要着重在这三个方面做出努力,开展科研工作。

思考和讨论题

1. 监测系统可由哪些基本部分组成?
2. 不同类型传感器的监测量虽然不同,但为什么监测的特征量都用的是电信号?

3. 试分析不同类型接触式温度传感器的温敏元件的工作原理。

4. 试分析红外线传感器测温的原理、特点和技术参数。

5. 红外线传感器有哪些类型,其测温原理有何不同?

6. 试分析多元阵列红外探测器的原理和特点。

7. 试归纳四种振动传感器的特点和用途。

8. 试比较互感器型电流传感器和电流互感器、罗戈夫斯基线圈的特点。

9. 试根据宽带型和窄带型电流传感器的特点,分析在用于监测局部放电时应如何进行选择。

10. 试分析低频电流传感器的特点、用途和技术要求。

11. 试分析霍尔电流传感器的适用场合。

12. 试分析耦合式传感器的适用场合。

13. 试归纳气敏传感器的技术要求、工作原理和使用场合。

14. 一般湿敏传感器的感湿特征量是什么?

15. 在线监测系统中为何对传感器输出信号的预处理常采取"就地处理"的方式?

16. 信号的预处理一般包括哪些内容?

17. 在信号传输过程中如何抑制来自系统内部和外部的干扰信号?

18. 用光电转换方式传送信号的特点是什么?

19. 光电信号的调制和一般无线电信号的外差调制有什么区别?

20. 光载波的调制方式有哪些?

21. 试分析光信号多路复用两种方式的特点。

22. 试评述无源光端机的特点。

23. 试分析差动平衡系统和脉冲极性鉴别系统工作原理的异同。

24. 试比较理想滤波器和自适应滤波器的特点。

25. 为什么目前阈值诊断仍然是电力设备故障诊断的主要方式?

26. 分析应如何改进和提高阈值诊断的可靠性和准确性以避免误报和漏报。

27. 与阈值诊断相比,模糊诊断的优点是什么?

28. 什么是提高模糊诊断(包括模糊不精确推理和综合评判)可靠性和准确性的关键?

29. 什么是提高时域波形、频率特性和指纹诊断可靠性和准确性的关键?

30. 人工神经网络的诊断可提高诊断的科学性,但为什么它离实用阶段尚有距离?

31. 试分析运用和提高专家系统诊断故障的可靠性和准确性的关键。

32. 哪些问题是发展在线监测技术的关键?

参 考 文 献

[1]　陈玉建. ST300O 智能压力变送器的选型、调校和应用[J]. 自动化与仪器仪表,2007(2):70-72.

[2]　马英仁. 温度敏感器件及其应用[M]. 北京:科学出版社,1988.

[3]　葛惠,赵健,朱莎露,等. 分布式光纤喇曼温度传感器的研究和应用进展[J]. 光器件,2014(11):5-7.

[4]　程玉兰. 红外诊断现场实用技术[M]. 北京:机械工业出版社,2002.

[5]　达夫勒 P J,彭曼 J. 电机的状态监测[M]. 姜建国,史家燕,译. 北京:水利水电出版社,1992.

[6]　揭秉信. 大电流测量[M]. 北京:机械工业出版社,1987.

[7] 赵秀山,王振远,朱德恒,等.在线监测用电流传感器的研究[J].清华大学学报,1995,35(S2): 122-127.

[8] 邱昌容,王乃庆.电工设备局部放电及其测试技术[M].北京:机械工业出版社,1994.

[9] 中华人民共和国国家标准.局部放电测量:GB/T 7354—2000.[S].北京:中国标准出版社,2004.

[10] 王昌长,郭垣,朱德垣,等.在线检测电力设备局部放电的电流传感器系统的研究[J].电工技术学报,1990(2):12-16.

[11] 贾逸梅,粟福珩.在线监测中用于绝缘介电特性测量的电流传感器[J].高电压技术,1994,20(3): 37-42.

[12] 张振洪,赵有俊.高精度零磁通电流传感器的研究[J].传感器与微系统,2009,28(10):52-54/57.

[13] 袁建州,艾朝平,李彦明,等.基于零磁通原理的小电流传感器设计[J].电子测量技术,2011,34(2): 22-24.

[14] 杜伯学,陆宇航,古亮.基于光学电流传感器的局部放电检测[J].电力系统自动化,2008,32(16): 66-71.

[15] 刘克民,韩克俊,李军,等.局部放电光学检测技术研究进展[J].电子测量技术,2015,38(1):100-103/119.

[16] 胡沥丹,袁云,尹雯.用于局部放电检测的光纤电流传感器[J].传感器与微系统,2010,29(5): 99-101.

[17] 万代,钟力生,于钦学,等.直线直线型、螺线管嵌套型及多光路反射式光纤电流传感器结构设计与仿真[J].高电压技术,2013,39(11):2678-2685.

[18] WANG Liying, XIE Xiuyu, CHU Ruibong. The measurements of voltage distribution of 3-phases MOA [C]. Proceedings of 1994 International Joint Conference: 26th Symposium on Electrical Insulation Materials; 3rd Japan-China Conference on Electrical Insulation Diagnosis; 3rd Japan-Korea Symposium on Electrical Insulation and Dielectric Material, Osaka, Japan, Sept. 26-30, 1994: 463-466.

[19] 曾嵘,俞俊杰,牛犇,等.用于宽频带时域电场测量的光电集成电场传感器[J].中国电机工程学报,2014,34(29):5234-5243.

[20] TSUKIOKA H, SUGAWARA K. New apparatus for detecting H_2, CO and CH_4 dissolved in transformer oil [J]. IEEE. Trans. on EI, 1983, 18(4), 409-419.

[21] 康昌鹤,唐省吾,等.气、湿敏感器件及其应用[M].北京:科学出版社,1988.

[22] 马卫平.一种新型的变压器故障连续监测装置[J].吉林电力技术,1986(1):11-14.

[23] 曲维本.光电耦合器的原理及其在电子线路中的应用[M].北京:国防工业出版社,1981.

[24] 任孝梁,张镁同,李六零,等.传光束高压电特性的研究[J].高电压技术,1986,12(4):14-17.

[25] 管喜康.光纤传输系统的信号调制[J].高压电器,1985,11(6):46-52.

[26] 王昌长,邝锦波,谈克雄,等.在线检测电力设备局部放电信号传输系统的研究[J].电工技术学报,1992(1):24-27.

[27] 谈克雄,刘浩.朱德恒,等.局部放电电、声信号微型计算机测量系统[J].电工技术学报,1992(2): 24-37.

[28] 王昌长,李福祺,高胜友.电力设备的在线监测与故障诊断[M].北京:清华大学出版社,2006.

[29] 刘锐.大容量频分复用光纤传输技术[J].光纤通信,1991(4):15-17.

[30] 张熙.光纤通信原理[M]:上海交通大学出版社,1986.

[31] 王昌长,王忠东,李福祺,等.局部放电在线监测中的抗干扰技术[J].清华大学学报,1995,35(4): 69-74.

[32] 张士宝,董旭柱,林渡,等.局部放电监测中现场干扰的分析与抑制[J].清华大学学报,1997,37(8): 107-110.

[33] STONE G C. Practical techniques for measuring partial discharge in operating equipment [J]. IEEE

Electrical Insulation Magazine，1991,7(4)：9-19.

[34]　王振远,谈克雄,朱德桓.电机绝缘在线监测中的程控组合式滤波器[J].高电压技术,1992．18（3）：48-52.

[35]　BLACK I R. A pulse discrimination system for discharge detection in electrical noise environments [C]. Proceedings of the 2nd ISH, Zurich, Switzerland，1975，239-242.

[36]　王忠东,王昌长,陶伟,等.脉冲极性鉴别系统在局部放电在线监测中的应用[J].清华大学学报,1995,35(S2)：117-121.

[37]　金显贺,王昌长,王忠东,等.一种用于在线检测局部放电的数字滤波技术[J].清华大学学报,1993,33(4)：62-67.

[38]　BORRIE H. New methods to reduce the disturbance influences on the in-site partial discharge (PD)-measurement and monitoring [C]. Proceedings of the 6th ISH, New Orleans, USA, Aug. 28-Sept. 1, 1989,Paper 15-10.

[39]　Widrow Bernard. Adaptive noise canceling, principles and applications [J]. Proc. IEEE, 1975, 63(12)：1692-1716.

[40]　谢尔·札曼,朱得恒,金显贺,等.局部放电在线检测中的自适应数字滤波系统[J].高电压技术,1994,20(3)：33-36.

[41]　谢尔·札曼.局部放电在线监测中抑制电磁干扰的自适应系统[D].北京：清华大学出版社,1995.

[42]　BERNARD W. Stationary and non-stationary learning characteristics of LMS adaptive filter[J]. Proc. IEEE,1976，64(8)：1151-1162.

[43]　杨福生,高上凯.生物医学信号处理[M].北京：高等教育出版社,1989.

[44]　中华人民共和国电力工业部.电力设备预防性试验规程：DL/T 596—1996[S].北京：中国电力出版社,1997.

[45]　中华人民共和国电力工业部.电力设备预防性试验规程：DL/T 596—1996 修订说明[M].北京：中国电力出版社,1997.

[46]　斯维.高电压设备的绝缘监测[M].张仁豫,朱德恒,译.北京：水利水电出版社,1984.

[47]　叶大邕.电气设备绝缘诊断中的有关问题[M].[出版地不详]：[出版者不详],1991.

[48]　周平.人工智能专家系统在变压器故障诊断中的应用研究[D].北京：电力科学研究院,1992.

[49]　楼世博,孙章,陈化成.模糊数学[M].北京：科学出版社,1983.

[50]　王琦.实用模糊数学[M].北京：科学技术文献出版社,1992.

[51]　李天云,陈化钢.模糊关系方程及其在电气设备故障诊断中的应用[J].高电压技术,1993,19(1)：23-28.

[52]　朱德恒,谈克雄,王昌长,等.电绝缘诊断技术[M].北京：中国电力出版社,1999.

[53]　王伯翰.高压开关机械故障的监测与诊断[J].高电压技术,1993,19(2)：30-33.

[54]　LIU Lianrui, SHAO Changshum. Detection of transformer winding on site[C]. Proceedings of 1994 International Joint Conference：26th Symposium on Electrical Insulation Materials；3rd Japan-China Conference on Electrical Insulation Diagnosis；3rd Japan-Korea Symposium on Electrical Insulation and Dielectric Material,Osaka, Japan, Sept. 26-30,1994,277-280.

[55]　OKAMOTO T, TANAKA T. Novel partial discharge measurement computer-aided measurement system[J]. IEEE Trans. on EI,1986,21(6)：1015-1019.

[56]　谈克雄,曾冬松,朱德恒.用于识别局部放电的人工神经网络[C]//中国电工技术学会第四届工程电介质学术会议论文集.成都,1995.

[57]　JIN Xianhe, WANG Changchang, LI Fuqi,et al. Comparison of PD Classification Capabilities for Transformer Failure and Typical Noise Models with Neural Network Applications[C]. 2000 Annual Report, Conference on Electrical Insulation and Dielectric Phenomena (CEIDP 2000), Victoria, Canada, Oct. 15-18, 2000：288-291.

第 3 章

电力变压器的在线监测与诊断

3.1　变压器绝缘的劣化

变压器的绝缘分为内绝缘和外绝缘,内绝缘指变压器油箱以内的绝缘,外绝缘指油箱以外的空气绝缘。内绝缘包括套管绝缘、绕组绝缘、引线及分接开关绝缘。套管属于电容型设备,有关的绝缘监测内容及方法将在第 4 章介绍。后两种内部绝缘从结构上又分为纵绝缘和主绝缘。纵绝缘指同一绕组的不同匝间、层间、段间、引线间的绝缘,以及分接开关各部分间的绝缘,主要绝缘材料是包在导线上的纸带,或匝间、段间的垫块和油道等。绕组主绝缘是一种油-屏障结构,由作为覆盖层缠在导线上的绝缘纸带、油道、放在导体和接地体间油道中的绝缘纸板(绕组端部的角环、绕组间围屏、绕组对外壳的隔板统称为屏障)所构成。可见变压器中主要绝缘材料是油和纸。它在长时间运行中,由于受电场、水分、温度和机械力的作用会逐渐劣化,最后引起故障而导致变压器寿命的终结。上述造成劣化的诸因素常不是单独作用,而是多个因素同时起作用,形成了不同的劣化模式。

3.1.1　局部放电对绝缘劣化的影响

在绝缘结构局部场强较集中的部位,当出现一些局部缺陷(例如气泡)时,就会导致局部放电。例如,高压绕组中部导线和垫块的缝隙中,或导线和撑条的缝隙中,靠近绝缘导线的表面容易产生局部放电。图 3-1 所示是绕组内部表面处绝缘结构的示意图。在这些缝隙中,由于工艺不善而滞留着气泡,或由于压力下降导致油在电场中分解,以及温度变化等,都可能导致油中形成气泡。气泡尺寸极为微小,但聚集在缝隙中,贴近绝缘纸表面,就可能满足局部放电产生和发展的条件。导线虽处高场强区,但一般无尖锐的边缘和棱角,且不是裸露,而是用纸包缠的,从而降低了其表面场强,使高场强仅位于绝缘的表面,因而局部放电常发生于导线的绝缘表面。油的介电常数低于油纸,故油中场强要高于纸中场强(达 2 倍以上),而其耐电强度仅为纸板的 1/4～1/3,当存在气泡时,油中更容易引起局部放电,甚至发展为整个油道的击穿。绕组端部靠近电容环处的油道(电容环表面场强是油通道中部场强的 2～2.5 倍)也具有较高场强,易于发生局部放电。其他如引线和纸板间、纵绝缘间油道中也可能发生局部放电。

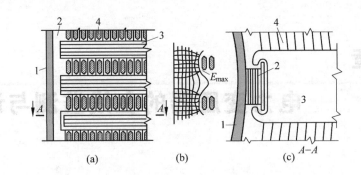

图 3-1   绕组内部表面处绝缘结构

（a）示意图；（b）绕组附近油通道中的电场图形；（c）线圈断面图

1—屏障；2—撑条；3—垫块；4—绕组

局部放电会使绝缘逐步受到侵蚀和损伤，例如，油道的击穿常使作为屏障的纸板出现局部碳化。模型研究[1]表明，当局部放电的放电量小于 1000pC，作用时间为几分钟时，不会在纸、纸板等固体绝缘上留下可见的损伤痕迹；而在 2500pC～100000pC 或更大时，几分钟的作用便会给固体绝缘造成明显损伤。这种损伤是由于前述的绕组导线绝缘表面的局部放电沿垫块向围屏（指高、低压绕组间和高压绕组外，用纸板围成的屏障）发展的结果[1-3]。在垫块和围屏上，留有树枝状放电通道的碳化痕迹。围屏放电的发展不仅可能引起匝间绝缘大面积击穿烧伤，而且可能引起相间短路。

对于局部放电和围屏放电，可用油中溶解气体分析和局部放电来监测和诊断。对于慢速发展的围屏放电故障，气体分析仍然有效。试验研究表明[4]，在放电量低于 1500pC 时，产气的主要组分是 CH_4 和 H_2。放电量为 5000pC 时，开始出现 C_2H_2，此时放电仅使油分解，并不损伤纸板。放电量大于 20000pC 时，纸板开始受损，除产生大量烃类气体和 H_2 外，还产生 CO 和 CO_2。但对于快速发展的围屏放电故障，由于产气速度大于气体溶解速度，因而在短时间内将产生大量自由气体，很快就会促使轻瓦斯继电器保护动作，对于这种突发性故障，监测局部放电则更为有效。

3.1.2   水分对绝缘劣化的影响

变压器进水受潮后，油的绝缘强度将随油中含水量的增加而下降，下降程度与油中水分所呈状态有关。水在油中呈三种状态，即溶解水、悬浮水和沉积水。当油温升高时，油溶解度增大，使一些悬浮水变成溶解水，以致受潮变压器油在温度较高时，击穿电压可能出现最大值。该温度为 60℃～80℃，温度再高，由于水的汽化，又使击穿电压下降。反之，油温较低时，悬浮水在电场作用下，很容易沿电场方向极化定向，导致击穿电压下降。为此，通过监测变压器油的击穿电压或油中含水量，即可诊断油受潮含水的情况。

另外，油中水分还会被变压器内的纸、纸板所吸收，纸板受潮后，其耐电强度将大为降低，同时介电常数将会增加。例如，2.5mm 厚的纸板含水量从 1.4% 变化到 10% 时，介电常数从 4.11 增为 5.61，增加了 36.5%[5]，从而进一步提高了油中的场强。

综上所述，变压器受潮后，局部放电和围屏放电的起始电压将降低，使屏放电更易于发展。图 3-2 所示曲线是在油、纸水分平衡状态下测得的油中棒（φ3mm）板间隙（板电极上放厚 2.5mm、直径 100mm 的绝缘纸板,棒电极离纸板的间距为 3mm)沿面放电起始电压和油中含水量的关系[5]。

图中曲线显示,当油温在 80℃时,放电起始电压的变化较小,其原因如上所述。运行变压器的油温一般可达 70℃～80℃,故短时间内,水分的单独作用对围屏放电的影响不大;但在长时间运行下,由于和杂质气体的共同作用,必将使沿面放电起始场强逐渐降低而引起局部放电。

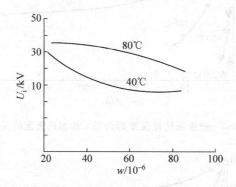

图 3-2　平衡状态下油中含水量 w 和沿面放电起始电压 U_i 的关系

3.1.3　热对绝缘劣化的影响

热作用引起的绝缘劣化(热劣化)在正常运行、过载运行及故障条件下都会发生,只是反应的速度有快有慢。正常运行时,热劣化是个长期积累的过程,反应时间较长、速度较慢,是一种老化过程。热劣化会导致油、纸和纸板等绝缘物的绝缘强度下降。

油在热的作用下,除了生成气体外,若与氧化共同作用(变压器内部有残留的氧分子,而铜导体将对氧化起催化作用),将使油的电气、物理特性发生变化。例如,介质损耗角正切 tanδ 上升、体积电阻率 ρ 下降。

图 3-3 所示[6]是绝缘油在供氧情况下,以 95℃加热劣化时,加热时间 t 与 tanδ 及 ρ 的关系曲线。绝缘纸受热和氧化都将使纸的抗拉强度、平均聚合度和绝缘强度下降,并生成 CO 和 CO_2。

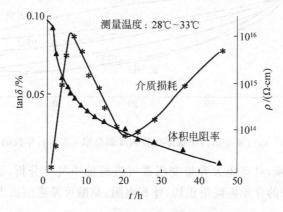

图 3-3　变压器油热劣化的电特性与加热时间 t 的关系

图 3-4 和图 3-5 是无氧热劣化加速试验得到的绝缘纸抗拉强度剩余率 σ 和平均聚合度剩余率 n 与加热时间的关系。可见,加热时间越长,抗拉强度和平均聚合度下降越多,而 CO、CO_2 生成量也越多。

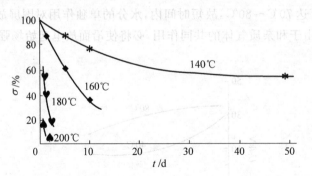

图 3-4   绝缘纸抗拉强度剩余率 σ 和加热天数的关系

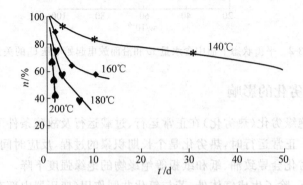

图 3-5   绝缘纸平均聚合度剩余率 n 和加热天数的关系

图 3-6 和图 3-7 是对已投运变压器内的绝缘纸抽样检查结果。可见,抗拉强度剩余率、平均聚合度剩余率等机械强度大约在 40 年内平均降低了 50%,而绝缘强度下降较少,约为 10%。

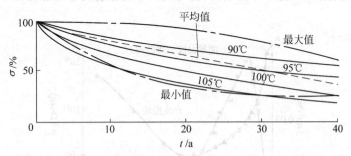

图 3-6   运行变压器内绝缘纸抗拉强度剩余率 σ 和运行年数的关系

进行热劣化的诊断,对高压大容量变压器可进行油中气体分析,而对容量较小的变压器,则可定期测定油样的介质损耗角正切、体积电阻、总酸价及表面张力,以诊断劣化情况。

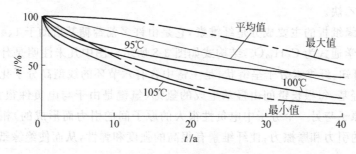

图 3-7 运行变压器内绝缘纸平均聚合度剩余率 n 和加热年数的关系

3.1.4 机械应力造成的劣化

正常情况下,变压器的电磁应力是不大的,但当发生短路故障,特别是近区故障(例如变压器低压侧因电缆头击穿、爆炸引起短路)时,应力将增加上千倍。这时,若绕组线材的机械强度不够(如铝线材)或固定不牢,或绝缘已发生热劣化,就会使绕组变形,或者发生绝缘从导体上松散、脱落引起绝缘故障。

绕组变形的诊断可通过测定变压器的频响特性[7]来判定(频响分析法),即将变压器看作是一个四端网络,输入不同频率的信号,测定输出输入之比和频率的关系。该诊断法对判断变压器的绕组变形很有效,但须停电进行,尚不能在线监测。

针对上述不同的劣化原因和劣化模式,电力变压器的监测和诊断内容可归纳如下。

(1)变压器油,包括油中溶解气体分析和油样的电气、理化特性的监测。

(2)绝缘纸的抗拉强度、平均聚合度等机械特性的监测。

(3)变压器的局部放电、温度和变形的监测。

3.2 变压器油中溶解气体的监测与诊断

3.2.1 油中气体的产生和溶解

1. 气体的产生

多数电气设备,例如变压器、电抗器、互感器、电容器和套管等,选用油纸或油和纸板组成的绝缘结构。当设备内部发生热故障、放电性故障或者油、纸老化时,会产生各种气体。这些气体会溶解于油中,不同类型的气体及其浓度可以反映不同类型的故障。所以对油中溶解气体的监测和分析是充油电气设备绝缘诊断的重要内容。

绝缘劣化产生的气体这取决于材料的化学结构。变压器油主要由碳氢化合物组成,包括烷烃、环烷烃、芳香烃、烯烃等。根据模拟试验的结果,发生故障时分解出的气体如下。

(1)300℃~800℃时,热分解产生的气体主要是低分子烷烃(如甲烷、乙烷)和低分子烯烃(如乙烯、丙烯),也含有氢气。

(2)当绝缘油暴露于电弧中时,分解气体大部分是氢气和乙炔,并有一定量的甲烷和乙烯。

(3)发生局部放电时,绝缘油分解的气体主要是氢气、少量甲烷和乙炔,发生火花放电时,则有较多的乙炔。

绝缘纸、绝缘纸板的主要成分是纤维素,它是由许多葡萄糖基借助于 1、4 配键连结起来的大分子,其化学通式为 $C_6H_{10}O_5$,结构式如图 3-8 所示。图中凡未注明是什么元素的节点均为 C。由图可知,纤维素分子呈链状,是主链中含有六节环的线型高分子化合物。每个键节中含有三个羟基,每根长链间由羟基生成的氢键(氢键是由于与电负性很大的元素如 F、O 相结合的氢原子与另一个分子中电负性很大的原子间的引力而形成的)相联系。长链互相之间的氢键的引力和摩擦力,使纤维素有很高的强度和弹性,从而使绝缘纸具有良好的机械性能。

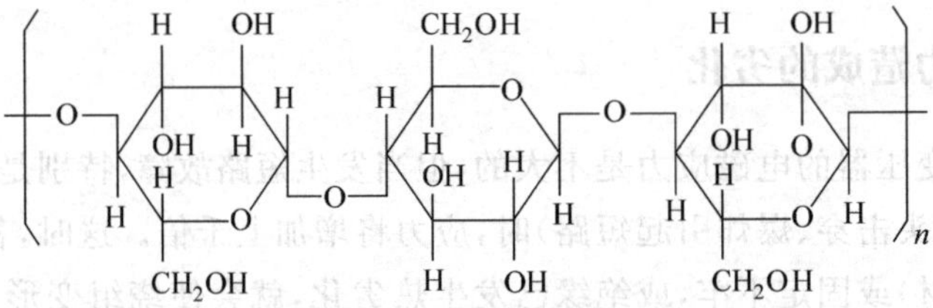

图 3-8　纤维素分子结构

图 3-8 中 n 代表长链内串接的重复单元(由图 3-8 知每个重复单元由三个键节构成)的个数,称为聚合度。一般新纸的 n 为 1300 左右;极度老化以致寿命终止的绝缘纸的 n 为 150～200。所以通过分析纸的聚合度可对设备进行寿命预测。聚合度反映了纸的机械强度,可以从机械强度的下降来判断纸的老化程度以推断设备的剩余寿命,例如日本电力发展公司将 $n=500$ 作为判断电力变压器寿命的临界值。

模拟试验结果表明,绝缘纸在 120℃～150℃ 长期加热时,产生 CO 和 CO_2,且以 CO_2 为主。绝缘纸在 200℃～800℃ 下热分解时,除产生 CO 和 CO_2 外,还含有氢烃类气体(CH_4 及 C_2H_4 等)。且 CO 与 CO_2 的浓度比值越高,说明热点温度越高。

国家标准 GB 7252－2001[8] 规定了不同故障类型产生的气体组分,如表 3-1 所示。

表 3-1　不同故障类型产生的气体组分

故障类型	主要气体成分	次要气体成分
油过热	CH_4,C_2H_4	H_2,C_2H_6
油和纸过热	CH_4,C_2H_4,CO,CO_2	H_2,C_2H_6
油纸绝缘中局部放电	H_2,CH_4,C_2H_2,CO	C_2H_6,CO_2
油中火花放电	C_2H_2,H_2	
油中电弧	H_2,C_2H_2	CH_4,C_2H_4,C_2H_6
油和纸中电弧	H_2,C_2H_2,CO,CO_2	CH_4,C_2H_4,C_2H_6

注:进水受潮或油中气泡可能使氢气含量升高。

2. 气体在油中的溶解

油、纸等绝缘材料所产生的气体既能溶解于油中,也能释放到油面上,气体在一定的温度、压力下达到溶解和释放的动态平衡,即最终将达到饱和或接近饱和状态。油中气体溶解度可用奥斯特瓦尔德(Ostwald)系数 k_i 表示,当气、液两相达到平衡时,对某特定气体,可用亨利(Henry)定律表示如下：

$$k_i = \frac{C_{oi}}{C_{gi}} \tag{3-1}$$

式中：C_{oi} 为平衡条件下溶解在油中组分 i 的浓度(μL/L)；C_{gi} 为平衡条件下气相中组分 i 的溶度(μL/L)；k_i 为组分 i 的奥斯特瓦尔德系数。

各种气体在矿物绝缘油中的 k_i 如表 3-2 所示[8]。

表 3-2　各种气体在矿物绝缘油中的奥斯特瓦尔德系数 k_i

标　　准	温度/℃	H_2	N_2	O_2	CO	CO_2	CH_4	C_2H_2	C_2H_4	C_2H_6
GB/T 17623—1998*	50	0.06	0.09	0.17	0.12	0.92	0.39	1.02	1.46	2.30
	20	0.05	0.09	0.17	0.12	1.08	0.43	1.20	1.70	2.40
IEC 60599—1999**	20	0.05	0.09	0.17	0.12	1.00	0.40	0.90	1.40	1.80

* 国产油测试的平均值。

** 这是从国际上几种最常用牌号的变压器油得到的一些数据的平均值。实际数据与表中数据会有些不同，但使用上面给出的数据不影响从计算结果得出的结论。

k_i 用于表示油中气体的溶解度，它与温度有关。H_2、CO、N_2 等溶解度低的气体的 k_i 因温度的上升而基本不变，而对于 CH_4、CO_2、C_2H_2、C_2H_4、C_2H_6 等溶解度高的气体，其 k_i 则因温度的上升而下降。以变压器为例，当其内部存在潜伏性故障时，若变压器产气速率很慢，则热分解产生的气体仍以气体分子形态扩散并溶解于周围油中，只要油中气体尚未达到饱和，就不会有自由气体释放出来。若故障存在时间较长，油中气体已达到饱和，则自由气体会从中释放出来并进入气体继电器中。若变压器产气速率很高，则热分解的气体除部分溶于油中外，还会有一部分成为气泡。气泡上浮过程中把溶于油中的氧、氮置换出来。

置换程度和气泡上升速度有关。在故障早期阶段，由于产气量少、气泡小、上升慢、与油接触时间长，因而置换较充分，特别对于尚未被气体溶解饱和的油，气泡可能完全溶于油中，因而进入气体继电器内的就几乎只有空气成分和溶解度低的气体（如 H_2、CH_4），溶解度高的气体则在油中含量较高。反之，对于突发性故障，由于产气量大、气泡大、上升快、与油接触时间短，使溶解和置换过程来不及充分进行，热分解的气体就以气泡形态进入气体继电器中，使气体继电器中积存的故障特征气体反而比油中含量高得多，从而还可能引起"轻瓦斯"甚至"重瓦斯"报警。这也是油中溶解气体分析对发现突发性故障不灵敏的原因。

可见，进行故障诊断时，不仅应分析油中气体，也应分析气体继电器中积存的气体。顺便指出，变压器中因故障产生的气体是通过扩散和对流而达到均匀溶解于油中的。对强迫油循环的变压器，由于对流速度更快，因此故障点周围只是在瞬间存在着高浓度的气体。

3. 气体在油中的损失

变压器内部固体材料对气体的吸附会使油中溶解气体减少，例如 CO、CO_2 的结构类似于纤维素，所以容易被绝缘纸吸附，而碳素钢易吸附氢。因此在故障初期，某些气体浓度较低可能是因吸附所致。新投运的变压器中，CO、CO_2、H_2 含量较高，可能是在干燥过程中为材料所吸附，而在运行中又释放于油中的缘故。

变压器负载在一天内有规律地增减变化,引起变压器的"呼吸作用",也会使油中气体逸散而减少。例如,当开放式变压器油箱中的油温上升时,含有气体的油上升,到达储油柜,并与油面上的空气相接触。为使油中气体含量和气相达到平衡,逸散于油面上的气体会"呼出"储油柜外。反之,当油温降低时,储油柜中含气量已降低的油又流回油箱,同时有相当量的新鲜空气吸入储油柜中,降低了油面上气体的气相含量,从而又加速了储油柜油中溶解气体向气相侧的释放。有人在一天内对变压器油的呼吸作用进行实测,发现当变压器油的温度变化 10℃时,H_2 的逸散损失约为 2.5%,CH_4 约为 0.7%,其他烃类约为 0.2%。

3.2.2　不同状态下油中气体的含量

1. 正常运行的变压器油中气体含量

正常运行的变压器油中,溶解气体主要是氧气和氮气。在开放式变压器中,油中气体总含量约为油体积的 10%,其中氧气为 20%~30%,氮气为 70%~80%。由于某些非故障原因,例如制造和试验过程中产生的少量气体溶于油中或为材料吸附后在运行中释放出来、正常的劣化产生少量的气体等,也能使投运前和正常运行的变压器油中含有一定量的故障特征气体。

湖北省曾对 93 台新变压器在投运前作油中气体分析,发现 95% 的变压器低于表 3-3[8] 中(1)项的值;对 70 台在 72h 内试运行的变压器作检查,仅有 3 台超过上述值。经分析,确认存在故障。可见,新变压器在投运前和 72h 试运行期间,进行油中气体分析是很重要的。要求气体浓度不超过表 3-3 中(1)项规定的值。

表 3-3　新变压器投运前后油中气体的极限浓度　　　　　　　　　　　　　μL/L

组分 投运时间	H_2	C_1	C_2			C_1+C_2 总烃	CO	CO_2
		CH_4	C_2H_6	C_2H_4	C_2H_2			
(1)投运前或 72h 试运行期内	50	10	5	10	痕(<0.5)	20	200	1500
(2)运行半年内	100	15	5	10	痕(<0.5)	25		
(3)运行较长时间	150	60	40	70	10	150		

注:C_1 和 C_2 分别表示含 1 个碳原子和 2 个碳原子的各种气体。

变压器运行半年内,烃类气体无明显增长,但氢气和碳的氧化物增长较快。这是由于制造过程中残留气体的影响。对运行半年的 67 台变压器油中气体分析的结果表明,有 3 台超过表 3-3 中(2)项规定的值,并已确认为内部有故障。

运行一年的正常变压器油中,烃类气体仍几乎无明显增长,但 CO_2 增长较明显。例如,开放式变压器中,CO 一般为 150μL/L,CO_2 约为 1500μL/L。运行时间较长的正常变压器,随运行时间的增加,油中可检测出一定量的 CO、CO_2、H_2、CH_4、C_2H_4、C_2H_6 和 C_3H_8,但通常油中是不含 C_2H_2 的。根据湖北省的统计,各气体含量均小于表 3-3 所列的标准。

表 3-4 是国家标准 GB7252—2001 规定的变压器、电抗器和套管油中溶解气体含量的注意值。表 3-5 是互感器油中溶解气体含量的注意值。注意值不是划分设备有无故障的唯一标准,当气体浓度达到注意值时,应进行追踪分析,查明原因。

表 3-4　变压器、电抗器和套管油中溶解气体含量的注意值 μL/L

设　　备	气体组分	含　　量	
		330kV 及以上	220kV 及以下
变压器和电抗器	总烃	150	150
	乙炔	1	5
	氢	150	150
套管	甲烷	100	100
	乙炔	1	2
	氢	500	500

注：该表所列数值不适用于从气体继电器放气嘴取出的气样。

表 3-5　互感器油中溶解气体含量的注意值 μL/L

设　　备	气体组分	含　　量	
		220kV 及以上	110kV 及以下
电流互感器	总烃	100	100
	乙炔	1	2
	氢	150	150
电压互感器	总烃	100	100
	乙炔	2	3
	氢	150	150

对于新投运的设备，油中一般不应含有乙炔，其他各组分含量也应该很低。根据 1984 年全国 19 个省市[9]的不完全统计：5948 台变压器中，油中总烃大于表 3-4 所示数据的仅占 5.3%；5757 台变压器中，乙炔超过 5μL/L 的占 5.8%；5552 台变压器中，氢气大于 150μL/L 的占 3.6%。也即正常水平的变压器占 94%。这和我国制造、运行、维护水平和历年来变压器的故障率是相符的。

2. 少油设备油中溶解气体含量

少油设备指互感器和套管，其特点是体积小而油量少，场强更集中，外壳是瓷壳，所以当内部存在气体时，容易导致设备爆炸等恶性事故发生。

由于真空处理工艺的不完善，使互感器中含气量可达到油体积的 6% 左右。于是在制造、试验过程中，热、电应力的作用使绝缘材料分解产生的氢、烃类气体吸附于纤维材料中。一般绝缘层较厚，吸附的气体完全释放于油中的时间较长。在出厂试验时，油和纸中的气体尚未达到溶解平衡，所以分析结果中含气量较低。而到达现场验收交接试验时，由于吸附的气体更多地释放出来，使现场分析值，尤其是 H_2、CO、CO_2 明显增高，H_2 含量甚至会超过表 3-5 所规定的注意值。而在运行后，由于逸散损失，正常运行的互感器的 H_2 与投运前相比则无明显增长，甚至还有下降趋势。

据 1984 年全国 19 个省市[9]的统计表明：在 10488 台互感器中，总烃大于 100μL/L 的占 1.9%；10291 台互感器中，乙炔大于 2μL/L 的占 3.3%；8575 台互感器中，氢气大于 150μL/L 的占 2.0%。湖北省对运行中的 723 台电压互感器和 1401 台电流互感器的油中气体作分析，97% 设备的特征气体总烃、乙炔和氢气的含量分别不超过 50μL/L、3μL/L 和 25μL/L，与表 3-5 所规定的注意值是一致的。

套管在运行中主要受电应力的作用，且电场更为集中。出厂进行局部放电试验时，有可能在其内部产生并残留 H_2、CH_4 等气体,故投运前,油中 H_2、CH_4 的含量常较高。运行中,在高电压作用下,内部也可能发生局部放电而产生 H_2、CH_4。故运行中的设备,这些气体含量较高。

1984 年,根据全国 19 个省市统计:3105 只套管中[9],甲烷超过 $100\mu L/L$ 的占 2.6%;3099 只套管中,乙炔超过 $5\mu L/L$ 的占 3.7%;3002 只套管中,氢气超过 $500\mu L/L$ 的占 4.7%。湖北省对 815 只运行中的套管作油中气体分析后发现:H_2 含量超过 $500\mu L/L$ 的占 7.2%;C_2H_2 大于 $5\mu L/L$ 的占 8.4%;CH_4 大于 $100\mu L/L$ 的占 8%。

可见,在进行油中溶解气体分析时,不能机械地套用表 3-4 和表 3-5 的注意值,否则也会发生误判。在投运前套管要作油色谱分析,确定其原始值。且在运行中,要考察产气速率,以便正确诊断。

基于上述分析,GB7252—2001 指出,导致互感器和电容式套管油中氢气含量高的因素较多。有的含量虽低于注意值,但若增加较快也应引起注意;有的氢气含量虽超过注意值,若无明显增加趋势,也可判断为正常。

3. 变压器内部故障类型与油中气体含量关系

变压器内部故障模式主要是机械故障、热故障和电故障三种类型,以后两种为主,并且机械故障常以热故障或电故障的形式表现出来。对 359 台故障变压器的故障类型进行统计,结果如表 3-6 所示。

表 3-6　变压器故障类型统计

故障类型	台次	比率/%	故障类型	台次	比率/%
过热故障	226	63	火花放电故障	25	7
高能量放电故障	65	18.1	受潮或局部放电	7	1.9
过热兼高能放电故障	36	10			

1) 过热故障

过热故障是由于热应力所造成的绝缘加速劣化,具有中等水平的能量密度。过热故障的原因中,由于分接开关接触不良而引起的占 50%,铁芯多点接地和局部短路或漏磁环流而引起的占 33%,导线过热和接头不良或紧固件松动占 14.4%,局部油道堵塞造成局部散热不良约占 2.6%。

当热应力只引起热源处绝缘油分解时,所产生的特征气体主要是 CH_4 和 C_2H_4,它们的总和占总烃的 80%,且 C_2H_4 所占比例随着故障点温度的升高而增加。例如 78 台高温过热(温度高于 700℃)的故障变压器的 C_2H_4 占总烃的比例平均为 62.5%,其次是 C_2H_6 和 H_2。据统计,C_2H_6 一般低于总烃的 20%;高、中温过热 H_2 占氢烃($H_2+C_1+C_2$)总量的 25% 以下,低温过热时,一般为 30% 左右。这是由于烃类气体随温度上升增长较快所致。

过热故障一般不产生 C_2H_2,只在严重过热时才产生微量 C_2H_2,其最大含量也不超过总烃的 6%。当涉及固体材料时,则还会产生大量 CO 和 CO_2。

2) 放电故障

放电故障是由于高电应力作用而造成的绝缘劣化,按能量密度不同可分为以下几种故障类型。

（1）电弧放电

以线圈的匝、层间击穿为多见，其次是引线断裂或对地闪络，或分接开关飞弧等故障模式。其特点是产气急剧、量大。尤其是线圈的匝、层间绝缘故障，因无先兆现象，一般难以预测，最终以突发性事故暴露。故障特征气体主要是 C_2H_2 和 H_2，其次是大量的 C_2H_4、CH_4。由于故障速度发展很快，往往气体来不及溶解于油中就释放到气体继电器内，所以油中气体含量往往与故障点位置、油流速度和故障持续时间有很大关系。一般 C_2H_2 占总烃 20%～70%，H_2 占氢烃的 30%～90%，且绝大多数情况下 C_2H_2 高于 CH_4。

（2）火花放电

常发生在以下情况：引线或套管储油柜对电位未固定的套管导电管放电，引线局部接触不良或铁芯接地片接触不良而引起放电，分接开关拨叉电位悬浮而引起放电等。火花放电的特征气体也以 C_2H_2、H_2 为主，因故障能量小，一般总烃含量不高。油中溶解的 C_2H_2 在总烃中所占比例可达 25%～90%，C_2H_4 含量则小于 20%，占氢烃总量的 30% 以上。

（3）局部放电

随放电能量密度不同而不同，一般总烃不高，主要成分是 H_2，其次是 CH_4。通常 H_2 占氢烃的 90% 以上；CH_4 占总烃的 90% 以上。放电能量密度增高时，也可出现 C_2H_2，但在总烃中所占比例一般小于 2%。这是与上述两种放电现象区别的主要标志。

无论哪种放电，只要有固体绝缘介入，就都会产生 CO 和 CO_2。

3）受潮

当变压器内部进水受潮时，油中水分和含湿气的杂质容易形成"小桥"，从而导致局部放电而产生 H_2。水分在电场作用下的电解以及水与铁的化学反应均可产生大量 H_2。故受潮设备中，H_2 在氢烃总量中占比例更高。有时局部放电和受潮同时存在，并且特征气体基本相同。所以单靠油中气体分析结果尚难加以区分，必要时要根据外部检查和其他试验结果（如局部放电的测量和油中微量水分分析）加以综合判断。

3.2.3　油中溶解气体的色谱分析

1. 气相色谱分析的流程

用色谱分析来测定油中溶解气体组分的流程如下。

1）取油样

一般可在设备运行状态下，从变压器油箱下部的放油阀处放取油样。因运行时，油的对流使各部分的溶解气体分布均匀，产气较慢的潜伏性故障所产生的气体已大致扩散均匀，故从何处取油样，其测定结果是相同的。但在故障严重、绝缘材料产气量大时，气体来不及溶解就呈气泡状向上运动。这样产气的故障点以上部位的油中溶解气体就多，上、下部位油中含气量差别较大。这时应在上、下部位同时取样为好。发生突发性故障后，气体扩散往往不充分，应注意取样时间和部位，必要时可在多处取样。对气体继电器已动作的变压器，则应同时从继电器放气嘴上取气样作综合分析。

一般可用玻璃注射器取油样和气样。GB7252—2001 规定：对大油量的变压器、电抗器的取样量可为 50mL～80mL；对少油设备应尽量少取，以够用为限。实际取样量与脱气方法有关。采用机械振荡法、盐水真空搅拌法及托里拆利真空法脱气时，一般取样量为 30mL 就足够了。取样操作应按照国家标准规定进行。

2）从油中脱出溶解气体

按照国家标准介绍,常用的脱气方法有两类。

（1）溶解平衡法

目前,溶解平衡法使用的是机械振荡方式,其重复性与再现性能满足使用要求。该方法的原理是,在恒温条件下,油样在含有洗脱气体的密闭系统内通过机械振荡,使油中溶解气体在气、液两相达到分配平衡。通过测试气相中各组分浓度,并根据平衡原理导出的奥斯特瓦尔德系数,计算出油中溶解气体各组分的浓度。

（2）真空法

真空法主要采用变径活塞泵全脱气法。利用大气压与负压交替对变径活塞施力的特点（活塞的机械运动,起了类似托普勒泵中水银反复上下移动,多次扩容脱气、压缩集气的作用）,借真空与搅拌作用,并连续补入少量氮气（或氩气）到脱气室,使油中溶解气体迅速析出。连续补入少量氮气（或氩气）可加速气体转移,克服了集气空间死体积对脱出气体收集程度的影响,提高了脱气率,基本上实现了真空法的全脱气。

3）气相色谱仪分析气体

将进入脱气装置集气管或集气瓶中的气体尽快转移到玻璃注射器中,由玻璃注射器进样到色谱仪中。用色谱柱将各气体组分分离后,由鉴定器测定各气体组分的浓度。一般以 $\mu L/L$ 表示。数据一般准确到 $1\mu L/L$,小于 $0.5\mu L/L$ 即以"痕"表示。

4）数据处理

按照国家标准规定,要将测出的各气体组分换算到标准状态（压力为 101.3kPa,温度为 20℃）时的体积,换算公式为

$$V_g = V_g' \frac{P}{101.3} \cdot \frac{293}{273+t} \tag{3-2}$$

式中：V_g 为脱出气体组分换算到标准状态时的体积,mL；V_g' 为脱出气体组分在压力为 P、温度为 t 时的实测体积,mL；P 为脱气时的大气压,kPa；t 为环境温度,℃。

2. 色谱分析的工作原理

色谱分析是一种物理分离分析技术,其作用是将收集到的溶解于油中的气体的各个组分一一分离出来,再由鉴定器对各自的浓度进行测定。

气体分离功能由色谱柱完成。它常由玻璃管、不锈钢管或铜管组成,管内的固体填充剂称为固定相,对气体有吸附和解吸作用。

待测气体在载气的推动下注入色谱柱,载气可以是氩气、氮气等活性不强的气体。载气又称为流动相,流动相为气体的称为气相色谱分析,液体作为流动相的则称为液相色谱分析。

当待测的混合气体被流动相携带通过色谱柱时,气体分子和固定相分子之间发生吸附和解吸的相互作用,从而使混合气体各组分的分子在两相之间进行分配。由于各组分物化性质的不同,所以各自在相对运动的两相之间的分配系数 K 也不同。K 又称为平衡系数,指物质在两相间分配达到平衡时,在两相中浓度的比值,即

$$K = \frac{\text{固定相中物质浓度}}{\text{流动相中物质浓度}} \tag{3-3}$$

K 值大的组分被固定相吸附的量就大,留在固定相中的时间就长,造成各组分在色谱柱中

运动的速度各不相同。当通过适当长度的色谱柱后,由于这种分配反复进行多次,所以即使各组分的 K 只有微小的差异,也会因运动速度不同而逐渐被拉开距离,最后会按速度快慢顺序,先后从色谱柱流出,从而完成分离。分离过程的示意图如图 3-9 所示。

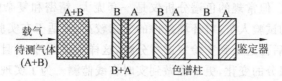

图 3-9 色谱柱分离气体组分过程示意图

可见,固定相对气体组分的分离起着决定性作用,不同性质的固定相适应不同的分离对象,应根据需分离的对象来选择固定相的材料。常用的固定相材料有活性炭、硅胶、分子筛、高聚物(如 TOX 系列的分子筛、GDX 系列的聚芳香烃高分子多孔小球等)等,其主要性能如表 3-7 所示。

表 3-7 油中气体分析用的部分常用固定相材料

固定相	粒度/目	柱长/m,柱径/mm	载气	鉴定器	分离的组分
活性炭	60~80	1,3	N_2	TCD,FID	H_2,O_2,CO,CO_2(经转化)
5A 分子筛	30~60	1,3	Ar	TCD	H_2,O_2,N_2,CH_4,CO,CO_2
硅胶涂固定液	80~100	2,3	H_2	FID	CH_4,C_2H_6,C_2H_4,C_3H_8,C_2H_2,C_3H_6
HGD—201	80~100	1,2	N_2	FID	同上
GDX—502	60~80	4,3	N_2	FID	CH_4,C_2H_4,C_2H_6,C_2H_2,C_3H_8,C_3H_6,C_3H_4

选择固定相时,要求待测气体的各组分在固定相上的分配系数有差别,并且热稳定性和化学稳定性好,不能与被测组分发生化学反应。固定相选定之后,所能分离的气体组分及各组分流出峰的先后次序就确定不变了。图 3-10 所示是烃类在硅胶上分离的次序,在 3min 内即可分离 6 个烃类组分。

对鉴定器的要求包括灵敏度、线性度、稳定性和响应速度几个方面。常用的鉴定器是热导池鉴定器(TCD)和氢火焰离子化鉴定器(FID)。它们的作用都是将气体各组分的浓度转化为电信号。

热导池适用于所有组分的检测,但灵敏度低。氢火焰离子化鉴定器虽灵敏度高,但只对有机物才能响应。因此,用它检测 CO 和 CO_2 时,色谱仪应用转化装置将其转化为甲烷后再检测。目前国产色谱仪中均设有两种鉴定器和转化装置。

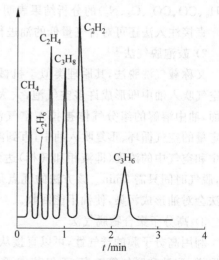

图 3-10 烃类在异氰酸苯酯多孔硅胶（HGD—201）上的分离次序
(柱长 1m,柱径 2.3mm,柱温 23℃,载气 N_2,流速 10mL/min)

3.2.4　油中溶解气体的现场分析与在线监测

气相色谱分析具有选择性好、分离性能高、分离时间快(几分钟到几十分钟)、灵敏度高和适用范围广等优点。但常规的色谱分析仪是一套庞大、精密和复杂的检测装置。整个分析时间较长,需熟练的试验人员,对环境条件的要求较高,只适于在实验室内进行检测。

油样从现场采集后再运送到实验室进行分析,这样不仅耗时,而且在采样、运输、保存过程中,还会引起气体组分的变化,更不能做到实时在线监测。为了实现在线监测油中气体组分,需要简化色谱分析装置,重点是解决取油样和脱气两个环节,使之适宜于在线监测和现场检测。

1. 脱气方法

目前脱气方法可以分为直接注入法、鼓泡脱气法、高分子聚合物脱气法、真空脱气法、顶空脱气法等几大类。平板分离膜、毛细管、血液透析装置、中空纤维等都属于高分子聚合物脱气法的不同形式运用[10]。

1) 直接注入法[11]

该方法不需要真空脱气,而是采用通用电气公司专利技术开发的"分离柱"(stripper column)直接脱气(美国专利号:4587834)。分离柱运用氩气作为载气,在色谱分离前,将溶于油中的气体从油中喷射出来。分离柱装在色谱仪的干燥箱内,油样容量由采样环所限定,只要用气密性强的玻璃采样注射器,将油样直接注入气相色谱仪内即可。根据每种气体组分的相对脱气率来调整气体的响应因数,据此对气体作定量分析。

用该法分析油中气体只需 20min。与传统的脱气法相比,直接注入法的优点在于有较高的效率,且操作安全简单,有利于实现现场的检测。

用两种方法对 100 个抽样进行了对比试验,9 种气体组分(H_2、CH_4、C_2H_2、C_2H_4、C_2H_6、CO、CO_2、O_2、N_2)的分析结果表明,两者结果较为一致,差异在±(10%~20%)以内。

直接注入法还可对含气量低的油进行分析,例如新油或刚处理过的油。

2) 鼓泡脱气法[12]

又称载气洗脱法,其原理类似于机械振荡法(也属于不完全脱气法)。如图 3-11 所示,将空气吹入油中即形成许多空气泡,大大增加了气相和液相的接触面,油中溶解的组分气体被拉入空气泡并随空气泡排出油面。用定量的空气循环、重复吹入油中,直到溶解于油中的组分气体在油中和空气中的浓度(即液相和气相)达到平衡。油温在 0℃ 以上时,脱气时间只需 2min。该方法的优点是脱气率高,重复性好,但此法会对油形成污染,使油不能回收。

3) 高分子聚合物脱气法

利用高分子膜的透气性,可以直接从油中将气体分离出来,免去取样、注油和脱气等工序,不仅节省了监测时间,而且简化了装置,易于实现在线连续监测的要求。

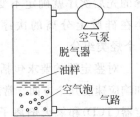

图 3-11　鼓泡脱气法的循环脱气装置

渗透膜是无孔的致密膜,它能阻挡油的渗透,但可透过油中的溶解气体。当气体流向膜与膜面接触时,气体溶入膜表面,气体在浓度差的推动下,在膜内扩散,到达膜的另一表面后释出。不同材料的膜对不同气体的透过率是不同的,这就是膜对气体的选择性。对膜还要求其有良好的耐油性和耐热性。

渗透膜的透气过程也是气体在膜内溶解和扩散的过程,表征透气特性的渗透系数 H 是溶解度系数 S 和扩散系数 D 的乘积,即

$$H = SD \tag{3-4}$$

油中溶解气体常由多个组分组成,此时,即使膜两侧的总压相等,只要组分有分压差,该组分仍会从高分压侧向低分压侧渗透。

气体在膜内溶解符合亨利(Henry)定律,扩散则符合菲克(Fick)定律,据此,可以导出渗透膜两侧气体组分的气、液两相的浓度关系式[13]如下:

$$C_2 = (9.87kC_1 - C_0)\left[1 - \exp\left(-\frac{10^5 HA}{Vd}t\right)\right] + C_0 \tag{3-5}$$

式中:C_0 和 C_2 分别为 100kPa 下气室中气体组分的初始浓度和渗透时间为 t 时的浓度,$\mu L/L$;C_1 为 100kPa 下油中溶解气体的浓度,$\mu L/L$;k 为气体溶于油中时的亨利系数,$Pa \cdot m^3/m^3$;H 为渗透系数,$m^2/(s \cdot Pa)$;A 为膜面积,m^2;d 为膜厚度,m;V 为气室体积,m^3;t 为渗透时间,s。

由式(3-5)可知,气室中组分浓度随渗透时间的增大而增大,一定时间后达到饱和状态,此时式(3-5)中指数项为零,则有

$$C_2 = 9.87kC_1 \tag{3-6}$$

可见气室中组分的浓度和油中溶解的浓度成正比。若设气室中初始浓度 $C_0 = 0$,则气室中透过气体达到 90% 饱和度时,所需的时间为饱和时间,或称平衡时间。即

$$1 - \exp\left(-\frac{10^5 HA}{Vd}t\right) = 0.9$$

于是可求得气室中透过的气体某组分达到饱和状态所需的时间为

$$T = \frac{2.3Vd}{10^5 HA} \tag{3-7}$$

以氢气为例[13],测得其在油温为 20℃ 时的 $k = 1.94Pa$,则 $C_2 = 19.15C_1$,即气室中浓度为油中的 19 倍。在 $A = 72cm^2$、$V = 28cm^3$、$d = 0.005cm$ 时,测得聚四氟乙烯膜的渗透系数 $H = 2.49 \times 10^{-17} m^2/(s \cdot Pa)$,可求得 $T = 49.3h$。当油温为 20℃、油中氢气浓度 $C_1 = 313 \times 10^{-6}$ 时,测定了 C_2 随 t 的变化,如图 3-12 实线所示[13]。据此可确定饱和时间 $T = 52h$。由式(3-12)也可算得 C_2 和 t 的关系,如图中虚线所示。计算和实测结果较为相近。60℃ 时,对氢气透过 0.003cm 聚酰亚膜的情况也进行过实测和计算,其结果也是很接近的[14]。日本日立公司的氢气监测装置,T 的实测值为 72h[15]。油温在 25℃~80℃ 间变动时(实际运行的变压器油温一般为 60℃ 左右),T 的偏差在 5% 以下。这是由于温度过高气体在油中的亨利系数 k 要变小,而温度过低则渗透系数 H 要变小。而在 60℃ 左右透过率最高,故而 T 和温度变动的关系不大。

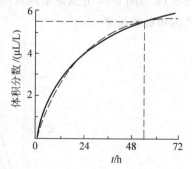

图 3-12　气室中 H_2 浓度随时间变化的曲线

由上述可见,由于气体透过膜的时间 T 较长(52h~72h),使得监测的时间间隔也较长。若考虑到一般情况下故障变压器油中氢气的增加速度为每个月几 $\mu L/L$,那么每 72h 监测一次能较准确地确定油中 H_2 的浓度。

关于膜的寿命，日立公司的膜在平均油温为 60℃时，可使用 20 年至 30 年；Syprotec 公司的膜据称与变压器的寿命相当。可见膜的选择是至关重要的，它不仅影响对油中溶解气体组分的选择性，而且影响气体组分渗透的饱和时间 T 和监测系统的响应时间。

实测 12 种耐油性较好的高分子膜对 H_2、CO、CH_4 的渗透系数[16]，部分结果如表 3-8 所示。

表 3-8 不同高分子膜的渗透系数

膜	膜厚/cm	$H/(10^{-18}\,\mathrm{m^2 \cdot s^{-1} \cdot Pa^{-1}})$		
		H_2	CO	CH_4
PFA	0.0075	120	14	9.0
三乙酰纤维素	0.005	83	2.5	2.0
聚四氟乙烯	0.005	67	9.0	5.3
聚四氟乙烯-乙烯共聚物	0.0038	25	2.2	1.1
聚酰亚胺	0.005	8.3	0.26	0.059

从表 3-8 中数据可以看出，四氟乙烯-全氟烃基乙烯基醚共聚物膜（简称 PFA 膜）的渗透系数最大。但该种渗透膜质地较柔软，不易安装。因而在实际使用时，将 PFA 膜熔融于烧结的不锈钢板上（孔径 $1\mu m$），这样的膜称为熔结 PFA 膜。将它们夹在丁腈橡胶衬垫之间，成为监测装置的气体分离部分。

在膜的面积 A 为 $19.6\mathrm{cm}^2$、气室体积 V 为 $8.5\mathrm{cm}^3$ 时，测定各气体组分达到 99％饱和值所需的时间，其中 H_2 最短，为 53h；CO 为 184h；CH_4 为 230h；C_2H_2 为 138h；C_2H_4 为 186h；C_2H_6 为 259h。若将膜的面积增为 $100\mathrm{cm}^2$，则达到饱和值的时间将按比例约减为原值的 1/5。这样 H_2 达到饱和值的时间就只需 10h 左右。

为了改善渗透膜的透气性，缩短平衡时间，可采用带有微孔（孔径 $5\mu m \sim 10\mu m$）的聚四氟乙烯薄膜，在保证高机械强度和耐高温的前提下，可大大缩短各种气体的平衡时间（经过 45h，6 种气体基本达到饱和）。而且这种膜的寿命可达 10 年，满足在线监测的要求[17]。图 3-13 和图 3-14 分别是常规聚四氟乙烯膜和带有微孔的聚四氟乙烯膜的渗透曲线，图中 P_r 为相对渗透率。

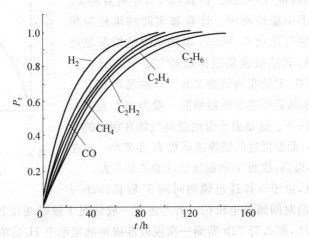

图 3-13 常规聚四氟乙烯膜的渗透曲线

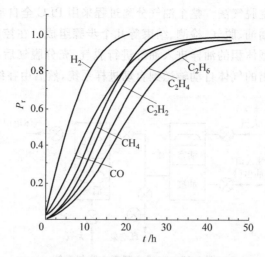

图 3-14 带有微孔的聚四氟乙烯膜的渗透曲线

近年来,为了进一步缩短高分子膜的分离时间,开展了大量的研究工作。通过在玻璃态聚合物中引入一种活化基团而生成了新一代功能材料 M40 膜,该膜的透气性能远远超过聚四氟乙烯,仅需 12h 就可以完成油中溶解气体的分离[18]。通过采用超滤陶瓷膜管和 TeflonAF2400 溶液制备了一种复合膜,进一步将油气分离时间缩短到 10h 以内[19]。

中空纤维脱气法的基本原理与平板渗透膜法相同。脱气装置由数千根中空纤维组成,每一根中空纤维都由高分子聚合薄膜制成。相比平板薄膜来说,中空纤维油气表面积大了成百上千倍,从而油气平衡时间也大大缩短。中空纤维在选择合适材料和纤维表面积大小后,油气平衡时间能达到 2h 以内。这种方法的优点在于油气分离时不需要载气,不会污染油样,因而可以实现油的回收利用。但该方法必须保证变压器连续、不断地流过中空纤维内腔或外腔,必须采用外加油泵配合使用。目前,宁波理工监测有限公司的 MGA2000 系列就是采用的这种方法,选用特制的中空毛细纤维管,油泵每次运行 30min 能实现脱气。

美国 Sevenron 公司采用医学上的血液透析装置,研制出 TrueGas 变压器油中溶解气体在线监测系统[20]。该方法透气快、效果好,但此种装置价格昂贵,在我国使用较少。

4)真空脱气法

根据产生真空方式的不同,可分为波纹管法和真空泵法。

波纹管法利用电动机带动波纹管反复压缩,多次抽真空,将油中溶解气体抽出。日本三菱株式会社就是利用该原理开发了一种变压器油中溶解气体在线监测装置。虽然每次测试需要 40min,测试周期可在 1h~99h 或 1~99 年内设置,但由于积存在波纹管空隙里的渗油很难完全排出,将污染下一次检测时的油样,不能真实地测出油中溶解气体组分含量及其变化趋势,特别是对含量低、在油中溶解度大的乙炔,残留中乙炔的影响就更显著。

真空泵脱气法利用常规色谱分析中的抽真空脱气原理,用真空泵抽空气来抽取油中溶解气体,废油仍回到变压器油箱,也可以实现变压器油中溶解气体的在线监测。该方法脱气效率高,每次脱气都要抽取一定体积的油样。

一种应用于在线监测的小型真空脱气系统如图 3-15 所示[21]。该系统采用一次脱气-集气过程,属于不完全真空脱气法。整个油气分离过程采用 PLC 全自动控制,主要由启动、冲洗、重复抽油、抽真空、抽油、脱气、检测、结束等几个步骤组成。在控制作用下,真空和大气压使油缸活塞移动,典型体积的油样进入油缸进行脱气,充分脱气后,同样利用真空和大气使气缸活塞移动,使脱出的气体自动输送到自动进样系统,然后由在线色谱分析系统进行气体组分分离和分析。

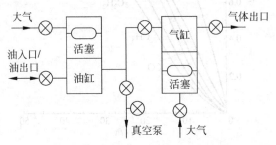

图 3-15   在线小型真空脱气系统

油缸和气缸均采用活塞式两缸构成($10cm \times 10cm \times 20cm$),利用大气压交替对活塞施力,为在线应用提供了方便,并且有效地减少和消除了死体积和残油污染。油缸体积为 20mL 可调,气缸体积为 50mL,与色谱分析系统一起可以自动检测 H_2、CO、CO_2、CH_4、C_2H_4、C_2H_6 和 C_2H_2 等 7 种气体组分。启动到脱气完成所耗时间小于 10min,整个分析过程不到 20min。

5) 顶空脱气法

顶空脱气法利用气体分子在绝缘油表面的扩散使气体分子在油液中和气室中达到动态平衡,这一过程可以借助搅拌等手段进行加速。对于一个顶空脱气装置,希望脱气达到平衡的时间越短越好,同时还希望脱气装置能够具有较高的脱气率,从而降低对检测单元极限灵敏度的要求。包括动态顶空脱气法和动态顶空平衡法。

动态顶空脱气法又称为吹扫捕集法,通过采集样品基质上方的气体成分来测定这些组分在原样品中的含量。动态顶空是用流动的气体将样品中的挥发性成分"吹扫"出来,进行连续的气相萃取,即多次取样,直到将样品中挥发性组分完全萃取出来,然后通过一个吸附装置(捕集器)将样品浓缩,经过一定的吹扫时间之后,待测组分全部或定量地进入捕集器,关闭吹扫气,由切换阀将捕集器接入色谱的载气气路,同时加热捕集管使捕集的样品组分解吸后随着载气进入色谱进行分析。河南中分仪器股份有限公司的中分 3000 色谱在线监测仪就是采用的这种方法,该方法的优点是脱气时间短,一般能在 15min 内完成。但采用该方法的油样分析完后不能回收。

顶空脱气法主要有两种实现方式[22]:①在油中加入磁力搅拌器,通过搅拌加速气体的逸出;②向油中通入惰性气体(N_2 或者 Ar),把溶解在油中的故障气体置换出来。这两种脱气装置的结构分别如图 3-16(a)、(b)所示。

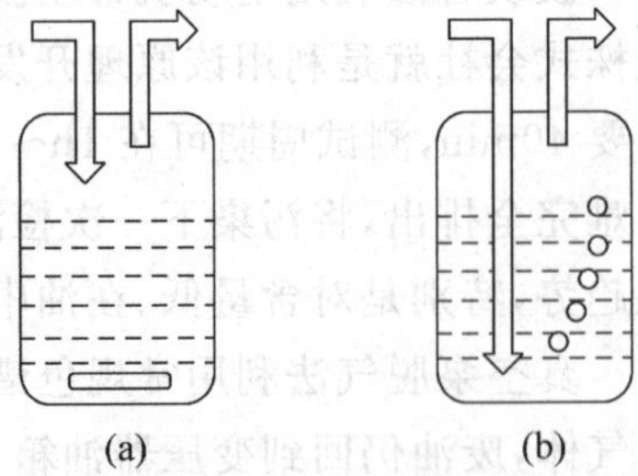

动态顶空平衡法又称机械振荡法,它是对动态顶空脱气法的进一步发展。采集油样到采样瓶后,在脱气过程中,采样瓶内的磁力搅拌子不停地旋转,搅动油样脱气;析出的气体经过检测装置后返回采样瓶的油样中。在这

图 3-16   顶空脱气装置
(a) 搅拌式;(b) 置换式

个过程中,间隔测量气样的浓度,当前后测量的值一致时,即认为脱气完毕。英国 Kelman 公司的 Transfix 油中溶解气体在线监测仪就是采用的这种方法。这种方法不仅脱气速度快,而且由于脱气过程中不需使用载气等吹扫气体,因而不会对油样造成污染,可以对油样回收利用。

2. 气体检测方法

从检测原理上讲,在线检测气体的气敏元件大致可以划分为三大类:气敏传感器、热导池以及红外光学传感器。气敏传感器包括场效应管、半导体传感器、电化学传感器等。从机理上讲,它们都是将气体含量信号,通过某种作用方式(物理或化学方式),直接或间接地转换成电信号。有关半导体气敏传感器的介绍参见第 2 章。热导池的制作工艺可能差别很大,但都是依据气体的热导率对电阻的影响导出气体含量信号的。红外光学传感器由分光器件和红外探测器组成,其基本原理是根据不同的气体特征吸收频率来实现对气体种类的判别,依据在特征频率处的吸光度来确定气体的含量。各种检测方法的优缺点见表 3-9。

表 3-9　各种气体检测器的优缺点

检测器类型	优　点	缺　点
热导池检测器	结构简单,测量范围宽	灵敏度受到一定的限制
基于 MEMS 微型热导池	检测器微型,易实现检测器的芯片化,气体的死体积小	不易操作,控制需要有稀有气体作为载体
氢离子火焰检测器	精度高	操作繁琐,需要点火,难以实现自动操作
钯栅场效应管检测器	气体的选择性好	寿命短,精度漂移严重
燃料电池传感器	精度高	电解液易外泄
红外线光谱传感器	测量范围宽,灵敏度高,精度高,响应快,选择性良好	造价高
光声光谱传感器	灵敏度高,不需要载气,设备简单	对环境要求高

3. 光声光谱检测技术[23,24]

采用气相色谱原理的监测系统的共同缺点是:①色谱柱和传感器在长期运行中性能发生变化,需要定期标定或更换;②运行过程中需要消耗标准气样和载气,维护工作量大。而光声光谱检测技术则可克服上述缺点。光声光谱技术是以光声效应为基础的一种新型光谱分析检测技术,它是光谱技术与量热技术结合的产物,是 20 世纪 70 年代初发展起来的检测物质和研究物质性能的新方法。该技术的主要优点有:①直接测量气体吸收的能量,无背景噪声,具有很高的监测灵敏度;②不消耗被测气体,以随处可得的空气为背景气,不需要高纯惰性气体作为载气,不需要色谱柱和传感器;③不需要对标准气体进行标定,可真正实现免维护;④检测范围宽,可检测有载分接开关油箱中的高浓度气体含量。

光声光谱的基本原理是被测物质中气体分子吸收调制的特定波长的光后被激发,处于激发态的分子与其他分子发生碰撞,将吸收的光能部分转化成平动动能,使气体温度呈现出与调制频率相同的周期性变化,进而导致压强的周期性变化,产生声音信号;通过高灵敏度的微音器感知光声池中压力的变化,并转变为正比于气压的电信号,供外电路分析处理。高灵敏度的微音器的发展使光声光谱对痕量气体的检测具有更高的灵敏度及稳定性。

气体光声检测系统一般包括五部分:光源、斩光盘、光声池、微音器及放大器,如图 3-17

所示。在图示系统中,光源的辐射波长必须包含待测气体的吸收谱线,体积小,功耗低,满足设备在线长期运行。斩光盘将连续的光变成断续的光,滤光片是根据被测气体的特征频谱选择的光学滤光片,只有与被测气体波长一致的光才能通过,其他波长的光不能通过。光声池是被测气体产生光声效应的容器,也是光声信号发生的场所,微音器是光声检测系统的核心。微音器检测到的微弱信号必须经外部电路放大才能被检测器检测和分析。

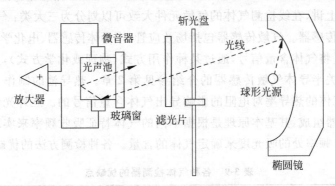

图 3-17　气体光声检测系统

表 3-10 给出了经实验获得的油中溶解气体的特征频谱。图 3-18 是光声光谱技术实现的技术原理。

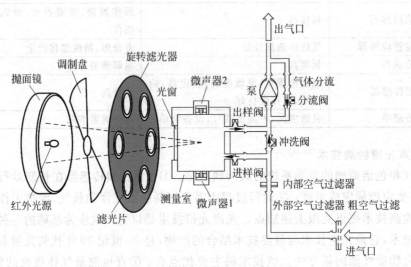

图 3-18　光声光谱技术实现原理

表 3-10　油中溶解气体特征频谱

气体组分	分子量	特征波数/cm^{-1}	特征波长/μm
CO	28	2143	4.666
CO_2	44	2349	4.257
CH_4	16	1251	7.994
C_2H_4	28	1056	9.470
C_2H_6	30	836	11.962
C_2H_2	26	735	13.605

4. 油中溶解气体现场检测和在线监测装置

日本日新电机公司用鼓泡脱气法制成商品化便携式油中溶解氢气检测器[12]，量程为 $50\mu L/L \sim 10000\mu L/L$，测量时间为 2min，油样量为 33mL，空气循环流速为 1L/min.，仪器全重 5kg，外形尺寸为 350mm×240mm×195mm（宽×高×深）。

检测器由脱气系统和氢气浓度测量系统组成，氢气传感器选用 SnO_2 气敏传感器（参见第 2 章），传感器经特殊处理后对氢气有特别优良的选择性，对油中其他溶解气体的响应不超过氢的 0.5%。

该公司用同样的脱气法研制了测定乙炔的便携式检测器[25]，系统构成如图 3-19 所示。其工作流程是从气体入口输入定量的空气，通过螺旋阀 1 和 2 循环地送到脱气器的油样中，完成脱气后经检测单元测定，再通过螺旋阀 1 和 2 从气体出口排走。螺旋阀可以用来控制气体的流向，它的检测单元采用了分光型（色散型）红外线气体分析器。其工作原理如下：许多气体分子在红外线范围内都有各自的特征吸收频谱或吸收波长，例如，一氧化碳的吸收峰波长为 $2.37\mu m$ 和 $4.65\mu m$，当外来辐射电磁波的频率和气体分子的特征吸收频率相同时，外来的辐射能即被该分子所吸收，这就是吸收电磁波能量的选择性。这种吸收使通过该分子后的能量比通过前的能量减少，减少量和分子的浓度及气室的体积有关。这种辐射能的变化以热能形式表现出来，运用红外线传感器即可检测出热能的变化，从而得到气体组分的浓度。

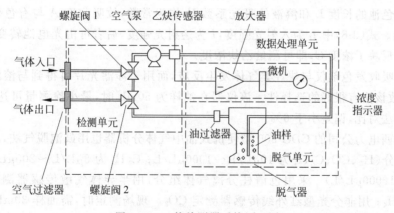

图 3-19　乙炔检测器系统原理图

大多数有机和无机多原子分子气体（如 CO、CO_2、CH_4、C_2H_4 等）和其他烃类均可采用红外线分析。该乙炔检测器的红外线检测单元如图 3-20 所示。加热器作为红外辐射源，分光用的干涉滤光片用以改变射到红外线传感器的辐射通量和光谱成分，可消除或减少散射辐射或干扰气体组分吸收辐射能的能力，使通过气室（内充待测气体）内气体介质层的辐射光谱与待测组分的特征吸收光谱相吻合，从而使检测单元具有良好的选择性。因此图中的干涉滤光片应只让红外光（乙炔特征吸收波长）谱进入气室。测定红外热能的热检测器选用的是热释电检测器（参见 2.2.3 节），该检测器的特点是只能测量温度（热能）的变化。为此在气室和热释电检测器之间加上光调制盘，不断产生交变的辐射热能，以使检测器有稳定的输出。

上海电力学院研制了便携式乙炔检测器[26,27]，选用鼓泡脱气法和比色法测定乙炔含

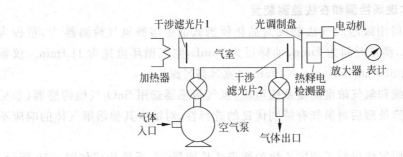

图 3-20　红外线乙炔检测单元原理图

量。在循环气泵(如图 3-11 所示)的作用下,乙炔被载气送至装有吸收发色剂的比色池中,并与吸收发色剂发生选择性完全反应;乙炔气体全部转化为有色化合物,从而使载气中的乙炔分压降为零。故当载气再次通过脱气器时,油中乙炔将继续向载气中脱出,这一过程持续循环,最终可达到完全脱气。

有色化合物的浓度与载气中的乙炔浓度成正比,又与吸收发色液颜色的深浅成正比,因此可用比色法测量有色化合物的浓度以确定乙炔浓度。理论依据是朗伯-比耳定律,即当一束与溶液颜色互补的平行单色光通过该有色溶液时,有

$$A = \log(I_0/I) = KCL \tag{3-8}$$

由于吸收比色池的长度 L 和溶液的吸光系数 K 均为常数,故吸收度 A 与有色化合物的浓度 C 成正比。式(3-8)中 I_0 为入射光强度,I 为透射光强度,后者可由光电池转变为电信号,信号的强弱反映了浓度 C,即可测量乙炔浓度。

选用的吸收发色剂仅与炔烃类气体发生反应,而用干涉滤光片可得到与溶液颜色互补的单色光,故该法有很好的选择性。该仪器在油样为 50mL 时,最小检测量可达 $0.5\mu L/L$,与传统色谱法对比,偏差小于 6%。

日本关西电力公司的 CDG-500 型便携式油中气体分析器也用鼓泡脱气法,可同时测出 5 种气体组分(H_2、CO、C_2H_4 为 $10\mu L/L \sim 1000\mu L/L$;$C_2H_2$ 为 $5\mu L/L \sim 200\mu L/L$;CO_2 为 $100\mu L/L \sim 10000\mu L/L$)。采用色谱柱分离气体组分,用半导体气敏传感器测定 H_2、CO、C_2H_2 和 C_2H_4;用非分光型红外线传感器测定 CO_2。现场测定时,需油样 30mL,测量时间为 30min(不包括仪器预热时间 20min),仪器重 15kg,外形尺寸为 430mm×260mm×300mm(宽×高×深)。

图 3-21 是油中氢气在线监测的装置简图[15]。装置由气体分离和气体检测两部分构成。分离部分由厚度为 0.05mm、直径为 96mm 的聚酰亚胺膜和厚度为 2mm 的多孔(孔径 2mm)不锈钢板构成。后者是为了加强膜的抗油压强度,其间又用 120 目的尼龙网分开,以保证膜的有效透过面积。

检测单元由气室、电磁阀、气敏室和计量仪器等部分构成。气室储存透过膜的氢气,气室和气敏室平时处于隔断状态,气敏室和大气相通。气敏元件使用半导体可燃性气体传感器,例如钯珊场效应管。传感器保持连续通电,使之处于稳定工作状态。当检测气室 H_2 的浓度时,电磁阀动作,气敏室与大气隔断而与气室相通。计时器使电磁阀每隔一定时间开闭,并定时监测、报警和记录。气敏元件也可置于气室内,直接测定氢气变化情况。

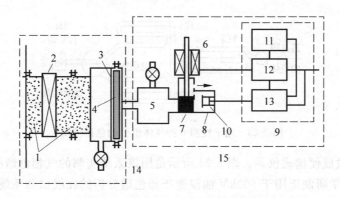

图 3-21 变压器油中 H_2 在线监测装置简图

1—变压器油；2—蝶形法兰；3—补强板；4—聚酰亚胺膜；5—气室；6—电磁阀；7—电磁阀体；8—气敏室；9—仪器单元；10—氢气敏元件；11—记录仪；12—计时器；13—报警器；14—气体分离单元；15—气体检测单元

日立公司用熔结 PFA 膜分离油中气体，并先后研制出三组分（H_2、CO、CH_4）和六组分（H_2、CO、CH_4、C_2H_2、C_2H_6）的油中气体监测系统[16,28]，系统框图如图 3-22 所示。

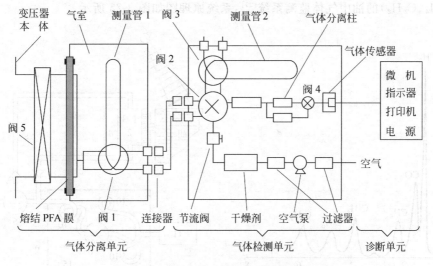

图 3-22 油中气体在线监测系统原理图

二者的构成基本相同，均用简化的新型气相色谱柱。前者用 1m 长的色谱柱，内充 60 目～80 目的活性炭作固定相。由于该色谱柱对 C_2H_2、C_2H_4 及 C_2H_6 的分离效率太低，故后者使用复合柱分离气体各组分，如图 3-23 所示。图中柱 1 用于分离 H_2、CO、CH_4，柱 2 用于分离 C_2H_2、C_2H_4、C_2H_6，柱 3 用于控制气流。该系统以空气作载气，用节流阀（图 3-22）保持气流的速度不变。从 PFA 膜透入的气体积聚在气室和测量管 1 内，监测时，通过操作阀 1，气体随载气（空气）通过阀 2 进入分离柱。气体首先通过柱 2 和柱 1，按 H_2、CO、CH_4 的顺序分离，并为气体传感器所检测。当 CH_4 被检测后，电磁阀 4 自动切换位置，使气体通过柱 2 和柱 3，按 C_2H_4、C_2H_6、C_2H_2 的顺序分离，并为气体传感器所检测。

三组分监测系统用的传感器是催化型可燃性气体传感器（相当于接触燃烧式气体传感器），但它在测量 C_2H_2、C_2H_4、C_2H_6 时因灵敏度太低而无法使用，故在六组分监测系统中选用了对氢碳类气体有较高灵敏度的气体传感器。气体检测单元和诊断单元也可和气体分离

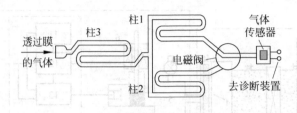

图 3-23 用于检测 6 种气体组分的色谱柱图

单元分开,单独做成便携式仪器。图 3-24 所示是用该系统实测的气相色谱图。

上海交通大学研制出用于 500kV 油浸变压器色谱分析的在线监测系统,采用了高效的透气膜,加快了透气速度,可以将平衡时间缩短到 45h。色谱柱也采用与前面类似的三柱系统,柱 1 的固定相是 Carbonseieve-B,用来分离 CO、H_2 和 CH_4,柱 2 的固定相是 Parapak P,用来分离 C_2H_2、C_2H_4 和 C_2H_6。检测器采用了高灵敏度的热线型气体传感器,具有良好的对数线性度[17]。

加拿大魁北克水电局研究所(IREQ)在 Hydran-201 型的基础上研制了四组分(H_2、CO、C_2H_4、C_2H_2)的油中气体监测系统[29],系统原理图如图 3-25 所示。

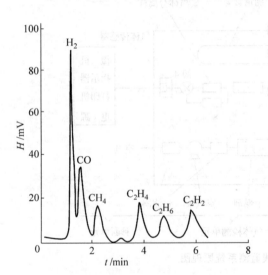

图 3-24 实测的气体组分的气相色谱图

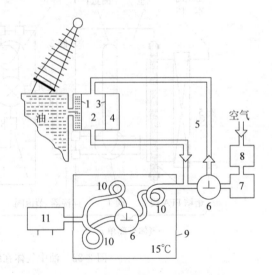

图 3-25 四组分油中气体监测系统原理框图

1—聚四氟乙烯薄膜;2—脱气的气室;3—Kopton 膜;4—氢气传感器;5—铜管;6—三向阀;7—干燥过滤器;8—空气泵;9—温度控制室;10—色谱柱;11—电化学检测器

脱气部分的设计原理与 Hydran-201 相似,用 0.005cm 厚的聚四氟乙烯膜,也以带网格的钢板作支撑来耐受油压。渗透膜和氢气传感器的多孔性电极结构间形成气室,载气也用空气,组分的分离也用复合色谱柱。H_2 和 CO 在第 1 个柱分离出来,该色谱柱用分子筛;而后气流进入第 2 个柱(称为 Parapak 柱和 Q 柱),分离出 C_2H_4 和 C_2H_2,最后四个组分按 H_2、CO、C_2H_4、C_2H_2 的顺序为电化学检测器所测定。相应的测定时间约为 14min、24min、60min、90min。系统每 60h 运行监测一次并将结果存入软盘。

近年来,随着国内变压器在线监测与状态评估工作的深入开展,变压器油中溶解气体在线监测技术取得了长足的进步,具有代表性的主流厂商为宁波理工环境能源科技股份有限公司、河南中分仪器股份有限公司、上海思源电气股份有限公司和福建和胜高科技产业有限公司四家公司。表 3-11 给出了几种典型产品的对比,它们共同的特点是:采用色谱柱对混合气体进行分离,都是全组分监测,有的还具有微水监测功能,都具有智能诊断功能。

表 3-11   典型的变压器油中溶解气体在线监测装置

厂家	宁波理工环境能源科技股份有限公司	河南中分仪器股份有限公司	上海思源电气股份有限公司	福建和胜高科技产业有限公司
产品	MGA2000	ZF3000	TROM-600	SPM-2
脱气方式	中空纤维脱气法	动态顶空(吹扫-捕集)	真空脱气	真空脱气
检测器	纳米晶半导体检测器	微桥式检测器	高灵敏度气敏传感器	微桥式检测器
载气	高纯压缩空气	高纯氮气	高纯氮气	高纯氮气
分析周期	最小 1h	最小 1h	最小 2h	最短 50min

图 3-26 是上海思源电气股份有限公司研制的 TROM-600 油色谱在线监测系统的示意图。该装置采用了内置油循环系统,变压器油取样采用强油循环方式,通过特制的 70mL/min 高效复式循环泵将变压器油样采集到装置内部。油气分离装置采用真空脱气方式,配合自动取样,可在 15min 内将油 95% 以上的气体分离出来,从根本上避免了采用渗透膜、毛细管等技术要求过长平衡时间的缺点,从而具有平衡时间短、使用寿命长、不造成油损耗、无油二次污染的特点,特别是对于带病运行的变压器的监测,该装置能够在 1h 内完成全部检测。采用复合型光谱分析式色谱柱,能分离 H_2、CO、CH_4、C_2H_6、C_2H_4、C_2H_2 六种气体,并保证六种气体峰-峰分离。通过传感器转换的气体含量电信号,其测量基线稳定性在 10mV 以内,相当于 0.1ppm 的气体检测精度,从而保证了测量的重复性和灵敏度,其响应时间和恢复时间短,检测范围大。采用高精度数据采集单元和集散控制技术,当现场设备内部失电后,自动掉电保护装置不丢失日历时钟,在主控计算机发生故障时,前端主控设备可以独立完成数据的采集和储存,最多可储存 7 次有效数据,数据不丢失。测量温度稳定在 ±0.2℃ 以内。

采用光声光谱技术的监测产品包括 Kelman 公司的 TransFix、南京客莱沃智能科技有限公司的 ARH-2000DGA、昆山和智电气设备有限公司的 HPAS-1000 等,其中以 TransFix 为代表。

综上所述,油中溶解气体的在线监测系统的重点在于解决气体的提取,以及气体组分的分离和检测。至于从传感器输出的信号的处理、分析、记录、显示和故障诊断,原则上与其他监测系统类似。

3.2.5   油中溶解气体分析与故障诊断

1. 故障性质及其严重程度的判断

判断油中溶解气体故障的主要方法是"阈值诊断",即将监测到的各气体组分的浓度和

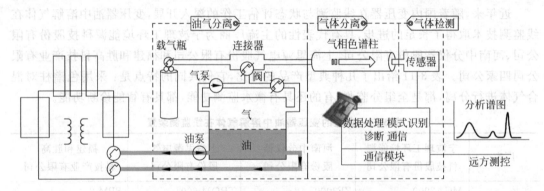

图 3-26　TROM-600 油色谱在线监测系统示意图

国家标准规定的注意值(表 3-4 及表 3-5 所示)作对比,超过注意值时还应和历史数据作比较,确定气体浓度有无突然增长。必要时可缩短监测周期,进行追踪分析,主要应分析产气速率。国家标准推荐下列两种方式表示产气速率(未考虑气体损失),即绝对产气速率和相对产气速率。

绝对产气速率 γ_a 按式下式计算:

$$\gamma_a = \frac{C_{i2} - C_{i1}}{\Delta t} \cdot \frac{G}{\rho} \tag{3-9}$$

式中:γ_a 为绝对产气速率,mL/d;C_{i1} 为第 1 次测得油中某气体浓度,$\mu L/L$;C_{i2} 为第 2 次测得油中某气体浓度,$\mu L/L$;Δt 为两次监测时间间隔中的实际运行时间,d;G 为设备总油量,t;ρ 为油的密度,t/m^3。

变压器和电抗器总烃产气速率的注意值,如表 3-12[8] 所示。

表 3-12　变压器和电抗器的绝对产气速率的注意值　　　　　　　　　　　　　　　　　　mL/d

气体组分	开放式	隔膜式
$C_1 + C_2$	6	12
$C_2 H_2$	0.1	0.2
H_2	5	10
CO	50	100
CO_2	100	200

注:当产气速率达到注意值时,应缩短检测周期,进行追踪分析。

相对产气速率 γ_r 则按下式计算:

$$\gamma_r = \frac{C_{i2} - C_{i1}}{C_{i1}} \cdot \frac{1}{\Delta t} \cdot 100 \tag{3-10}$$

式中:γ_r 为相对产气速率,%/月;Δt 为两次监测时间间隔中的实际运行时间,月;C_{i1}、C_{i2} 同前。

国家标准提出,当总烃的相对产气速率大于 10% 时,应引起注意。但对总烃起始含量很低的设备,则不宜用此判据。湖北省根据实际分析数据,统计出变压器的绝对产气速率

γ_a,如表 3-13 所示[27]。

判断有无故障要将气体组分的浓度和产气速率结合起来分析,短期内各气体含量迅速增加,但尚未超过表 3-4 或表 3-5 的注意值,也可判为故障。有的设备因某种原因使气体含量基值较高,超过注意值,但增长速度低于表 3-13,仍可认为正常。若两者均超过注意值,则可判为故障。

表 3-13 各组分绝对产气速率   mL/h

油保护方式	H_2	CH_4	C_2H_6	C_2H_4	C_2H_2	C_1+C_2	CO	诊断
开放式	0.3	0.1	0.05	0.1	0.01	0.25	0.4	正常增长
隔膜式	0.5	0.2	0.1	0.2	0.02	0.5	—	
开放式	0.5	0.5	0.1	1.0	0.05	1.5	1.0	严重故障
隔膜式	1.0	1.5	0.1	2.0	0.1	4.0	—	

另外要注意,检修后的设备,油浸材料中残油所残存的故障待征气体释放至检修后已脱气的油中,这会导致在追踪分析初期,出现故障特征气体明显增长的现象,从而误判为故障尚未消除。为此,应估算设备内部纤维材料中残油所溶解的残气含量,并将其从气体分析结果中扣除[9]。

由于 γ_a 能直接反映出故障严重程度和故障性质,不同设备的 γ_a 具有可比性,不同性质故障的 γ_a 也有其独特性,因此 γ_a 在国内得到了广泛应用。判断故障有无及严重程度的具体分析和考虑,可看有关资料[8,9,27]。

2. 故障性质的诊断

不同性质的故障所产生的油中溶解气体的组分是不同的,据此可以判断故障的类型。例如过热故障产生的特征气体主要是 CH_4、C_2H_4,而放电性故障主要是 C_2H_2、H_2。为此,可以用体积分数之比 CH_4/H_2 来区分是放电故障还是热故障。当温度升高或纸过热时,CH_4 还要增加,如图 3-27 所示。而温度的高低可以用 C_2H_4/C_2H_6 的值来区分,原因是随着故障点温度的升高,C_2H_4 占总烃的比例将增加。

模型试验结果如图 3-28 所示,可以用下式粗略表示温度 t 和 C_2H_4/C_2H_6 的关系:

$$t \approx 320\log(C_2H_4/C_2H_6) + 530 \tag{3-11}$$

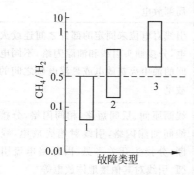

图 3-27 CH_4/H_2 与故障类型关系

1—放电;2—油过热;3—油、纸过热

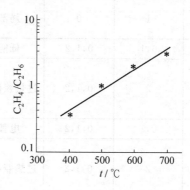

图 3-28 C_2H_4/C_2H_6 与温度的关系

　　此外,也可用体积分数之比 CO/CH$_4$ 区分温度高低,因为纸过热虽也分解 CO,但也分解 CH$_4$,故温度越高 CO/CH$_4$ 的比值越低。电弧和火花放电故障时有 C$_2$H$_2$ 产生,其次是 C$_2$H$_4$。而局部放电一般无 C$_2$H$_2$。为此,可用 C$_2$H$_2$/C$_2$H$_4$ 的值来区分放电故障的类型。

　　综上所述,国际电工委员会和我国国家标准推荐用 C$_2$H$_2$/C$_2$H$_4$、CH$_4$/H$_2$ 和 C$_2$H$_4$/C$_2$H$_6$ 三个比值来判断故障的性质。表 3-14 和表 3-15 分别为国家标准推荐的改良三比值法的编码规则和故障类型判断方法。

表 3-14　改良三比值法编码规则

比值范围	比值编码的范围		
	C$_2$H$_2$/C$_2$H$_4$	CH$_4$/H$_2$	C$_2$H$_4$/C$_2$H$_6$
<0.1	0	1	0
0.1～1	1	0	0
1～3	1	2	1
≥3	2	2	2

表 3-15　故障类型判断方法

编码组合			故障类型判断	故障实例(参考)
C$_2$H$_2$/C$_2$H$_4$	CH$_4$/H$_2$	C$_2$H$_4$/C$_2$H$_6$		
0	0	1	低温过热 (低于 150℃)	绝缘导线过热,注意 CO、CO$_2$ 含量和 CO/CO$_2$ 的值
	2	0	低温过热 (150℃～300℃)	分接开关接触不良,引线夹件螺丝松动或接头焊接不良,涡流引起铜热,铁芯漏磁、局部短路和层间绝缘不良,铁芯多点接地等
	2	1	中温过热 (300℃～700℃)	
	0,1,2	2	高温过热 (高于 700℃)	
	1	0	局部放电	高湿度、高含气量引起油中低能量密度的局部放电
1	0,1	0,1,2	低能放电	引线对电位未固定的部件之间连续火花放电,分接抽头引线和油隙闪络,不同电位之间的油中火花放电或悬浮电位之间的火花放电
	2	0,1,2	过热兼低能放电	
2	0,1	0,1,2	电弧放电	线圈匝间、层间短路,相间闪络,分接头引线间油隙闪络,引线对箱壳放电,线圈熔断,分接头开关飞弧,因环路电流引起电弧,引线对其他接地体放电等
	2	0,1,2	过热兼电弧放电	

　　此外,人们还试图对故障的过热点温度(例如用式(3-11)计算)、故障功率、油中气体饱和水平、达到饱和所需时间、故障源的面积及部位的估计作出诊断[27],从而从气体分析值中获取更多的信息。

　　油中气体分析不受各种电磁干扰的影响,数据较为可靠,有关技术相对比较成熟,从定性到定量分析都积累了相当的经验。这些都是其他一些监测和诊断技术所不具备的。

　　国内外在发展运用微机进行监测和诊断的基础上,也建立了故障诊断的专家系统。图 3-29 是基于三比值法的微机自动诊断变压器故障的流程图[15],它用于前述的 6 组分油中气体监测系统,对变压器故障作故障诊断。

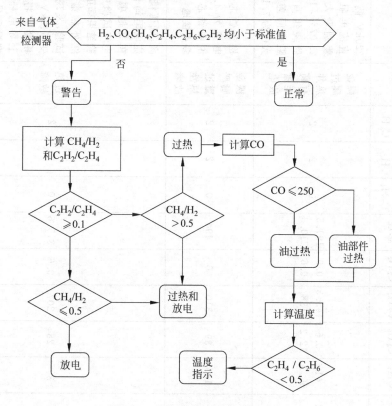

图 3-29　变压器故障诊断流程图

　　将模糊技术和 BP 神经网络结合起来,组成模糊神经网络模块来进行故障的智能诊断与分析[28]。该方法既能有效地体现变压器故障中存在的模糊性,又能通过自身的学习功能来提高网络本身的诊断能力。另外还可以将模糊聚类的方法引入油中溶解气体的分析之中,采用分层模糊聚类方法对 183 组故障样本进行分析,得到了比较准确的分析结果[29]。

　　表 3-16 是运用三比值法诊断变压器故障性质的一些实例,表 3-17 和表 3-18 分别是用阈值诊断判断电流互感器和电容式套管故障的实例。

表 3-16 变压器的油色谱试验结果的综合分析和判断检出缺陷的实例

序号	设备名称	发现缺陷时间	油中气体质量分数/10^{-6}						三比值编码			判断故障性质	电气诊断情况	综合分析结论	吊罩(芯)检查内部情况
			H_2	CH_4	C_2H_6	C_2H_4	C_2H_2	总烃	C_2H_2/C_2H_4	CH_4/H_2	C_2H_4/C_2H_6				
1	SEPSZ8-120000 变压器	2007.6	5.2	41	3.5	145.3	0.9	191.5	0	2	2	裸金属过热并有高能量放电	220kV 侧绕组直流电阻相间差别最大值为 2.07%，110kV 侧绕组直流电阻相间差别最大值为 7.18%	绝缘不合格	检查：变压器套管引出电杆与接线连接处接触不良引起局部过热
		2007.7	8	60.1	12.2	138	0.6	210.9							
2	SFSZ-31500/110 变压器	2007.11	99	145	39	310	0	494	0	2	2	裸金属严重过热性故障	检测铁芯接地电流为 4.3A，说明铁芯有多点接地	绝缘不合格	检查：吊罩后发现大量的杂质在变压器底部，且变压器的游离碳中有大量油离碳
3	SZ11-40000/110 变压器	2015.3	55	80	28	207	0.6	315.6	0	2	2	过热故障	高、低压绕组直流电阻均合格，在其他项目的电气试验中，试验结果都正常。红外热像试验，发现该变 110kV 侧套管主相套将军帽上导电杆电位异常(A 相、C 相有 47℃左右，B 相有 81℃)	绝缘不合格	检查：B 相高压绕组引出线与套管引线连接处绝缘包裹材料已出现严重炭黑，该连接件有烧熔的伤点，再检查套管内壁，同样发现有约伤点

续表

序号	设备名称	发现缺陷时间	油中气体质量分数/10⁻⁶						三比值编码			判断故障性质	电气诊断情况	综合分析结论	吊罩(芯)检查内部情况
			H_2	CH_4	C_2H_6	C_2H_4	C_2H_2	总烃	$\dfrac{C_2H_2}{C_2H_4}$	$\dfrac{CH_4}{H_2}$	$\dfrac{C_2H_4}{C_2H_6}$				
4	SFSZ8-31500/110 变压器	2006.4	192	28	2.7	38.5	62.55	131.77	1	0	2	高能量放电性故障	高压绕组三相直流电阻不平衡,A相低挡位和高挡位比B、C两相电阻要大,而B、C两相的直流电阻则正常	绝缘不合格	调压绕组电弧放电并烧断部分并联导线。原因是A相套管军帽密封垫和套管与升高座连接的密封法兰的密封不良,加上阴雨前多日阴雨,使水分进入到变压器内部A相套管内部下方
5	SFZ7-8000/35 变压器	2003.11	189	352	119	627	215	1313	1	2	2	高能量放电性故障	高压绕组直流电阻互差2.08%,最小值A相	绝缘不合格	1. A相高压绕组第41段,共有2处熔断 2. 第41段最外层一根导线沿整个圆周对称分布,有受到轴向力冲击造成的向上弯矩产生的波浪形永久变形

表 3-17　油纸电容式电流互感器的油色谱试验结果的综合分析判断和检出缺陷实例

序号	设备名称	发现缺陷时间	油中气体质量分数/10^{-6}						判断故障性质	电气诊断情况	综合分析结论	吊罩(芯)检查内部情况
			H_2	CH_4	C_2H_6	C_2H_4	C_2H_2	总烃				
1	LCWB6-110W3 电流互感器	2013.6.19	24175.9	2975.2	159.48	0.45	0.61	3135.74	低能量放电	73kV 下介质损耗因数较 10kV 下增长 0.373%；$1.2U_m/\sqrt{3}$ 下局部放电量 2200pC	绝缘不合格	检查：油位不可见，但无渗漏点，分析为由于内部放电导致设备内部温度升高，从而引起油位超过上限
2	LCWB9-110W3 电流互感器	2014.3.31	18554.5	419.5	142.4	0.893	0.562	563.4	内部可能存在放电性故障	绝缘电阻和介质损耗因数正常	绝缘不合格	检查：最外面一层的高压电缆纸破损，在剥离高压电缆纸和铝箔时发现端屏铝箔小面积发污现象
3	LCWB7-220W1 电流互感器	2014.5	13532	767.7	101.8	0.5	0.7	870.7	电弧放电	局部放电测试结果显示存在高能量局部放电	绝缘不合格	解剖：在对绝缘包扎解剖时，发现一处次线圈表面上，有一处糊痕，此糊痕向内绝缘深入，随着端屏绝缘直径逐渐减小并消失
4	LCB-110W 电流互感器	2000.8	215.5	112.4	38.4	206.5	4.97	362.3	内部存在热过热故障		绝缘不合格	检查：打开互感器顶盖后发现 L1 的内侧螺母松动，用手也可轻易拧下，内侧密封垫已部分碳化并有明显放电痕迹
5	LCWB6-110B 电流互感器	2009.11.16 2012.09.11 2013.03.06	86 206.5 804.8	2.1 15.6 63.2	2.7 5.4 10.1	1.4 14 66.3	0 37.7 274.1	6.3 72.7 413.7	火花放电，未涉及固体绝缘		绝缘不合格	检查：互感器上部导线弯头两侧有烧照痕迹，将其拨开，越到里层越黑。检查互感器各部位固定后发现引线有 1 根引线未夹紧，部分松动

表 3-18 油纸电容式套管的油色谱试验结果的综合分析和判断检出缺陷实例

序号	设备名称	发现缺陷时间	油中气体质量分数/10^{-6}						判断故障性质	电气诊断情况	综合分析结论	吊罩(芯)检查内部情况
			H_2	CH_4	C_2H_6	C_2H_4	C_2H_2	总烃				
1	220kV 电容式套管 (BRL1W1 252/630-4 型)	2009.3	5980	1112	405	2976	14739	19232	内部存在电弧放电故障	tanδ: 0.32%；电容量 374.4pF。与前次试验相比无明显差异	绝缘不合格	解剖：末屏接地装置的顶针与电容芯的顶部分的接触部与末屏裸露部分的边缘，且顶针与电容芯子末屏接触处有明显放电烧蚀痕迹；电容芯子沿中心导管整体下移 23mm；电容芯子最里层电缆纸与中心导管之间漏涂专用粘接剂
2	220kV 电容式套管 (BRDLW1-252/630-3 型)	—	2654	1925	333	2323	2512	7094	放电性故障	主屏电容量及介损试验、试验结果发现异常正常，说明套管内无贯穿性的放电击穿现象	绝缘不合格	检查：末屏引线柱和弹簧之间卡阻，接地末屏接地正常复位，导致末屏接地不良、造成未屏对地放电
3	72.5kV 电容式套管 (BRDLW-72.5/630-4)	2007.12	2.1	0.9	0.1	0.1	0	1.1	氢气单独增长，内部可能有水	主绝缘 tanδ 值 9.86%，远大于出厂值 0.34%；电容量 1449pF，远大于出厂值 303pF	绝缘不合格	套管上部密封弹性膨胀板压圈的 6 个螺栓有被水浸泡的痕迹，其中 1 个；在油枕上部密封板的内侧有该螺栓顶压下部的锈蚀痕迹，且油枕盖留下的锈蚀痕迹，弹性板之下的弹性板上面也有锈蚀痕迹
		2009.3	71.9	1.8	0.6	0.2	0	2.6				

续表

序号	设备名称	发现缺陷时间	油中气体质量分数/10⁻⁶						判断故障性质	电气诊断情况	综合分析结论	吊罩(芯)检查内部情况
			H_2	CH_4	C_2H_6	C_2H_4	C_2H_2	总烃				
4	110kV 电容式套管 (BRDLW1-126/630-3)	2013.6	18082	6281	27414	15990	14316	64001	有放电故障	高压对末屏电容为 0.695pF,绝缘电阻为 10000MΩ 以上;tanδ 为 0.641%,与上次 0.3% 相比增长较大	绝缘不合格	解剖:油已变色,呈黄黑色;打开抽头护盖,检查套管压抽头部分,顶针头有明显的放电灼伤痕迹;解体后检查芯柱,芯柱外观发黑,附着有黑色污秽;试验抽头顶针偏出引线孔,顶针头有明显的放电痕迹,电容芯柱末屏处有 1cm 直径的放电形成孔洞
5	220kV 电容式套管 (BRL1W1-252/630-4)	2007.12	496	89.9	20	244	1916	2270	油中电弧放电		绝缘不合格	解体:套管末屏接地部位和小套管接触点有放电痕迹,电容屏实测数据与设计数据对比发现,套管电容屏整体向下位移 27mm,小套管与电容末屏接触点相应地上移了 27mm,造成小套管与末屏虚接

3.3　变压器局部放电的在线监测

3.3.1　局部放电信号的监测

局部放电信号的监测仍是以伴随放电产生的电、声、光、温度和气体等各种理化现象为依据,通过能代表局部放电的这些物理量来测定。测量方法分为电测法和非电测法。

电测法是利用局部放电所产生的脉冲信号或电磁波信号,分别对应脉冲电流法和特高频(ultra high frequency,UHF)法。脉冲电流法是离线条件下测量电气设备局部放电的基本方法,也是目前在线监测局部放电的主要手段。脉冲电流法的特点是灵敏度高,如果监测系统频率小于 1000kHz(一般为 500kHz 以下),并且按照国家标准进行放电量的标定后,可以得到变压器的放电量指标;缺点是由于现场严重的电磁干扰,监测灵敏度和信噪比将会大大降低。UHF 法的优点是抗干扰能力强;缺点是变压器结构复杂,导致 UHF 信号受传播路径的影响较大,另外不易定量。

非电测法有油中溶解气体分析、红外监测、光测法和声测法。其中应用最广泛的是声测法,它利用变压器发生局部放电时发出的声波来进行测量。其优点是基本上不受现场电磁干扰的影响,信噪比高,可以确定放电源的位置;缺点是灵敏度较低,不能确定放电量。

声测法常和脉冲电流法配合使用,是局部放电的重要监测手段。

1. 脉冲电流法

利用脉冲电流法在线测量变压器的局部放电,应该选择合适的测量频带。适用于局部放电离线测量的 IEC60270—2000 和 GB/T7354—2000《局部放电测量》标准规定了宽带局部放电测量仪的频率范围为:下限频率 $30\text{kHz} \leqslant f_1 \leqslant 100\text{kHz}$,上限频率 $f_2 \leqslant 500\text{kHz}$,带宽 $100\text{kHz} \leqslant \Delta f \leqslant 400\text{kHz}$;窄带局部放电测量仪的频率范围为:中心频率 $50\text{kHz} \leqslant f_m \leqslant 1000\text{kHz}$,带宽 $9\text{kHz} \leqslant \Delta f \leqslant 30\text{kHz}$。

局部放电所产生的电脉冲信号具有非常宽的频谱,从数百赫到数百兆赫,如果能够在获取尽可能多的放电信息的前提下,又能有效地滤除现场的干扰,将非常有利于局部放电的测量和在线监测,而且可以为放电的识别提供更丰富的信息。为此,发展了宽带脉冲电流法,与前述标准中所规定的宽带测试仪相比,该方法的测量带宽更宽(为 300kHz～30MHz),信息量大,可以更真实地反映局部放电的脉冲电流特征,有助于提高测量的灵敏度和抗干扰能力,实现信号与噪声的分离,便于现场检测和在线监测的开展[33]。

为不改变被试设备的一次接线方式,可选用穿心式高频电流互感器作为监测脉冲电流的传感器[33-37],这种方式更容易得到电力部门的认可。传感器铁芯一般选用高频磁芯,其最高监测频率可达数十兆赫,甚至上百兆赫。带宽则根据监测系统的要求考虑,可选用窄带谐振型或者宽带型。圆环式磁芯适用于固定式在线监测系统,开口式磁芯则适用于便携式带电测量装置。后者可临时卡装在待测脉冲电流的导线上,使用灵活、方便。

电流传感器在变压器上的安装方式和监测位置如图 3-30 所示。一般是以变压器外壳接地线为主要监测点,它监测的是绕组对外壳的杂散电容 C_x 上流过的脉冲电流。这里有两点要加以注意:一是必须保证外壳是一点接地,像已安装投运的变压器常常是多点接地,这就会大大降低监测灵敏度;二是由于变压器外壳相当于一个天线,可接收外界的电磁干扰,加上地网上本身有各种干扰信号,故从外壳接地线上测得的信号的信噪比是较低的。

也可以将非磁性的空心电流传感器套装在高压套管靠近法蓝处的瓷套外[36,37],接收放电脉冲信号。电流传感器还可套装在套管末屏接地引下线上,此时套管导杆对末屏的电容相当于整个监测回路的耦合电容 C_k。大型变压器的铁芯都有单独的接地装置,那么通过局部放电部位对铁芯的耦合,特别是铁芯附近和铁芯的局部放电,可以用安装在铁芯接地引下线上的电流传感器来监测。

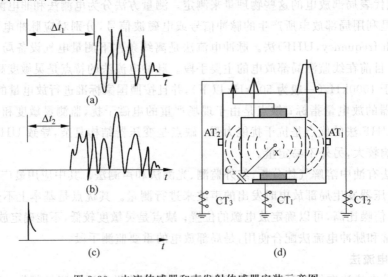

图 3-30   电流传感器和声发射传感器安装示意图

(a)、(b) 声信号;(c) 电信号;(d) 电、声传感器在变压器上的安装位置

x—局部放电位置;CT_1、CT_2、CT_3—外壳、套管、铁芯接地线上的电流传感器;AT_1、AT_2—声发射传感器;Δt—声信号的时延

原则上,中性点接地线上也可安装传感器,例如,加拿大魁北克水电研究所[34](IREQ)的测量装置,在单相变压器的接地线上即装有电流传感器。但要注意的是,若是单相变压器,其中性线上流过的是变压器的工作电流,可高达数百安,需保证传感器铁芯不会饱和。另外,当电力系统发生短路时,传感器将承受数千安的冲击电流,故宜慎重采用这种接线方式。

必须指出的是,选用多个监测点不仅仅是为了从多方面测量局部放电,以便于判断放电部位(这一点和离线测量时是相同的),而且也是为了抑制现场干扰,用两个或更多的信号进行比较,例如进行差动平衡、极性鉴别等。

2. UHF 法

由于脉冲电流法的检测频段和无线电广播、电力网的载波通信的频段重叠,因此在线监测电力设备的局部放电时,容易受到外界干扰的影响,需要采取各种有效的抗干扰措施。针对上述不足,近年来,出现了一种新的监测方法——特高频监测法。它通过传感电力设备内部局部放电所产生的特高频电磁信号,实现局部放电的监测和定位,并实现抗干扰,提高监测系统的信噪比和监测灵敏度。

绝缘体内的气泡发生放电时,其放电持续时间是很短暂的,为 10ns～100ns[41]。放电脉冲的上升时间则更短,仅为 0.35ns～3ns,脉宽为 1ns～5ns[42,43]。故局部放电产生的脉冲信号的频带是很宽的,范围在数十兆赫至数百兆赫,甚至更高。因此,电力设备局部放电所激发的信号,除了以脉冲电流的形式通过变压器绕组和电力线向外传播外,还可以以电磁波的形式向外传播。因此,可以通过特高频传感器(特高频天线)接收局部放电信号。

由于电力变压器主要是油纸绝缘结构,而且变压器的内部物理结构也比较复杂,所以要将 UHF 法用到变压器的局部放电测量,需要对油中局部放电的频率特性和电磁波的传播规律作一些基础性的研究。

Rutger 等研究人员研究了变压器油中绝缘缺陷导致局部放电时产生的特高频信号的频率特性和电磁波的传播规律。试验表明:局部放电所激励的电磁波的频谱特性与放电源的几何形状以及放电间隙的绝缘强度有关。当放电间隙较小,或放电间隙的绝缘强度较大时,例如油中放电,由于放电过程比较快,形成的电流脉冲的陡度更大,脉冲更短(小于 1ns),频带更宽(高达 1GHz 或以上),可实现特高频监测[44,45]。

局部放电所激励的电磁波遵循麦克斯韦的电磁场基本方程[46]:

$$\begin{cases} \nabla^2 \boldsymbol{A} = -\mu \boldsymbol{\delta}_c + \left[\mu\varepsilon \dfrac{\partial \phi}{\partial t} \right] + \nabla(\nabla \cdot \boldsymbol{A}) + \mu\varepsilon \dfrac{\partial^2 \boldsymbol{A}}{\partial t^2} \\ \nabla^2 \phi + \nabla \cdot \dfrac{\partial \boldsymbol{A}}{\partial t} = -\dfrac{\rho}{\varepsilon} \end{cases} \tag{3-12}$$

式(3-12)为麦克斯韦电磁场动态位方程组,它表示了动态向量位 $\boldsymbol{A}$、动态标量位 ϕ 和电流密度 $\boldsymbol{\delta}_c$ 之间的关系。该动态位的达朗贝尔方程,在时变场的无源区域(ρ 和 $\boldsymbol{\delta}_c$ 均为零),当考虑体积 V 中所有电荷的作用时,其解为

$$\phi(x,y,z,t) = \frac{1}{4\pi\varepsilon} \int \frac{\rho\left(x',y',z',t-\dfrac{r}{v}\right)}{r} \mathrm{d}v \tag{3-13}$$

$$\boldsymbol{A}(x,y,z,t) = \frac{\mu}{4\pi} \int \frac{\boldsymbol{\delta}_c\left(x',y',z',t-\dfrac{r}{v}\right)}{r} \mathrm{d}v \tag{3-14}$$

式(3-13)和式(3-14)表明,局部放电产生的电磁波是以速度 v、沿着 r 方向传播出去的,它是时间与位置的函数,是一种横电磁波(TEM 波)。电磁波的能量以速度 v、沿着 r 方向分布,即沿电磁波的传播方向流动。

监测 TEM 电磁波可采用阿基米德螺旋天线[47],其外形如图 3-31 所示。该天线的特点是在特别宽的频率范围内,具有很好的平坦性,天线的方向性强、增益较高。但其直径大,需要经过改进才能安装在变压器手孔或放油阀处。

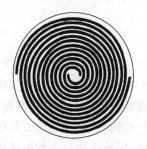

图 3-31 阿基米德
螺旋天线

一种用于在线监测变压器局部放电的多频带、小尺寸的希尔伯特(Hilbert)分形天线如图 3-32 所示[48]。

天线接收到的局部放电信号,通过馈线传送到前置放大器,放大器的输入阻抗就是馈线的终端负载阻抗。如果天线、馈线和放大器的阻抗匹配良好,那么由天线传来的信号功率将完全被负载吸收,在馈线中只有由天线向前置放大器传输的入射波。如果馈线终端的负载阻抗 Z_{fz} 不等于馈线的特性阻抗 Z_c(由它的结构形状、尺寸、材料等所确定的),那么在馈线终端就会产生反射波。产生这种反射波有两个后果:一个是天线送来的信

图 3-32　四阶 Hilbert 分形天线外形结构

号功率有一部分被反射而不能完全被前置放大器所接收；另一个是在天线和前置放大器之间产生振荡波(驻波)，使仪器无法正常工作。为了使前置放大器能从天线接收到最大的信号功率且不产生振荡，应该使天线和馈线、馈线和前置放大器之间有良好的匹配。匹配程度用驻波系数来衡量，图 3-33 表示了驻波系数的意义[49]。

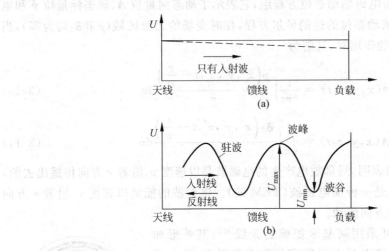

图 3-33　行波和驻波

当馈线上只有入射波而没有反射波时，馈线上各处的电压幅度 U 是相等的(忽略传输衰减)，如图 3-33(a)中实线所示。如考虑到传输衰减，其幅度也是逐渐平坦地下降，如图中虚线所示。当负载不匹配时，就会产生反射波。这时在馈线的某些地方，入射波和反射波相位相同，因此这些地方的电压幅度增大；而在馈线的另一些地方，入射波和反射波相位相反，因此这些地方的电压幅度减小。这样，在馈线各点上的电压幅度有高有低，形成驻波，如图 3-33(b)所示。

反射波和入射波幅度的比值为反射系数，用 ρ 表示，即

$$\rho = \frac{\text{反射波幅度}}{\text{入射波幅度}} = \frac{Z_{fx} - Z_c}{Z_{fx} + Z_c} \tag{3-15}$$

驻波系数的定义是

$$驻波系数 = \frac{驻波波峰处电压幅度\ U_{max}}{驻波波谷处电压幅度\ U_{min}} = \frac{1+\rho}{1-\rho} = \frac{Z_{fx}}{Z_c} \qquad (3\text{-}16)$$

由此可见,终端负载阻抗 Z_{fz} 和特性阻抗 Z_c 越接近,反射系数 ρ 越小,驻波系数越接近于 1。

图 3-34 所示的双孔磁芯阻抗变换器除了可以实现阻抗变换(4∶1)外,还可以实现平衡和不平衡方式的转换。阿基米德螺旋天线为平衡式天线,其输出阻抗约为 200Ω。因此,采用双孔磁芯阻抗变换器,可使天线与 50Ω 不平衡同轴电缆有良好匹配。根据试验结果,阿基米德螺旋天线的性能为:带宽为 $0.15\text{GHz} \sim 1.15\ \text{GHz}$,驻波系数小于 2,增益约为 4dB。

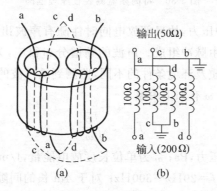

图 3-34　阻抗变换器

监测 TEM 电磁波也可设计成简单的拉杆式天线,如图 3-35 所示。天线可安装在运行中的变压器底部的放油球阀处。

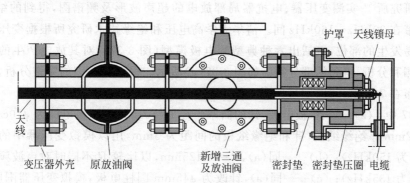

图 3-35　拉杆式天线结构及安装设计草图

这种结构的天线在早期的电视机上普遍被用来接收高频电视广播。其优点是结构简单,特性阻抗接近 75Ω,且与同轴电缆同为不平衡结构,故可与 75Ω 同轴电缆直接连接;缺点是灵敏度较低,方向性差。

特高频监测装置原理框图如图 3-36 所示,天线接收的信号需要用性能优异的前置放大器和高频放大器进行预处理。处理后的信号可通过检波电路,得到特高频信号幅值的包络线。检波得到的是高频信号中的"低频"分量,使监测装置可以用较低采样率的模数转换器进行采集,降低了监测装置的制造成本。

3. 声测法

1) 声波的监测频率

声波是一种机械振动波。当发生局部放电时,放电区域中的分子间产生剧烈的撞击,这

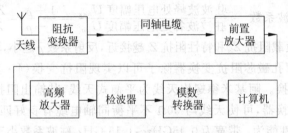

图 3-36 特高频监测装置原理框图

种撞击在宏观上产生了一种压力,故局部放电同时伴随有声波出现。局部放电由一连串脉冲组成,由此产生的声波也由脉冲组成。声波的频谱分布很广,为 $10Hz \sim 10^7 Hz$ 数量级范围。由于放电状态、传播媒质及环境条件的不同,监测到的声波的频谱也不同。声波的主频率 f(峰值频率)与放电能量 ω 有如下关系:

$$f = c \sqrt{\frac{p}{\omega}} \tag{3-17}$$

式中:c 为声速,m/s;p 为压力,Pa;ω 为单位长度放电能量,J/m。

对于闪电,$\omega = 10^5 J/m$,$f = 20Hz \sim 300Hz$;对于 4m 长的间隙放电,$\omega = 5 \times 10^3 J/m$,$f = 1.5kHz$;对于微弱放电,$\omega < 1J/m$,$f = 150kHz$。声波包含的频率至少为 2MHz。

E. Howells 等人对变压器局部放电所产生的超声波作频谱分析后,认为频谱主要集中在 150kHz 左右。所以 H. Kawada 等人[35]试验时选用的监测频带为 180kHz～230kHz。武汉高压研究所[50]实测变压器、电抗器局部放电的超声波形及频谱图,得到的结果是:幅值高的频带在 30kHz～160kHz 间。清华大学高电压和绝缘技术研究所根据变压器内部局部放电容易发生的部位,概括出六种典型的电极模型(图 3-37),对其放电产生的超声波信号进行实测和分析,得到的部分频谱如图 3-37(g)所示。根据对它们的频谱分析,可知其峰值频率分布在 70kHz～150kHz 间[51]。

图 3-37 中:(a)——针-板电极,针的曲率半径 $R = 0.025mm$,板电极为 $\phi 10cm$ 铜电极,上放两块 2mm 厚绝缘纸板,针和绝缘纸板的间距为 3mm,用以模拟变压器中的尖端电晕(峰值频率为 150kHz);(b)——同(a),$R = 0.125mm$,以比较 R 不同时对声波频谱的影响(峰值频率为 135kHz);(c)——同(a),针改为 $\phi 45mm$ 圆柱电极,模拟变压器围屏放电(峰值频率为 80kHz);(d)——$\phi 25mm$ 圆柱电极对 $\phi 10cm$ 铜电极,中间放三块 2mm 绝缘纸板,中间一块纸板有 $\phi 3.5mm$ 的气孔,模拟变压器固体绝缘中的气隙放电(峰值频率为 75kHz);(e)——$\phi 45mm$ 圆柱电极下放 3mm 真空玻璃管和一层绝缘纸板,以比较气隙内压力对放电声波频带的影响;(f)——针电极同(a),下放一层 2mm 绝缘纸板和 $\phi 7mm$ 圆电极,针板电极外用 55 层绝缘纸包裹,以模拟包绕多层绝缘纸的高压引线处的放电(峰值频率为 70kHz,140kHz);(g)——用模型(b)的针板间隙模型测得局部放电的声发射频谱。

研究发现,噪声主要来自变压器铁芯内的磁噪声,它是巴克豪森噪声和磁声发射共同作用的结果。前者是由于铁芯的铁磁材料内部存在大量磁畴,在磁化时,与畴壁位移磁化中的跳跃相联系的磁畴迅速转动造成声发射;后者是磁化过程中磁致伸缩现象所引起。由于铁磁材料内部应力是各向异性的,这种内应力使磁畴在磁化过程中的转动呈阶梯式变化,在铁磁材料内部激起应力弹性波,也即产生磁声发射。

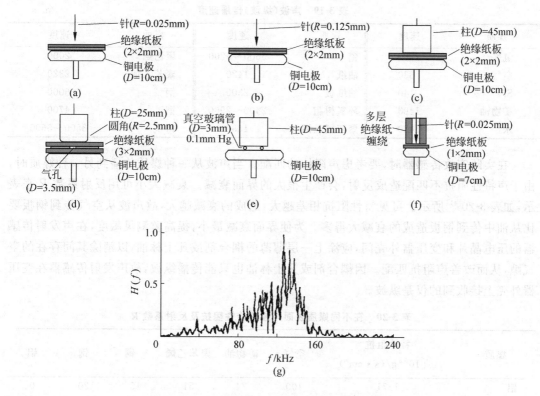

图 3-37 局部放电间隙模型和声波频谱

(a)~(f) 六种电极模型；(g) 模型(b)的声波频谱

清华大学高电压和绝缘技术研究所实测的结果表明,巴克豪森噪声的频率在 20kHz 以内,而磁声发射的频率分布在 20kHz~65kHz。变压器的机械振动、风扇和油泵的振动等频率一般都在数千赫以内。前武汉高压研究所的研究认为,变压器噪声的频率低于 15kHz,电抗器的噪声则低于 40kHz。

根据局部放电声波的主频率范围和噪声的频谱,即可确定用以监测声波的声发射传感器的监测频带大致为 70kHz~180kHz。

2) 声波传播

声发射传感器通过测量局部放电发出的声波来监测放电和判断放电的部位,它一般可安装在电力设备的外壳上。传感器头部常带有永久磁铁,这样可以将传感器吸附在变压器外壳上以进行测量,如图 3-30 所示。这种取样方式完全不影响设备的正常运行,适用于在线监测。

声波如按其传播媒质的振动形式来分,可分为纵波和横波两种。纵波的介质质点振动方向与声波的传播方向是一致的,而横波的介质质点振动方向与声波的传播方向是垂直的。局部放电产生的声波可以看成点声源,此时声波是以球面波形式向周围传播的。变压器内传播通道大部分是变压器油,变压器油只能传播纵波,不能传播横波。当声波到达外壳时,则既有纵波,也有横波和表面波。声波在 20℃时,在不同媒质中传播速度如表 3-19[41] 所示(纵波的传播速度)。

表 3-19 声波(纵波)传播速度 m/s

媒质	速度	媒质	速度	媒质	速度
氢气	1280	瓷	5600~6200	聚乙烯	2000
空气	330	油纸	1420	聚苯乙烯	2320
SF$_6$	140	油纸板	2300	钢	6000
矿物油	1400	环氧树脂	2400~2900	铜	4700
水	1480	聚四氟乙烯	1350	铸铁	3500~5600

在实际安放传感器时,要考虑声阻抗的匹配。当声波从一种媒质传播到另一种媒质时,由于声特性阻抗不匹配造成反射,会产生很大的界面衰减。衰减大小可用反射系数 R 来表示,如表 3-20[41] 所示。可见特性阻抗相差越大,造成的衰减越大,故声波从空气传到钢板要比从油中传到钢板造成的衰减大得多。为使界面衰减最小,提高监测灵敏度,在声发射传感器的压电晶片和变压器外壳间,应涂上一层薄薄的耦合剂或凡士林油,以消除其间存在的空气隙,从而改善声阻抗匹配。因耦合剂或凡士林油也只能传播纵波,故声发射传感器在变压器外壳上接收到的仅是纵波。

表 3-20 在不同媒质表面声波的特性阻抗及反射系数 R

媒质	特性阻抗 $\rho v/[10^{-6}\mathrm{g}/(\mathrm{s}\cdot\mathrm{cm}^2)]$	空气	矿物油	聚苯乙烯	铜	钢	铝
铝	1.71	100	74	51	16	20	0
钢	4.53	100	89	78	0.5	0	
铜	3.93	100	88	75	0		
聚苯乙烯	0.28	100	14	0			
矿物油	0.13	100	0				
空气	0.00004	0					

变压器内局部放电发出的声波要通过液体、固体介质和金属外壳才能到达传感器,传播过程中除了发生界面衰减外,在同一媒质中传播也会衰减,其衰减规律如表 3-21 及表 3-22[41] 所示。

表 3-21 纵波在几种材料中传播的衰减

材料	测量频率/kHz	温度/℃	衰减/(dB/m)
空气	50	20~28	0.98
SF$_6$	40	20~28	26.0
铝	10000	25	9.0
钢	10000	25	21.5
聚苯乙烯	2500	25	100

表 3-22 与矿物油相比几种材料的衰减 dB/m

材料	矿物油	油纸	油纸板	钢板	铜
衰减	0	0.6	4.5	13	9

声波衰减的大小与声波频率有关,频率越高则衰减越大。声波在空气中的衰减随频率的 1～2 次方增加;声波在液体中的衰减,一般正比于频率的 2 次方;声波在固体材料中的衰减,约正比于频率的 1 次方[41]。

声波在不同材料中的衰减也有很大差别,在 SF_6 中的衰减倍数是在空气中衰减倍数的 20 多倍,在油纸板中的衰减倍数比在油中的衰减倍数要大 4 倍多。

因为声波经传播到达传感器需要时间,而电信号到达电流传感器几乎不需要时间,所以当使用电流传感器和声传感器同时监测局部放电时,声信号将滞后于电信号时间 Δt,利用这个时延(参见图 3-30)可确定放电源的位置。

3) 声测法的监测灵敏度

声发射传感器的关键元件是锆钛酸铅压电晶体,它是将声波转换成一定频率电信号的换能元件。压电晶体选择原则是希望灵敏度高,它用每帕声压产生的电压毫伏数来表示,即 mV/Pa。

局部放电脉冲在液体材料中产生的声波声压较大,例如油中比空气中的声压约大 2 万倍,故用声测法监测变压器油中的局部放电比空气中灵敏。另外,声波在纯液体介质中传播衰减很小。如当放电量为 1pC 时,在距离放电位置 100m 的地方也可监测出来;但当放电发生在油浸固体材料中的或油中的气隙时,由于声波的衰减或反射,即使放电量大于 1000pC 也不一定能监测出来。这说明,在像变压器这样一个较复杂的绝缘结构中,用声波监测局部放电的灵敏度是不高的。

还应指出的是:声发射传感器所接收的声压大小是由局部放电的实际放电量 q_r 所决定的,同时又和传播路程的长短引起的衰减,以及其他媒质的反射、吸收等有关。因此,声测法本身无法对放电量的监测灵敏度进行核准和标定。如果需要给出放电量指标还需借助于脉冲电流法。

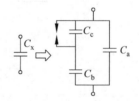

图 3-38 介质中含有局部放电气隙时的等值电路

脉冲电流法所监测到的是视在放电量 q_a,图 3-38 所示为局部放电的等值电路,由图可知,q_r 和 q_a 的关系为

$$q_a = \frac{c_b}{c_b + c_c} \cdot q_r \qquad (3-18)$$

一般情况下 $C_c \gg C_b$,故 q_a 往往比 q_r 小很多,这就是说,用 q_a 的大小来标定声测法的灵敏度是不合适的,所得灵敏度比实际情况要高得多。

综上所述,在提及声波的监测灵敏度时,不能简单地讲能测出多少放电量,而要分析其实际放电量,以及具体的绝缘结构。

声发射传感器的压电晶体输出信号的电压幅度只有微伏数量级,故需要对信号进行预处理。通常将前置放大器和抑制外界干扰的带通滤波器和压电晶体安装在一起,组成有源传感器。若信号传输距离不远,也可考虑将预处理单元安排在监测装置内,而传感器内只有压电晶体。

4. 光纤法

局部放电会伴随光信号产生,光纤法是通过荧光光纤捕捉光信号将其转换成相应的电信号来检测局部放电。不同强度的局部放电,产生的光信号频率和强度均有所不同,因而得到的电信号频率和幅值也会有所不同[52]。

荧光光纤是特种光纤的一种,也是由芯包结构
构成,而荧光光纤的纤芯中掺有微量的荧光物质,
可用来吸收局部放电过程中产生的微弱光信号。
吸收外界光的荧光分子会发出微弱荧光,只要有局
部放电产生光信号的部位,这部分光纤就相当于一
个特殊的光源。荧光信号光波长区别于因放电而
产生的光信号波长,它沿光纤传播进而被相关仪器
检测到[53]。荧光光纤感光原理如图3-39所示。

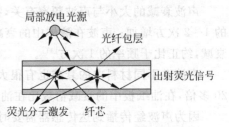

图3-39 荧光光纤感光原理

另外一种类型的光纤传感器是用来感知局部放电所产生的超声信号的。测量方法包括
光纤耦合器法、双光路干涉法、Fabry-Perot传感器法等[54,55]。

光纤耦合器是用两根扭绞在一起的单模光纤,经氢氧焰加热拉伸,形成一个熔锥区,两
根光纤的包层合并在一起,纤芯距离很近形成光波导弱耦合结构。当声波作用于该耦合结
构时,改变了耦合器的分光比,通过测试分光比的变化来测试局部放电产生的声波[56]。工
作原理如图3-40所示,声波作用时耦合器分光输出信号 V_1、V_2 发生变化,V_1+V_2 保持不变。
因为光纤耦合区域较小,试验中为了提高灵敏度,可把耦合区域粘贴在变压器壳体上,但可
能会带来低频噪声较大的问题。

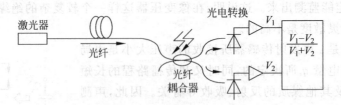

图3-40 光纤耦合法工作原理

双光路干涉法分为 Michelson 和 Mach-Zehnder 两类结构,测量原理为:激光器发出的
光经 3dB 耦合器分为两束相干光,其中一束光进入参考臂,另一束进入测量臂,声波作用于
测量臂时,改变了测量臂的折射率,使参考臂和测量臂的相位差发生变化,导致输出光强发
生变化。光纤 Michelson 传感器的测试原理如图3-41所示。Abbas Zargari 把 100m 单模
光纤绕制成直径为 30mm 的光纤环,在小型油浸变压器上做局部放电声信号的测量试
验[57]。光纤 Mach-zehnder 传感器的测试原理如图3-42所示[58]。

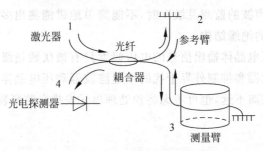

图3-41 光纤 Michelson 传感器工作原理

光纤法珀(Fabry-Perot,FP)传感器具有绝缘、耐腐蚀、抗电磁干扰、体积小、灵敏度高等
特点,可以安装在变压器壳体内部进行局部放电测量。FP传感器的工作原理如图3-43所

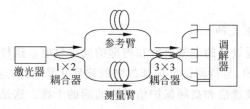

图 3-42　光纤 Mach-zehnder 传感器工作原理

示,传感器由两个反射面构成:一个是光纤端面,反射率为 R_1,另一个是薄板/膜制作的反射镜,反射率为 R_2,两个反射面的间距是腔长 L。光纤输入的入射光,遇到两个反射面发生反射,反射光发生干涉,干涉的相位差 θ 由下式计算:

$$\theta = \frac{2\pi \cdot 2L}{\lambda} \tag{3-19}$$

式中:λ 为光波长。传感器薄膜遇到局部放电而产生超声波时,随声波振动,造成 L 及 θ 的变化。输出光强随之变化,当传感器的静态工作点处于干涉条纹中部线性区域时,干涉光强变化(ΔI)对薄膜振动($\Delta\theta$ 或 ΔL)最灵敏,传感器可以高灵敏度工作;当静态工作点处于条纹的峰值与谷底时,干涉灵敏度趋于 0。静态工作点的位置见式(3-19),θ 是腔长 L 和波长 λ 的函数,温度影响 L 的变化,造成工作点的位置变化,可以通过调节集成可调谐光源模块(integrable tcenable laser assembly,ITLA)的波长 λ 来修正。

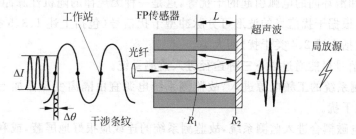

图 3-43　光纤 FP 传感器原理

3.3.2　监测灵敏度和抗干扰技术

在线监测局部放电的灵敏度是指在线条件下,监测系统能够测到或辨识的最小放电量。由于现场大量干扰的存在,变压器在线监测灵敏度要比实验室条件下的测量灵敏度低得多,可能要低 3~4 个数量级,比离线检测时的灵敏度也可能要低 1~2 个数量级。

从实际使用情况考虑,监测系统应能达到测出危险放电量的灵敏度。根据国内外运行经验,电力变压器的局部放电量在数千皮库时仍可继续安全运行。当达到 10000pC 及以上时,则应引起严重注意,因为此时绝缘可能存在明显的损伤。例如:我国某变电站一台220kV 变压器,当局部放电量为 3000pC 时,气相色谱分析结果无变化;另一变电站的一台高压变压器,当局部放电量为 1000pC,运行 10 年后局部放电量仍无变化。从能监测出设备最小的危险放电量考虑,在线监测的灵敏度至少应在数千皮库。

同时,监测系统还应保证其测量结果的可靠性,以便对设备的绝缘状况做出正确的判断。从发展观点要求,还希望尽可能提高监测的灵敏度和信噪比。所有这些都要求采取和加强抗干扰措施,因此,干扰的消除和抑制是在线监测电力设备局部放电的一个关键技术问题。

干扰来源主要有以下几种。

(1) 线路或其他邻近设备的电晕放电和内部的局部放电。这种干扰普遍存在于变电站中。干扰信号是脉冲型的,与待测设备局部放电的波形几乎一样,这是一种重要的干扰源。

(2) 电力系统的载波通信和高频保护信号对监测的干扰。这是一种连续的周期性高频干扰,频率为 30kHz～500kHz。高频通信的每一信道所占的频带虽仅为 4kHz,但是所采用的是频分复用的多路通信方式,故处在复合网内的输电线路所传送的常常是多个频率的载波信号,这样所占用的频段多而宽。例如,对国内某电厂实测的结果发现,其载波频率范围为 99kHz～400kHz,其间只有 3 个带宽仅 16kHz 的频段未被占用。另一个有载波通信和高频保护的 110kV 变电站,在变压器外壳接地线上测得的干扰频率分布在 57kHz～370kHz 之间,占有 9 个频段。经核查,这些频段正是该变电站所处电网的载波通信和高频保护的频率。可见载波通信和高频保护信号是一种十分强大而重要的干扰源。

(3) 晶闸管整流设备引起的干扰。可控硅整流设备是许多变电站常用的设备。当可控硅闭合或开断时会发出脉冲干扰信号,它在一个工频周期上出现的相位是固定的,属于脉冲型周期性干扰。

(4) 无线电广播的干扰。这种干扰也是连续周期性干扰,其频率在 500kHz 以上。

(5) 其他随机性干扰,如开关、继电器的断合,电焊操作,荧光灯、雷电等的干扰以及旋转电机的电刷和滑环间的电弧引起的干扰等,这是一种无规律的随机性脉冲干扰。

综上所述,根据干扰信号的波形可分脉冲型干扰信号(包括上述 1、3、5 类干扰)和连续周期性干扰(包括上述 2、4 类干扰)两大类。

上述干扰信号可能通过以下三种途径进入监测系统。

(1) 从监测系统的工频电源进入,故监测系统电源宜由隔离变压器加上低通滤波器供电,以抑制这类干扰。

(2) 通过电磁耦合进入监测系统,故监测系统的连线应很好地屏蔽,或利用光电隔离和光纤传输信号,以减少干扰。

(3) 通过传感器(即监测组件)进入,该干扰信号和局部放电的信号混叠在一起,上述方法不能抑制这个干扰通道,需采取其他技术措施。

采用声、电联合监测有助于正确辨识局部放电信号,也不失为一种抗干扰措施。但它毕竟不能直接抑制干扰。由于现场的干扰是多种类型的,而且有时还十分强大,不同地点的干扰类型和强弱又都不同,故抗干扰措施要有针对性,对不同情况要有不同对策。下面介绍几种主要的抗干扰技术。

(1) 选择合适的监测频带

系统的监测频带 $\Delta f(\Delta f = f_2 - f_1$, f_2、f_1 分别为上、下限频率)的选择原则是:能避开现场主要的干扰频带,使之在此监测频带下,监测灵敏度和信噪比最高。这个要求可通过合理选择滤波器及电流传感器的带宽来实现。对固定式监测系统,可实测现场连续的周期性干扰的频带,例如载波通信、高频保护的频带,确定一个固定的监测频带。为增加灵活性,也可提供数个监测频带。系统监测频带的选择,除按上述原则外,同时还要满足脉冲分辨率 $1/\tau_r$(τ_r 为脉冲分辨时间,μs,$1/\tau_r$ 为每秒最高放电脉冲数)的要求,即 $\tau_r \geqslant 2/(f_2 - f_1)$[59]。

（2）基于波形特征的脉冲分离法

该方法基于高速数据采集技术的宽带脉冲电流检测系统，其模拟带宽一般为50MHz，采样率可达100MSa/s甚至更高，因此可以获取来自高频电流传感器所监测到的局部放电脉冲电流信号波形。尽管受传播路径的影响，波形特征不能直接用于放电类型的判断，但是可以利用放电信号与干扰信号之间，以及不同类型的放电信号之间波形特征的差异将它们进行分离。再通过相位、幅值分布特征对分离后的脉冲簇进行判断，从而达到鉴别干扰的目的。

目前一般采用等效时频分析方法来提取放电脉冲的波形特征[60]。基于等效带宽-等效时长的簇分类如图3-44所示，图中每个点对应着一个脉冲（放电信号或干扰脉冲）。可以看出脉冲明显地聚成3簇，可以使用模糊聚类等方法对这些脉冲进行分离，从而达到区分干扰以及不同类型放电的目的。

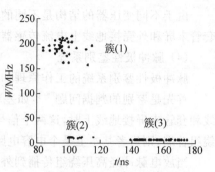

图 3-44　基于等效时长 t-等效带宽 W 的脉冲簇分离示意图

（3）差动平衡系统

差动平衡系统要求从 CT_1 和 CT_2 上输出的两路信号完全一致，从而得到较高的抑制比。例如，不少变电站常用两台结构完全相同或基本一致的主变压器，当 CT_1、CT_2 分别套接在各自的外壳接地线上时，等值电容 C_{x1} 与 C_{x2} 基本相同，这对干扰的抑制比较有效。但在判断哪台变压器发生局部放电时，还需借助于声波的测量。

当仅有一台变压器（或两台变压器结构差别极大）时，往往只能由外壳接地点（或高压套管的末屏接地线上）和绕组中性点接地线上的信号进行比较，如图3-45所示，这是加拿大R. Malewski[34]选用的差动平衡监测系统原理接线。显然，由于变压器绕组和外壳各自的脉冲传输路径不同，两个传感器上的脉冲波形是不同的。在时间上也常有明显的时延。为此可选择合适的测量频带，在这个频带下干扰信号能被差动系统较好地抑制，而局部放电信号能更多地被监测到。

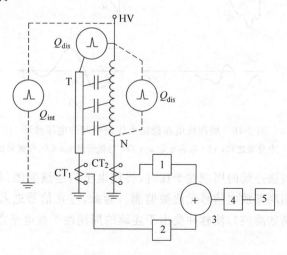

图 3-45　单台变压器的差动平衡监测系统

　　具体做法是：在离线停电情况下，对变压器和监测系统进行调整，在外部加上脉冲方波，模拟干扰信号 Q_{int}，并对传感器上测得的电流脉冲作频谱分析。同样可在高压端对外壳 T 或中性点 N 间注入电荷 Q_{dis}，以模拟变压器内的局部放电。并对传感器上测得的电流脉冲进行频谱分析。对两个传感器上的脉冲频谱进行比较，可以了解到哪个频段的干扰信号易于抑制。同时，可实测不同频率下的抑制比和信噪比，由此得到一个较好的监测频段。

　　显然这是个窄带监测系统，实际上，在电流传感器后接有窄带滤波器。该法在单相 500kV 变压器上对来自输电线的共模干扰，得到了 40dB 的抑制能力。

　　由于不同变压器的结构是不同的，故针对不同变压器，均须事先进行上述调试工作。由套管末屏和外壳接地线上电流传感器构成差动系统，进而可用相同方法进行调试。

　　(4) 脉冲极性鉴别系统

　　脉冲极性鉴别系统的工作原理如 2.4 节所述，但当用于在线监测时要作一些改进。

　　首先是鉴别的判据问题[61]，如差动平衡系统一样，当两个比较信号分别取自外壳接地线和套管末屏接地线上时，这两个信号的传输路径是不同的。假定放电发生在绕组的高压绕组首端，则后者基本上是个电容电路。而前者要经过高压绕组，是个分布参数网络。

　　当放电脉冲经高压绕组传播到外壳时，通常包含了 3 个分量[1]：一为经入口电容 C 直接耦合到外壳的、无时延的电容性分量；二为沿分布电感、电容路径向绕组端部传播，经一定延时后到达测量端的行波分量；三为沿绕组线圈和匝间互感传播的振荡分量（如图 3-46 所示）。后两个分量均有时延，受传输路径影响较大。故在外壳接地线上所取的信号与套管末屏接地线上取得的信号相比，除第一个半波因电容性分量所占比例较大，基本符合外部干扰信号在两监测回路得到的极性相同、而局部放电信号极性相反这一规律外，其后几个半波都有不同程度的时延，甚至时延超过谐振频率的半个周期而造成极性反相。因而对窄带型监测系统（为抑制严重的连续的周期性干扰，监测系统监测频带有时只能选用较窄的带宽），极性鉴别系统应以第一个半波（即电容分量）作为极性鉴别的判据[61]。现场试验的结果也证明了这个分析。

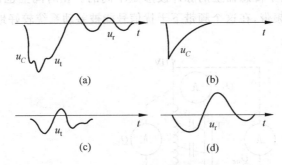

图 3-46　局部放电在绕组出线端引起的电压波形

(a) 三个分量之和；(b) 电容分量 u_C；(c) 行波分量 u_t；(d) 振荡分量 u_r

　　其次，当外界有较强连续的周期性干扰时，将使电子门连续关闭，甚至处于永久关闭状态，使在此期间发生的局部放电信号无法被监测。为此，应在信号进入鉴别系统前，先对周期性干扰进行抑制（例如滤波），使脉冲突出于连续的周期性干扰电平之上，以保证鉴别的灵敏度。

　　最后，电子门的打开时间是由信号自身幅度来控制的（若鉴别系统选用常闭型的话），即设置了可调的阈值(或门槛),当放电脉冲信号低于该值时,电子门即自动关闭。

根据以上考虑,研制了一套新的脉冲极性鉴别装置,图 3-47[62]是将该装置用于监测一台三相模拟变压器局部放电时的情况。CT_1 从外壳接地线上取信号,CT_2 从相当于三个套管的末屏接地线上取信号(从高压端接三个高压电容来模拟套管电容),A 相内部有局部放电(用尖板放电模拟),B 相及 C 相有电晕放电的干扰(也用尖板放电模拟)。图 3-47(a)、(b)分别是 CT_2、CT_1 上监测到的波形,图 3-47(c)是 CT_1 经过脉冲鉴别系统后的波形。可见局部放电信号经鉴别系统后被完全保留下来,而 B、C 相的电晕干扰信号则明显被抑制,抑制比为 10dB~25dB。监测系统使用了清华大学高压和绝缘技术研究所研制的 JFY-1 型局部放电监测仪。

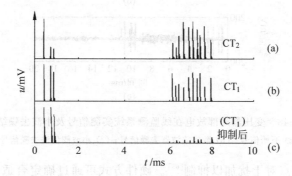

图 3-47 脉冲鉴别系统在在线监测中的应用

(5)平均技术

常用于声测法。例如,武汉高压研究所研制的 JFD1 型变压器局部放电仪[63]中,运用了平均技术。

(6)数字滤波技术

用软件进行滤波的数字滤波技术也可用于变压器局部放电的在线监测。例如,运用 FFT 频谱分析技术,可测定现场连续周期性干扰的频率范围,以帮助确定滤波器的频带。这样设计出的数字滤波器,可有效抑制连续的周期性干扰。当现场噪声太高、信噪比太低时,要注意 A/D 转换和数据采集的位数所决定的量化误差有可能影响局部放电信号的监测,此时需提高 A/D 转换的位数,或对信号先进行预处理,而后运用数字滤波器处理。

(7)小波变换技术

小波变换是基于非平稳信号的分析手段,非常适合于突变信号的处理,在时域、频域上同时具有良好的局部化性质。利用其捕捉突变信号的能力和优越的消噪功能,小波分析可以作为抑制干扰、提取局部放电信号强有力的数学工具。早在 20 世纪 90 年代初期,就已经有学者尝试着用小波变换来去除局部放电在线监测中强烈的电磁干扰,并取得了一定的效果,尤其在近几年来用小波技术进行抑制干扰已成为局部放电在线监测研究的热点之一。

小波去噪的主要方法包括模极大值法、小波系数相关法、阈值法等[64]。其中阈值法算法简单,并具有良好的去噪效果。图 3-48 给出了采用自适应阈值搜索法对变压器实测信号的去噪效果。

综上所述,抑制干扰的措施包括消除干扰源、切断干扰途径和干扰的后处理三个方面。

干扰的后处理方法很多,但大体上可归纳为四类:一为频域开窗,利用连续的周期性干

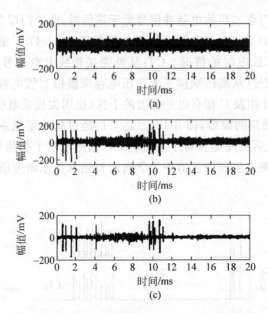

图 3-48　变压器局部放电在线监测系统实测信号及小波去噪结果
(a) 原始信号；(b) 数字陷波器去噪信号；(c) 小波阈值法去噪信号

扰在频域上离散的特点对干扰加以抑制[65]。硬件方式可通过确定合适的监测频带、选择合适的带通滤波器和窄带电流传感器来实现；软件方式可用 FFT 滤波器、有限冲激响应 (FIR)滤波器或自适应滤波器等数字滤波器来实现[65,66]。二为时域开窗，利用脉冲干扰在时域上离散的特点来消除干扰。硬件上可运用固定相位开窗、差动平衡、脉冲极性鉴别等方式实现；这些方式也可用软件实现[67]。三为利用时频联合特征进行干扰的辨别，主要是通过软件来实现，要求获取放电信号的波形。四为计算机逻辑识别，这是在上述干扰抑制的基础上，根据脉冲信号序列的逻辑规律，利用计算机判断是局部放电信号还是干扰信号。

　　对于开窗处理方法，显然应该采用频域开窗在前、时域开窗在后的原则，以保证各种脉冲干扰在白噪背景下清晰可辨。

　　除了采取各种抑制措施外，还应针对现场具体情况，对干扰的来源、路径、类型作尽可能详尽的定性和定量分析。例如，干扰信号不仅来自高压回路，同样会来自动力电源、地网等低压回路。分析清楚才能采取针对性的抑制措施，以取得好的抑制效果。

　　由于干扰来源路径、类型众多，采取单一的抑制措施显然是不够的，应采取软硬件结合的综合性抑制措施才可奏效。

　　由于现场干扰的严重性和复杂性给干扰的抑制带来很大的困难，因此如何抑制干扰仍是实现变压器局部放电在线监测的技术关键。

3.3.3　放电量的在线标定

　　在线监测局部放电时，往往需要给出视在放电量指标，为此需要研究放电量的在线校准问题，显然，局部放电离线核准方法不适用于在线校准。

　　根据局部放电的基本理论，当试品 C_x 内部发生局部放电时，试品的外部表现是试品两端出现一个瞬态电压 ΔU，当 C_x 的视在放电量为 Q_a 时，则有

$$Q_a = \Delta U C_x \tag{3-20}$$

实际试验时,采用一低压脉冲校准器来模拟局部放电脉冲,为此,IEC60270—2000 和 GB/T7354—2000 标准给出了校准器的性能指标。标准规定:当测量系统的上限频率 f_2 小于 500kHz 时,校准脉冲的上升时间 t_r 应小于 60nS;当测量系统的上限频率 f_2 大于 500kHz 时,校准脉冲的上升时间 t_r 应满足 $t_r \leqslant 0.03/f_2$。

这些规定说明,只有符合上述条件的在线监测系统,才能给出被试设备的放电量指标。

变压器放电量的在线标定通常采用套管末屏注入法,其原理接线如图 3-49 所示。变压器的高压电容套管的末屏均有引出端(即套管的信号抽取端),该引出端一般是直接接地的,但在安装在线监测系统时,已作了适当改造,使之易于连接电流传感器和作放电量的在线标定。标定时需打开其接地线,将脉冲校准器接在末屏接线端和地之间;套管电容 C_{B1}(一般为 200pF~600pF)相当于离线校准时和脉冲校准器串联的分度电容 C_0。若脉冲校准器输出脉冲的峰值为 U_0,则注入的校准脉冲的放电量 $Q_0 = U_0 C_{B1}$;由监测系统测得的数值为 H,则该系统的刻度系数(灵敏度的倒数)为 Q_0/H。

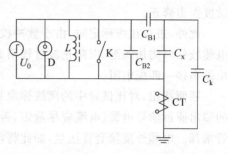

图 3-49 套管末屏注入法原理接线图

C_{B2} 是套管末屏对法兰等接地体间的电容,其值一般在数千到数万皮法,如果套管末屏开路,C_{B2} 上将承受数千至上万伏的工频电压,这将危及试验人员和脉冲校准器的安全。应采取的措施是:在脉冲校准器上并联降压高频电感 L(数毫亨),放电管 D 作为过电压保护,不作校准试验时可将开关 K 合上,以保证末屏可靠接地。

由于 C_{B2} 的并入加重了脉冲校准器的负载,引起方波幅值下降、上升前沿时间 t_r 变长,而 L 的并入使注入变压器的方波变成振荡波,故在线标定要求采用更高性能的脉冲校准器。

该方法的优点是简单、实用,只要求高压套管末屏有接地引下线装置即可实现放电量的在线标定。与离线标定方式相比,两者具有相同的耦合电容 C_k、相同的电荷注入点和测量点,模拟的都是高压绕组靠近变压器入口处的局部放电。

变压器放电量的在线标定和离线标定相比,有一定的差别,对其标定的等效性和可比性需作具体分析[59]。按照图 3-49 所示,根据某单相 500kV 变压器的实际情况,用电容组件进行模拟对比试验。传感器的频带为 10kHz~110kHz,系统的监测带宽 $\Delta f = 10$kHz,中心频率为 30kHz。取 $C = 3000$pF,$C_k = 4700$pF,$C_{B1} = 330$pF,$C_{B2} = 0 \sim 68000$pF 可变,$L = 1.6$mH。当 $C_{B2} = 37000$pF 且并接 L 时,和不并接 L、C_{B2} 相比,t_r 从 0.1μs 增为 2μs,灵敏度 S 变化 6%。

对实际变压器进行两种标定方式的离线对比试验结果如下。

(1) 500kV 单相变压器。外接 $C_k = 4000$pF,模拟在线时其他电气设备的对地电容,$C_{B1} = 490$pF,$C_{B2} = 5000$pF,实测入口电容为 2270pF。监测中心频率 f_c 为 10kHz、20kHz、30kHz、40kHz,$\Delta f = 10$kHz,两种标定方式的监测灵敏度相差在 20% 以内。

(2) 110kV 三相变压器。外接 $C_k = 4000$pF,$C_{B1} \approx 106$pF,$C_{B2} \approx 900$pF,$C_x \approx 600$pF,$f_c = 20$kHz,$\Delta f = 10$kHz,两种标定方式的监测灵敏度相差 12%。

(3) 220kV 三相变压器。外接 C_k 为 2000pF、4000pF、8000pF,$C_{B1} = 1173$pF,监测频带

为 30kHz～50kHz。两种标定方式的监测灵敏度相差在 10％ 以内。

实测结果表明,在上述具体条件下,虽然进行在线标定时方波已变成振荡波,波的前沿也已变缓,但对注入电荷起主要作用的是第一个半波,故从工程观点考虑,对监测灵敏度的实际影响不大,和离线标定相比仍有等效性。

上述试验都是在较低的监测中心频率和监测频带下做的。易知,若当监测系统的监测频率 f_c 或带宽 Δf 增加,或变压器的 C_{B2} 也增加时,C_{B2} 对监测灵敏度的影响将会增加,甚至会失去可比性。对此,应针对具体条件进行分析研究后,作出判断,必要时对标定的监测灵敏度作出修正。

此外,进行在线标定时,由于脉冲校准器 U_0 离 C_{B2} 有一定的距离,需用屏蔽电线相连,当电缆较长时需加匹配,以防止波过程引起输出波形的畸变,造成标定误差。此时可在 U_0 输出端串接一匹配电阻。

顺便指出,对比试验中的离线标定是按照国家标准规定的方式进行的,即将脉冲校准器的输出通过信号电缆(电缆应尽量短,否则也要匹配),经 100pF 左右的电容 C_0 接至高压套管端部。电缆外皮接套管法兰,如此将电荷从高压端和外壳间注入。

3.3.4　放电源的定位

对电力变压器这样的大型设备的局部放电,不仅要监测其视在放电量,以诊断其故障的严重程度(例如,是否达到了引发围屏放电的程度),而且希望监测出放电的部位,从而有针对性地进行维修,节省维修时间和费用。

定位方式可分电信号定位和声信号定位两类。电信号定位目前仅用于离线情况,例如多端法定位等。声信号定位则既可用于离线情况,也可用于在线情况。

声信号定位分两种方式,一种是全部利用四路或更多路声信号进行定位的双曲面定位法[63,68]。它采用声-声触发系统,即选用一路声信号触发其余声通道。选择某传感器为参考基准,测定同一声发射信号传播到其余各传感器时,对应于它的相对时差,将这些相对时差代入一个双曲面方程组(按满足该组声发射传感器阵列几何关系而设计的方程组)求解,可求出放电源的位置。据介绍,用此法对现场一台 220kV/300MV·A 变压器的局部放电进行定位,定位误差为约为 10cm。该法的特点是不必使用电流传感器,抗电磁干扰能力较强,但不能确定放电量。

声信号定位的另一种方式是声-电信号联合定位的球面定位法。它以电信号作为参考基准(电信号从放电源传至电流传感器可认为没有时延,而声信号到达不同位置的声发射传感器时存在不同的时延),一般选用三个或更多的声发射传感器,利用测得的电、声信号的时差和声传播的速度去求解球面方程组,即可求出放电点的位置。该方法的特点是简单直观,运用电信号可同时确定局部放电的视在放电量。但由于电磁干扰的影响,有时会难于确定电信号出现的时刻,而影响定位的准确性。运用该法在实验室条件下,定位准确度为 5cm～10cm。

声-电信号联合定位法应用较普遍,以下将作较详细的介绍。

在实际测试中还常使用一种简易定位法,仍以电信号作为参考基准,不断移动声发射传感器的位置,使获得的声信号幅度最强、时延最短;此时,放电源离声发射传感器最近。再结合变压器的具体结构和运行、维修经验,即可大致判断放电源的位置。

1. 声波在油箱中的传播规律

1) 声波的分类

从不同角度可将声波分为：平面波和球面波；纵波和横波；连续波和脉冲。

平面波的波是平行的，都以同一入射角向界面移动，故其反射角及折射角都是唯一的；球面波的波束是发射的，对某一界面而言，球面波的传播可以以任意方向入射到界面。纵波媒质粒子的振动方向与声波传播方向一致；横波媒质粒子的振动方向与声波传播方向垂直。连续波的声波的持续时间较长；脉冲波的声波的持续时间极短。

由于液体只能传递压缩力，不能传递剪切力，故液体只能传播纵波。固体材料由于物质结构稳定，故既能传播纵波，又能传播横波。油中放电产生的声波，由于放电持续时间一般为几十微秒，故可将其视作脉冲球面波。

声波要穿过油和钢板才能被吸附在外壳上的声发射传感器监测到。球面波在液体、固体界面上折射时，发生波形转换，折射后固体内既有纵波也有横波，但由于声发射传感器的压电晶体只对纵波反应灵敏，而对横波几乎没有反应，故下面只讨论钢板中的纵波。

2) 声波的折、反射定律

现以油、钢界面为例，讨论声波的折反射规律，如图 3-50 所示为声波在不同界面的折、反射规律。

由于介质 1 为液体，故只有纵波；介质 2 为固体，故既有纵波，也有横波。

按照声波的反射定律有

$$\alpha_1 = \alpha$$

而按照声波的折射定律有

$$\frac{\sin\alpha}{c_1} = \frac{\sin\beta_L}{c_{2L}} = \frac{\sin\beta_t}{c_{2t}}$$

$$\beta_L = \arcsin\left(\frac{c_{2L}}{c_1}\sin\alpha\right)$$

$$\beta_t = \arcsin\left(\frac{c_{2t}}{c_1}\sin\alpha\right)$$

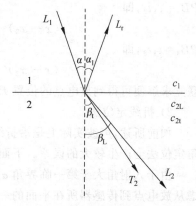

图 3-50　液体/固体声波的折、反射
介质 1—液体；介质 2—固体；L_1—入射纵波；α—入射角；L_r—反射纵波；α_1—反射角；L_2—折射纵波；β_L—折射角；T_2—折射横波；β_t—折射角；c_1—油中声速，约为 1400m/s；c_{2L}—钢中纵波速度，约 6000m/s；c_{2t}—钢中横波的速度，约 3245m/s

由上面 3 式就可以确定反射波及折射波的波动方向。一般来说，由于 $c_{2L} > c_{2t} > c_1$，可知 $\beta_L > \beta_t > \alpha$，$\beta_L$、$\beta_t$ 随 α 的增大而增大，当 α 增大到一定值 α' 时，$\beta_L = 90°$，此时固体中纵波发生全反射，α' 称为第一临界角。α 角继续增大到某一 α'' 值时，横波也发生全反射，固体介质内不再存在任何透射波，α'' 称为第二临界角。对油、钢界面来说，第一临界角 $\alpha' \approx 13.96°$，第二临界角 $\alpha'' \approx 25.56°$。实际上由于声发射传感器只感受纵波，故入射角 α 大于第一临界角 α' 的声波，超声传感器都感受不到。

2. 球面波的折射规律

设 A 点为放电源，其产生的脉冲球面波以不同入射角向油、钢界面传播。图 3-51 中，沿 AD_1 传播的声束，折射为 L_1、T_1；沿 AD_2 传播的声束，折射为 L_2、T_2；依此类推，沿 AD_4 传播的声束，因入射角大于临界角，发生了全反射。由图 3-51 可看出，当声发射传感器置于 B_{1L}

点时,折线 AD_1B_{1L} 几乎可以用直线 AB_{1L} 代替;而当传感器置于 B_{3L} 时,用直线 AB_{3L} 代替折线 AD_1B_{1L} 会带来明显的误差。

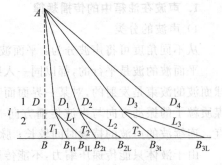

图 3-51　脉冲球面波的折射

3. 定位公式的建立

1) 三角定位法

监测时,将三个声发射传感器放在变压器油箱的三个不同位置上,测出三个传感器的声、电时延 t,然后按声波直线传播的原则,列出三个球面方程。图 3-52 中设 P 为放电点,其坐标为 $P(x,y,z)$,B_1、B_2、B_3 为置于变压器外壳上的 3 个声发射传感器的位置,坐标分别为 $B_1(x_1,y_1,z_1)$、$B_2(x_2,y_2,z_2)$、$B_3(x_3,y_3,z_3)$。若设 t_1、t_2、t_3 为三个传感器测得的声电时延,c_1 为声波在油中的传播速度,可列出如下方程组:

$PB_1 = c_1t_1$,即

$$(x-x_1)^2 + (y-y_1)^2 + (z-z_1)^2 = c_1^2t_1^2 \tag{3-21}$$

$PB_2 = c_1t_2$,即

$$(x-x_2)^2 + (y-y_2)^2 + (z-z_2)^2 = c_1^2t_2^2 \tag{3-22}$$

$PB_3 = c_1t_3$,即

$$(x-x_3)^2 + (y-y_3)^2 + (z-z_3)^2 = c_1^2t_3^2 \tag{3-23}$$

联立求解便可得到放电点的位置 P。

2) 折线定位法

如前所述,声波实际上是沿折线先在油中传播,然后再通过钢板传播至传感器,因此三角定位法会产生较大的误差。下面根据折线法来建立定位计算公式。

由于入射角大于第一临界角 α' 的声波束在钢板中的纵波分量发生了全反射,故只需考虑从放电点到传感器所在平面的一个 $2\alpha'$ 角度的圆锥体中的声波束。其传播模型如图 3-53 所示。P、B_1、B_2、B_3 的定义及坐标同图 3-52 所示。由于放电点是未知的,而传感器的放置又是随机的,故需分两种情况考虑。

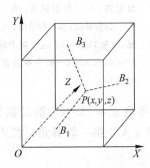

图 3-52　声波按直线途径传播模型

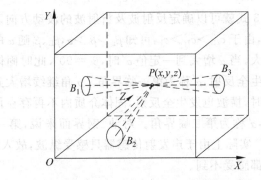

图 3-53　声波按折线途径传播模型

第一种情况,设声发射传感器位于圆环内,如图 3-54 所示。从图中可以看出,当 $\alpha < \alpha'$ 时,仍假定声波按直线传播,而不会造成太大的误差。于是可按三角定位法列出三个球面方程组。即方程式(3-21)~式(3-23)。

第二种情况，设声发射传感器位于圆环外，如图 3-55 所示。先作一个近似处理，即 B_2（令 B_2 位于 XOZ 平面内）不管置于圆环外何处，其接收到的声波都先沿第一临界角 α' 决定的声波线在油中传播至 E 点，然后声波在钢中沿 EB_2 线传播至传感器。

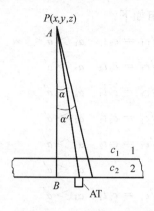

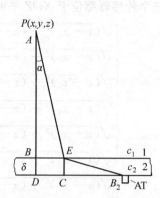

图 3-54　传感器在圆环内时定位公式的建立　　图 3-55　传感器在圆环外时定位公式的建立

因为一般情况下 $PD \gg \delta$（钢板厚度），故 $PE \approx PC$，$EB_2 \approx CB_2$。设油中传播时间为 t_0，则由三角关系可推得

$$t_0 = \frac{PE}{c_1} \approx \frac{PC}{c_1} = \frac{PD}{c_1 \cos\alpha} = \frac{y - y_2}{c_1 \cos\alpha}$$

由折射定律得

$$\sin\alpha = \frac{c_1}{c_2}\sin\beta_L$$

此处 $\alpha = \alpha'$，则 $\beta_L = 90°$，纵波发生全反射，所以

$$\sin\alpha = \frac{c_1}{c_2}$$

式中：c_2 为声波在钢中的纵波速度。

由此可得

$$\cos\alpha = (\sqrt{c_2^2 - c_1^2})/c_2$$

$$\tan\alpha = c_1/\sqrt{c_2^2 - c_1^2}$$

$$EB_2 = c_2(t_2 - t_0) = c_2[t_2 - (y - y_2)/c_1\cos\alpha] \tag{3-24}$$

又因为

$$EB_2 \approx CB_2 = DB_2 - DC = \sqrt{(x - x_2)^2 + (z - z_2)^2} - PD\tan\alpha$$

所以

$$EB_2 \approx \sqrt{(x - x_2)^2 + (z - z_2)^2} - (y - y_2)c_1/\sqrt{c_2^2 - c_1^2} \tag{3-25}$$

由式(3-24)和式(3-25)可解得

$$c_2[t_2 - (y - y_2)/c_1\cos\alpha] = \sqrt{(x - x_2)^2 + (z - z_2)^2} - (y - y_2)c_1/\sqrt{c_2^2 - c_1^2}$$

所以

$$\sqrt{(x - x_2)^2 + (z - z_2)^2} + (y - y_2)\sqrt{c_2^2 - c_1^2}/c_1 = c_2 t_2$$

因 B_2 位于 XOZ 平面内，$y_2 = 0$，故上式即为

$$\sqrt{(x-x_2)^2+(z-z_2)^2}+y\,\sqrt{c_2^2-c_1^2}/c_1=c_2t_2 \tag{3-26}$$

同样,另外两个传感器可以建立类似的方程。由于每个传感器和放电点的相对位置都有两种可能,故三只传感器与放电点的组合有 8 种情况,即可列出 8 个方程组。为简化起见,现设三个传感器都位于 XOZ 平面内,列出 8 个方程组如下:

$$
\begin{cases}
\sqrt{(x-x_1)^2+(z-z_1)^2}+y\,\sqrt{c_2^2-c_1^2}/c_1=c_2t_1 & \alpha_1>\alpha' \\
\sqrt{(x-x_2)^2+(z-z_2)^2}+y\,\sqrt{c_2^2-c_1^2}/c_1=c_2t_2 & \alpha_2>\alpha' \\
\sqrt{(x-x_3)^2+(z-z_3)^2}+y\,\sqrt{c_2^2-c_1^2}/c_1=c_2t_3 & \alpha_3>\alpha'
\end{cases}
$$

$$
\begin{cases}
\sqrt{(x-x_1)^2+(z-z_1)^2}+y\,\sqrt{c_2^2-c_1^2}/c_1=c_2t_1 & \alpha_1>\alpha' \\
\sqrt{(x-x_2)^2+(z-z_2)^2}+y\,\sqrt{c_2^2-c_1^2}/c_1=c_2t_2 & \alpha_2>\alpha' \\
\sqrt{(x-x_3)^2+y^2+(z-z_3)_1^2}=c_2t_3 & \alpha_3<\alpha'
\end{cases}
$$

$$
\begin{cases}
\sqrt{(x-x_1)^2+(z-z_1)^2}+y\,\sqrt{c_2^2-c_1^2}/c_1=c_2t_1 & \alpha_1>\alpha' \\
\sqrt{(x-x_2)^2+y^2+(z-z_2)^2}=c_2t_2 & \alpha_2<\alpha' \\
\sqrt{(x-x_3)^2+(z-z_3)^2}+y\,\sqrt{c_2^2-c_1^2}/c_1=c_2t_3 & \alpha_3>\alpha'
\end{cases}
$$

$$
\begin{cases}
\sqrt{(x-x_1)^2+(z-z_1)^2}+y\,\sqrt{c_2^2-c_1^2}/c_1=c_2t_1 & \alpha_1>\alpha' \\
\sqrt{(x-x_2)^2+y^2+(z-z_2)^2}=c_2t_2 & \alpha_2<\alpha' \\
\sqrt{(x-x_3)^2+y^2+(z-z_3)_1^2}=c_2t_3 & \alpha_3<\alpha'
\end{cases}
$$

$$
\begin{cases}
\sqrt{(x-x_1)^2+y^2+(z-z_1)^2}=c_2t_1 & \alpha_1<\alpha' \\
\sqrt{(x-x_2)^2+y^2+(z-z_2)^2}=c_2t_2 & \alpha_2<\alpha' \\
\sqrt{(x-x_3)^2+y^2+(z-z_3)_1^2}=c_2t_3 & \alpha_3<\alpha'
\end{cases}
$$

$$
\begin{cases}
\sqrt{(x-x_1)^2+y^2+(z-z_1)^2}=c_2t_1 & \alpha_1<\alpha' \\
\sqrt{(x-x_2)^2+y^2+(z-z_2)^2}=c_2t_2 & \alpha_2<\alpha' \\
\sqrt{(x-x_3)^2+(z-z_3)^2}+y\,\sqrt{c_2^2-c_1^2}/c_1=c_2t_3 & \alpha_3>\alpha'
\end{cases}
$$

$$
\begin{cases}
\sqrt{(x-x_1)^2+(z-z_1)^2}+y\,\sqrt{c_2^2-c_1^2}/c_1=c_2t_1 & \alpha_1>\alpha' \\
\sqrt{(x-x_2)^2+y^2+(z-z_2)z_1^2}=c_2t_2 & \alpha_2<\alpha' \\
\sqrt{(x-x_3)^2+y^2+(z-z_3)z_1^2}=c_2t_3 & \alpha_3<\alpha'
\end{cases}
$$

$$
\begin{cases}
\sqrt{(x-x_1)^2+y^2+(z-z_1)^2}=c_2t_1 & \alpha_1>\alpha' \\
\sqrt{(x-x_2)^2+(z-z_2)^2}+y\,\sqrt{c_2^2-c_1^2}/c_1=c_2t_2 & \alpha_2>\alpha' \\
\sqrt{(x-x_3)^2+(z-z_3)^2}+y\,\sqrt{c_2^2-c_1^2}/c_1=c_2t_3 & \alpha_3>\alpha'
\end{cases}
$$

利用上述 8 个方程组求解,每一个方程组都可能得到一组解,但此解不一定是方程组的物理解。还需判断此解决定的放电点与三个传感器之间位置关系,是否与方程组赖以建立的假设条件相符。若相符,则此解才是放电点的坐标,否则此解无效。只有符合假设条件的解,才是真正放电点的坐标。由于每个传感器的安装位置均有三种可能(即位于 XOZ 平面、XOY 平面或 YOZ 平面),安放位置不同,将构成不同的方程组。因此,三个传感器可构成 27 个方程组,应根据传感器具体安装位置选择相应的方程组求解。方程组的求解,可以选用合适的非线性方程组的数值解法,编出计算程序后,利用计算机求解,本书不作介绍。图 3-56、图 3-57 是实验室和现场试验实测的结果。

应该指出,除了定位公式推导过程中的一些简化外,声波在变压器内部传播的实际情况也要复杂得多。比如:传播媒质不单纯是油,还有纸、纸板和其他固体材料;现场的电磁干扰影响电信号出现时刻的确定;放电源也可能不止一处,等等。上述这些因素都会影响定位的准确性,特别是在线定位的准确度。所以放电源的在线定位,也是变压器局部放电在线监测技术中尚需进一步研究的技术问题。

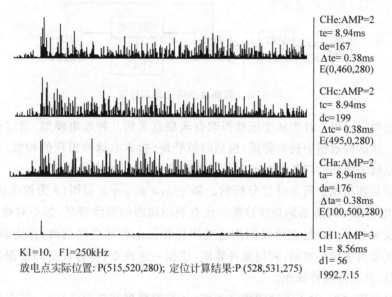

CHe:AMP=2
te= 8.94ms
de=167
△te= 0.38ms
E(0,460,280)

CHc:AMP=2
tc= 8.94ms
dc=199
△tc= 0.38ms
E(495,0,280)

CHa:AMP=2
ta= 8.94ms
da=176
△ta= 0.38ms
E(100,500,280)

CH1:AMP=3
t1= 8.56ms
d1= 56
1992.7.15

K1=10, F1=250kHz
放电点实际位置: P(515,520,280); 定位计算结果:P (528,531,275)

图 3-56 实验室内电声法定位监测结果

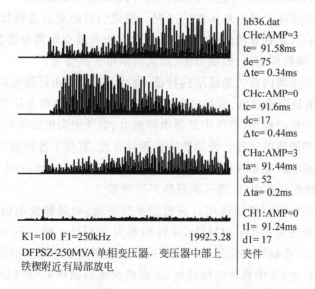

hb36.dat
CHe:AMP=3
te= 91.58ms
de= 75
△te= 0.34ms

CHc:AMP=0
tc= 91.6ms
dc= 17
△tc= 0.44ms

CHa:AMP=3
ta= 91.44ms
da= 52
△ta= 0.2ms

CH1:AMP=0
t1= 91.24ms
d1= 17
夹件

K1=100 F1=250kHz   1992.3.28
DFPSZ-250MVA 单相变压器,变压器中部上
铁楔附近有局部放电

图 3-57　500kV 变压器(北京房山变电站)监测结果图

3.3.5　放电模式识别

　　阈值诊断方法简单,但信息量单一,不可能详尽地揭示变压器内部放电情况,也就不可能作出较全面和准确的诊断。为此,人们希望对局部放电的性质、类型做出诊断,以便更科学地判断放电故障的类型和严重程度,并做出正确的处理意见。这就是近年来发展起来的局部放电科研的一个重要方面,即放电模式的识别。

　　模式识别过程如图 3-58 所示[69],一般包括学习和识别两个过程。

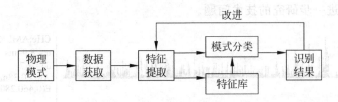

图 3-58　局部放电模式识别过程

　　第一步是学习过程。首先从变压器提取有典型意义的几种放电模型,通过试验获得局部放电数据。从这些数据中提取特征,包括时域特征(指放电脉冲出现的相位,或者利用高速数据采集系统采集到的局部放电的时域脉冲的波形特征)或者统计特征。

　　统计特征是在相域空间上进行分析的。如 q-φ、n-φ、φ-q-n 谱图(n 为放电次数,q 为放电量,φ 为放电相位),即所谓的指纹诊断。还有利用谱图的图像特征,如不对称度 S_k、陡峭度 K_u、互相关系数 C_c 等,甚至可以利用这些图像特征的各种变换结果,作为新的特征量。根据这些特征量构成特征空间,利用某种算法,依据一定规则,将特征空间根据不同的放电模型进行划分,从而形成特征库。

　　第二步是识别过程,对于未知的放电类型,在获取数据和提取特征后,依据同样的规则与已存在的特征库,在限定条件下进行匹配,从而判断出放电的类型。

　　模式识别的过程实际上是信息压缩的过程。模式识别的重点是特征提取(放电指纹的提取)和特征空间划分(识别算法的选择)。划分的方法有最小距离分类法、神经元网络法、支持向量机分类法、结构匹配法、模糊分类、隐式马尔可夫模型等。

　　清华大学根据变压器内部的绝缘结构特征,设计了模拟变压器放电的 5 种试验模型(分别模拟尖-板放电、纸板沿面放电、有屏障的尖板放电、引线放电和分接开关沿面放电)和 3 种模拟空气中放电干扰的模型(空气中悬浮电位放电、空气中尖板放电和瓷套沿面放电),进行了不同情况下模型的放电试验。使用数字化测量装置,取得了各种模型的放电量-相位信息。采用三维谱图提取放电指纹特征,采用三级人工神经网络(artificial netural networks, ANN)来识别不同的放电类型,取得了满意的识别效果[70]。

　　原四川省电力试验研究所则选用高速数据采集系统,对局部放电信号波形进行采集;局部放电的监测频带选为 6kHz～1MHz,采样频率为 20MHz;而后将采到的时域波形,利用快速傅里叶变换后,作幅频特性分析。该研究所试验研究了绝缘油中的多种放电模型(包括油中金属粒悬浮放电、油中悬浮电极放电、受潮绝缘纸板放电和空气中电晕放电等)和一台 220kV、260MV·A 变压器离线测量局部放电信号的幅频特性,初步研究表明,不同类型的放电(包括干扰)其谱图是不同的。危害性较大的故障放电,其含有的低频分量大[71]。

　　除了电信号外,也可对声信号进行特征提取和特征空间划分,进而进行模式识别工作。华北电力大学采集 4 种典型放电模型(尖板模型、气隙模型、沿面放电模型和悬浮电位模型)所产生的声发射波形信号,从中提取分型特征:分维数和空缺率。图 3-59 给出了不同模型的分型特征,可以看出,不同类型的放电,其分型特征具有较明显的差异,运用两级反向传播人工神经网络实现了对不同放电模式的识别[72]。

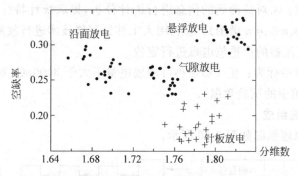

图 3-59　不同模型的分维数和空缺率

3.3.6　局部放电在线监测系统

　　自 20 世纪 90 年代以来,国内的研究机构和高等院校,在变压器局部放电在线监测领域,开展了大量的基础研究工作,研究开发了一些实用的在线监测系统。

　　电力科学研究院高压研究所"八五"攻关项目的成果[73]——PDM2000 型变压器、电抗器局部放电在线监测系统固定式系统,1991 年后,即在葛洲坝电厂两台 500kV 主变和一台 500kV 并联电抗器上试运行。系统采用了差动平衡、计算机逻辑判断等抗干扰措施。DST 型局部放电监测仪则是一种便携式仪器,采用声电联合监测,配备电子示波器显示,以简化系统和降低成本。定位方法是通过不断变换声传感器的位置,使声电信号间的时间差最小,可大致确定放电部位。

　　原电力部武汉高压研究所研制的 JFD-1 型变压器局部放电超声波自动定位系统[63],只用声传感器监测局部放电信号和定位。采用双曲面定位法,需同时监测 4 路或 4 路以上的声信号。仪器提供了 8 个输入通道,使用上更为方便。利用计算机软件可对声信号进行均值处理和频谱分析,以抑制干扰,提高信噪比。

　　原东北电力试验研究院为一台 220kV/120MV·A 变压器研制了一套局部放电在线监测装置[74],采用了带通滤波、差动平衡、极性鉴别等干扰抑制技术,抑制比在 50dB 以上。

　　原四川电力试验研究所研制的大型变压器绝缘故障在线监测系统,在变压器铁芯接地线、套管末屏及中性点接地线上接电流传感器。设计铁芯接地线上的传感器时,采用两种材料组合,使其能同时监测到 50Hz 工频信号和 100kHz 局部放电信号,用两路滤波器将工频信号和局部放电信号分离。当铁芯形成多点接地时,可监测到较大的工频信号;当铁芯绝缘不良放电,或主绝缘有局部放电时,可监测到高频信号。高频信号通过桥路平衡、带通滤波(监测频带为 40kHz～120kHz)、波形展开分析、脉冲幅值和连续性的鉴别等手段来抑制干扰。系统可自动识别故障性质。该装置已在 220kV/90MV·A 变压器上运行。

　　清华大学高电压和绝缘技术研究所在"六五"攻关项目《电力设备局部放电在线监测》研

究成果[75,76]的基础上研究开发的电力设备局部放电在线监测系统,已在国内的许多大型变电站和发电厂投入运行。

下面详细介绍一套典型变压器局部放电在线监测系统。该监测系统基于IEC60270标准脉冲电流法和超声法,具有如下功能:①监测放电产生的脉冲电流信号和超声信号;②监测电信号波形,采用FFT分析放电特征或干扰特性;③针对干扰特点,采用硬件或软件处理技术抑制干扰;④对监测到的信息进行统计分析,提取统计特征,如三维谱图(φ-q-n谱图),二维谱图(q-φ、n-φ、q-n谱图);⑤利用人工神经网络技术进行故障识别;⑥放电信号的阈值报警;⑦对变压器的严重放电点进行定位。

系统的主要技术指标为:变压器最小可测放电量不大于3000pC,变压器超声定位精度为±5cm(实验室油箱中的试验数据)。

1. 放电监测系统组成

放电监测系统原理框图如图3-60所示。

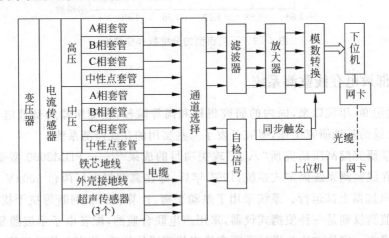

图3-60　放电监测系统原理框图

图3-60中,每台变压器上最多可装10个脉冲电流传感器和3个固定式超声传感器。电流传感器分别串接在220kV侧高压出线套管末屏和中性点套管末屏、110kV侧高压出线套管末屏和中性点套管末屏以及变压器外壳和铁芯接地线(如只有一根接地线)上。另有3个移动式超声传感器,当发现故障时,供精确定位用。户外测量箱由独立的数字温控仪调节温度,使箱内温度一年四季均能维持在10℃～40℃之间。信号采集箱电源由上位机程序控制通断,在定时采样到达之前15min打开电源,采样结束后关闭电源,从而延长信号采集箱的使用寿命。

2. 主要硬件模块原理

1) 脉冲电流传感器

图3-61所示为电流传感器原理框图。

脉冲电流传感器采用铁氧体磁芯绕制而成,传感器3dB带宽为4kHz～1.2MHz,为有源宽带型。前置放大器的放大倍数为1或10,放大倍数选择方式为手动。

2) 超声传感器

图3-62所示为超声传感器原理框图。

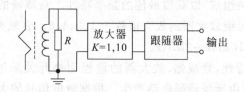

图 3-61　电流传感器原理框图

图 3-62　超声传感器原理框图

超声传感器探头采用锆钛酸压电晶体作为换能元件,其频带为 20kHz~300kHz,放大器增益为 40dB。由于运行中变压器的高频噪声主要是巴克豪森噪声和磁声发射噪声,它们的频率均在 70kHz 以下,故超声传感器 3dB 带宽定为 70kHz~180kHz,以抑制上述噪声和低频振动噪声的干扰。

3）信号隔离单元

图 3-63 所示为隔离单元原理框图。

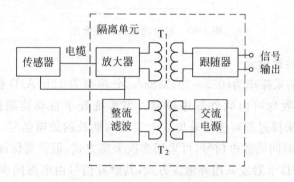

图 3-63　隔离单元电气原理框图

传感器和数据采集装置之间设有隔离单元。这是因为各传感器接地点的电位是不等的(即使只有毫伏数量级的差异),如果直接接入,不同传感器通道的接地线之间将产生干扰电流,从而影响系统的正常工作,严重时系统根本无法工作。本装置采用隔离变压器作为隔离元件,每个传感器配一个隔离单元,隔离单元的放大倍率为 1。

4）衰减器和放大器单元

图 3-64 所示为衰减器、放大器的原理框图。

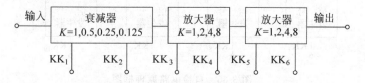

图 3-64　衰减器、放大器原理框图

衰减器采用阻容网络组成,以获得最佳的频率特性。衰减器的衰减倍率为 1、1/2、1/4、1/8。放大器包括 2 级,每级放大器的放大倍数为 1、2、4、8。衰减和放大倍率均可由程序控制。放大器 3dB 带宽为 10kHz～2MHz。

为获得良好的频率特性,衰减器、放大器的量程切换开关采用微型继电器控制。图中"KK"为继电器控制信号,由地址译码电路产生。根据放电信号的大小,由上位机发出相应的控制命令,经传输网络传至下位机,由下位机控制上述电路,将输出信号调整到合适的电平。

5) 组合滤波器单元

根据监测系统安装地点的具体干扰情况,设计了图 3-65 所示的组合滤波器来抑制干扰。组合滤波器包含带通滤波器、带阻滤波器、窄带滤波器、高通滤波器和宽带通道(直通)。

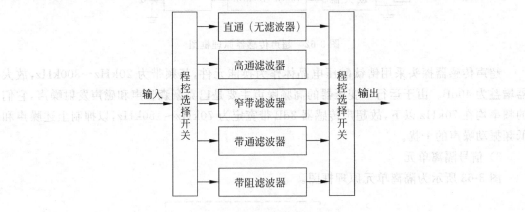

图 3-65 组合滤波器原理框图

6) 模数(A/D)转换单元

A/D 转换单元的采样率为 (0.5～10)MSa/s,分辨率为 12b,A/D 板上高速缓存容量为 4MB/信道。所有参数均可由软件程序控制。当系统处于自动监测模式时,采样率设为 5MSa/s,因此,每次采样过程可连续采集 5 个工频周期长的放电信号。为了提取放电的统计特征,需采集更长时间的放电信号,可采用多次采集方式,但需要保证过零(工频信号的零点)触发的精度。A/D 卡触发采用外触发方式,其触发信号由电源同步电路提供,保证采集的放电信号和电源电压有固定的相位关系。

7) 自检单元

图 3-66 所示为自检电路原理框图。为了定期地检查监测系统硬件电路是否正常,设计了 4 个能产生不同波形的信号电路,分别为锯齿波和具有不同占空比的矩形波。可定期地检查这 4 个信号,通过观察其波形形状和大小判断监测系统是否工作正常。

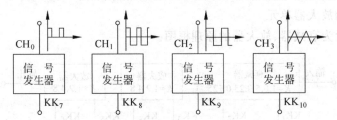

图 3-66 自检电路原理框图

8）数据通信单元

采用百兆光纤以太网进行通信。

3. 监测系统软件

1）系统的软件结构

系统的软件结构如图 3-67 所示。

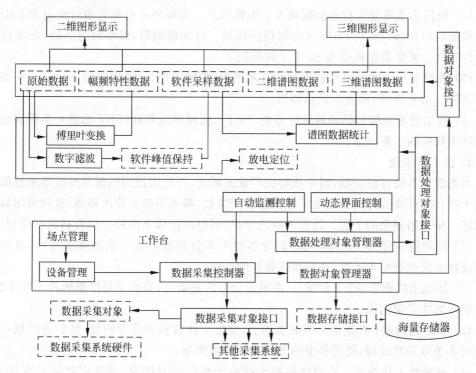

图 3-67 系统的软件总体结构

系统的核心部位是工作台,其中包含了整个系统的关键部件,即数据采集控制器、数据对象管理器和数据处理对象管理器。

数据采集控制器通过数据采集对象接口与数据采集对象通信。数据采集对象是数据采集硬件在软件上的对应物。通过数据采集对象接口,系统可以与不止一个数据采集对象进行连接。这些数据采集对象可以是同一类型的对象,也可以是不同类型的对象。

与数据采集控制器相关的是场点管理和设备管理。场点管理和设备管理记录了系统安装地点的有关信息和设备的容量、类型、铭牌等内容。当比较不同安装地点或不同设备上得到的数据时,场点和设备信息给出了数据的来源并提供了附加的参考信息。

数据对象管理器接收数据采集控制器得到的原始数据后,将数据插入到工作台中。数据处理对象管理器在用户的驱动下,通过数据处理对象接口调度不同的数据处理对象,对数据进行处理并进行图形显示。

动态界面控制根据数据处理对象管理器提供的信息,对用户界面进行动态调整,以及时反馈当前正在处理的数据对象和数据处理过程。

系统目前能进行完善的二维图形显示,采用自动分度、数据提示、图形缩放等技术来提供直观详尽的数据信息。系统还可以用斜二侧投影和正轴侧投影两种方式显示三维数据,采用优化的峰值线法绘制三维图形。

自动监测控制用来完成对设备周期性的自动监测。它控制数据采集系统和数据处理对象管理器进行周期性的数据采集和数据特征量提取，并将特征量保存在数据库以备查询。

2）系统的软件功能

系统的软件功能包括数据采集、数据显示和数据处理。

（1）数据采集可分为自动监测或人工采集方式。采样率在自动监测时固定为 5MSa/s，人工监测时可在 $(0.5\sim10)\,$MSa/s 之间程控选择。自动监测时，以小时为间隔，程序设定定时采样时间。采集数据长度为 25 个工频周期。

（2）数据显示功能可显示放电脉冲时域图形、频域图形、二维谱图（q-φ、n-φ、q-n 谱图）、三维谱图（φ-q-n 谱图）和放电量趋势图。

（3）数据处理功能包括幅频特性分析（FFT）、频域谱线删除（FFT 滤波）、多带通滤波和脉冲性干扰抑制子程序等。

3）抗干扰措施

本系统设有硬件滤波器，对干扰特别严重的场合，可选用适当的硬件滤波器来滤除大部分的干扰。硬件滤波器的缺点是不能随意改变参数，很难适应变化的环境，这时可用软件滤波器进一步抑制剩余的干扰。针对不同的干扰，可以选用以下四种方法分别进行处理。

（1）幅频特性分析（FFT）：用频谱分析技术来分析放电或干扰的频谱特征，进而用数字滤波技术来抑制窄带干扰，这是软件滤波的基础。

（2）频域谱线删除（FFT 滤波）：在频谱分析的基础上，找出干扰严重的若干频率成分，然后在频域中开窗消除。

（3）多带通滤波：在频谱分析的基础上，找出干扰较轻的若干频段，然后在时域中设置相应的多个带通滤波器，使信号中的干扰成分得到抑制。

（4）脉冲性干扰抑制：周期性脉冲干扰由于相位相对固定，通常用时域开窗法去除。脉冲性干扰抑制子程序的设计思路是：首先在采样数据序列中寻找可疑的脉冲，建立此脉冲波形的样板，然后在整个数据序列中比较是否在等间隔的位置有若干（对确定的发电机脉冲数量是一定的）近似的脉冲出现，如符合规律，则视为干扰，可开窗去除。

4）故障诊断

系统除可给出基本的视在放电量 q、放电重复率 n 和放电相位 φ 等特征参数外，还可对放电的模式进行初步识别。对于不同部位和不同强度的放电，其放电波形具有不同的模式。模式识别具有统计特性，需要连续采集几十个乃至几百个工频周期的数据信息。做统计分析时，为减小处理时间，需要对高速采集的数据进行压缩。本系统采用软件峰值保持算法得到降采样率的时域波形，并进一步取得放电 φ、q、n 统计信息。据此，可以得到三维放电 φ-q-n 谱图和二维放电 φ-q、φ-n、q-n 谱图。在三维放电谱图、二维放电谱图的基础上，可进一步提取放电的指纹特征，利用人工神经网络对放电模式进行识别，可以用来区分放电的部位和放电的严重程度。

5）变压器放电点超声定位子程序

变压器油箱器壁装有 3 个固定式超声传感器，用作超声信号的在线监测。在进行放电点的定位时，为了提高定位精度，应利用移动式超声传感器仔细测量，逐步逼近放电点，如此才能获得理想的定位准确度。

　　超声定位子程序采用声、电时延法编制。实际操作时,先通过声强法获得放电的大致区域。在这个区域内建立一个直角坐标系,将三个超声传感器放在变压器油箱的不同位置上,测出三个超声传感器在坐标系的位置坐标。采集三路声信号和一路电信号后,在信号的时域图上,以电信号作为时间起点,测出三个超声传感器的时延。将超声传感器位置坐标和时延代入方程组求解,方程组的解即为放电点的位置。在实验室油箱中试验时,定位准确度为±5cm。

　　荷兰 KEMA 公司将特高频天线插入接近变压器油箱底部的放油阀中(图 3-68),作为传感器来监测变压器局部放电的特高频信号。所选择监测频带为 300MHz~600MHz 或 600MHz~1.2GHz,但带宽选为 40MHz 或 80MHz 的特定频带内以提高信噪比。若在该传感器的对侧放油阀中也安装一传感器,则可用它注入脉冲信号以校验监测系统的灵敏度。系统还设有放电模式的自动诊断系统,包括数据采集、特征提取、分类和参考数据库进行比较并作出诊断等。根据放电量、脉冲次数等参数将放电严重程度分成 4 个等级。在 1998—2002 年间,该公司成功地用该系统对 22kV~400kV 间所有高压变压器进行了监测。图 3-69 是在一台 400kV 变压器上测得的局部放电信号的频谱。图 3-70 是从 110kV/30kV 变压器的三相上测得的局部放电信号[77]。

图 3-68　安装在电力变压器上的
特高频天线

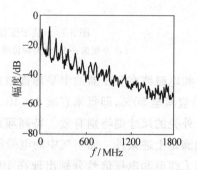

图 3-69　在一台 400kV 变压器上测得
的局部放电信号的频谱

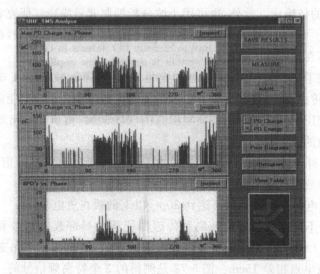

图 3-70　从 110kV/30kV 变压器的三相上测得的局部放电信号

英国 Strathclyde 大学[78]用于电力变压器局部放电监测的特高频传感器则是引用了在 GIS 上用的外部传感器的结构和材料，至今英国有关 GIS 特高频传感器的技术条件已成功地用于电力变压器中。但变压器没有方便的安装位置，故需先在箱盖上焊接一个圆环形凸台，其内外径分别为 170mm 和 265mm，其上安装厚度为 3mm、直径为 265mm 实心的由尼龙制成的介质窗（见图 3-71(a)[79]）以增加其监测灵敏度[80]，介质窗的一面与油接触并与外面密封，另一面安装特高频传感器（见图 3-71(b)[79]），传感器耦合面的直径为 175mm。安装在变压器箱盖上的传感器外形如图 3-71(c)所示[78]。传感器在 500MHz～1500MHz 之间有一宽带的频率响应[78,80]。

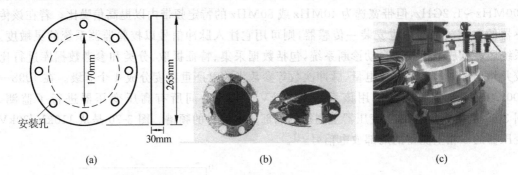

图 3-71   装于变压器外部的特高频传感器
(a) 介质窗；(b) 特高频传感器；(c) 特高频传感器的总体安装图

特高频电磁波在变压器油中呈球面波以光速（3×10^8 m/s）传播，研究发现该电磁波传播 10m 后衰减至 50%，即每米衰减 0.6dB。在金属覆盖的装置内检测局部放电脉冲时，若波长小于外壳的尺寸则特别有效。特高频的低频端波长在 1m 及以下，与变压器的油箱相比完全能满足上述条件。而空气中的电晕放电频率则较低，不易进入油箱而被检测到。在英国模拟无线电和电视信号分别出现在 100MHz 和 600MHz 周围，但这些信号是连续的，而局部放电信号是由很短的非周期性脉冲所组成的，其能量虽小但峰值功率大。当在时域观测时，局部放电特高频信号会清晰地突显在这些连续的模拟信号和一般的背景噪声（白噪声）上而得到良好的信噪比。此外，也可用小波分析抑制背景噪声。研究者认为最需重视的是移动通信装置（主要是手机）的干扰，英国的移动通信频率是 900MHz，在监测频带内。但只要在监测期间不在变压器附近使用手机即可[80]。

研究者还编制了定位软件，与声信号的定位类似，在不同位置安装 3 个或以上的传感器，利用信号到达传感器的不同时延，并引入传播速度矩阵和传播时间矩阵概念进行定位。

对 5 台高压变压器分别进行了特高频检测的现场试验，初步归纳出对变压器进行局部放电的特高频试验的以下特点[81]。

(1) 对变压器外部（例如套管端部空气）电晕放电的干扰有很高的信噪比，只能测到很小的或测不到电晕放电的信号。

(2) 对局部放电的检测灵敏度可达到 20pC 以下的视在放电量。

(3) 利用 3 个不同安装位置的特高频传感器测得的局部放电信号和定位软件对一台 18MV·A、135kV/25kV 单相变压器进行放电源的定位，定位结果和吊芯检查发现的分接头引线处的实际放电点相差 15cm。图 3-72 是测得的 3 个特高频信号的一组时域波形。

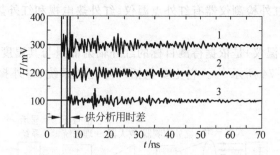

图 3-72　从安装在油盖不同位置的 3 个传感器上测得的局部放电特高频信号

3.4　温度的测量与监测

变压器的工作状态与热有着密切的关系,不同类型的故障(包括接触不良、绝缘劣化或磁路故障)都会以发热升温的形式表现出来,因此对变压器热状态的监测也是至关重要的。目前应用于变压器热状态的检测或在线监测主要包括红外测温和绕组温度监测两种。

3.4.1　红外测温

红外测温是一种非接触式检测技术,它的特点是安全性高,检测准确,能检测出 0.1℃、甚至 0.01℃ 的温差,也能在数毫米大小的目标上检测其温度场的分布。加上它的操作便捷,故而作为众多设备的状态监测与故障诊断的重要组成部分而广泛应用于电力、石化、冶金、铁路等各个领域。红外检测的基本方法分为被动式和主动式两大类:被动式不需对待测目标加热,仅利用待测目标的温度不同于周围的环境温度,即在待测目标与环境的热交换过程中进行检测,电气设备的红外诊断多采用这种方式;主动式则需对待测目标主动加热。红外检测仪器的安装和运行方式有固定式、便携式、车载式和机载式(直升机装载)等多种。红外检测包括设备的日常巡检、定期普测、重点跟踪、检修配合和新设备投运后的基础检测等多个方面。

在变压器的红外测温中,检测部位包括导体连接部位、电缆终端、套管、末屏、油枕油位、本体磁屏蔽等,尤其应重视套管等电压致热型部位。图 3-73 为红外测温发现的由于套管漏油导致的缺陷[82]。

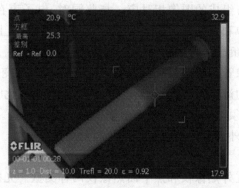

图 3-73　红外测温发现的变压器套管缺油

目前广泛应用的红外检测仪器有红外点温仪、红外热电视和红外热像仪。

1. 红外点温仪

红外点温仪(或测温仪)是依据待测目标的红外辐射能量与其温度具有固定函数关系而制成的,其原理如图 3-74 所示[83]。它主要包括红外光学系统、红外探测器、信号处理系统和显示系统四个部分。

图 3-74　红外点温仪的原理框图

光学系统的功能是收集待测目标发射的红外辐射能量,并把它们汇聚到红外探测器的光敏面上。光学系统的透镜按设计原理可分成反射式、折射式和干涉式三种。红外探测器是决定点温仪性能的关键部件。例如,采用热电堆时,其工作波长为 $2\mu m\sim25\mu m$,测温范围大于$-50℃$,响应时间约为 0.1s,稳定性较高,国内外不少点温仪用它作探测器。若采用热释电红外探测器,则灵敏度高,对光学系统的通光孔径及系统噪声的抑制要求可相对降低。

按测温范围分类,量程在 900℃ 以上为高温点温仪,300℃～900℃ 为中温点温仪,300℃ 以下为低温点温仪。按结构形式可分为便携式和固定式两类。按工作原理的不同可分为单色测温仪、全辐射测温仪和比色测温仪三类。

红外点温仪主要用于设备的日常巡检,同时还与热成像仪器配合工作,故使用频率最高。为此首先要求它体积小、携带方便、操作简单。除了测量准确度、重复性和抗干扰能力要符合要求外,特别要注意距离系数的选择,它必须满足实际测距的要求。

2. 红外热电视

红外热电视的一些性能指标虽不能与热像仪相比,但由于它可在室温下工作而不需致冷,故结构简单、成本低、使用和维修方便。它的性能远远超过了红外点温仪,故作为一种较简单的热成像装置在红外诊断领域中得到了广泛应用。红外热电视的原理框图如图 3-75[84]所示。它的核心器件是红外热释电摄像管(PEV),主要由透镜、靶面和电子枪组成。当目标的红外热辐射经透镜聚集到靶面使其温度发生变化时,就会在垂直于靶面材料的极化轴的晶面上出现极化电荷,若靶面信号板和扫描靶面正好处于垂直极化轴的两个晶面上,当靶面受热强度发生变化时,在靶面上就会产生电位起伏的信号,该信号的大小与待测目标红外辐射能量分布组成的图像相对应。与此同时,电子束在扫描电路的控制下对靶面进行行、帧扫描,从而中和了靶面上生成的电荷,在靶面信号板上的回路中必然产生相应的脉冲电流,该电流流经负载时形成视频信号。

由于红外热释电摄像管的靶面只有在入射的红外热辐射有变化时才有输出,即靶面热电转换的条件不是目标的温度,而是目标温度的变化,温度无变化时就不能形成热像。为获得稳定的目标热图像,必须对接收到的红外热辐射信号进行调制。主要的调制方式有平移调制和斩波调制两种,此外还有回转跟踪和瞬变调制等。

3. 红外热像仪

主要包括光机扫描红外热像仪和焦平面热像仪两种类型。光机扫描红外热像仪的基本原理框图如图 3-76[83]所示。

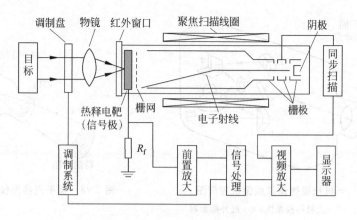

图 3-75　热电视工作原理框图

图 3-76　光机扫描红外热像仪的原理框图

光学系统根据视场大小和像质的要求由不同的红外光学透镜组成,它对待测物体的红外辐射起着接收、汇聚、滤波和聚焦作用。红外探测器在任意瞬间只能探测到称为瞬时视场的待测物体表面的一小部分,此时只要探测器的响应时间足够快,就会立即输出一个与接收的辐射通量成正比的电信号。一般瞬时视场只有零点几或几毫弧度,为使一个具有数十度乘以数十度视场的物体成像,则需要对整个待测物体进行光机扫描。其实质是把物体表面在垂直和水平两个方向按一定规律分成很多小的单元,扫描机构使光学系统对物体表面作二维扫描,即依次扫过各个小单元。在整个扫描过程中,红外探测器在任一瞬间只接收物体表面一个小单元的辐射,探测器的输出是一连串与扫描顺序中各瞬时视场的辐射通量相对应的电信号,就是把空间二维分布的红外辐射信息变成为一维的时序电信号,再经放大、信号处理后转换成视频信号,最终在显示器上组合成为整个物体的表面热图像。此外,还有电源、同步装置、记录装置和图像处理系统等外围辅助设备。

与光机扫描热像仪相比,焦平面热像仪不需要复杂的光机扫描装置,它的红外探测器呈二维平面状,自身具有电子自扫描功能。与照相原理一样,待测目标的红外辐射只需通过物镜,待测目标就将成像在红外探测器的阵列平面上。从图 3-77 和图 3-78 可明显地看出这两种热像仪不同的成像机理。

根据正常状态下设备的发热规律及其表面温度场的分布和温升状况,即设备的基础热像,结合设备结构及传热途径,进一步分析设备在各种故障状态下的热像及温升,再结合其他检测结果,就能较好地诊断出设备有何故障及故障点和故障类型。

红外诊断电气设备的基本方法和判据是温度,即温度判断法,可对显示温度过高的部位根据国家标准 GB/T 11022—2011[85] 中的有关规定进行诊断,它可用来判定部分设备的故障情况。有时由于设备负荷不同和环境温度不同会影响红外诊断的结果。例如,当环境温度低,尤其是负荷电流小时,设备的温度值虽未超过国家标准的规定值,但大量事实证明,往往在负荷增长或环境温度上升后,会引发设备事故。为此,对电流型设备还可采用相对温差

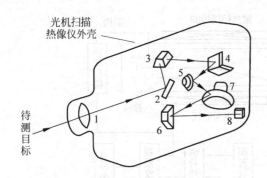

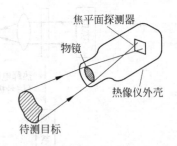

图 3-77　光机扫描热像仪成像机理简图　　　　　　图 3-78　焦平面热像仪成像机理简图
1—物镜；2～7—光机扫描系统；8—红外探测器

法来诊断故障，它是两台设备状况（型号、安装地点、环境温度、表面状况和负荷电流等）相同或基本相同的两个对应测点之间的温差与其中较热测点温升的比值的百分数。其表达式为

$$\delta_t = \frac{\tau_1 - \tau_2}{\tau_1} \times 100\% = \frac{T_1 - T_2}{T_1 - T_0} \times 100\% \tag{3-27}$$

式中：τ_1、T_1 分别为发热点的温升和温度；τ_2、T_2 分别为正常设备对应点的温升和温度；T_0 为环境温度。通常当 $\delta_t > 35\%$ 时，即可诊断该设备有缺陷。相对温差法是一种横向比较法，即通过同类设备（包括不同相的同类设备）的比较来进行故障诊断。还可采用纵向比较法，它是指将检测结果与同一设备的基础红外热像图谱或原始的红外检测数据、不同时期的红外检测结果（包括温度、温升、温度场的分布）进行比较分析，掌握设备发热的变化趋势。为此应建立红外检测结果的档案，故此法又称为档案分析法。同时还应参考其他检测结果，如气相色谱及介质损耗等的变化情况，进行综合诊断。

3.4.2　变压器绕组热点温度监测

变压器绝缘的老化取决于变压器绕组内部的热点温度，两者是指数关系，固体绝缘材料因热劣化影响其使用寿命，一般可用下式表示寿命和温度的关系：

$$\log L = \frac{E}{RT} + \log K \tag{3-28}$$

式中：L 为寿命；T 为温度；R 为气体常数；E 为活化能；K 为热劣化化学反应常数。其中，K、E 要通过大量试验研究得到。

变压器绕组上或绕组内的温度往往是最高点，称为热点温度。一般常用的热电偶和电阻式温度计只能监测变压器的稳态油温，而不能监测绕组上的热点温度。目前确定热点温度的办法是监测变压器的某些热参数并使用一个热计算模型来计算热点温度，进而估计变压器的绝缘状况和寿命期望值。由此需要监测的内容包括：顶层油温、底层油温、环境温度、变压器负载系数以及风扇、油泵的运行状态[86]。

光纤测温能实时直接地测量绕组热点温度，通过光纤传感探头直接进行变压器绕组及油温的测量，可解决变压器所配置绕组温度计温度测量不准及难反映出绕组或饼间油道温度快速变化的问题。进行光纤测量布点位置的选择时，考虑到变压器线圈的重要性，应选择高中压线圈进行监测，测量变压器内部高中压绕组（三相）的绕组热点温度，同时考虑顶层油温及温升的分析,对变压器箱体内顶层和底层油温进行测量,故共选择 8 个点进行测量,其中 6 只测量绕组热点温度,1 只测量变压器顶层油温,1 只测量变压器底层油温。光纤探头安放在高中压线圈上部,考虑到变压器漏磁等影响,测点一般选择在靠近变压器箱壁的位置。图 3-79 是在一台 220kV 变压器上的光纤测温点的安装位置[87]。

光纤包括荧光式光纤、半导体光纤和光学光栅(fiber bragg grating,FBG)光纤等几种类型。

荧光式光纤的测温原理是在光纤末端加入荧光物质,通过测量荧光物质中的光强衰减时间,换算出测量点温度。由于衰减时间常数是通过荧光物质受激辐射后的光强测量换算得来的,而光强受光纤弯曲、光纤接头和法兰接头等光损耗,以及荧光物质、封装胶质长时间受热老化等因素的影响,因此该测温技术的温度数值计算会存在误差。

图 3-79　一台 220kV 变压器上光纤测温点的安装位置

半导体光纤的测温原理是在光纤末端加入砷化镓晶体,通过检测砷化镓晶体反射回来光的频谱,从而换算出测量点的温度。在实际操作过程中,光路的变化(光缆的重新布置,传感器的重新焊接)、传感器封装差异、封装胶质的老化等因素会严重影响该测温技术测温的准确性,需要重新标定来保证测量的准确性。

光学光栅光纤的测温原理是在光纤上制作布拉格光栅,当光源发出的光到达光栅时,光栅将特定波长的光反射回去,反射光的波长与温度具有优异的线性关系,通过测量光学光栅反射回光的波长即可换算出测量点的温度。

光学光栅通过物理加工方式在光纤上制作,只反射特定波长,其不受外界电磁场、化学物质、光功率、光路的变化(光缆的重新布置、传感器的重新焊接)、传感器封装差异、封装材质的老化等因素的影响;不产生零点漂移,无需定期零点标定;单位长度上信号衰减小,可实现长距离测点集中监控;可实现点监测,亦可以串联的方式实现多点分布式测量;尺寸小(不大于 10mm);寿命长(一般 20 年以上)。通过上述测温技术的对比,同时考虑到油浸式变压器自身技术特点,光学光栅光纤测温技术相对于传统的变压器绕组测温技术具有更好的实用性,非常适合油浸式变压器绕组及油温的实时在线监测[88]。图 3-80 是光纤温度传感器的安装示意图,图 3-81 是采用该系统测得的绕组最热点、顶层油温和负荷曲线。

为达到实时在线测量变压器绕组真实温度的目的,试验研制了一种光纤光栅传感器埋入式封装的扁铜线。在变压器使用的常规扁铜线的宽面中央设计一定尺寸的浅槽,在铜扁线包纸过程中,采用引导装置将光纤引入铜扁线所开设的小槽中,然后包绕绝缘纸制成这种

图 3-80 光纤温度传感器安装示意图

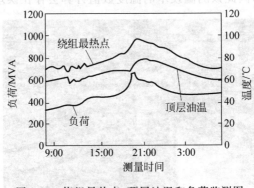

图 3-81 绕组最热点、顶层油温和负荷监测图

具有测温功能的电磁线,如图 3-82 所示。在电磁线两端预留一定长度的光纤尾纤,用于引出传感信号[89]。

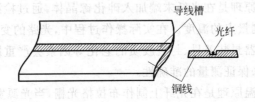

图 3-82 光纤光栅传感器埋入式封装电磁线示意图

3.5 含水量的监测

变压器受潮进水情况可通过测定油中微量水分来检测和诊断。检测方法有两种:一种是像离线的油中气体色谱分析一样,取油样送电力试验研究所或其他实验室用库仑法等传统方法测定;另一种更简便的方法是使用便携式水分分析仪,在现场测定油中微水含量。国家标准规定,一般油中微水含量正常值为 $10 \times 10^{-6} \sim 40 \times 10^{-6}$ [90]。例如,美国的 Aquatest 8 型水分分析仪将油样和相应的化学试剂放在测试杯中经搅拌后,数码管可直接显示出油的质量和油中水分含量。

在线监测变压器油中的含水量通常使用电容型湿敏传感器。一般湿敏传感器都用于测量气体介质中的含水量,因为变压器油的运行温度比气体介质要高,一般在 80℃ 左右,故要连续在线监测变压器油中的含水量,则需选用耐高温,且在变压器油中能稳定工作的湿敏传感器。

图 3-83 是一种名为 Humicap 的耐高温聚合物薄膜传感器的结构示意图[91]。它由一个上电极和一个下电极固定在玻璃垫上组成。它是利用耐高温聚合物薄膜在充分吸水后,其介电常数会提高的原理,来测定油中的含水量。

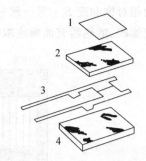

图 3-83　聚合物薄膜湿敏传感器
1—上电极；2—聚合物薄膜层；
3—下电极；4—支撑玻璃垫

传感器的感湿特征量是电容量 C_p,输出已转换成电流值 I(mA)。传感器在油中测量的是用百分数(%)表示的含水量的相对饱和值 S_r。当 S_r 在 $0\sim100\%$ 范围内时,对应的输出电流 I 的变化范围为 4mA~20mA。两者呈线性关系,与温度无关。若以 H 表示油中含水量(以 10^{-6} 计),S 表示相同温度下油中含水量的饱和值(以 10^{-6} 计),则 $H=SS_r/100$。

通过换算可将 S_r 转化为 H 值,得到 I 和 H 间的线性关系,如图 3-84 所示。它与温度有关,因为温度高时,油中水的溶解度也高,同样电流值下的含水量就高。

聚酰亚胺是一种耐热性非常好的湿敏材料,具有一个高度芳香化结构[92],在 $-200℃\sim$ $+400℃$ 都有稳定的物理、化学性质,具有较强的抗化学腐蚀性,能很好地适应变压器的热油环境。聚酰亚胺的分子结构中含有酰亚胺环,具有一定的吸湿性,且吸水后其相对介电常数发生相应变化,利用介电常数与含水量相关的原理可制成电容式湿度传感器。这类聚酰亚胺湿度传感器有较好的长期稳定性,几乎没有湿滞,而且温度系数也很小[93]。

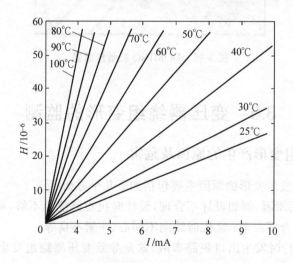

图 3-84　湿敏传感器输出电流与油中含水量关系

图 3-85 是美国某公司对 500kV 变压器油中含水量在线监测的原理框图。传感器需安装在流动的油路中,如安装在不流动的油中,传感器含水量达到平衡要几小时甚至更长,而在缓慢搅动的油中响应时间仅为 6min[91]。

近年来,已有多家公司正式生产出用于在线监测变压器油中含水量的湿敏传感器,可直接监测出油中含水量。美国 Doble 公司出品的 DOMINO 湿敏传感器还可同时测量监测点的油温,测量范围为 $-40℃\sim+180℃$,测含水量的输出电流的范围为 0~20mA 或 0~10V,其外形如图 3-86 所示。装置分成两部分:一部分是监测和显示电路,可显示油温和油中水

分的相对饱和度 S_r；另一部分是装有传感器的探头，可将其安装在变压器的底部排油阀、顶部充油阀、散热器充油阀或取油样口等处。

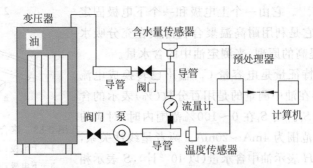

图 3-85 变压器含水量在线监测原理框图

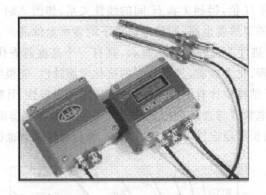

图 3-86 DOMINO 湿敏传感器

3.6 变压器绕组变形的监测

3.6.1 变压器绕组变形产生的原因及危害

引起变压器绕组发生变形的原因主要包括如下几个方面[94]。

(1) 设计、制造的原因，例如设计不合理，设计时抗短路能力不够，动稳定性较差；制造过程中存在缺陷或不合理因素；装配时线圈不同心、压紧不良等。

(2) 变压器在运行时发生出口短路事故，这是导致变压器绕组发生变形的最重要和最主要的外部原因。

(3) 变压器在运输中的冲击。

变压器绕组变形是指绕组的尺寸或形状发生的不可逆的变化，主要表现为：①在径向上外绕组伸长、内绕组直径变小；②在轴向上的压缩和坍塌；③发生对称的弯曲变形；④发生不对称的曲翘变形；⑤器身位移，绕组扭曲、鼓包和匝间短路。图 3-87 是一台发生了严重变形的 110kV 变压器绕组[95]，该变压器在中压绕组 A、B 两相发生出口短路故障后，断路器重合成功后，变压器内部发生了电弧性放电故障。事故分析原因为：由于变压器在设计、材料、工艺、制造等诸多方面存在缺陷，造成变压器自身抗短路能力差，在多次连续短路电流的冲击下，产生的电动力使 A 相绕组发生了严重的辐向变形；同时，该绕组在辐向力和轴向力的作用下,其上部内侧绕组导线间及与中低压间的绝缘撑条间发生挤压与摩擦,使 4 根导线被撑断,发生电弧放电击穿,造成变压器轻、重瓦斯动作,变压器损坏。

图 3-87　发生了严重变形的变压器解体照片

有关变压器的历年统计资料表明,绕组是发生故障较多的部件。绕组变形量累计到一定程度时,变压器运行就会出现异常,因此对变压器绕组变形进行监测非常必要。

3.6.2　离线监测方法

变压器绕组变形的离线监测主要包括短路阻抗测量法、频响分析法、低压脉冲法和径向漏磁场测量法[94]。

1. 短路阻抗测量法

绕组的机械变形和位移会导致漏磁场的变化,通过测量变压器短路前后电抗的变化可以反映绕组的状况。适用于短路强度试验时和现场试验中。有明确的判据,但灵敏度不如频响分析法和低压脉冲法。

2. 频响分析法

利用绕组变形前后的电容、电感等值网络的变化,通过正弦波扫频,测量绕组的传递函数以反映绕组的状况。具有很高的灵敏度,重复性好,但尚无明确的定量判断标准。适用于实验室、制造厂和现场。

3. 低压脉冲法

利用绕组变形前后的电容、电感等值网络的变化,通过输入微秒数量级的低压信号,测量绕组的冲激响应以反映绕组的状况。灵敏度高,在区分变形类别与变形定位方面含有更多的信息,但在间隔时间较长时重复性不好。适用于实验室、制造厂和现场。

4. 径向漏磁场测试法

绕组的机械变形导致漏磁场的径向分量发生很大变化,通过测量径向漏磁通可以反映绕组的位移。有一定的灵敏度,但需要吊芯两次才能完成测试。适用于变压器设计阶段,不适用现场。

3.6.3　在线监测方法

变压器绕组变形的在线监测包括短路阻抗法、振动法、脉冲信号注入法、电流偏差系数法等。

1. 短路阻抗在线测量法

以图 3-88 所示的单相双绕组变压器为对象进行分析。图中：TV1、TV2 为变压器一、二次侧所接电压互感器；TA1、TA2 为电流互感器；Z_1、R_1 和 X_1 分别一次侧阻抗、电阻和电抗；Z_{12}、R_{12} 和 X_{12} 分别二次侧阻抗、电阻和电抗在一次侧的折算值；Z_{10}、R_{10}、X_{10} 分别为激磁阻抗、电阻和电抗；E_1 为一次侧感应电动势；U_1 为一次侧输入电压；U_2 为二次侧输出电压；U_{12} 为二次侧输出电压在一次侧的折算值；I_1 为一次侧入端电流；I_2 为二次侧出端电流；I_{12} 为 I_2 在一次侧折算值；I_{10} 为激磁电流；I_1^0 为变压器一次侧电流互感器输出电流；I_2^0 为变压器二次侧电流互感器输出电流；U_1^0 为变压器一次侧电压互感器输出电压；U_2^0 为变压器二次侧电压互感器输出电压[96]。

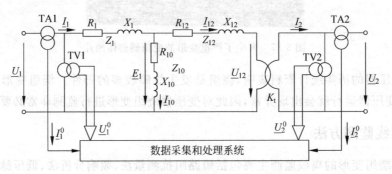

图 3-88   变压器短路电抗在线测量等效电路图

由图 3-88 可知，短路电抗为

$$X_{sh} = X_1 + X_{12}$$

分析时有两项基本假定：①在运行中变压器的激磁电流不变化；②在运行中电流和电压互感器的误差不变化。经推导，可得短路电抗表达式为

$$X_{sh} = (Z_1 + Z_{12})\sin\varphi_{sh} = \left| K_{TV2} K_t \left(\frac{U_1}{K_{TV1} K_{TJ}} - \frac{U_2}{K_{TV2}} \right) \middle/ I_{12} \right| \sin\varphi_{sh}$$

$$= \left| K_{TV2} K_t K_t K_{TA2} \left(\frac{U_1^0}{K_{TJ}} - U_2^0 \right) \middle/ I_2^0 \right| \sin\varphi_{sh}$$

式中：φ_{sh} 为电压向量差 $\left(\frac{U_1}{K_{TV1} K_{TJ}} - \frac{U_2}{K_{TV2}} \right)$ 和 I_2 的夹角；K_{TJ} 为调节系数，目的是补偿激磁电流在一次侧阻抗上的电压降。通过 U_1、U_2 和 I_{12} 的测量可求得短路电抗值。

2. 振动法

绕组的振动是由于线圈中的电流在漏感的影响下相互作用产生电动力而引起的，绕组中漏磁场一般可分解为轴向漏磁和辐向漏磁。轴向漏磁在绕组中产生辐向张力 F_r，辐向漏磁产生轴向压力 F_b。绕组受辐向张力互相排斥，使外绕组向外扩张，内绕组向内压缩；轴向压力使内外绕组同时受到两端向中部的轴向压力。当绕组内部出现机械形变时，虽然负载电流未发生变化，但形变对应位置的漏磁场将发生改变，从而造成变压器振动信息也发生变化，因此开展振动检测能够发现绕组机械状态的变化[97-99]。

图 3-89 为用加速度传感器分别在正常运行的变压器和设置了绕组变形故障的同一台变压器上监测到的振动信号频谱。可以看出，变压器绕组正常状态时，基频分量幅值最大，

为主要频率分量,说明绕组振动是由负载电流流经绕组产生电动力引起的,且其振动基频为负载电流基频的 2 倍。而对于故障变压器,除 100Hz 分量变化外,在变压器油箱表面,50Hz、150Hz 和 200Hz 分量的幅值均发生了变化[100]。

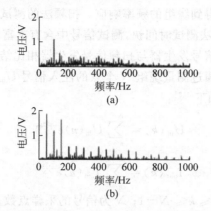

图 3-89　正常运行和设置了绕组变形故障变压器上采集的振动信号频谱
(a) 正常;(b) 设置了绕组故障

应用振动法诊断绕组或铁芯故障的判据如下[94]。

(1) 在振动信号的幅频特性曲线上,相对于正常状态下的振动信号,若出现一些高频分量,则认为绕组或铁芯可能存在故障。

(2) 与正常状态下的振动信号主频幅值 A_{norm} 比较,得到系数 $K=A_{norm}/A_{monit}$。若 $K \geqslant 0.9$,则绕组或铁芯没有故障,压紧状况很好;若 $0.8 \leqslant K < 0.9$,则绕组或铁芯状况较为良好,但应引起注意;若 $K < 0.8$,则绕组或铁芯发生了故障,应及时退出运行,安排检修。

3. 脉冲信号注入法

变压器绕组在大功率高频脉冲信号的作用下,考虑频变参数,绕组的等效电路模型如图 3-90 所示[101]。其中,U_s 为信号源,R_s 为信号源阻抗,R_0 为匹配阻抗,I_{out} 为响应电流,L 为绕组导线电感和匝间互感,R 为各匝导线电阻,K 为饼间电容和匝间电容,C_g 是线匝对铁芯和外壳的对地电容,G 是绝缘漏导,n 为集总参数单元个数,$M_{m,n}$ 是饼间互感。对于确定的变压器,其传递函数 $H(j\omega)$ 的极点和零点分布与网络内部的元件参数密切相关。绕组发生局部机械变形后其内部的电感、电容等分布参数必然发生相对变化,绕组的传递函数也会相应变化,即网络的频率响应特性发生变化。

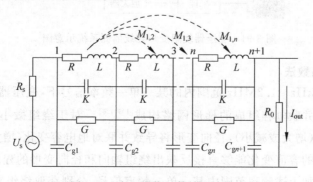

图 3-90　变压器绕组等效电路模型

因采用信号的注入方式不同,测量绕组频率响应的分析方法主要有两种:一种是向被试变压器绕组的一端注入脉冲信号,同时记录该参考信号和另一端的响应信号,通过时频变换的计算得到被试变压器绕组的传递函数即频响特性;另一种是向被试变压器绕组注入稳定的正弦波扫频信号,从而得到绕组的频率响应。扫频法的测试速度慢,在测试过程中更容易受到外界干扰;脉冲注入法测试时间快,测试信号中含有丰富的高频分量,更利于监测绕组的微小变形。另外,脉冲信号发生器与扫频信号发生器相比结构简单、成本低[102]。

在脉冲信号的作用下,通过测量绕组 N 个点的注入信号 $U_{in}(n)$ 和响应信号 $I_{out}(n)$,经 FFT 转换为幅频特性曲线如下[103]:

$$U_{in}(k) = \sum_{n=0}^{N-1} U_{in}(n)e^{-j\frac{2\pi}{N}kn} \tag{3-29}$$

$$I_{out}(k) = \sum_{n=0}^{N-1} I_{out}(n)e^{-j\frac{2\pi}{N}kn} \tag{3-30}$$

式中: $n=0,1,\cdots,N-1$; $0 \leqslant k \leqslant N-1$; N 为信号的采样点数。最后由式(3-31)计算出变压器绕组频率响应曲线为

$$H(f) = 20\log(I_{out}(f)/U_{in}(f)) \tag{3-31}$$

脉冲信号的在线注入是实现绕组变形在线监测的关键环节。由于变压器在线运行时与高压母线直接连接,监测系统与其相连是一件复杂的工作。可通过安装在变压器套管表面的无创电容传感器(non-invasive capacitive sensor,NICS)注入测试脉冲信号[102,104]。采用该方法的在线监测系统示意图如图 3-91 所示[102]。

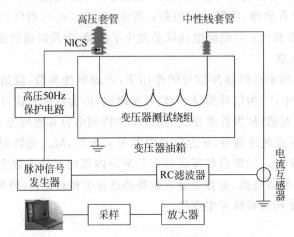

图 3-91 变压器绕组变形在线监测系统示意图

4. 电流偏差系数法

研究表明,600kHz~1.2MHz 范围内的某一单一频率信号下,变压器的绕组呈容性,并且可由串联电容和并联电容组成的梯形网络构成[105,106]。对于绕组微小变形,轴向位移将导致串联电容变化(增大或减小),径向变形将导致并联对地电容变化(增大或减小),因而串联电容和并联电容的容值变化能够直接反映出绕组轴向和径向变形的程度[107]。

在绕组首端施加上述频率范围内某一单一频率信号,分别获取绕组首端的激励信号电流值和绕组末端的响应信号电流值,定义电流偏差系数(current deviation coefficient,CDC)

如下[108]：

$$CDC = \frac{I_{1H} - I'_{1H}}{I_{2H} - I'_{2H}} \tag{3-32}$$

式中：I_{1H} 和 I_{2H} 分别是绕组健康状态时施加高频信号后的首末两端的电流；I'_{1H} 和 I'_{2H} 分别是绕组变形后施加高频信号后的首末两端的电流。CDC 值与串联电容或并联电容的改变量无关，只与电容所处的位置有关，因而能够根据 CDC 值进行绕组变形故障定位[106]。此外，轴向位移导致串联电容变化，此时 CDC 值总是正的；径向变形导致并联电容变化，此时 CDC 值总是负的。所以根据 CDC 值亦可以判断绕组变形的类型。对于复杂变形，既有轴向变形，又有径向变形，此时 CDC 值的正负情况反映的是起主要变形作用的类型。

高频信号采用 NICS 进行注入，采用锰锌铁氧体材料制作的高频电流传感器来测量绕组首末两端的激励和响应信号，其灵敏度在 400kHz～2MHz 的范围内超过了 80mV/mA。

判断变压器绕组是否发生变形，依据绕组首末两端的高频信号电流值与故障前得到的值进行对比。定义电流偏移量为

$$I\% = \left| \frac{I_2 - I_1}{I_1} \times 100\% \right| \tag{3-33}$$

式中：I_1 为变压器在线运行且绕组健康状态时绕组首端或末端高频信号电流；I_2 为变压器在线运行时实时采集的绕组首端或末端高频信号电流，且 I_1 和 I_2 须为同一位置的电流。依据电流偏移量可判断绕组的变形程度，见表 3-23。

表 3-23 绕组变形程度判断

变形程度	没有变形	轻度变形	中度变形	重度变形
$I\%$	$[0,1\%)$	$[1\%,2\%)$	$[2\%,4\%]$	$[5\%,+\infty)$

3.7 变压器有载分接开关的监测

有载分接开关（on-load tap change,OLTC）是有载调压变压器完成有载调压的核心部件，作为变压器中唯一在高电压和大电流下快速运行的部件，随着调压次数的增多，其操作不良和事故率也相应增加，OLTC 故障在有载调压变压器总故障中所占的比例居高不下，有资料显示高达 41%[109]。

分接开关在线监测包括油中溶解气体、绝缘、机械性能和电气性能等方面。本节主要讨论 OLTC 机械性能的监测方法，目前主要包括转动力矩、驱动电动机旋转角度、电动机驱动电流和振动信号。

3.7.1 转动力矩

弹簧储能过程是分接开关动作中的关键一环。当储能弹簧性能改变或储能过程中存在机构卡涩时，必然伴随传动轴驱动扭矩的变化。研究结果表明，在线监测分接开关传动过程中的扭矩变化对发现和预防分接开关故障是十分有益的。

扭矩传感器的测量依据是电阻应变桥原理，即将专用的测扭应变片用应变胶粘贴在被测弹性轴上以组成应变电桥，向应变电桥提供电源即可测得该弹性轴受扭的电信号。将该

应变信号放大后,经过压-频转换,变成与扭应变成正比的频率信号。图 3-92 为圆锥齿轮正常和磨损情况下的扭矩曲线对比图。启动时突变过程中的抖动程度明显增强。磨损情况下扭矩曲线的增长速率较正常时变大,最大扭矩从 11N·m 增大为 19N·m,最大扭矩时的转动角从 120°前移,整个扭矩曲线的最大变化特征为幅值增强,在完成切换过程时总切换时间变化不大[110]。

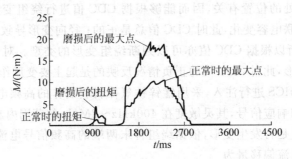

图 3-92 圆锥齿轮扭矩曲线

3.7.2 驱动电动机旋转角度

该方法基于磁阻式无触点角度传感器,通过直接测量驱动电动机的旋转角度,间接反映分接开关操作过程中电动机驱动力矩的变化,从而为分接开关电动机构动态机械特性的监测与诊断提供一个有效依据[109]。

旋转角度传感器将分接开关驱动电动机主轴的机械旋转运动变换为电信号输出,其输出电压随旋转角度变化表现为周期性正弦波,可以写作

$$u = u_m \sin[\theta(t) + \theta_0] + u_0 \tag{3-34}$$

式中:u_0 为角度传感器位于平衡位置的输出电压,即直流分量;u_m 为交流分量幅值;θ_0 为初始位置角度;$\theta(t)$ 为随时间变化的旋转角度。

对式(3-34)两端求一阶微分可得

$$du/d\theta(t) = u_m \cos[\theta(t) + \theta_0] + d\theta(t)/dt \tag{3-35}$$

由于信号的角频率 $\omega = d\theta(t)/dt$,因此有

$$du/dt = \omega u_m \cos[\theta(t) + \theta_0] \tag{3-36}$$

当分接开关的驱动机构某处发生卡涩等机械故障时,主传动轴的转速(角频率)必然发生变化。由式(3-36)可知,当角频率发生变化时,角度传感器输出电压的一阶微分信号将在幅值上发生较大的变化。因此,可通过监测角度传感器输出电压的一阶微分信号,对驱动系统主传动轴的转速特性进行实时跟踪,并获得较高灵敏度。

3.7.3 电动机驱动电流

正常的分接开关动作时,有载分接开关的阻力一定,对驱动电动机的电流来说负载就比较恒定。在分接开关有机械卡塞等类似故障时,由于电动机与分接开关采用硬连接,驱动电动机的电流势必增加。监测驱动电动机的电流即可在监测电机状态同时监测分接开关是否有如卡涩等类型的故障。具体做法是在驱动电动机的输出端导线上安装电流传感器,用以监测驱动电动机输出电流的变化,通过信号处理算法或数学工具分析所监测的电流信号,以

此作为评估分接开关工作状态的依据。

3.7.4 振动信号

振动信号法是利用振动加速度传感器,非介入性地监测有载调压开关操作过程中的机械振动信号,获得 OLTC 的状态信息和工作模式,从而对其状态进行判断的方法。该方法是近年来监测有载分接开关的最新手段,有良好的应用前景。

由于 OLTC 的操作过程包含一系列的动作事件,其中含有丰富的振动指纹,记录 OLTC 运行时的各种振动信号。通过与振动指纹的对比,可监测出分接开关切换时间变化、弹簧弹性下降、触头磨损、相位同步误差和电弧等故障,从而诊断出分接开关是处于正常状态,还是出现磨损或发生故障。

振动信号的获取通常是采用压电式加速度传感器,通过在接近于 OLTC 的变压器外壳处和 OLTC 油室的顶部上选择适当的测试位置和传感器安装方向,采集时域及频域振动信号并转换为成正比的电压信号。图 3-93 为振动传感器的安装图。

图 3-93　振动传感器安装图

3.8　变压器寿命的预测

各种参数的监测虽能发现变压器的故障,但不能与寿命直接联系。因为绝缘寿命主要决定于绝缘纸板的寿命,绝缘纸的老化劣变会产生特征气体 CO 和 CO_2,但是绝缘油氧化分解时也会产生这些气体,故用油中气体的气相色谱分析无法得到固体绝缘老化程度的明确结论。目前趋向于通过测定纸板的平均聚合度 n 来推测其剩余寿命,因为纸和纸板的老化首先反映为其机械强度的下降,因此用 n 作为老化的判据。日本电力发展公司为推测水电站中已运行了 30 年的主变压器的剩余寿命,提出了用 n 来估算剩余寿命的回归方程[111],即

$$\frac{n_R}{n_0} = (1-r)^L \tag{3-37}$$

式中:n_R 为绕组上最高温度点的平均聚合度估计值;n_0 为平均聚合度起始值,取 2000 或 1100;L 为年数;r 为常数。寿命和平均聚合度 n_R 成反比关系,运行时间越长,n_R 越小。确定平均聚合度的临界值为 500,对重要设备可取得更低。当平均聚合度为 500 时,剩余的抗张强度为 70%,延伸率为 50%,撕裂强度为 50%,弯曲破裂为 10%。

从变压器取样实测绕组最高温度点的平均聚合度及其 90% 的置信区间,并和临界值进

行比较,由式(3-37)和已运行的年份来估算剩余寿命。测定聚合度是一种比较可靠的确定老化的手段,但局限性是必须停电、吊罩,以便取得纸样。

当绝缘纸劣化时,构成纤维素大分子的葡萄糖聚合物由于受热、水解或氧化而解聚,生成葡萄糖单糖,它很不稳定,容易水解而产生一系列氧杂环化合物。而糠醛则是绝缘纸中纤维素大分子解聚后形成的一种主要氧杂环化合物,它溶解于变压器油中,可以被高效液相色谱仪定量测出。这样只需抽取变压器油样,测定其糠醛含量即可判断变压器的老化程度,比之直接测定平均聚合度要容易实现。

电力科学研究院对变压器油纸绝缘系统在实验室进行了热老化的模拟试验,得到了油中糠醛含量与绝缘纸聚合度的关系如下[112]:

$$\log F = 1.51 - 0.0035n \tag{3-38}$$

式中: F 为油中糠醛含量均值,mg/L; n 为平均聚合度。由回归分析可计算相关系数 R,R 表示 $\log F$ 和 n 之间线性相关程度,其值在 $0\sim1$ 之间。$R=1$ 为完全相关,$R=0$ 为完全不相关。令 $R=0.9657$,即 n 和 $\log F$ 间有很好的线性关系。虽然运行中变压器绝缘老化情况远比模拟试验情况复杂,但当变压器属于整体老化时,仍可用式(3-38)近似估计绝缘纸的平均聚合度,从而得知整体绝缘老化程度。例如将 $F=0.5$mg/L 代入,得 $n=517$,认为变压器的整体绝缘水平处于寿命中期;若将 $F=4$mg/L 代入,得 $n=259$,则可近似估计变压器处于寿命晚期。

为研究运行时间 t 和绝缘老化 F 之间的统计关系,实测了运行负荷变化不是很大的电厂升压变压器的油中糠醛含量,共 77 台(电压等级为 110kV~500kV,容量为 10MV·A~360MV·A),经回归分析后,得方程

$$\log F = -1.83 - 0.058t \tag{3-39}$$

或

$$F = \exp(-4.21 + 0.13t) \tag{3-40}$$

式中: t 为设备运行时间,a;相关系数 $R=0.7075$,可见 t 和 $\log F$ 之间有较好的线性关系。将糠醛含量的实测值 F_i 作为样本,由式(3-39)可算得其剩余标准差 $b=1.2945$,按 F_i 作正态分布,计算其 99% 的置信区间的代表上、下限的两个线性方程。其一为

$$\log F_1 = -1.29 + 0.058t \tag{3-41}$$

或

$$F_1 = \exp(-2.97 + 0.13t) \tag{3-42}$$

其二为

$$\log F_2 = -2.37 + 0.058t \tag{3-43}$$

或

$$F_2 = \exp(-5.45 + 0.13t) \tag{3-44}$$

这批变压器的油中糠醛含量的实测值应基本包括在这两条直线之间(见图 3-94),为此,称区域 $[F_1, F_2]$ 为变压器的正常老化区;区域 $[F_1, \infty]$ 为非正常老化区;区域 $[0, F_2]$ 为缓和老化区。77 台升压主变压器中,11 台位于非正常老化区,占 14.3%;55 台位于正常老化区,占 71.4%,11 台位于缓慢老化区,占 14.3%。又对 212 台 110kV~500kV 的变电站变压器油中糠醛含量进行了普测,将数据和式(3-41)及式(3-43)作比较,其中 21 台位于非正常老化区,占 10%;121 台位于正常老化区,占 57%;70 台位于缓慢老化区,占 33%。其

实测值分布在电厂升压变压器各老化区域的稍下方,这是因为变电站变压器的平均负荷较低,故绝缘老化速度低于电厂的升压变压器。

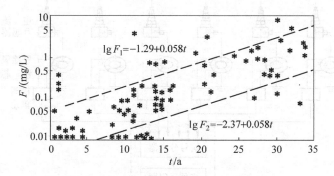

图 3-94 变压器油中糠醛含量与运行时间关系

故可根据式(3-41)及式(3-43)大致估计变压器绝缘的老化速度,按式(3-37),由平均聚合度的数值判断绝缘老化程度,二者结合起来即可大致预测变压器的剩余寿命。将平均聚合度的临界值定为 250,认为此时纸已丧失应有的机械强度,很容易发生匝间短路,不能保证安全运行,应考虑更换变压器。

3.9 电抗器和互感器的在线监测

电抗器的基本结构与变压器类似,只是电抗器只有一个绕组,故变压器的在线监测项目和内容均适用于电抗器。互感器的情况也类似,其监测可运用红外监测技术、油中溶解气体分析以及局部放电的监测等。对电容式绝缘结构的互感器还可监测其介质损耗角和电容值(参见第 4 章),美国田纳西流域管理局针对 20 世纪 60 年代至 80 年代间的电流互感器大量严重故障,研制了一套连续自动监测介质损耗角正切的系统。从互感器套管末屏引出电流信号,从同相的电压互感器引出电压信号,在研究中还对同时装设的氢气监测器、压力监测器作了对比,三个参数的变化趋势完全一致。但它比氢气监测器更灵敏,以监测一台 161kV的电流互感器为例,在氢气含量有明显增长的前两天,介质损耗角正切即有显著增加[113]。

为防止互感器爆炸等严重事故,也可监测其内部压力。国内也在开展这方面工作,压力监测分静态压力监测和动态压力监测两种。前者多用电阻应变式传感器和桥式补偿电路来测量。在突发性故障中,由绝缘损坏导致的冲击压力波是一变化很快的参量,传感器需有良好的动态特性和较高的灵敏度,可选用由单晶硅膜片制成的固态压力传感器[114]。

安大略水电局用的局部放电监测仪[35]选用高频电流互感器作为传感器,监测局部放电的脉冲电流,原理框图如图 3-95 所示。铁芯用钳式环型铁淦氧,便于安装在电流互感器的接地线上,次级绕组为 10 匝。它的输出接到输入阻抗为 50Ω 的监测单元,根据流过接地线上脉冲电流的极性来鉴别是外部干扰还是内部局部放电。例如:若是外部干扰,则各传感器电流流向是相同的;若某互感器的脉冲电流和其他的相反,则该电流互感器可能有故障。同时还指出油纸绝缘(电容式电流互感器的绝缘结构)在失效前局部放电的放电量可达到数万皮库。

法国电力部门在 72.5kV～420kV 电力网络中拥有 40000 台仪用互感器,统计表明,其

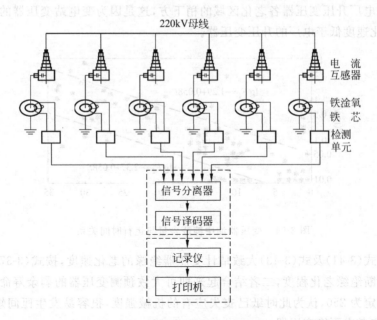

图 3-95　电流互感器局部放电监测系统原理框图

失效率是所有变电设备(电力变压器、断路器、隔离开关)中最低的,但是导致爆炸和火灾的严重故障(如绝缘击穿)占故障的 25％。其中最危险的类型又是特高压电流互感器故障,它占严重故障的 40％。其主要失效模式是热劣化和绝缘劣化两类,为此比较了各种监测手段,包括监测局部放电(选用与图 3-95 相同的高频电流互感器)、油中氢气监测、压力监测或气体监测、流过绝缘的电流监测,按照能监测出的局部放电水平来评定,仍以局部放电监测的灵敏度最高,绝缘电流的监测灵敏度最低(绝缘击穿前后方能测出)[115]。

　　综上所述,由于互感器发生故障的后果严重,互感器的在线监测仍占很重要的地位。

思考和讨论题

　　1. 为什么变压器油中会存在气体?影响变压器油中气体含量的因素是什么?

　　2. 利用气相色谱分析来诊断充油设备的绝缘故障的理论根据是什么?

　　3. 实现在线监测油中溶解气体的关键是什么?

　　4. 根据气相色谱分析的结果(油中气体的组分),如何诊断出有无故障、故障的性质和严重程度?

　　5. 为何说气相色谱分析能发现潜伏性故障,但不能发现突发性故障,因此对监测突发性的局部放电并不灵敏?

　　6. 综合评价气相色谱分析诊断电力设备绝缘故障的优缺点及其在在线监测中的地位。

　　7. 从监测信号的物理性质上分,变压器局部放电监测有哪几种主要方法?

　　8. 为什么对电力设备进行局部放电监测可以采用高频和特高频等不同的检测频段?他们各有什么优缺点?

　　9. 电力设备局部放电检测结果用视在放电量表示的基本条件是什么?如何对变压器

局部放电在线监测进行放电量的在线标定？

10. 什么是窄带干扰？什么是宽带干扰？一般局部放电在线监测会遇到哪些类型的干扰？

11. 试分析采用多参数的综合监测对全面准确判断变压器绝缘状态的重要意义。

12. 如何对变压器的放电位置进行定位？

13. 试分析用特高频法监测电力变压器局部放电的可行性及其优缺点。应如何评价该方法？

参 考 文 献

[1] 库钦斯基.高压电气设备局部放电[M].徐永禧,胡维新,译.北京：水利水电出版社,1984.

[2] 钟洪壁.220kV变压器围屏树枝状放电故障及改进措施[J].高电压技术,1989,15(3)：18-23.

[3] 马兆和.刘家峡水电厂五号变压器局部放电测试[J].电工技术学报,1986,(3)：51-60.

[4] 韩贵,王文瑞,王淑娟,等.电力变压器围屏爬电故障诊断[J].高电压技术,1990,16(2)：14-18.

[5] 王文端,何大海.水分对油中沿面放电的影响[J].变压器,1987,(7)：12-17.

[6] 吉林省电机工程学会.设备诊断技术[M].吉林：吉林科学技术出版社,1993.

[7] LIU Lianrui, SHAO changshum. Detection of transformer winding on site[C]//Proceedings of 1994 International Joint Conference Sept. 26-3,Osaka, Japan：277-280.

[8] 中华人民共和国国家质量监督检验检疫总局.变压器油中溶解气体分析和判断导则：GB7252—2001[S].北京：中国标准出版社,2002.

[9] 电力部电力科学研究院.SD187-86变压器油中溶解气体分析和判断导则编制说明[M].北京：水利水电出版社,1988.

[10] 李晓明.基于变压器油中溶解气体的故障在线监测[J].仪表技术,2016(1)：37-39.

[11] FERRITO,SAM J. A comparative study of dissolved gas analysis techniques：the vacuum extraction method versus the direct injection method[J]. IEEE Trans. on PD, 1990, 5(1)：220-225.

[12] INOUE,Y. Development of oil-dissolved hydrogen gas detector for diagnosis of transformers[J]. IEEE Trans. on PD, 1990, 5(1)：226-232.

[13] 尹黎明,郭永基.油浸电力设备故障诊断中高分子膜的油气分离研究[J].清华大学学报,1993, 33(4)：42-48.

[14] 马卫平.一种新型的变压器故障连续监测装置[J].吉林电力技术,1986(1)：11-14.

[15] TSUKIOKA H,SUGAWARA, K. Apparatus for continually monitoring hydrogen gas dissolved in transformer oil[J]. IEEE Trans. on EI,1981, 16(6)：502-509.

[16] TSUKIOKA H, SUGAWARA K. New apparatus for detecting H_2, CO and CH_4 dissolved in transformer oil[J]. IEEE Trans. on EI,1983, 18(4)：409-419.

[17] 赵杰,潘勇斌.新型变压器油色谱在线监测系统的研制[J].高电压技术,2000, 26(6)：20-22.

[18] 李红雷,张光福,刘先勇,等.变压器在线监测用的新型油气分离膜[J].清华大学学报（自然科学版）,2005,45(10)：1301-1304.

[19] 禚莉,韩毓旺,俞斌陶.瓷复合油气分离膜组件[J].膜科学与技术,2009,29(5)：83-87.

[20] 张川,王辅.光声光谱技术在变压器油气分析中的运用[J].高电压技术,2005,31(2)：84-86.

[21] 张周胜,肖登明.油溶解气体色谱分析中的小型真空在线脱气技术[J].电力系统自动化,2007, 31(11)：92-96.

[22] 谭建敏,黎卫文,张丽,等.变压器顶空油气分离新方法[J].电力科学与技术学报,2012,27(4)：87-90/96.

[23] 毛知新,文劲宇.光声光谱技术在油浸式电气设备故障气体检测中的应用[J].电力系统保护与控

制,2015,43(7):76-82.

[24]　陕华平,王军.特高压换流站油中溶解气体在线监测装置运行分析[J].国网技术学院学报,2016,19(4):41-44.

[25]　TANAKA Y. development of diagnostic instrument by acetylene and hydrogen gas detector for oil-filled equipment[R]. Nissin Electric Co. ,Ltd,Japan,1993.

[26]　XUE Wude, LAN Zhida, GE Qiren, et al. A study of the measuring technique for micro-gas concentration dissolved in the transformer oil[C]//Proceedings of 1994 International Joint Conference:26th Symposium on Electrical Insulating Materials,3rd Japan-China Conference on Electrical Insulation Diagnosis,3rd Japan-Korea Symposium on Electrical Insulation and Dielectric Materials,Sept. 26-30, 1994,Osaka, Japan:439-442.

[27]　薛五德,葛启仁,曹绛敏.变压器油中溶解气体的现场监测与故障诊断[J].变压器,1996,33(5):28-31.

[28]　TSUKIOKA H,SUGAWARA K. New apparatus for detecting transformers faults[J]. IEEE Trans. on EI, 1986, 21(2):221-229.

[29]　MALEWSKI R, DOUVILLE J, BELANGER G. Insulation diagnostic system for HV power transformer in service[C]//CIGRE 1986 Session No. 12-01.

[30]　操敦奎.变压器油中气体分析诊断与故障检查[M].北京:中国电力出版社,2005.

[31]　王争荣,邓晓健.变压器油中气体在线智能诊断系统[J].电力系统及其自动化学报, 2002,14(1):64-66.

[32]　孙才新,郭俊峰.变压器油中溶解气体分析中的模糊模式多层聚类故障诊断方法的研究[J].中国电机工程学报,2001,21(2):37-41.

[33]　沈煜,阮羚,谢齐家,等.采用甚宽带脉冲电流法的变压器局部放电检测技术现场应用[J].高电压技术,2011,37(4):937-943.

[34]　MALEWSKI R, DOUVILLE J, BELANGER G. Insulation diagnostic system for HV power transformer in service[C]//CIGRE,1986 Session No. 12-01.

[35]　KAWADA H,HONDA M, INONU T, et al. Partial discharge automatic monitor for oil-filled power transformer[J]. IEEE,Trans. on PAS, 1984, 103(2):422-482.

[36]　王昌长,郭垣,朱德垣,等.在线监测电力设备局部放电的电流传感器系统的研究[J].电工技术学报,1990(2):12-16.

[37]　HORII Kenji. Recent development of partial discharge measurement by tuning type detector[C]//Proceedings of the 3rd ICPAOM,July 8-10, 1991,Tokyo,Japan,NO. P-1,905-909.

[38]　KURTZ M,STONE G C, DAECHSEL P, et al. Fault anticipator for substation equipment[J]. IEEE Trans. on PWRD 1987,2(3):722-724.

[39]　BORSI H,HARTJE M. Application of rogowski coils for partial discharge(PD),de-coupling and noise suppression[C]. Proceedings of the 5th ISH, No 42. 02, August 24-28, 1987, Brunswick, Germany.

[40]　陈英,万达."多端平衡法"测量运行中变压器的局部放电[C]. Proceedings of the 4th ISH,1983,No. 63. 03. Athens,Greece.

[41]　邱昌容,王乃庆.电工设备局部放电及其测试技术[M].北京:机械工业出版社,1994.

[42]　STONE G C. Practical implementation of ultra-wide band partial discharge detectors[J]. IEEE Trans. ,1992,EI-27(1):70-81.

[43]　SEDDING H G, et al. A new sensor for detecting partial discharges in operating generators[J]. IEEE Trans on Energy Conversion, 1991,6(4):700-706.

[44]　RUTGERS W R, AARDWEG P, LAPP A, et al. Transformer PD measurements:field experience and automated defect identification[C]//8th Int. Conf. on Gas Disch and their Applic, 2000,

Glasgow,UK,872-875.

[45] RUTGERS W R,FU Y H. UHF PD detection in a power transformer[C]//10th ISH. Montreal, Aug. 25-29,1997.

[46] 冯慈璋. 电磁场[M]. 北京：高等教育出版社,1983.

[47] KAISER J A. The archimedean two-wire spiral antenna [J]. IRE Trans. on antennas and propagation,1960,8(5)：312-322.

[48] 沈鑫,束洪春,曹敏,等. 变压器局部放电超高频在线监测天线研究[J]. 电测与仪表,2016,53(15A)：235-241.

[49] 东风电视机厂. 晶体管黑白电视机原理和调试[M]. 北京：人民邮电出版社,1995.

[50] 伍志荣,李焕章,唐亮. 运行变压器、电抗器振动噪声及局部放电超声波信号的频谱分析[J]. 高电压技术,1991.17(1)：44-48.

[51] 金显贺,朱德恒,谈克雄. 电力变压器绝缘局部放电的声发射频谱[J]. 电工技术学报,1989(4)：40-45.

[52] 陶贤亮,陈天翔,李威,等. 基于光纤传感器测试变压器内部局部放电试验[J]. 厦门理工学院学报,2016,24(3)：40-44.

[53] 刘海波,姜国义,罗汉武,等. 光纤传感技术在变压器状态检测的应用[J]. 电工电气,2016,6：33-37.

[54] 郭少朋,韩立,徐鲁宁,等. 光纤传感器在局部放电检测中的研究进展综述[J]. 电工电能新技术,2016,35(3)：47-53/80.

[55] 郭少朋,高莹莹,徐鲁宁,等. 基于光纤法珀传感器的局部放电测试系统[J]. 仪表技术与传感器,2015,No12：61-64.

[56] 马良柱,常军,刘统玉,等. 基于光纤耦合器的声发射传感器[J]. 应用光学,2008,29(6)：990-994.

[57] ZARGARI A,BLACKBURN T R. Application of optical fibre sensor for partial discharge detection in high-voltage power equipment[C]//IEEE 1996 Annual Report of the Conference on Electrical Insulation and Dielectric Phenomena, San Francisco,USA,1996, 2：541-544.

[58] ZHAO Z Q,MACALPINE J M K,DEMOKAN M S. Directional sensitivity of a fibre-optic sensor to acoustic signals in transformer oil[C]//4th International Conference on Advances in Power System Control,Operation and Management,APSCOM-97. 1997：521-525.

[59] 董旭柱,王昌长,王忠东,等. 电力变压器局部放电在线标定的研究[J]. 清华大学学报,1997,4：40-44.

[60] MONTANARI G C,CAVALLINI A,PULETTIF F. A new approach to partial discharge testing of HV cable systems[J]. IEEE Electrical Insulation Magazine,2006,22(1)：14-23.

[61] 王忠东,王昌长,陶伟,等. 脉冲极性鉴别系统在局部放电在线监测中的应用[J]. 清华大学学报,1995,35(52)：117-121.

[62] 王昌长,王忠东,李福祺,等. 局部放电在线监测中的抗干扰技术[J]. 清华大学学报,1995,35(4)：69-74.

[63] 唐良,李焕章,伍志荣. JFD1 型变压器局部放电超声波自动定位系统的研制[J]. 高电压技术,1991,17(1)：32-38.

[64] 李剑,孙才新,杨霁,等. 局部放电在线监测中小波阈值去噪法的最优阈值自适应选择[J]. 电网技术,2006,30(8)：25-30.

[65] 金显贺,王昌长,王忠东,等. 一种用于在线监测局部放电的数字滤波系统[J]. 清华大学学报,1993,33(4)：62-67.

[66] 谢尔·札曼,朱得恒,金显贺,等. 局部放电在线监测中的自适应数字滤波系统[J]. 高电压技术,1990(3)：33-36.

[67] 谢尔·札曼. 局部放电在线监测中抑制干扰的自适应系统[D]. 北京：清华大学出版社,1995.

[68] 唐良,李焕章,伍志荣. 变压器局部放电超声波定位原理[J]. 高电压技术,1991,17(1)39-42.

[69] 边肇祺,张学工. 模式识别[M].2 版. 北京：清华大学出版社,2000.

[70] 姜磊,朱德恒,李福祺,等.基于人工神经网络的变压器绝缘模型放电模式识别的研究别[J].中国电机工程学报,2001,21(1):21-24.

[71] 李建明,杨微可,李珈丽.局部放电信号波形及频谱特性[J].高电压技术,1990,16(4):37-44.

[72] 李燕青,陈志业,律方成,等.超声波法进行变压器局部放电模式识别的研究[J].中国电机工程学报,2003,23(2):108-111.

[73] 王圣,傅明利,王乃庆.运行变压器局部放电在线监测技术[J].高电压技术,1991,17(4):25-29.

[74] 宋克仁,冯玉金.高压变压器在线局部放电测量[J].高电压技术,1992,18(1):40-44.

[75] 朱德恒,谈克雄,王昌长,等.在线监测变压器局部放电的微机系统[J].高电压技术,1992,18(1):45-49.

[76] 董旭柱,王忠东,景卫红.固定式变压器局部放电在线监测系统[J].清华大学学报,1997,37(9):33-36.

[77] ASENBRENNER D, KRANZ H-G, RUTGERS W R, et al. On line PD measurements and diagnosis on power transformers[J]. IEEE, Trans. on DEI, 2005, 12(2):216-221.

[78] JUDD M D, YANG Li, HUNTER LAN B B. Partial discharge monitoring for power transformers using UHF sensors part 1: sensors and signals interpretation[J]. IEEE Electrical Insulation Magnize, 2005, 21(2):5-13.

[79] JUDD M D, FARISH O, PEARSON J S, et al. Power transformer monitoring using UHF sensors: Installation and Testing[C]//Conference records of the 2000 IEEE International Symposium on Electrical Insulation, April 2-5, 2000, Anaheim, USA: 373-376.

[80] JUDD M D, FARISH O, PEARSON J S, et al. Dielectric windows for UHF partial discharge detection[J]. Trans. on DEI, 2001, 8(6):953-958.

[81] JUDD M D, YANG Li, HUNTER LAN B B. Partial discharge monitoring for power transformers using UHF sensors part 2: field experence[J]. IEEE, Electrical Insulation Magazine, 2005, 21(3):5-13.

[82] 荆错,冯新岩,张晓翠.带电检测在 500kV 电网状态检修中的应用[J].山东电力技术,2013(5):26-38/36.

[83] 程玉兰.红外诊断现场实用技术[M].北京:机械工业出版社,2002.

[84] 程玉兰.设备诊断技术(一)[M].北京:机械工业出版社,1988.

[85] 中华人民共和国国家质量技术监督局.高压开关设备和控制设备标准的共同技术要求:GB/T11022—2011[S].北京:中国标准出版社,2011.

[86] FESER K, MAIER H A, FREUND H, et al. On-line diagnostic system for monitoring the thermal behavior of transformers[C]//CIGRE Diagnostics and Maintenance Techniques Symposium, April 19-21, 1993, Berlin, Germany, NO. 110-08.

[87] 魏本刚,黄华,傅晨钊,等.光纤测温技术在智能变压器中的应用研究[J].华东电力,2016,40(6):0958-0960.

[88] 吴建军,李希元,李四华,等.变压器绕组光纤温度在线监测系统研究与实际应用[J].变压器,2013,50(11):47-50.

[89] 邓建钢,郭涛,徐秋元,等.变压器绕组测温光纤光栅传感器设计及性能测试[J].高电压技术,2012,38(6):1348-1354.

[90] 中华人民共和国国家质量技术监督局.运行中变压器油质量标准:GB/T 7595—2008[S].北京:中国标准出版社,2008.

[91] OOMMEN T V.运行变压器和油处理系统含水量的在线监测[C]//1993 年国际大电网会议论文选编:20-25.

[92] 谢廷贵,杨锦赐.电容式聚酰亚胺薄膜湿度敏感器的研究[J].厦门大学学报,1995,34(4):557-561.

[93] 陈新岗,田晓霄,杨奕,等.变压器油中微水含量在线监测研究[J].西南大学学报(自然科学版),2009,31(1):82-86.

[94] 朱德恒,严璋,谈克雄,等.电气设备状态监测与故障诊断技术[M].北京:中国电力出版社,2009.

[95] 王风雷.电力设备状态监测新技术应用案例精选[M].北京:中国电力出版社,2009.

[96] 徐大可,汲胜昌,李彦明.变压器绕组变形在线监测的理论研究[J].高电压技术,2000,26(3):16-18.

[97] 孙翔,何文林,詹江杨,等.电力变压器绕组变形检测与诊断技术的现状与发展[J].高电压技术,2016,42(4):1207-1220.

[98] 张彬,徐建源,陈江波,等.基于电力变压器振动信息的绕组形变诊断方法[J].高电压技术,2015,41(7):2341-2349.

[99] 周求宽,万军彪,王丰华,等.电力变压器振动在线监测系统的开发与应用[J].电力自动化设备,2014,34(3):162-166.

[100] 马宏忠,耿志慧,陈楷,等.基于振动的电力变压器绕组变形故障诊断新方法[J].电力系统自动化,2013,37(8):89-95.

[101] 王忠东,桂峻峰,谈克雄,等.局部放电脉冲在单绕组变压器中传播过程的仿真分析[J].电网技术,2003,27(4):39-42.

[102] 张重远,王彦波,张林康,等.基于 NICS 脉冲信号注入法的变压器绕组变形在线监测装置研究[J].高电压技术,2015,41(7):2259-2267.

[103] 李剑,夏珩轶,杜林,等.变压器绕组轻微变形 ns 级脉冲响应分析法[J].高电压技术,2012,38(1):35-42.

[104] SETAYESHMEHR A, AKBARI A, BORSI H,et al. On-line monitoring and diagnoses of power transformer bushings [J]. IEEE Transactions on Dielectrics and Electrical Insulation, 2006, 13(3):608-615.

[105] Oguz Soysal A. A method for wide frequency range modeling of power transformers and rotating machines[J]. IEEE Transactions on Power Delivery, 1993,8(4):1802-1810.

[106] JOSHI P M, KULKARNI S V. A novel approach for on-line deformation diagnostics of transformer windings[J]. IEEE Power and Energy Society General Meeting, 2010:1-6.

[107] WANG M, VANDERMAAR A J, SRIVASTAVA K. Improved detection of power transformer winding movement by extending the FRA high frequency range[J]. IEEE Transactions on Power Delivery, 2005, 20(3):1930-1938.

[108] 沈明,尹毅,吴建东,等.变压器绕组变形在线监测实验研究[J].电工技术学报,2014,29(11):184-190.

[109] 陈徐晶,王丰华,周翔,等.变压器有载分接开关机械性能的在线监测及故障诊断[J].华东电力,2013,41(7):1515-1518.

[110] 郭森,苏勇令.V 型有载分接开关扭矩的在线监测[J].变压器,2006,43(2):33-37.

[111] Masayuki Yamada. Study of degradation diagnosis method for transformer Of hydroelectric power plant[C]//Proceedings of the Second Sino-Japanese Conference on Electric Diagnosic, Oct. 13-16, 1992,Shanghai,China,No. 3. 01.

[112] 薛辰东.用油中糠醛含量估计变压器绝缘老化故障[R].电力部电力科学研究院,1990.

[113] CUMMINGS H B,BOYLE J R,ARP B W. Continuous online monitoring of freestanding, oil-filled current transformers to predict imminent failure[J]. IEEE Trans. on PWRD, 1988,3(4):1776-1783.

[114] 徐勇.互感器的内部压力测量[J].高电压技术,1993,19(2):34-37.

[115] BOISSEAU C, TANTIN P, DESPLINEY P, et al. Instrument transformer monitoring[C]//CIGRE Diagnostics and Maintenance Techniques Symposium, April 19-21,1993,Berlin, Germany,No. 110-113.

第 4 章

电容型设备的在线监测

4.1 概　述

　　高压电力设备,若按照其绝缘结构来分类,电容型绝缘结构的设备占了多数。除电力电容器之外,属于这类设备的还有电容式高压套管、电容式绝缘电流互感器、电容式电压互感器、耦合电容器等。

　　这类设备的特点是高压端对地有较大的等值电容。例如:110kV 及以上电压等级的电容套管的电容值多数在 500pF 左右;220kV 及以上电压等级的电容式电流互感器的电容约为 100pF;500kV 电容式电压互感器的电容量约为 5000pF;110kV 和 220kV 耦合电容器的电容量分别为 6600pF 和 3300pF。所以 110kV 及以上电压等级的电容型设备的高压端对地电容约在 500pF~7000pF 范围内。

　　对于电容型绝缘的设备,通过对其介电特性的监测,可以发现其尚存在早期发展阶段的缺陷。反映介电特性的参数有介质损耗角正切 $\tan\delta$、电容值 C_x 和电流值 I。$\tan\delta$ 是设备绝缘的局部缺陷中,由介质损耗引起的有功电流分量 I_r 和设备总电容电流 I_c 之比。它对发现绝缘的整体(包括了大部分体积)劣化较为灵敏,例如绝缘均匀受潮;而对局部缺陷(体积只占介质中较小部分的缺陷和集中缺陷)则不易用测 $\tan\delta$ 的方法发现。设备绝缘的体积越大,越不易发现。

　　测量绝缘电容 C_x 或流过绝缘的电流 I_x,除了能得出有关可引起极化过程改变的介质结构变化的信息(例如均匀受潮或严重缺油)外,还能发现严重的局部缺陷(绝缘部分击穿),但发现缺陷的灵敏程度也和绝缘损坏部分与完好部分的体积之比有关。

　　绝缘具有严重缺陷时的等值电路如图 4-1 所示[1],它由绝缘损坏部分 C_d 和其余完好部分 C_0 串联组成。绝缘损坏部分即介质有损耗的部分用 C_d 和 R_d 的并联等值电路来表示。

　　以下分析引起整体绝缘特性的变化情况和 $\tan\delta_d$ 的关系。介质损耗角正切可由下式计算:

$$\tan\delta_d = \frac{1}{\omega C_d R_d}$$

　　由图 4-1(b)可知,因绝缘缺陷引起的电流变化 ΔI 决定于绝缘复导纳的变化,即

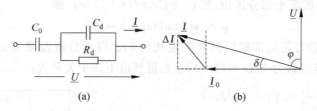

图 4-1 电容式绝缘有缺陷时 $\tan\delta$ 计算用图

(a) 等效电路图；(b) 矢量图

$$\Delta \underline{I} = \underline{I} - \underline{I}_0 = \underline{U}(\underline{Y} - \underline{Y}_0) = \underline{U}\Delta\underline{Y}_d \tag{4-1}$$

式中：I 为绝缘有缺陷时流过其中的电流；I_0 为设备完好时流过绝缘的电流；U 为绝缘上所加电压；Y 为有缺陷时设备绝缘的等值电路的导纳；Y_0 为完好设备的绝缘等值电路的导纳；ΔY_d 为由缺陷引起等值电路导纳的变化。

从等效电路可得

$$Y = \frac{xR_d + j[R_d^2(k+1) + x^2 k]}{x[R_d^2(k+1)^2 + x^2 k^2]} \tag{4-2}$$

$$Y_0 = j\frac{1}{(k+1)x} \tag{4-3}$$

式中：$x = \dfrac{1}{\omega C_d}$ 为绝缘缺陷部分的无功（容性）阻抗；$k = \dfrac{C_d}{C_0}$ 为绝缘缺陷部分和完好部分的电容之比。流过绝缘的电流的相对变化为

$$\frac{\Delta I}{I_0} = \frac{\Delta \underline{I}}{|\underline{I}_0|} = \frac{|\Delta Y_d \cdot \underline{U}|}{|Y_0 \cdot \underline{U}|} = \frac{|\Delta Y_d|}{|Y_0|} \tag{4-4}$$

求解式(4-2)~式(4-4)，即可得反映整体绝缘介电特性的各个参数和缺陷部分 $\tan\delta_d$ 之间的关系为

$$\frac{\Delta I}{I_0} = \frac{x}{kR_d} \cdot \frac{1}{\left[\left(\dfrac{x}{R_d}\right)^2 + \left(\dfrac{k+1}{k}\right)^2\right]^{\frac{1}{2}}}$$

$$= \frac{\tan\delta_d}{k} \cdot \frac{1}{\left[\tan^2\delta_d + \left(\dfrac{k+1}{k}\right)^2\right]^{\frac{1}{2}}} = f_1(\tan\delta_d) \tag{4-5}$$

设备由缺陷引起的电容的变化等于 ΔY_d 及 Y_0 表达式中的虚部之比为

$$\frac{\Delta C}{C_0} = \frac{\tan^2\delta_d}{k} \cdot \frac{1}{\tan^2\delta_d + \left(\dfrac{k+1}{k}\right)^2} = f_2(\tan^2\delta_d) \tag{4-6}$$

式(4-2)中虚部和实部之比为绝缘有局部缺陷后的 $\tan\delta$；式(4-3)为绝缘完好的情况，即 $\tan\delta_0 = 0$。故绝缘有缺陷后的增量 $\Delta\tan\delta = \tan\delta - \tan\delta_0 = \tan\delta$，即

$$\Delta\tan\delta = \tan\delta = \frac{\tan\delta_d}{k} \cdot \frac{1}{\tan^2\delta_d + \left(\dfrac{k+1}{k}\right)} = f_3(\tan\delta_d) \tag{4-7}$$

求解式(4-1)~式(4-3)可得电流增量 ΔI 的相位角 φ 为

$$\varphi = \arctan\left(\frac{k}{k+1}\frac{x}{R_d}\right) = \arctan\left(\frac{k}{k+1}\tan\delta_d\right)$$

一般缺陷占绝缘中的很小部分体积,故 $C_d \gg C_0$,$k/(k+1) \approx 1$,则

$$\varphi \approx \arctan(\tan\delta_d) = \delta_d \tag{4-8}$$

说明 ΔI 的相位角恰好是局部缺陷的介质损耗角 δ_d。以下分析监测 $\Delta\tan\delta$、ΔC、ΔI 对发现 $\tan\delta_d$ 的灵敏度。可以认为 $k/(k+1) \approx 1$,于是得到以下几个关系式:

$$N_1 = \frac{\Delta I / I_0}{\Delta\tan\delta} \approx (1 + \tan^2\delta_d)^{\frac{1}{2}}$$

$$N_2 = \frac{\Delta I / I_0}{\Delta C / C_0} = \frac{1}{\tan\delta_d}(1 + \tan^2\delta_d)^{\frac{1}{2}}$$

$$N_3 = \frac{\Delta C / C_0}{\Delta\tan\delta} = \tan\delta_d$$

缺陷发展的起始阶段 $\tan\delta_d \ll 1$,则 $N_1 \approx 1$,测量 ΔI 和 $\Delta\tan\delta$ 的灵敏度是一致的;$N_3 < 1$,说明监测 $\Delta\tan\delta$ 比 ΔC 更灵敏;$N_2 \approx 1/\tan\delta_d$,说明监测 ΔI 比 ΔC 更灵敏。在缺陷发展的后期阶段 $\tan\delta_d > 1$,$N_2 \approx 1$,则监测 ΔI 和 ΔC 的灵敏度相近;$N_1 > 1$,说明监测 ΔI 比 $\Delta\tan\delta$ 具有更高的灵敏度;$N_3 > 1$,则监测 ΔC 比 $\Delta\tan\delta$ 灵敏。归纳起来 N_1 和 N_2 的值始终大于1,故监测电流增长 ΔI 时灵敏度要更高些。图 4-2 是当 $C_d = 10C_0$ 时,画出各参数和 $\tan\delta_d$ 的关系曲线[1],可形象地看出上述分析的关系。表 4-1 是 $C_d = 70C_0$ 时的计算结果,图 4-3 是相应的关系曲线[2]。

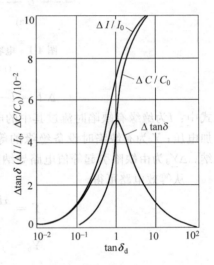

图 4-2　设备介电特性和绝缘损坏部分
$\tan\delta_d$ 的变化关系($C_d = 10C_0$)

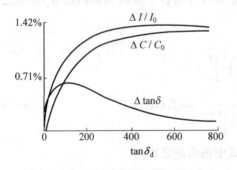

图 4-3　设备介电特性和绝缘损坏部分
$\tan\delta_d$ 的变化关系($C_d = 70C_0$)

表 4-1　设备介电特性和绝缘损坏部分 $\tan\delta_d$ 的变化关系($C_d = 70C_0$)

$\tan\delta_d$/%	$\Delta\tan\delta$/%	$(\Delta C/C_0)$/%	$(\Delta I/I_0)$/%
1	0.014	0.000	0.014
5	0.070	0.003	0.070
10	0.139	0.014	0.140
20	0.271	0.053	0.276
50	0.565	0.279	0.632
100	0.709	0.704	1.003
200	0.570	1.142	1.274
500	0.273	1.372	1.400
1000	0.141	1.414	1.421

从上述分析计算可知,各个监测参数的变化量都较小,总的监测灵敏度较低,但随着局部缺陷的扩大,即 k 值的减小,监测灵敏度将增大。所以,介电特性参数的监测,对发现绝缘整体劣化比较灵敏。另外,在实际的监测系统中常同时监测上述三个参数:电流 I、电容 C 和介质损耗角正切 $\tan\delta$。

为提高监测灵敏度,还可监测三相的三个同类型设备的电流之和(或称三相不平衡电流),来发现某相设备的绝缘缺陷。因为所有三相设备的绝缘同时劣化的概率很小,即其介

电特性发生同样变化的可能性是很小的。若三相设备在原始状态下的绝缘特性的差异很小,则可认为监测的总和电流 I_k 将接近为零。若由于某相设备的绝缘劣化而使复数电导增大,则流过它的电流将增大,流经三相的电流将不平衡,总电流 I_k 将作相应的改变。监测它的变化,即可发现故障。

以下分别介绍上述介电特性参数的监测方法。

4.2 测量三相不平衡电流 I_k

4.2.1 工作原理

测量三相不平衡电流 I_k 的原理如图 4-4 所示。可从星形接法的中性点接地线上测量由于某相设备绝缘劣化而引起的不平衡电流 I_k。设三相设备的导纳分别为 Y_A、Y_B、Y_C。事实上,即使三相设备在原始状态下绝缘是完好的,I_k 也不会等于零,引起这个不平衡电流的原因有三种。

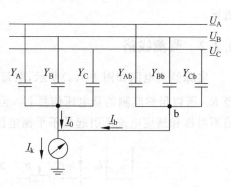

图 4-4 监测三相不平衡电流原理图

(1) 因三相设备绝缘等值导纳的差别而引起的三相电流不平衡,即

$$\underline{I}_y = (Y_0 + \Delta Y_A)\underline{U}_A + (Y_0 + \Delta Y_B)\underline{U}_B$$
$$+ (Y_0 + \Delta Y_C)\underline{U}_C$$

式中:Y_0 为三相设备绝缘导纳的平均值;ΔY_A、ΔY_B、ΔY_C 为各相导纳与 Y_0 之差。设三相电压是对称的,则

$$\underline{I}_y = \Delta Y_A \underline{U}_A + \Delta Y_B \underline{U}_B + \Delta Y_C \underline{U}_C$$

因三相电源电压不对称而引起的三相不平衡电流为

$$\underline{I}_u = (U_0 + \underline{U}_A)Y_A + (U_0 + \underline{U}_B)Y_B + (U_0 + \underline{U}_C)Y_C$$

式中:U_0 为电网零序电压。设三相导纳是对称的,则

$$\underline{I}_u = U_0(Y_A + Y_B + Y_C)$$

所以

$$\underline{I}_0 = \underline{I}_y + \underline{I}_u \tag{4-9}$$

(2) 感应电流 I_b。图 4-4 中 Y_{Ab}、Y_{Bb}、Y_{Cb} 表示各相设备对母线、相邻设备及配电装置等其他元件间的综合导纳,流过的是各相感应电流。ΔY_{AA}、ΔY_{BB}、ΔY_{CC} 是各相导纳与三相平均值之差,由于这三个导纳的差异引起三相不对称的感应电流为

$$\underline{I}_b = \Delta Y_{AA}U_A + \Delta Y_{BB}U_B + \Delta Y_{CC}U_C$$

于是得

$$\underline{I}_k = \underline{I}_0 + \underline{I}_b = \underline{I}_y + \underline{I}_u + \underline{I}_b \tag{4-10}$$

当绝缘有缺陷时,不对称电流增加 $\Delta \underline{I}$,则 $\underline{I}_k' = \underline{I}_k + \Delta \underline{I}$。为能发现缺陷,总的不平衡电流应超过设备因电容不对称、电源电压不对称及感应电流所引起的不平衡电流之和 $\underline{I}_k$,二者的模之比代表了它的信噪比 K_s,即

$$K_s = \frac{|\underline{I}_y + \underline{I}_b + \underline{I}_u + \Delta\underline{I}|}{|\underline{I}_y + \underline{I}_b + \underline{I}_u|} \tag{4-11}$$

所以,能否发现缺陷,取决于它所引起的不平衡电流值和相位与其他因素引起的不平衡电流总和的对比关系。缺陷的发展,可能导致被测电流增加,假若引起的电流相位相反,也能导致被测电流减少。

对于无缺陷的、相同型式的设备,绝缘的导纳差别可达±5%。考虑到感应电流不平衡程度可能更大,所以使用上述方法只能发现导纳变化超过10%的绝缘故障。只有使被测电流的三相系统对称化,以减小不平衡总和电流I_k,才能保证该测试方法具有较高的监测灵敏度。对严重不对称的三相系统,可在测量装置中通过调整电路参数来取得系统平衡。

(3) 谐波的影响。谐波特别是三次谐波电流将流经中性点。根据测量结果[1],每相谐波电流总值可达15%I_0,它将增加不平衡电流,降低监测灵敏度,故在监测I_k时要采取滤波措施。

4.2.2 监测线路

实际监测电路如图 4-5(a)所示,取每相电流I_A、I_B、I_C的一部分,由R_1、R_2、R_3引出后流经R_0,所以虽然监测的是电压信号U_0,但实际反映的仍是I_k。改变R_1、R_2、R_3的阻值,以抵消不对称和感应电流所引起的不平衡电流,使正常时三相电流均衡,此时$U_0 = 0$。

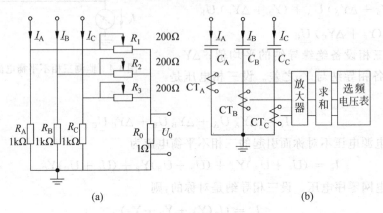

(a)   (b)

图 4-5   不平衡-补偿法监测I_k接线图

可以通过监测U_0来判断绝缘状况,U_0由选频电压表来测量,这是一套带滤波器的电压测量装置。滤波器对三次谐波的衰减应大于50dB[1]。可选用50Hz±1Hz的选频电压表来测量U_0。选频电压表通常由电压跟随器、程控放大器、选频放大器(或滤波器)、检波器和测量表计等部件组成。也可经 A/D 转换后,由单片机或微机进行数据处理、存储和打印输出。

模拟滤波器的中心频率是固定不变的,而电网电压的频率是波动的,这样会影响滤波后的信号幅值,严重时误差可高达±20%,从而影响正确的诊断。可通过校正的办法来减小影响,即同时测量电网频率,根据不同频率对U_0测量值的影响进行校核补偿。但有时效果可能不理想,为此可再加一级数字滤波,着重对 3 次和 5 次谐波再进行一次滤波,而前一级模拟滤波器则主要滤除高频和直流分量。

表 4-2 是以 A 相设备有局部缺陷为仿真计算对象得到的选频电压U_0的结果[2]。仍设

$C_d = 70C_0$（即 $k = 70$）。局部介质损耗角正切 $\tan\delta_d$ 初值为 0.3%，电容 C_0 初值为 800pF。表中同时列出了 A 相 $\tan\delta$、C_0、I_0 的变化情况。

表 4-2　$C_d = 70C_0$ 时 U_0 的计算结果

$\tan\delta_d/\%$	$\Delta\tan\delta/\%$	$(\Delta C/C_0)/\%$	$(\Delta I/I_0)/\%$	U_0/mV
0.3	0.325	0.000	0.000	0.000
7.8	0.431	0.008	0.031	8.120
16.8	0.554	0.038	0.063	17.670
36.4	0.780	0.160	0.190	36.800
82.8	1.028	0.574	0.595	69.400

由表 4-2 可见，$\tan\delta$ 由 0.325% 上升为 1.028% 时，电流和电容仅分别变化 0.595% 和 0.574%。而 U_0 则从 0 增加为 69.4mV，灵敏度明显高于其他监测参数。

现场监测的结果[2]也证明了这一点。例如：对于 220kV 套管，当 B 相套管电容增加 6% 时，监测到 U_0 为 75mV；对于 LB-220kV 电流互感器，当 B 相 $\tan\delta$ 增加 0.3% 时，U_0 为 47mV；对于 LCLWD-220kV 电流互感器，当 A 相电容量增加 7% 时，U_0 为 85mV。

按图 4-5(a) 接线的缺点是需在电容型设备末屏接地线或设备接地线上串接电阻 R_A、R_B、R_C，这样就改变了设备的运行情况。实际使用时，这些电阻尚需并接放电管等保护装置。为此可改用低频电流传感器 CT 来测量，如图 4-5(b) 所示。CT 可用来测量各相的电流 I 和电容 C，同时用求和电路得到 U_0。通过调节各相的放大倍数来消除初始的不平衡电流，使三相达到对称。

以上介绍的是以硬件为主的监测系统，一般结构较复杂。也可采取全数字化处理，采用以软件为主的监测系统。电流信号仍如图 4-5(b) 所示，由电流传感器从电容型设备的末屏接地线上检取。用以计算电容值的电压信号，可取自同相电压互感器的二次侧。对测得的信号经 A/D 转换后，即可用计算机进行数据处理，得到所需的监测参数，如介质损耗角正切 $\tan\delta$、电容电流 I、电容 C 和三相不平衡电流 I_k 等。I_k 可通过矢量相加求得。谐波影响同样可用数字滤波方式消除。下面简述其测量原理[3]。

设 I_{A0}、I_{B0} 和 I_{C0} 为三相电容的初始泄漏电流，δ_{A0}、δ_{B0} 和 δ_{C0} 为三相初始介质损耗角，则三相容性设备的初始泄漏电流之和为

$$\sum I_0 = I_{A0}\sin(\omega t - \delta_{A0}) + I_{B0}\sin(\omega t - \delta_{B0} - 2\pi/3) + I_{C0}\sin(\omega t - \delta_{C0} + 2\pi/3) \quad (4\text{-}12)$$

假设仅 A 相设备绝缘状况发生变化，参量变化表示为 $\delta_A = \delta_{A0} + \Delta\delta_A$ 和 $I_A = I_{A0} + \Delta I_A$，则三相泄漏电流之和的变化值为

$$\sum\Delta I = \sum I - \sum I_0 = (I_{A0} + \Delta I_A)\sin[\omega t - (\delta_{A0} + \Delta\delta_A)] - I_{A0}\sin(\omega t - \delta_{A0})$$

利用两角差的三角函数公式展开得

$$\sum\Delta I = (I_{A0} + \Delta I_A)[\sin(\omega t - \delta_{A0})\cos\Delta\delta_A - \cos(\omega t - \delta_{A0})\sin\Delta\delta_A] - I_{A0}\sin(\omega t - \delta_{A0})$$

因为 $\Delta\delta_A$ 很小，一般有 $\cos\Delta\delta_A \approx 1$，$\sin\Delta\delta_A \approx \Delta\delta_A$，则三相泄漏电流之和的变化值为

$$\sum\Delta I \approx (I_{A0} + \Delta I_A)[\sin(\omega t - \delta_{A0}) - \cos(\omega t - \delta_{A0})\Delta\delta_A] - I_{A0}\sin(\omega t - \delta_{A0})$$

$$= \Delta I_A\sin(\omega t - \delta_{A0}) - (I_{A0} + \Delta I_A)\Delta\delta_A\cos(\omega t - \delta_{A0})$$

$$= \Delta I_A\sin(\omega t - \delta_{A0}) + (I_{A0} + \Delta I_A)\Delta\delta_A\sin(\omega t - \delta_{A0} - \pi/2) \quad (4\text{-}13)$$

式中：第一项反映泄漏电流变化（ΔI_A）对结果的影响，其相位与故障电流相同；第二项反映介质损耗角变化（$\Delta\delta_A$）对结果的影响，其相位则滞后于故障相电流 $\pi/2$。可见，电流变化量

的相位在故障相电流及其滞后 $\pi/2$ 的范围内,故可以根据三相泄漏电流之和的矢量变化的相位判别出故障相。

在实际应用中,必须考虑如下主要因素的影响。

(1) 三相电压波动和不平衡的影响。补偿办法是在测量中引入校正系数,同步测量出三相的电压和电流,计算出电压校正系数,将三相电流分别乘以各自的校正系数后再做矢量运算。该方法类似于图 4-5 中用硬件的方法调节平衡。

(2) 系统频率漂移的影响。可以通过同步测量频率加以修正。

(3) 三相测量电路漂移的影响。可以作为系统的固有误差加以扣除。

(4) 采集信号中谐波的影响。在计算时先提取基波分量,再进行计算。

用全数字化处理技术,既充分发挥了微处理器的功能,又大大简化了硬件系统,是监测技术的发展方向。其监测的可靠性和准确度除传感器外,主要取决于 A/D 转换、数据采集等的动态特性以及数据处理、运算中的误差。

4.3　介质损耗角正切的监测

4.3.1　基于平衡原理的监测方法

1. 电桥法

基本电路如图 4-6 所示[4],它与离线试验时的高压电桥法相同,只是另一桥路由电压互感器提供电源。图中:C_N 是低压标准电容;S_1 是选相开关,用来选择不同相的电压互感器;S_2 是切换并关,可选通不同相或同相的不同设备;R_1 是保护电阻,用于 PT_1 短路时限流;R_1、C_1 是移相回路,对 PT_1 的角差作校正;PT_1 是被测设备同相的电压互感器,其变比为 $(220kV/\sqrt{3})/(100V/\sqrt{3})$,即为 $127kV/58V$;PT_2 是变比为 $58V/100V$ 的隔离用变压器,它是为了解决有的 PT 次级不直接接地、而桥路是需要直接接地而设置的,另外当 PT_1 的次级电压和 C_x、R_3 桥臂上的电压极性相反时,也可用 PT_2 校正过来;S_3 用于不监测时使设备末屏直接接地;P 是限制过电压的放电间隙、放电管或压敏电阻片;C_4、R_4、R_3 均为低压桥臂。

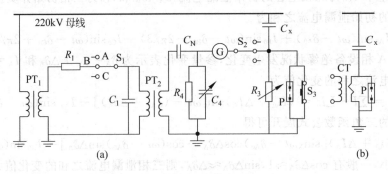

图 4-6　电桥法测 $\tan\delta$ 原理接线图

当电桥平衡且 $R_4 = 10^4/\pi$、C_4 的单位为 pF 时,有

$$\tan\delta = \omega C_4 R_4 = C_4 \tag{4-14}$$

$$C_x = kC_N \frac{R_4}{R_3} = K \frac{1}{R_3} \tag{4-15}$$

式中：k 为参与平衡的电压互感器 PT_1、PT_2 构成的变比；C_N、R_4 是固定值；$K=kC_NR_4$。

监测前，先调整桥路平衡，即调节 C_4、R_3，使指零仪 G 指零，C_4 即等于设备当时的 $\tan\delta$。监测时 R_3 不再调节，而只调节 C_4，使 G 指示值最小，此时 C_4 仍等于实时的 $\tan\delta$，而 G 的指示值则相当于实时 C_x 和调试时电容值的差值 ΔC_x，ΔC_x 和 C_4 可分别接单片机或微机作存储或记录、打印。

电桥法的优点是较准确、可靠（因为 C_4、R_3、R_4、C_N 均可选择稳定可靠的元件），与电源波形频率无关，数据重复性较好。缺点是由于 R_3 的接入，改变了设备原有的运行状态，R_4、C_1、R_1、C_4、C_N 的接入也增加了 PT_1 发生故障的概率。因此要选择可靠性高的元件和采取一些安全保护措施。另外，R_3、C_4 的调节由于需要转换元件而增加了复杂性。也可用低频电流传感器来替代相应的电阻元件，如图 4-6(b) 所示。图中 CT 是变比为 1:1 的多匝电流互感器，匝数随 C_x 大小而定，铁芯可选用玻莫合金或微晶材料制成。表 4-3 为用电流传感器的电桥法对 220kV 套管和 500kV 电流互感器的在线监测结果，可见其数据尚有相当的分散性。

表 4-3　电桥法监测结果

设备名称		220kV 套管				500kV 电流互感器			
监测时间		1990.6	1991.5	1992.12	1994.3	1987.9	1987.12	1988.6	1989.3
监测温度/℃		24	20	−5	−9				
A 相	$\tan\delta$/%	0.75	0.80	0.65	0.75	0.40	0.45	0.45	0.45
	C_x/pF	448	447	447	449	1070	1069	1070	1064
B 相	$\tan\delta$/%	0.40	0.40	0.65	0.75	0.35	0.35	0.40	0.45
	C_x/pF	436	436	431	430	1074	1070	1074	1074
C 相	$\tan\delta$/%	0.40	0.40	0.30	0.45	0.20	0.20	0.20	0.25
	C_x/pF	437	446	443	445	1082	1078	1062	1062

类似电桥法的还有电流平衡法，如图 4-7 所示。该测量电路省去了标准电容 C_N，PT_1、PT_2 的作用与图 4-6 相同，其角差仍可用 R_1、C_1 校正，电路平衡条件是 $\underline{I}=\underline{I}_x+\underline{I}_0=0$，即 $\underline{I}_0=-\underline{I}_x$。又因为 $\underline{U}_0=\underline{U}_{R0}+\underline{U}_{C0}$，且 δ 很小，所以 $\underline{I}_x\approx\underline{I}_{Cx}=\omega C_x\underline{U}_x$，$\underline{I}_0\approx\underline{I}_{C0}=\omega C_0\underline{U}_0$。因此 $\omega C_x\underline{U}_x=\omega C_0\underline{U}_0$。于是可得到以下结果：

$$C_x=C_0U_0/U_x \tag{4-16}$$

$$\tan\delta=\tan\delta_0=U_{R0}/U_{C0}=\omega C_0U_0 \tag{4-17}$$

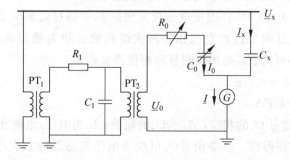

图 4-7　电流平衡法原理接线

2. 适于微控制单元实现的监测方法[5]

图 4-8 为类似于电桥的工作方式,采用平衡测量原理,利用一般精度的无源单匝微电流传感器和微控制单元(micro control unit,MCU)实现的 $\tan\delta$ 测量方法示意图,系统测量原理如图 4-9 所示。图 4-8 中:T 为无源单匝电流传感器,目前国内外已有成熟的采用高导磁材料(如玻莫合金、纳米非晶)研制小电流传感器的理论及制作经验,可灵敏地检测出 $5\mu A$ 电流;I_x 为被测小电流,对于电容型电力设备 I_x 为末屏接地电流;I_t 为通过微型电流传感器 T 一次芯孔的小电流,它与 I_x 同频,相位和幅值由测量设备控制;Z_1 为传感器的负载阻抗;U_0 为传感器的输出电压。

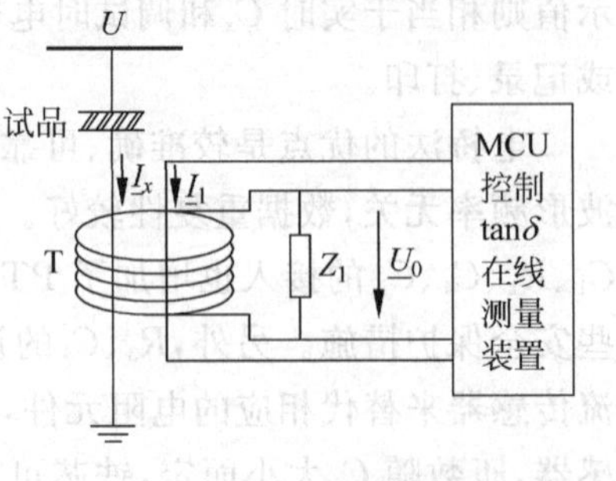

如图 4-9 所示,采用数字式相位差法测量 $\tan\delta$,U_s 作为相位差测量的相位基准,U_s 经 MCU 控制的移相电路移相 θ 后输出电压 U_a,U_a 经数控放大电路放大后输出电压 kU_a,电压放大倍数 k 和相位变化量 θ 由数控电位器和数控高精度放大器控制。kU_a 经电压/电流变换后,可获得与 U_a 同频、但相位和幅值均受控于 MCU 的电流小信号 I_t。实际测量时采取类似于 QS1 西林电桥的移相测量方法,在 MCU 的程序控制下重复以下两个过程。

图 4-8　基于移相和平衡原理的 $\tan\delta$ 测量方法示意图

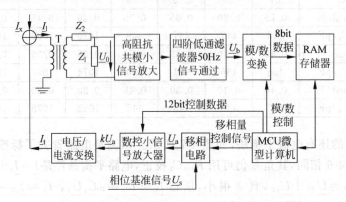

图 4-9　基于移相和平衡原理的 $\tan\delta$ 测量原理

(1) 固定电压放大倍数 k,MCU 监测传感器 T 输出信号 U_0 中的工频电压分量 U_b,通过控制移相变化量 θ,使 U_b 达到最小值,此时的移相量为 θ_e。

(2) 固定移相量 θ_e,由 MCU 改变电压放大倍数 k,并通过监测 U_b 获得使 U_b 最小的电压放大倍数 k_e。重复上述两个过程直到相邻两次得到的 θ_e 和 k_e 满足系统的测量分辨精度。此时获得的 θ_e 和 k_e 即可代表 I_x 的相位测量和幅值测量结果:

I_x 的相位为 $\theta_x = \theta_e + \theta_s - \pi$

I_x 的幅值为 $A_x = k_e F A_s$

式中:θ_s 为相位基准信号 U_s 的相位;A_s 为 U_s 的幅值;F 为电压/电流变换的变比,可根据电路设计参数或仪器实测得到。基准信号 U_s 可取为电压互感器的二次电压经电阻分压后的值或者是微电流传感器提取的同一母线同相设备的电压,由 U_s 带来的误差对测量结果的影响是可以修正的。

该方法的显著优点是对微电流传感器的角差和比差的要求相对不高,但在实现中对移相电路需要进行精确控制。

4.3.2 相位差法

电桥法是一种间接测量法,而相位差法则是直接测量介质损耗角的正切值 $\tan\delta$。原理如图 4-10 所示,电流信号由设备末屏接地线,或设备本身接地线上的低频电流传感器,经转换为电压信号后输入监测系统。电压信号则仍由同相的电压互感器提供,再经电阻器分压后输出。

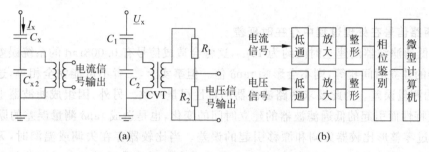

图 4-10 相位差法监测 $\tan\delta$ 原理框图

(a) 电流和电压信号的拾取;(b) 原理框图

图中的 C_1 和 C_2 分别是电容式电压互感器 CVT 的高压臂和低压臂电容。两路信号通过低通滤波器后,信号得到适当放大并滤去了高次谐波。而后,信号送入预处理单元,信号幅值调整到必要的数值后,进入过零整形电路。电流信号经正相整形,而电压信号经反相整形。整形后的波形如图 4-11 所示。易知,I 和 U 两个信号之"与"的脉宽,即为电流电压的相差 φ,则 $\tan\delta = \delta = 0.5\pi - \varphi$。通过相位鉴别单元,用计数脉冲进行计数,计数值和 $\tan\delta$ 成比例关系。

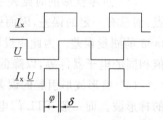

图 4-11 相位差法测量 $\tan\delta$ 原理波形图

例如,计数脉冲的频率为 4MHz,那么一个工频周期的脉冲数 n_T 为 8×10^4,相差 φ 的脉冲数 $n_\varphi = \varphi n_T/2\pi$,即 $\varphi = \pi n_\varphi/40000$。此时监测系统的最小分辨率为 $2\pi/8\times10^4 \approx 0.8\times10^{-4}$,即小于 0.01% 弧度,对测量 $\tan\delta$ 来讲,分辨率或者监测的灵敏度已够了。但该方法的一个根本弱点是,实际 $\tan\delta$ 值较小(一般在 $1\times10^{-3}\sim5\times10^{-2}$ 间),这是两个"大数"之差的结果,故各种因素会引起较大的相对误差,这会影响监测值的准确性。

以下分析一下可能的误差来源。

1. 频率 f 引起的误差

设 n_T 仍为 8×10^4 个,$\tan\delta\approx\delta=1\%$,则当 $f=50$Hz 时,$n_\varphi = (0.5\pi-0.01)40000/\pi = 19873$ 个脉冲。若频率 f 变化为 49.9Hz,则 $n_\varphi = (0.5\pi-0.01)40080/\pi = 19913$ 个。也就是说,当实际频率 f 降低 0.1Hz 或 0.2% 时,测得 φ 的计数脉冲将增加 40 个,使 $\tan\delta$ 值偏大 0.32%,即实测值为 1.32% 而不是 1%,相对误差达 32%。频率变化增加,误差将更大。根据国家标准规定,频率允许变化范围为 50Hz±0.5Hz,故由于频率 f 的变化有可能造成

误报或漏报。为此,在监测 $tan\delta$ 的同时要测量 f,根据 f 的变化对 n_T 作相应的调整,以消除频率 f 变化造成的监测误差。

2. 电压互感器引起的固有相差

该相差是个系统误差,可在监测系统的数据处理时加以校正。

3. 谐波的影响

$tan\delta$ 是由基波来计算的,若信号中存在谐波,特别是电力系统中常有的三次谐波,将使相差发生偏差。而谐波本身又常随负载而变化,这还将影响 $tan\delta$ 测量值的重复性。为此在监测系统中,必须有低通滤波单元,以滤去高次谐波。例如,对三次谐波要求衰减 40dB 以上[6]。

4. 两路信号在处理过程中存在时延差

(1) 低通滤波器的建立时间约为 $10\mu s$,这将会造成信号有 0.003rad 的系统误差。若两路滤波器的建立时间相等,则不会影响 $tan\delta$ 值。但事实上,二者不可能完全相等,这就会引起 $tan\delta$ 的测量误差。为此要求两路滤波器的特性尽量一致。另外,因组成滤波器电路元器件的温度特性而引起的低通滤波器的建立时间的变化,也是造成 $tan\delta$ 测量误差的原因。

(2) 过零整形比较器失调和漂移引起的误差。当比较器存在失调或温漂时,无论采用上升沿还是下降沿的过零鉴相方法,均存在误差。为此可以采用对正向过零鉴相和负向过零鉴相的结果取平均值的方法来消除上述影响,称为双向过零平均鉴相技术[7,8]。

(3) 过零整形的时延差引起的误差。整形的动作时间不可能恰好在正弦波形的零值点,而总有一定的误差,因而引起一定的时延 Δt,若两路信号的整形时延不同,则也将造成 $tan\delta$ 的测量误差。为此应设法尽量减小 Δt,并且尽量调节两路信号至同样的幅度,选择阈值相同的电子器件等,以降低时延差引起的误差。

(4) 整形波形引起的误差。整形后输出的不可能是理想的矩形波,常常是有一定陡度的梯形波。而一般 TTL 门电路的电压传输特性是输入高电平的下限为 2.0V,低电平的上限为 0.8V,故在输入波形 2.0V 以下时不会输出高电平,0.8V 以上时不会输出低电平。这就使得在进行与运算和脉冲计数时均会引起误差。因此应选用性能优良的高速器件以降低这类误差。

(5) 其他因素,例如环境温度的变化。若环境温度引起两路电子器件性能的变化不一致,将造成 $tan\delta$ 的测量误差。故在选择电子器件时,应使两路器件的特性尽可能一致。

相位差法在国内应用较广,其优点是不更改设备的运行情况,缺点是由于上述众多的误差因素,使其对电子器件的要求较高,否则将会影响监测数据的重复性,甚至出现由于重复性差而无法正确诊断的情况。

4.3.3　谐波分析法

如上所述,受谐波和信号处理中诸多误差因素的影响,用硬件测量 $tan\delta$ 存在数据重复性差的问题。为减少误差,需对硬件提出更高的要求,但会使监测系统进一步复杂化。为更好地解决这一问题,出现了用软件计算相位差的全数字化处理的 $tan\delta$ 监测技术[9]。

数字化测量方法主要包括过零点时差比较法、过零点电压比较法、自由电压矢量法、正弦波参数法、相关函数法和谐波分析法[10-13]。在上述诸方法中,过零点时差比较法对谐波干扰十分敏感,过零点电压比较法的抗干扰能力得到了加强,但所要求的条件十分苛刻。自由矢量法和正弦波参数法在方法设计时把试品上的电压、电流理想化为标准的正弦波,而谐波分析法在设计时就充分考虑到在实际电压、电流中含有干扰成分,因而有广泛的应用前景。下面主要介绍谐波分析法。

仍由上述低频电流传感器和同相电压互感器分别取得电流、电压信号,两路信号通过 A/D 转换后,即运用软件进行运算和处理。它运用傅里叶变换和三角函数的正交性质直接计算 $\tan\delta$,基本原理概述如下。

任意周期性函数 $f(t)$ 只要满足狄里赫利条件(即给定的周期性函数在有限的区间内,只有有限个第一类间断点和有限个极大值和极小值,而电工技术中所遇到的周期函数通常都能满足这个条件),则 $f(t)$ 均可分解为由直流分量和各次谐波所组成的傅里叶级数:

$$f(t) = a_0 + (a_1\cos\omega t + b_1\sin\omega t) + (a_2\cos2\omega t + b_2\sin2\omega t) + \cdots$$

$$= a_0 + \sum_{k=1}^{l}(a_k\cos k\omega t + b_k\sin k\omega t) \tag{4-18}$$

为了计算系数 a_k、b_k,上式两边各乘以 $\cos k\omega t$ 并取定积分:

$$\int_0^{2\pi} f(t)\cos k\omega t\,\mathrm{d}(\omega t) = \int_0^{2\pi} a_0\cos k\omega t\,\mathrm{d}(\omega t) + \int_0^{2\pi} a_1\cos\omega t\cos k\omega t\,\mathrm{d}(\omega t) +$$

$$\int_0^{2\pi} a_2\cos2\omega t\cos k\omega t\,\mathrm{d}(\omega t) + \cdots + \int_0^{2\pi} b_1\sin\omega t\cos k\omega t\,\mathrm{d}(\omega t) + \int_0^{2\pi} b_2\sin2\omega t\cos k\omega t\,\mathrm{d}(\omega t) + \cdots$$

根据三角函数的正交性质,m、n 为任意整数,$m \neq n$,下列定积分成立[14]:

$$\int_0^{2\pi} \sin mx\,\mathrm{d}x = 0$$

$$\int_0^{2\pi} \cos mx\,\mathrm{d}x = 0$$

$$\int_0^{2\pi} (\sin mx)^2\,\mathrm{d}x = \pi$$

$$\int_0^{2\pi} (\cos mx)^2\,\mathrm{d}x = \pi$$

$$\int_0^{2\pi} \sin mx\cos nx\,\mathrm{d}x = 0$$

$$\int_0^{2\pi} \cos mx\cos nx\,\mathrm{d}x = 0$$

$$\int_0^{2\pi} \sin mx\sin nx\,\mathrm{d}x = 0$$

则

$$\int_0^{2\pi} f(t)\cos k\omega t\,\mathrm{d}(\omega t) = a_k\pi$$

所以

$$a_k = \frac{1}{\pi}\int_0^{2\pi} f(t)\cos k\omega t\,\mathrm{d}(\omega t) \tag{4-19}$$

同理用 $\sin k\omega t$ 乘以式(4-18)两边,并取定积分可得

$$b_k = \frac{1}{\pi}\int_0^{2\pi} f(t)\sin k\omega t\,\mathrm{d}(\omega t) \tag{4-20}$$

考虑基波,其系数为

$$a_1 = \frac{1}{\pi} \int_0^{2\pi} f(t)\cos\omega t\, \mathrm{d}(\omega t) = \frac{2}{T} \int_0^T f(t)\cos\omega t\, \mathrm{d}t \tag{4-21}$$

$$b_1 = \frac{1}{\pi} \int_0^{2\pi} f(t)\sin\omega t\, \mathrm{d}(\omega t) = \frac{2}{T} \int_0^T f(t)\sin\omega t\, \mathrm{d}t \tag{4-22}$$

式(4-18)中的基波分量为

$$A_1 = a_1\cos\omega t + b_1\sin\omega t \tag{4-23}$$

对上式作一些变换，令

$$A_{1m} = (a_1 + b_1)^{1/2} \tag{4-24}$$

$$a_1 = A_{1m}\sin\varphi_1, \quad b_1 = A_{1m}\cos\varphi_1, \quad \tan\varphi_1 = a_1/b_1 \tag{4-25}$$

代入上式得

$$A_1 = A_{1m}\sin\varphi_1\,\cos\omega t + A_{1m}\cos\varphi_1\,\sin\omega t$$

运用三角函数和与积的关系 A_1 可改写为

$$A_1 = A_{1m}(\sin\omega t + \varphi_1) \tag{4-26}$$

A_{1m} 和 φ_1 可由 a_1、b_1 算得，而 a_1、b_1 则可通过数值积分，由式(4-21)、式(4-22)算得。通过以上运算，可求得基波的幅值和相角。今由图 4-10(a)分别测得电流、电压信号，以 A、B 分别表示相应的时域函数，则基波电压信号的系数 a_{1u}、b_{1u} 为

$$\left. \begin{aligned} a_{1u} &= A_{1m}\sin\varphi_A = \frac{2}{T} \int_0^T A\cos\omega t\, \mathrm{d}t \\ b_{1u} &= A_{1m}\cos\varphi_A = \frac{2}{T} \int_0^T A\sin\omega t\, \mathrm{d}t \end{aligned} \right\} \tag{4-27}$$

式中：A_{1m} 是电压函数 A 的基波幅值，φ_A 是其相位。同理，基波电流信号的系数 a_{1i}、b_{1i} 为

$$\left. \begin{aligned} a_{1i} &= B_{1m}\sin\varphi_B = \frac{2}{T} \int_0^T B\cos\omega t\, \mathrm{d}t \\ b_{1i} &= B_{1m}\cos\varphi_B = \frac{2}{T} \int_0^T B\sin\omega t\, \mathrm{d}t \end{aligned} \right\} \tag{4-28}$$

式中：B_{1m} 是电流函数 B 的基波幅值，φ_B 是其相位。

由式(4-27)可得

$$\varphi_A = \arctan\frac{a_{1u}}{b_{1u}}, \quad A_{1m} = \sqrt{a_{1u}^2 + b_{1u}^2} \tag{4-29}$$

由式(4-28)可得

$$\varphi_B = \arctan\frac{a_{1i}}{b_{1i}}, \quad B_{1m} = \sqrt{a_{1i}^2 + b_{1i}^2} \tag{4-30}$$

则

$$\tan\delta \approx \delta = 0.5\pi - (\varphi_B - \varphi_A) \tag{4-31}$$

可见，除了传感器和 A/D 转换外，本法主要是通过数字运算得到 $\tan\delta$，它完全避免了运用硬件带来的诸多误差因素。在最后运算中虽存在大数相减的问题，但计算机能保证运算的准确性。同时，通过只对基波作运算，等于对谐波进行了理想的数字滤波，从而排除了谐波对监测的影响。故本法具有较高的准确度和良好的重复性。

介质损失角正切的全数字测量方法，需要特别注意的两个问题是：①电压、电流两路信号采集的同时性；②保证在一个工频周期内均匀采集到整数个点数（一般为 2 的整数次

幂),以防止出现频谱泄漏,而导致采样误差。

电力设备介质损耗角正切的在线监测,即使被测设备的绝缘状况是良好的,所监测到的值也不是固定不变的。原因是设备的介质损耗角正切是随着温度、湿度等外界因素而变化的。影响测量值的因素主要有湿度、温度、电压、负荷以及电压互感器原副边的相位差[15,16]。因此,在实际监测中,应该根据这些因素与介质损耗角正切值之间的变化规律,对被测值进行修正,才能比较真实地反映设备的绝缘状况。

4.4 电力电容器的在线监测与故障诊断

4.4.1 电力电容器绝缘劣化的诊断

电力电容器是完全密封型设备,不易受环境的影响,无故障工作时间长,可靠性高。但由于运行中受过电压和热劣化的作用,会使绝缘介质强度逐渐下降,明显表现为局部放电的起始电压(partial discharge inception voltage,PDIV)的降低,最后导致绝缘击穿[17,18]。电容器的密封性会引起油箱鼓肚甚至爆炸,并波及邻近设备造成二次损失。例如 1988 年,营口电业局某变电站的 66kV、20MVar 电容器组中,一台日本制造的电容器爆炸,上盖掀开,使邻近二台电容器套管烧坏。2003 年,江苏东台供电局一个 110kV 变电所,发生一起10kV 并联电容器爆炸起火事故,造成该电容器组一侧的墙壁灼伤,另一侧的两个电容器烧坏,四个电容器的喷逐式熔丝被烤熔[19]。一段时期以来,电力电容器曾和互感器、避雷器一起,构成三大有潜在爆炸事故的危险设备。可见电力电容器绝缘劣化的后果是相当严重的。

造成绝缘劣化的因素主要是热和电。与其他充油设备一样,在热和电的作用下电容器内会产生各种气体,故油中溶解气体分析也是电容器绝缘劣化的诊断手段之一。对矿物油浸纸绝缘的电容器进行热和电的加速老化试验[18](温度和电压均超过正常运行的参数),用气相色谱分析仪分析了油中 9 种气体成分,发现和绝缘劣化有密切关系的是其中 4 种气体成分,即 CO、CO_2、H_2 和 C_2H_2。与变压器的情况类似,热劣化使绝缘纸分解,主要产生 CO和 CO_2,同时也使局部放电起始电压下降。当 $CO+CO_2$ 的浓度为 $10000\times10^{-6}\sim20000\times$$10^{-6}$时,PDIV 将低于额定电压。热劣化和电劣化(发生局部放电)均会产生 H_2,故 PDIV 的下降和 H_2的增加也有明显关系。当 H_2 超过 100×10^{-6} 时,PDIV 也将低于额定电压。而C_2H_2只在发生局部放电时才产生,是反映电劣化的重要指标。绝缘劣化也反映在纸的聚合度的下降上。

油中气体分析和测定聚合度均需破坏电容器的密封以进行油样或纸样的采集,这在实际应用中有相当的困难。

由上述分析可知,无论是热劣化还是电劣化都会造成 PDIV 的降低,故测定电力电容器的局部放电仍是判断绝缘劣化的有效手段。

4.4.2 局部放电的监测

用传统的脉冲电流法检测电容器的局部放电时,由于试品的电容量大而使灵敏度大为降低,故有人建议用声测法。不过由于电容器内部非常紧密的油浸纸、浸渍薄膜以及浸渍纸和薄膜的组合结构,局部放电产生的声波的传播将会受到影响。另外,超声传感器在现场安

装使用以及定量上也有一些困难,故目前在线监测仍以脉冲电流法为主。

为便于安装,电流传感器选用高频电流传感器(high frequency current transducer, HFCT),电流传感器安放在电容器低压套管接地线处,如图 4-12 所示。一般一个电容器组由若干个电容器并联组成,当某个电容器发生放电时,其他电容器都向其放电,则故障电容器流过的脉冲电流最大,相应的电流传感器的输出信号也最大。

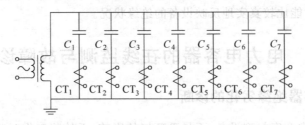

图 4-12　电流传感器在电容器组中安装方式

表 4-4 所示数据是对 5 台 3.3kV、125kVar、0.4μF 电容器组成的 A 相电容器组的在线监测结果。表中 C_1 的放电量明显高于其他电容器,经检查该台电容器已呈现轻微的鼓肚。另一组由 7 电容器组成的电容器组的在线监测结果示于表 4-5,该组电容器除 C_2 有幅值为 250mV 的小的放电外,其余均处于良好的绝缘状态[20]。

表 4-4　625kVar 电容器组监测结果

编号	C_1	C_2	C_3	C_4	C_5
放电量/mV	6800	3200	2080	880	0

表 4-5　875kVar 电容器组监测结果

编号	C_1	C_2	C_3	C_4	C_5	C_6	C_7
放电量/mV	0	250	0	0	0	0	0

监测系统原理框图如图 4-13 所示,电流传感器是带磁芯的高频电流互感器,后接脉冲变压器起隔离作用。高通滤波器用以滤去频率较低的干扰,以提高监测灵敏度。测量系统用示波器显示放电量,其波形如图 4-14 所示。

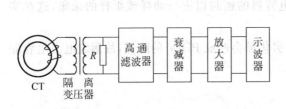

图 4-13　电容器局部放电检测系统原理框图

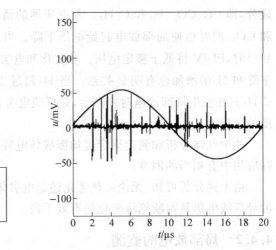

图 4-14　电容器局部放电的典型波形

近些年来,随着电子技术和计算机技术的飞速发展,可以采用高速数据采集的方法将放电信号转化为数字信号,以便进行进一步的分析与判断。类似地,通过套在电力电容器接地线上的宽频带罗戈夫斯基线圈传感器拾取放电信号,然后用频谱分析仪分析其频谱,通过频谱的差别来区分内部放电和外部放电。而通过对射频电流的监测可以判断电容器放电的严重程度。与罗戈夫斯基线圈传感器相配套的射频监测装置包括射频放大器、对数放大器、检波器、峰值保持器和 A/D 转换装置等。罗戈夫斯基线圈的频率响应较宽(最高测量频率可达 30MHz),适于采集各种高压设备的放电信号。射频监测装置的中心频率的选择,要根据使用情况和背景射频噪声而定。

思考和讨论题

1. 试分析电力设备中电容型设备的主要特征,并举实例说明。

2. 反映电容型设备绝缘特性(或介电特性)的参数是介质损耗角正切 $\tan\delta$、设备绝缘的电容值 C_x、流过绝缘的电流 I_x,试分析这三个参数的检测灵敏度及其影响因素。

3. 试分析测量三相不平衡电流 I_k 的优点及影响其检测灵敏度的因素。

4. 当用三相不平衡电流 I_k 监测电容型设备的绝缘性能时,用何法判断哪相设备有故障?试评估此法的实用价值。

5. 试评价电桥法监测介质损耗的优缺点。

6. 试评价相位差法监测介质损耗的优缺点。

7. 试分析相位差法监测介质损耗时的误差因素及改善途径。

8. 试分析用同一监测系统在不同时间监测 $\tan\delta$ 时仍有相当的分散性的可能原因(可参考表 4-3)及改进措施。

9. 试将全数字测量法和相位差法、电桥法相比较,其监测的准确性是否会提高?为什么?

10. 电力电容器和耦合电容器同是电容型设备,可否用监测电容型设备绝缘特性的方法来监测电容器?为什么?

11. 试评述用脉冲法和声测法监测电力电容器局部放电的优缺点。

参 考 文 献

[1] 斯维 M. 高电压设备的绝缘监测[M]. 张仁豫,朱德恒,译. 北京:水利水电出版社,1984.

[2] 张古银. 容容型设备绝缘在线监测参数有效性的计算与分析[J]. 高电压技术,1992,18(4):20-26.

[3] 金之俭,黄结成. 三相泄漏电流和的变化反映容性设备的绝缘状态[J]. 高电压技术,2001,27(6):12-13.

[4] WANG J H,MA W P,XU S K,et al. On-line measurement of C_x and $\tan\delta$ on the type of capacitive electric equipment[C]//Proceedings of 1994 International Joint Conference:26th Symposium on Electrical Insulating Materials,3rd Japan-China Conference on Electrical Insulation Diagnosis,3rd Japan-Korea Symposium on Electrical Insulation and Dielectric Materials,Sept. 26-30,1994,Osaka,Japan,447-450.

[5] 陈天翔,张保会,张翰森,等. 基于移相和平衡测量原理的介质损耗在线测量方法[J]. 电网技术,2005,29(7):74-77.

[6] 安宗贵,柴继文,严璋,高压电气设备绝缘介电特性的在线自动监测[J]. 高电压技术,1991,17(4):34-38.

[7]　李怀龙,孟志强,王同业,等.一种新型介质损耗 tanδ 测量系统研究[J].电力自动化设备,2006,
　　　26(11)：55-57.

[8]　吕延锋,钟连宏,王建华.电气设备绝缘介质损耗测量方法的研究[J].高电压技术,2000,26(5)：38-
　　　40/42.

[9]　王健斌.电容型设备绝缘在线监测装置的研究[C]//中国电机工程学会电力系统与电网技术综合学
　　　术年会论文集,宜昌,1993,11：499-502.

[10]　蔡国雄,甄为红,杨晓洪,等.测量介质损耗的数字化过零点电压比较法[J].电网技术,2002,26(7)：
　　　15-18.

[11]　王微乐,李福祺,谈克雄.测量介质损耗角的高阶正弦拟合算法[J].清华大学学报(自然科学版),
　　　2001,41(9)：5-8.

[12]　杨敏,党瑞荣,付岳峰.正弦波参数法测量介质损耗角[J].电气技术,2009(1)：61-64.

[13]　夏胜国,文远芳.高压绝缘的 tanδ 数字测量方法[J].高压电器.2000,(2)：38-41.

[14]　邱关源.电路[M].北京：人民教育出版社,1989.

[15]　刘海峰,黄金哲.在线监测介质损耗因数的影响因素与结果分析[J].华北电力技术,2002,12：25-
　　　26/38.

[16]　谢华,张会平.电压互感器角差对介损在线监测的影响分析[J].高电压技术,2003,29(5)：26-
　　　28/41.

[17]　王昌长,高玉明,郑振中,等.运行中电力电容器组的失效分析[J].电力电容器,1994(4)：25-29.

[18]　YOROZUYA T, TAKASU N, SUQANUMA K, et al. Study on diagnostic method of deterioration
　　　for power capacitors [C]//Proceedings of the 3rd ICPADM, July 8-12, 1991, Tokyo, Japan,
　　　745-748.

[19]　崔立.一起 10kV 电容器爆炸起火事故的启示[J].电力电容器,2002(2)：32.

[20]　MALLIKARJUNAPPA K, RATRA M. C. On-line monitoring of partial discharges in power
　　　capacitors using high frequency current transformer technique[C]//Proceedings of the 3rd ICPADM,
　　　July 8-12,1991, Tokyo, Japan, 749-751.

[21]　党晓强,刘念.电力电容器在线监测技术研究[J].四川电力技术,2003(6)：6-7/5.

第 5 章

避雷器的在线监测与故障诊断

5.1 避雷器的故障特点与诊断内容

传统的避雷器是由放电间隙和碳化硅阀片电阻构成。20 世纪 70 年代至 80 年代间，一
种新型的、无间隙的以氧化锌为阀片原料的氧化锌避雷器问世。它具有优越的保护性能，
如：无续流、动作负载轻、耐重复动作能力强、通流容量大等；性能稳定，抗老化能力强，能
适应严重污染、高海拔地区以及 GIS 等多种特殊需要；适于大批量生产，成本低。氧化锌避
雷器已广泛应用于变电站、GIS 等各个领域，成为世界上避雷器发展的主要方向，已经逐渐
取代了传统的带间隙的避雷器。本章主要讨论氧化锌避雷器的在线监测和诊断。

氧化锌电阻片具有极为优越的非线性特性，在正常工作电压下电阻很高，实际上相当于
一个绝缘体。因此可以不用串联火花间隙来隔离工作电压；而在过电压作用下，电阻片电
阻很小，残压很低。

正常工作电压下，流过氧化锌电阻片的电流仅为微安级，但是由于阀片（电阻片）长期承
受工频电压作用而产生劣化，引起电阻特性的变化，导致流过阀片的泄漏电流增加。另外，
由于避雷器结构不良、密封不严使内部构件和阀片受潮，也会导致运行中避雷器泄漏电流的
增加。电流中阻性分量的急剧增加，会使阀片温度上升而发生热崩溃，严重时，甚至引起避
雷器的爆炸事故。

避雷器是由多个阀片电阻串联而成，避雷器对地杂散电容的影响会使串接的电阻片上
电压分布不均，使靠近高压端的电阻片承受较高的电压。若不采取均压措施，会加速这些电
阻片的老化而失效，进而使其他电阻片上电压增高。如此恶性循环，将使整台避雷器损坏，
缩短预期寿命。另外，由于其他因素引起电阻片劣化也会使电压分布发生变化。因此，监测
避雷器的电压分布也是诊断手段之一。为了在工作电压下监测电阻片上的电压，一般采取
光电测量法，利用电压传感器直接测量其电压。

实际使用时，因为只能监测每节避雷器的电压分布（如 220kV 及以上电压等级的避雷
器往往是由多节低压避雷器串联组成），所以这种检测方法的作用有限，国内目前还未见其
实际应用。

电力部门普遍采用监测氧化锌避雷器的阻性电流，来诊断其绝缘状况。由于氧化锌阀

片具有很大的介电常数($\varepsilon_r=1000\sim2000$),因此,在正常工作电压下流过阀片的主要是容性电流。氧化锌避雷器在线监测要解决的关键技术是,如何从容性电流为主的总电流中分离出微弱的阻性电流。

以下将讨论几种常用的氧化锌避雷器的在线监测方法。

5.2   补偿法测量阻性电流

5.2.1   基本原理

补偿法测量阻性电流是在测量电流的同时检测系统的电压信号,借以消除总泄漏电流中的容性电流分量。代表性检测装置就是日本 LCD-4 型泄漏电流检测仪,其原理如图 5-1 所示。

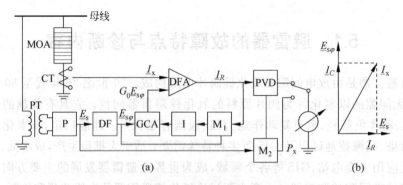

图 5-1   LCD-4 泄漏电流测量仪原理图

(a) 原理框图; (b) 向量图

P—光电隔离器; CT—钳形电流互感器; M_1, M_2—乘法器; DFA—差动放大器; I—积分器; GCA—增益控制放大器; DF—差分移相电路; PVD—峰值测量电路; PT—电压互感器; MOA—氧化锌避雷器

用同相的 PT 检测电压信号 E_s,进入差分移相电路向前移相 $90°$ 为 $E_{s\varphi}$,使之与总电流 I_x 中的容性分量 I_C 同相。GCA 为增益控制放大器,G_0 是它的增益,当仪器自动调节到使 $G_0 E_{s\varphi}$ 与 I_C 大小相等时,则差动放大器的输出为

$$I_x - G_0 E_{s\varphi} = I_x - I_C = I_R \qquad\qquad (5-1)$$

如图 5-1(b)的向量图所示。乘法器 M_1 将 $E_{s\varphi}$ 和 DFA 的输出相乘,用以调整 GCA 的增益,以使 I_x 中的 I_C 被完全抵消。M_2 则用来计算由阻性分量引起的功耗 P_x。该装置的功能比较齐全,可测出总电流 I_x、阻性电流 I_R 及功率损耗 P_x[1]。但在现场监测时,三相避雷器是一字形排列。各相避雷器阀片除承受本相电压外,还通过相间杂散电容的耦合受到相邻相电压的作用,如图 5-2(a)所示。由于相邻相电压的作用,使避雷器底部电流与单独一相运行时相比,会发生变化。以 A 相为例,其向量图如图 5-2(b)所示。图中 I_x、I_C、I_R 分别是 A 相避雷器只受 U_A 作用时的总泄漏电流、容性和阻性分量,Φ 为 U_A、I_x 间相差,$I_{C,BA}$ 是 U_B 在 A 相避雷器上耦合的容性电流。故 A 相实际容性电流 $I_C' = I_C + I_{C,BA}$,而总泄漏电流 $I_x' = I_C' + I_R$。和 A 相电压单独作用时相比较,I_x' 的相位较 I_x 后移了 θ,I_C' 和 U_A 不再相差 $90°$,而是比 I_C 后移了 θ',也即 $E_{s\varphi}$ 和 I_C' 间有相差 θ'。这样测量装置将不能够通过调节 $G_0 E_{s\varphi}$,将实际的容性电流 I_C' 从总电流中完全补偿掉,读数将变成 $I_R' = I_x' - G_0' E_{s\varphi}$。显然 $I_R' > I_R$。

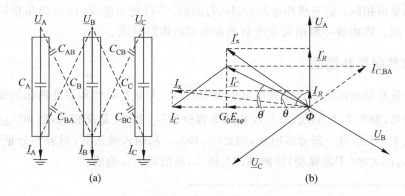

图 5-2　相间耦合对监测阻性电流的影响

由此可知,由于 B 相的影响,A、C 相的 I_x 的相位将分别移后和移前3°～5°度,其峰值也略有减小,I_R 的读数则分别出现明显的增大和减小。而 B 相由于同时受 A、C 相影响,I_x 的相位和 I_R 值基本不变,这就是所谓三相不平衡现象。表 5-1 是某 500kV 变电站对三相避雷器在不同运行方式下 I_x 和 I_R 的实测数据。可见三相不平衡现象是较为严重的,将影响对避雷器绝缘状况的诊断。

表 5-1　一字形排列时 500kV 三相避雷器实测数据

运行和测试情况	相别	总泄漏电流 I_x （有效值）/mA	阻性电流 I_{Rm} （峰值）/μA	I_x 的相位角 Φ/(°)
单独一相运行	A	1.62	210	87
	B	1.58	230	87
	C	1.62	230	87
三相运行,不加移相器测量	A	1.44	500	82
	B	1.54	250	87
	C	1.58	110	90
三相运行,加移相器测量。输入LCD-4的U_A并向后移相4.9°,U_C向前移相 3.3°	A	1.58	210	87
	B	—	—	—
	C	1.50	210	87

5.2.2　相间干扰的抑制

为降低相间干扰所引起的测量误差,可将电压互感器上测得并经 90°移相后的 $E_{s\varphi}$ 再后移 θ',使其与 I'_C 同相,这样通过调节 G'_0,使 $G'_0 E_{s\varphi} = I'_C$,仍可从差动放大器得到 $I'_x - G'_0 E_{s\varphi} = I_R$。从向量图分析可知,$G'_0$ 的调节不如 G_0 那么理想,因此完全消除干扰影响是不可能的,但可以得到较大的改善。

降低相间干扰影响的具体作法如下:先在停电条件下,用外施电压分别测量各相避雷器的 I_x、I_C、I_R,而后在运行条件下再测量,这时应在 PT 输出的电压信号后再增加一个移相器;然后将电压信号输入 LCD-4 测量装置。改变移相器的角度,使 I_x、I_C、I_R 测量值与停电条件下的测量值相同；记下移相值和 $\underline{I}_x$、$\underline{I}_C$、$\underline{I}_R$ 的值，并以此为基准，以后均在相同的移相条件下进行监测。移相器一般由可变电阻器和电容器串联组成。

5.2.3 自然向量补偿法

自然向量补偿法的出发点是总泄漏电流中的容性分量 $\underline{I}_C$ 必然和另外两相的线电压成同相或反相关系，如图 5-3(b)所示[2]，A 相的电容分量 $\underline{I}_{C,A}$ 和 $\underline{U}_{BC}$ 是反相的，而和 $\underline{U}_{CB}$ 是同相的。这样只需从 PT 上拾取一部分线电压，例如 $\underline{U}_{CB}$ 和 $\underline{I}_x$ 一起输入减法器，对容性分量进行补偿，同时调节 $\underline{U}_{CB}$ 的大小(不需移相)使测到的 $\underline{I}_x$ 最小，该值即为 $\underline{I}_R$ 的值。

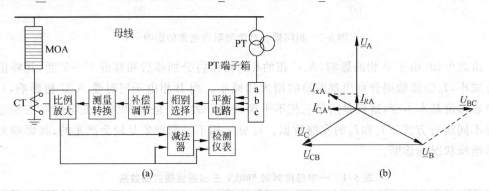

图 5-3   自然向量补偿法原理图

(a) 原理框图；(b) 向量图

在线监测的原理框图如图 5-3 所示。仍用 CT 获取 $\underline{I}_x$，经高精度比例放大器线性放大后进入测量转换器。补偿支路直接取自母线电压互感器的端子箱，经三相平衡电路使补偿信号三相平衡，以防止电压不平衡造成的测量误差。同时以补偿信号作为装置的工作电源，故本系统不需另接工作电源。

在检测回路中采用了减法器和峰值检测一体化电路，利用高阻抗数字式表头直接读取测试电流的大小。当测量转换开关置于 $\underline{I}_x$ 时，可读取避雷器全电流的有效值；当转换开关置于峰值挡时，通过补偿调节，使表头读数最小，此读数即为 $\underline{I}_R$ 的峰值。在离线状态下对同一支 10kV 的氧化锌避雷器用该方法和 LCD-4 做对比试验，两者测量偏差为 1%～3%。

自然向量补偿方法和前述补偿法相比，只是拾取的补偿信号不同，基本思路都是对容性电流的补偿，因此相间干扰问题同样存在，必要时需加移相器。

5.3 零序电流法和三次谐波法

5.3.1 零序电流法

由于氧化锌电阻片的非线性特性，其阻性电流波形 I_R 是非正弦波，因此其中包含有基波电流 I_{R1}、三次谐波电流 I_{R3} 和五次谐波电流 I_{R5} 等高次谐波分量。若在避雷器的三相总接地线上监测三相总电流，则 I_C、I_R 因三相平衡，故测得的是三次谐波的三倍值，即 $I_0 = 3I_{R3}$。由于 I_R 和 I_{R3} 之间有一定的比例关系，还可得出总的阻性电流的大小(峰值)。当避雷器正常运行时，I_{R3} 较小。但当单相或多相避雷器故障时，三相电流不平衡，I_0 会显著增加，且含有基波分量。

该方法的特点是简单,但无法区分是哪一相发生故障。此外,当系统电源本身含有谐波分量时会出现I_{C3},该电流分量与I_{R3}叠加后将使I_0比实际阻性电流值要大,造成误判[1]。

5.3.2 三次谐波法

上海电动工具研究所生产的 SD-8901 型氧化锌避雷器泄漏电流测试仪采用了三次谐波法原理[3],其原理框图如图 5-4 所示。该装置采用电流传感器(通常用高磁导率的坡莫合金作磁芯制作,并附有良好的金属屏蔽)在避雷器的接地线上直接测量总电流I_x;前置放大器一般由增益可变的低噪音放大器组成,以适应不同量程的检测要求;由有效值检波器和指示电表读取总电流I_x。通过中心频率f_0为150Hz的带通滤波器、峰值检波器和指示电表检测阻性电流的三次谐波分量I_{R3}。通常经过修正(因I_R和I_{R3}有一定的比例关系)使电表直接指示阻性电流I_R。通过射极跟随器和外接示波器可直接观察总电流I_x的波形,以供进一步分析。

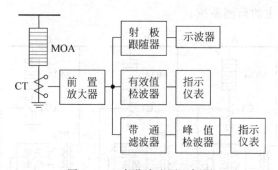

图 5-4　三次谐波法原理框图

该方法的特点是较简单,与补偿法相比无需引入电压信号。但因为测的是三次谐波电流I_{R3},故需经修正后方可得到阻性电流I_R。但是作为在线监测的诊断判据,重点是作纵向比较,即观察各电流的变化趋势,因此对修正的准确度影响不大。

电网的谐波仍是影响检测结果可靠性和重复性的主要原因。此外,相间干扰也会使 A、C 相的读数偏大,因为部分杂散电容电流也会流经阀片。

5.4　谐波分析法监测阻性电流

5.4.1　基本原理

前面提到在正弦交流电压作用下,由于电阻片的非线性特性而使阻性电流分量含有三次、五次谐波分量。从电路理论可知只有同频率的电压、电流才能消耗功率,不同频率的电压、电流不会消耗功率,这正是三角函数的正交性质所决定的[4]。由此可知,使电阻片发热做功的仅是阻性电流I_R中的基波分量I_{R1},不同避雷器的I_R尽管相同,但若I_{R1}不同,其发热情况也就不同。故实际上I_{R1}才是氧化锌避雷器劣化的关键指标。

另外,当电网中含有谐波时,会从幅值和相位两方面影响阻性电流测量值,故谐波状况不同,阻性电流(峰值)的测量结果会相差甚大,如果只监测I_{R1},则可避免谐波对测量的影响,即不论电网电压所含谐波量如何,I_{R1} 总是一个定值。

为此可采用全数字化测量和谐波分析技术从总泄漏电流中分离出 I_{R1},同时也可用软件计算出由于相间杂散电容的耦合,造成两个边相避雷器底部泄漏电流相位发生变化的相移角,以便进行修正。

5.4.2　监测系统

谐波分析法的监测系统组成如图 5-5 所示。谐波分析法可以方便地分析指定的谐波分量,本节以下涉及的电压和电流矢量均指基波分量。为简化标示,矢量下标 1 省略。图中,电流互感器 CT_1、CT_2 和 CT_3 用以获取各相待测避雷器的总泄漏电流 I_A、I_B 和 I_C。电压互感器 PT_1、PT_2 和 PT_3(经电压隔离单元隔离,以保证测量系统发生故障时不影响电压互感器的正常运行)用以获取电压信号 U_A、U_B 和 U_C。这六个信号分别经放大器 1~6 后,由 A/D 转换器转换成数字信号,最后由微机对数字信号进行处理,计算出各相待测避雷器的总泄漏电流中的阻性分量 I_{RA}、I_{RB} 和 I_{RC}。谐波分析法和介质损耗角正切 $\tan\delta$ 的全数字测量法十分相似,是一种以软件为主的监测系统。

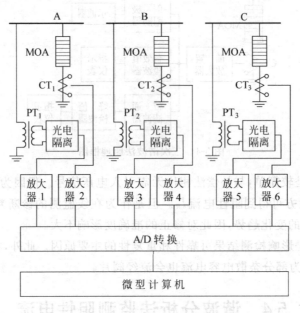

图 5-5　谐波分析法原理框图

图 5-6(a)所示为一字形排列的三相避雷器组的简化等效电路图。图中:R_A 和 C_A 是 A 相避雷器的等效电阻和电容,R_B 和 C_B 是 B 相避雷器的等效电阻和电容,R_C 和 C_C 是 C 相避雷器的等效电阻和电容;C_{AB}、C_{BA}、C_{BC}、C_{CB} 为各相高压端对邻相接地端空间的等效杂散电容。在正常情况下,可认为 A、B、C 各相的阻性电流和总电流是相同的,再考虑三相避雷器组结构上的对称性,可以认为 $R_A=R_B=R_C$,$C_A=C_B=C_C$,$C_{AB}=C_{BA}=C_{BC}=C_{CB}$。于是可以得到:$U_A$ 通过 R_A 和 C_A 产生的电流为 I'_A(领先 U_A 约 87°),U_B 通过 R_B 和 C_B 产生的电流为 I'_B(领先 U_B 约 87°),U_C 通过 R_C 和 C_C 产生的电流为 I'_C(领先 U_C 约 87°);U_A 通过 C_{AB} 产生的电流为 I''_A(领先 U_A 90°),U_B 通过 C_{BA} 和 C_{BC} 产生的电流为 I''_B(领先 U_B 90°),U_C 通过 C_{CB} 产生的电流为 I''_C(领先 U_C 90°)。即 $I_A=I'_A+I''_B$,$I_B=I'_B+I''_A+I''_C=I_B+I''_{AC}$,$I_C=I'_C+I''_B$。$I'_A$、$I'_B$、$I'_C$、

I''_A、I''_B、I''_C 的幅值相等,相角差 120°。

它们的矢量关系如图 5-6(b)所示。图中,I'_A 由于受 I''_B 的影响,其幅值变化虽然不大,但相位角由 I'_A 位置延迟了 Φ_0(一般为 3°～5°,图中为了表达清楚,没有按比例画),成为 I_A,将会对其阻性分量 I_{RA} 产生较大的影响。同样,I'_C 由于受 I''_B 的影响,其幅值虽然也变化不大,但相位角由 I'_C 位置领先了 Φ_0,成为 I_C,也将会对其阻性分量 I_{RC} 产生较大的影响。I'_B 受 I''_{AC}(I''_A 和 I''_C 合成矢量)的影响,但由于 I''_{AC} 和 I'_B 的相位角接近 180°(图中按 180°画),所以 I'_B 只是幅值略为降低,而相位角没有多大的变化。因此 A、C 相空间电容电流对 B 相的影响可以忽略不计。

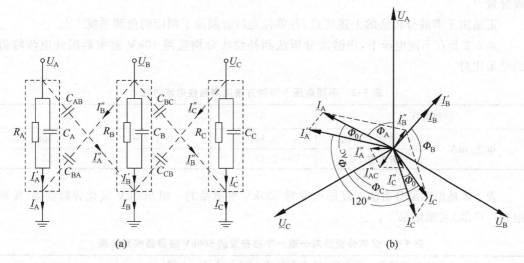

图 5-6 监测阻性电流时各参数矢量图

通过傅里叶分析算法(见 4.3.3 节),可以得到 U_A、U_B、U_C、I_A、I_B、I_C、Φ_A、Φ_B、Φ_C,以及 I_A 与 I_C 之间的夹角 Φ_{AC},则

$$\Phi_0 = (\Phi_{AC} - 120°)/2 \tag{5-2}$$

修正后避雷器的阻性电流分量如下:

A 相阻性电流 $$I_{RA} = I_A \cos(\Phi_A + \Phi_0) \tag{5-3}$$

B 相阻性电流 $$I_{RB} = I_B \cos\Phi_B \tag{5-4}$$

C 相阻性电流 $$I_{RC} = I_C \cos(\Phi_C - \Phi_0) \tag{5-5}$$

A 相阻性电流峰值 $$I_{RAm} = \sqrt{2}\, I_{RA} \tag{5-6}$$

B 相阻性电流峰值 $$I_{RBm} = \sqrt{2}\, I_{RB} \tag{5-7}$$

C 相阻性电流峰值 $$I_{RCm} = \sqrt{2}\, I_{RC} \tag{5-8}$$

A 相阻性电流修正前为 $I_{RA} = I_A \cos\Phi_A$,此值显然大于实际值;为此将 I_A 前移一个相角 Φ_0,则 $I_{RA} = I_A \cos(\Phi_A + \Phi_0)$,即可使误差大为减小。因 $I_A \neq I'_A$,故不可能将相间干扰引起的测量误差完全消除。同理,C 相阻性电流修正前为 $I_{RC} = I_C \cos\Phi_C$,此值显然也不等于实际值。为此需将 I_C 后移一个相角 Φ_0,则 $I_{RC} = I_C \cos(\Phi_C - \Phi_0)$。同样,因为 $I_C \neq I'_C$,故也不可能将相间干扰引起的测量误差完全消除。

谐波分析法的主要特点是"以软代硬",使监测系统所用硬件大为减少,避免了由于硬件性能不良对监测带来的影响,可提高监测系统的可靠性。同时可和介质损耗测量共用一套微机及相应的软件,有利于实现多参数多功能的统一监测系统。该法除传感器、A/D 转换和计算等误差外,主要是 Φ_0 的准确性带来的误差。因为 A、C 相的相应参数不可能完全相同,改进的办法也是通过在线和停电时分别测定 I'_A、I'_C 和 I_A、I_C 以确定需修正的相位移 Φ_1 和 Φ_2。同时作为诊断判据,重点在于数据的变化和前后的比较。从这个意义上考虑,不必对准确度提过高要求,而更重要的是数据的重复性和可靠性。

谐波分析法和常规的补偿法相比,对监测总的泄漏电流、基波阻性电流的测量结果是一致的。但当电压中含有高次谐波时,谐波分析法更能准确、灵敏地反映阻性电流中的高次谐波分量[5]。

正是由于谐波分析法的上述优点,各单位先后研制除了相应的监测系统[6-9]。

表 5-2 是在不同电压下,用谐波分析法和补偿法分别监测 10kV 避雷器阻性电流峰值的结果比对。

表 5-2　不同电压下两种方法监测阻性电流对比

所加电压/kV		5	6	7
电流/mA	谐波分析法	0.101	0.177	0.308
	补偿法	0.13	0.18	0.35

表 5-3 是用谐波分析法对辽阳电业局 500kV 变电站的一组 500kV 氧化锌避雷器(抚顺电瓷厂产品)实测结果[6]。

表 5-3　谐波分析法对一组一字形布置的 500kV 避雷器实测结果

监测参数		电压互感器二次电压/V			I_x/mA	I_{Rm}/mA	I_{R1m}/mA	Φ_0/(°)	Φ_{IU1}/(°)	$\Phi_{IU1,AC}$/(°)
		U	U_1	U_3	有效值	峰值	峰值			
A 相	未校正	59.63	59.61	0.96	1.468	0.401	0.303	0	81.58	127.35
	校正	59.63	59.61	0.96	1.468	0.272	0.171	3.68	85.26	—
B 相		60.67	60.64	1.64	1.351	0.281	0.142	0	85.72	—
C 相	未校正	60.60	60.66	1.88	1.477	0.259	0.066	0	88.16	—
	校正	60.60	60.66	1.88	1.477	0.388	0.200	-3.68	84.48	—

5.5　光电技术在避雷器泄漏电流在线监测中的应用

避雷器在正常情况下泄漏电流很小,其接地端的电位也是地电位。但是当它遭雷击动作时,由于接地线在瞬间会流过极大的电流,从而导致地电位的抬高。因此在在线监测中必须解决好监测设备的接地问题,否则极有可能由于雷击导致电子设备的永久性损坏。如果在电流取样端与检测处理端之间采用光电隔离技术,就可以有效地解决这个问题。

当前在许多变电所都装有带有泄漏电流指针表的雷击次数计数器,其原理如图 5-7 所示[10]。

避雷器可以等效为一个电容和一个高阻值的电阻并联,总电流流过整流桥路,再经过电流表形成回路。雷击产生高压时,大电流通过阀片放电,将雷击电流旁路接入大地,起到保

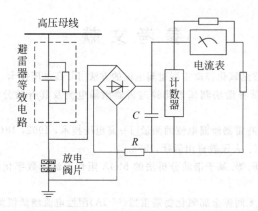

图 5-7 指针式电流表的电流取样原理图

护作用。根据上述原理,在取样回路中串联一个专用的电流-频率转换模块,当电流发生变化时,模块的振荡频率也发生变化,通过三极管驱动发光管,从而将微小的电流变化量转化为光脉冲输出,经光纤耦合到接收装置进行光电转换与处理。其原理图如图 5-8 所示[10]。

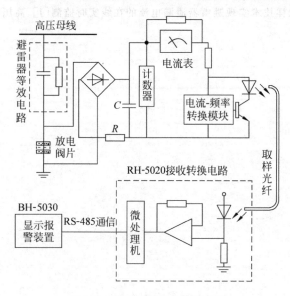

图 5-8 改进的电流取样原理图

思考和讨论题

1. 为什么监测氧化锌避雷器的阻性电流可诊断它的绝缘故障?
2. 试评述用补偿法监测氧化锌避雷器的阻性电流时主要的误差来源及改进措施。
3. 试简要归纳用补偿法、谐波法和谐波分析法监测阻性电流的原理、特点、误差来源和改进措施。
4. 你认为哪种避雷器的在线监测与故障诊断方法最好,为什么?
5. 试分析用在线监测避雷器泄漏电流时光电技术的作用。

参 考 文 献

[1]   贾逸梅,贾福珩.在线监测氧化锌避雷器泄漏电流的方法[J].高电压技术,1991,17(3):30-35.

[2]   王永勇,邵长盛.用向量补偿法测试氧化锌避雷器泄漏电流及其有功分量[J].高电压技术,1992,18(4):31-33.

[3]   胡瑞华.运行中氧化锌避雷器泄漏电流的测量[J].高电压技术,1992,18(4):34-37.

[4]   邱关源.电路[M].北京:人民教育出版社,1978.

[5]   廖瑞金,王忠毅,孙才新,等.基于谐波分析法的 MOA 阻性电流的数字化监测[J].高压电器,1999,35(4):12-15.

[6]   东北电力试验研究院.无间隙金属氧化物避雷器(MOA)阻性电流测量仪鉴定资料[R].1991.

[7]   电力工业部电力科学研究院.500kV 氧化锌避雷器在线监测装置研制总结[R].1995.

[8]   杨小平,李盛涛,张磊.基于 RS-485 总线的金属氧化物避雷器在线监测系统的研究[J].电瓷避雷器,2003(5):29-33.

[9]   黄建国,陈亮,董莉娜,等.变电站用 10kV 避雷器运行状态在线监测装置的研制[J].电瓷避雷器,2012(4):85-90.

[10]   周骁威.用光纤取样技术实现避雷器泄漏电流的在线实时监测[J].高压电器,2001,37(6):55-56/5.

第 6 章

GIS 和高压开关设备的
在线监测与故障诊断

6.1 概 述

至少有一部分采用高于大气压的气体作为绝缘介质的金属封闭开关设备称为气体绝缘金属封闭开关设备(gas-insulated metal-enclosed switchgear)[1]，也称封闭式组合电器和气体绝缘变电站，简称为 GIS。它是将变电站中除变压器外的电气设备，包括断路器、隔离开关、接地(快速)开关、电流互感器、电压互感器、避雷器、母线(三相或单相)、连接管和过渡元件(SF_6 电缆头、SF_6 空气套管、SF_6 油套管)等全部封闭在一个接地的金属外壳内，壳内充以 0.3MPa～0.6MPa 的 SF_6 气体作为绝缘和灭弧介质。

由全封闭组合电器组成的气体绝缘变电站和常规敞开式户外变电站相比有以下一系列的优点。

(1) 占地面积和空间显著降低，且随电压的增加而显著减少。以国内桥形接线变电站为例，110kV 的 GIS 占地面积仅为常规变电站的 7.6%，体积为 6.1%，而 220kV GIS 则分别为 3.7%和 1.8%[2]。

(2) 带电体和固体绝缘件全部封闭于金属壳内，不受外界环境条件(例如污染)的影响，运行安全可靠。

(3) SF_6 断路器开断性能好，检修周期长。GIS 设备是单元间隔的标准化连接，方便检修。

(4) 安装方便，GIS 一般都在工厂装配后以整体形式或分成若干部分运往现场，故可大大缩短现场安装工作量和工程建设周期。

由于上述优点，自 20 世纪 60 年代开始，世界上已有上万个间隔投入使用。电压从 60kV 发展到 765kV，目前国外 GIS 建设和常规变电站之比约为 1∶6。对进入城市负荷中心的变电站(包括企业内部的变电站)，由于地价和协调环境等要求，GIS 已有取代常规变电站的趋势。图 6-1 所示是单母线单相单筒式布置的剖面示意图[2]。断路器的断口垂直布置，操动机构即作为其支座。

电压等级小于等于 300kV 的电压互感器一般采用电磁式电压互感器，如图 6-2 所

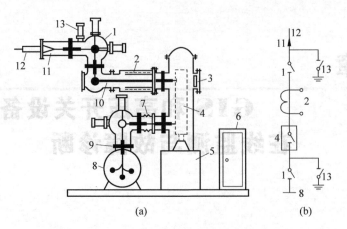

图 6-1　单母线单相单筒式布置

1—隔离开关；2—电流互感器；3—吸附剂；4—断路器灭弧室；5—操动机构；6—控制柜；7—伸缩节；

8—三相母线；9—绝缘子；10—导电杆；11—电缆头；12—电缆；13—接地开关

示[2]；电压等级大于等于 500kV 的则普遍采用电容式电压互感器。电流互感器也是单独组成一个元件或与套管、电缆头联合组成一个元件。单独的电流互感器放在一个直径较大的筒内，如图 6-3 所示[2]。

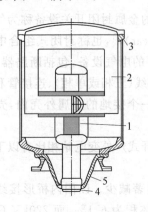

图 6-2　电压互感器

1—一次线圈；2—铁芯和二次线圈；3—外壳；

4—高压接线端；5—盆式绝缘子

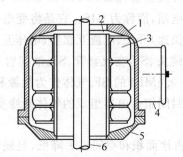

图 6-3　电流互感器

1—外壳；2—屏蔽罩；3—环形铁芯；4—二次接线箱；

5—法兰；6—一次导体

一般情况下隔离开关和接地开关组成一个元件，如图 6-4 所示[2]。

如上所述，GIS 的优点之一是可靠性高。根据国际大电网会议资料，它的故障率为 0.01～0.02/站·年，一般认为约为常规设备故障的 1/10。GIS 停电检修周期一般定为 10～20 年，也有工厂提出不需要检修。尽管如此，与常规电气设备相比，GIS 在运行可靠性方面仍存在一些不利因素。

（1）设备完全封闭在金属外壳中，不能依靠人的感官发现故障的早期征兆。

（2）GIS 体积小，各设备的安排十分紧凑，一个设备的故障容易波及邻近设备，使故障扩大。

（3）金属外壳的全封闭设备较难进行故障定位，给处理故障造成困难，并增加处理故障

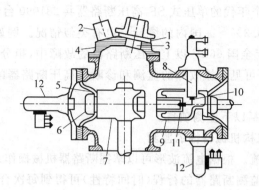

图 6-4　隔离开关和接地开关

1—防爆膜片；2—密度继电器；3—吸附剂；4—外壳；5—盆式绝缘子；6—接地开关静触头；7—主静触头；

8—旋转的绝缘杆；9—动触头屏蔽罩；10—操动系统；11—动触头；12—接地开关装置

的时间,因而会增加直接、间接损失。若考虑到现场环境条件较差,无明确目标的拆卸,检修反使周围的水分、灰尘等侵入设备内部,降低设备可靠性[3]。

考虑这些不利因素,运行部门和制造厂商均普遍认为宜采用在线监测技术及时发现内部故障。

GIS 在线监测的主要内容包括绝缘特性、断路器动作特性、接地故障、导体发热、气体参数等。就重要性而论,前三项是主要的。图 6-5 列出了监测项目、故障机理和监测用传感器等[4]。SF$_6$ 断路器是 GIS 中的主要设备,它的监测内容和 SF$_6$ 落地罐式断路器以及常规高压断路器是相同的,故本章所讨论的高压断路器的监测与诊断技术也适用于一般高压断路器;避雷器的监测技术参见第 5 章。

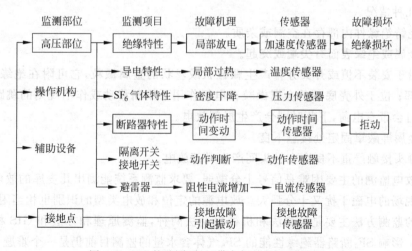

图 6-5　GIS 的监测项目(带方框的是重要项目)

6.2　高压断路器的监测内容

高压断路器的监测项目是建立在历年事故的统计和分析基础上的。根据国际大电网会议 13.06 工作组对包括 26 个国家 83 个电力部门所作的第三次国际调查结果,在 2004—

2007 年间,在包含了各个年代的单压式 SF_6 高压断路器共 281090 台年中,拒开、拒合、误开、误合故障占总故障的 50.2%[5]。国内的统计[6]也有类似情况。例如电力部电力科学研究院统计的 1999—2003 年全国 66kV 以上高压断路器的故障中,拒分、拒合和误动作三类机械性故障共占 47.2%。可见机械故障的监测和诊断在高压断路器的在线监测中占很重要的地位。

高压断路器主要包括以下监测项目。

1. 断路器和操动机构机械特性的监测

(1) 合分闸线圈电流。根据电流波形可以掌握断路器机械操作系统的情况。

(2) 断路器行程。监测断路器的行程(时间特性)可得到每次合、分操作时的运动速度和时间等参数,从参数的变动预测故障。

(3) 断路器振动信号。通过机械振动波形也可监测机械运动状态和有关的时间参数等。

2. 合分闸线圈回路通路监测

将合分闸线圈电路用高值电阻与电源连接,可以根据电路中的电流判断线圈回路是否有断路。

3. 操动机构的储压系统

包括压力监测和电动机启动时间间隔及转动时间监测。

4. 灭弧室和灭弧触头电磨损监测

可以通过分断电流累计值或加权分段累计间接估计电磨损程度。

5. 绝缘监测

主要是局部放电的监测,局部放电常作为主要绝缘故障(对地击穿)的前兆现象,通常发生在以下几种情况。

(1) 浇铸绝缘件内部存在空洞或杂质。

(2) 金属或绝缘表面有尖端或突起。

(3) 由于安装不慎或开关分合产生颗粒状或丝状的金属微粒,它可附在绝缘表面或落在外壳底部;位于外壳底部的金属微粒在电场作用下不断移动或作不规则的跳跃,当金属微粒腾空时会带有电荷,下落时则会产生局部放电。

(4) 金属屏蔽罩固定处接触不良。

(5) 触头接触严重不良会在触头间产生局部放电。

局部放电监测的主要困难是信号十分微弱,要求监测系统能测出几皮库的放电量,而断路器安装现场的电磁干扰又十分强大。放电源的定位和放电类型的识别也相当困难。目前实际应用的监测方法主要是电测法和机械振动法两种,监测原理和方法和 GIS 相同,可参见 6.4 节。影响 SF_6 断路器绝缘性能的 SF_6 气体含水量的监测目前仍是一个难题。

6. 断路器主触头及导电部分监测

(1) 壳体温升的监测。可间接了解主触头及导体的发热情况。

(2) 壳体振动的监测。当主触头发热严重时,壳体机械振动的幅值和频率特性都有所变化。

以上两种方法只能用于有接地外壳的断路器。近年来还发展了一种暂时性状态监测技术,即断路器暂时退出运行处于离线状态,但不需将断路器解体,而是运用体外检测技术来诊断其内部状态。这是由于 SF_6 断路器维修现场环境的要求(尘埃、湿度等)很高,现场难于满足要求,为此希望在不打盖情况下先在断路器体外进行检测,发现故障后再确定检修方案。

暂时性状态监测技术有以下三项。

(1) 断路器在分合过程中壳体或外壳机械振动的检测[7]。

(2) 断路器动态回路电阻的检测,可以检测断路器的静态回路电阻、灭弧触头的有效接触行程,从而检测灭弧触头的烧损或磨损,进一步预测触头寿命[7]。

(3) 液压机构低速驱动时驱动力的检测。可以检测断路器动作时的阻力以及触头表面烧损情况[8]。

关于监测系统的经济性问题在第 1 章中已有叙述,但估算方法各异,例如瑞典一篇文献对 420KV SF_6 断路器监测系统的最大允许投资是:对操作频繁的断路器为断路器投资的 2.85%;而对每年只动作几次的线路断路器,费用不应超过断路器投资的 0.85%。

6.3 高压断路器机械故障的监测与诊断

6.3.1 断路器合闸、分闸线圈电流监测[8-11]

高压断路器一般都是以电磁铁作为操作的第一级控制元件,图 6-6(a)所示是其结构简图。大多数断路器均以直流为其控制电源,故直流电磁线圈的电流波形中包含着可作为诊断机械故障用的重要信息。线圈的直流供电电路如图 6-6(b)所示。图中 L 的大小取决于线圈和铁芯铁轭等的尺寸,并与铁芯的行程 S(即铁芯向上运动经过的路程)有密切关系。其值随 S 的增加而增加,如图 6-7 所示。

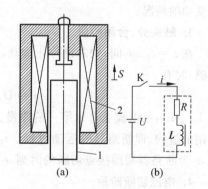

设铁芯不饱和,则 L 与 i 的大小无关。电路中开关 K 合闸后,由图 6-6(b)可得

$$U = iR + (d\varphi/dt) \qquad (6\text{-}1)$$

式中:φ 为线圈的磁链,$\varphi = Li$。于是,上式可变为

$$
\begin{aligned}
U &= iR + (dLi/dt) \\
&= iR + L(di/dt) + i(dL/dt) \\
&= iR + L(di/dt) + i(dL/dS)(dS/dt) \\
U &= iR + L(di/dt) + i(dL/dS)v \qquad (6\text{-}2)
\end{aligned}
$$

式中:dL/dS 可根据图 6-7 求出,不同 S 处的 dL/dS 即为曲线在 S 处的斜率 $\tan\alpha$;v 为铁芯的运动速度。图 6-8 是断路器操作时,线圈中的典型电流波形图。根锯铁芯运动过程该波形可分为以下四个阶段。

图 6-6 断路器合分闸电磁铁及电路
1—电磁铁;2—合分闸线圈;S—铁芯行程;K—开关;U—直流电源电压;R—线圈电阻;L—线圈电感;i—线圈中电流
(a) 电磁铁结构;(b) 电路图

1. 铁芯触动阶段

在 $t = t_0 \sim t_1$ 的时间段,t_0 为断路器分(合)命令到达时刻,是断路器分、合时间计时起点;t_1 为线圈中电流、磁通上升到足以驱动铁芯运动,即铁芯开始移动的时刻。在这一阶段 $v = 0$,$L = L_0$ 为常数,则式(6-2)可改为

$$U = iR + L_0(di/dt) \qquad (6\text{-}3)$$

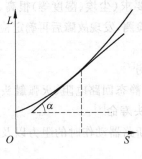

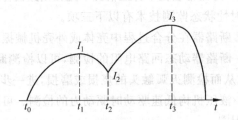

图 6-7　L-S 曲线　　　　　　　图 6-8　线圈电流波形曲线

代入起始条件 $t=t_0$ 时，$i=0$，可得

$$i = U/R[1 - \exp(-Rt/L_0)] \tag{6-4}$$

这是指数上升曲线，对应图 6-8 中 $t_0 \sim t_1$ 的电流波形的起始部分。

2. 铁芯运动阶段

在 $t = t_1 \sim t_2$ 间，铁芯在电磁力作用下，克服了重力、弹簧力等阻力，开始加速运动，直到铁芯上端面撞到支持部分停止运动为止。此时 $v > 0$，L 也不再是常数，i 将按式 (6-2) 变化。通常 $v > 0$，$dL/dS > 0$，$L(di/dt)$ 表现为随时间不断增大的反电势，它通常大于 U，故 di/dt 为负值。即 i 在铁芯运动后迅速下降，直到铁芯停止运动，v 又重新为零为止。根据这一阶段的电流波形，可诊断铁芯的运动状态，例如铁芯运动结构有无卡涩以及脱扣、释能机械负载变动的情况。

3. 触头分、合闸阶段

在 $t = t_2 \sim t_3$ 间，铁芯已停止运动，$v = 0$，i 的变化类似式 (6-3)。但 $L = L_m$（$S = S_m$ 时的电感）时有

$$i = U/R[1 - \exp(R_t/L_m)] \tag{6-5}$$

因 $L_m > L_0$，故电流上升比第一阶段慢。这个阶段是机构通过传动系统带动断路器触头分、合闸的过程，即断路器的运动过程。t_2 是铁芯停止运动的时刻，而触头则在 t_2 前后开始运动，t_3 为断路器辅助接点切断的时刻，$t_3 \sim t_0$ 或 $t_3 \sim t_2$ 可以反映操作传动系统运动的情况。

4. 电流切断阶段

$t = t_3$ 时，辅助接点切断后开关 K 随之分断，在其触头间产生电弧并被拉长，电弧电流 i 随之迅速减小到零直至熄灭。

综合以上几个阶段情况，通过分析 i 的波形和 t_1、t_2、t_3、I_1、I_2、I_3 等特征值可以计算出铁芯启动时间、铁芯运动时间、线圈通电时间等参数，从而得到铁芯运动和所控制的启动阀、锁闩以及辅助开关转换的工作状态，即可监测出操动机构的工作状态，从而预告故障的前兆。例如 I_1、I_2、I_3 三个电流值分别反映电源电压、线圈电阻及电磁铁动铁芯运动的速度信息，可作为分析动作的参考。图 6-9 所示波形为国产 CY-1 型液压机构各种状态的电流波形，其他操作机构与此大致相同。

监测电流信号可选用补偿式霍尔电流传感器（参见第 2 章），也称磁平衡式电流传感器。其被测回路和测试回路绝缘，可测直流、交流、脉动电流，频率范围为 $0 \sim 100\mathrm{kHz}$。实测的合闸操作时的电流波形如图 6-10 所示，该监测系统还可同时录下操作线圈的电压波形[12]。

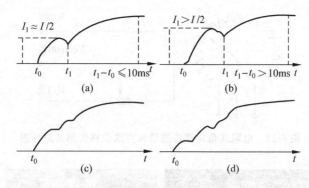

图 6-9　断路器操作线圈电流典型波形

（a）正常波形；（b）铁芯吸力不足或阻力过大；（c）铁芯卡滞或空行程太小；（d）铁芯行程或空程均太小

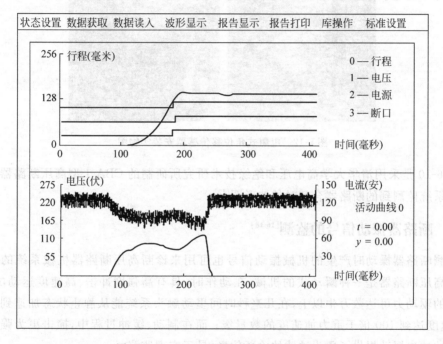

图 6-10　CBA-1 型测量系统测得的波形图

6.3.2　断路器操动机构行程及速度的监测[13-15]

　　行程信号是断路器一项重要的机械特性,直接反映断路器的工作状态。通过监测行程信号,可以获得断路器动触头行程、速度信息,并可计算出触头开距、合闸速度、分闸速度等机械参量。由于动触头在真空灭弧室里,加上在线测量时,动触头处于高电位,对隔离要求很高,不便于直接测量,需要通过测量与动触头成线性关系的机械机构进行间接测量。根据与绝缘拉杆的连接条件,分别选择角位移式传感器连接主轴测量,直线位移传感器直接连接绝缘拉杆测量。角位移传感器和直线位移传感器作为检测元件的原理见图 6-11。

　　电阻式位移传感器结构简单、成本低、适用的温度范围较宽、线性度高达 0.05%,且电阻式位移传感器操作简单,安装方便,其角位移传感器和直线位移传感器安装实物图见图 6-12。

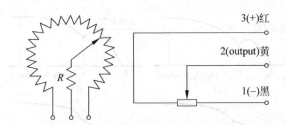

图 6-11　电阻式角位移传感器和直线位移传感器原理图

图 6-12　电阻式角位移传感器安装实物图

　　图 6-10 是采用清华大学高电压和绝缘技术研究所研制的 CBA-1 型高压断路器参数测量分析系统监测到的断路器合闸时的波形图[12]。

6.3.3　断路器振动信号的监测[16-18]

　　监测断路器操动时产生的机械振动信号也可用来诊断高压断路器机械系统的工作状态。因高压断路器是一种瞬动式的机械,在动作时,具有高强度冲击、高速度运动的特点。其动作的驱动力可达数万牛以上,在几毫秒时间里动触头系统能从静止状态加速到每秒几米,加速度达到 100 倍于重力加速度的数量级;而在制动、缓冲过程中,撞击更为强烈。这样强烈的冲击振动提供了更为敏感的诊断信息,易于实现监测。

　　机械振动总是由冲击受力、运动形态的改变所引起。在断路器结构上,动作一般由操动机构的驱动器(电磁铁、液/气驱动缸或储能弹簧)经过联杆机构传动,推动动触头系统。在一次操作过程中,有一系列运动构件的启动、制动、撞击出现,这些运动形态的改变都在其结构构架上引起一个个冲击振动。振动波经过结构部件传递、衰减,在传感器测量部位测到的是一系列衰减的冲击加速度波形。这些冲击振动都可以与结构件的运动状态变化找到对应的关系,这就为状态监测和故障诊断提供了可能。

　　除了操作振动之外,由断路器内部电接触不良引起电磁力改变而导致的振动信号变化、局部放电或导电微粒运动引起的振动以及机械构件松动造成的振动等,也可以在机座外壳上监测到。故振动信号实际上是综合信息,反映了断路器内部多方面的状态。只要有合适的传感器测量和信号处理技术,振动监测有可能成为高压断路器在线监测的最有发展前途的方法之一。

但是,从监测和诊断角度考虑,由于断路器操作是一次性瞬动,动作过程很短暂,要求监测系统的采样频率或记录速度很高。它是一次瞬变的非平稳振动信号,与周期性重复信号相比,从记录方式到信号处理分析都要复杂困难得多,分析处理方法还很不完善。由于断路器操作振动的复杂性,实测数据随机性强,所以对操作振动的研究,国内外还处于积累数据和探索分析方法的阶段。

作为监测与诊断的研究,首先着眼于对振动信号的分析处理以及特征值的提取和建立模型,以最少的特征参数来代表一个过程,从而区分出正常和故障的差异。以下介绍一些在实验室中对小车式 SN10-10 型少油断路器上的操作振动信号的监测和研究情况。

振动信号的监测一般选用压电式加速度传感器,谐振频率为 30kHz(参见第 2 章),并配用频率范围为 0.2Hz~100kHz 的电荷放大器。为便于现场使用,使振动信号可就地放大,也可做成一体化的传感/放大器[16]。

将加速度传感器安装在小车支架上横梁中间的位置,测得的分闸操作时振动加速度的时域波形如图 6-13(a)所示[17]。为进行比较研究,同时测量了动触头行程 S、操作线圈电流 I 及触头刚分离时信号随时间变化的波形,分别如图 6-14(b)、(c)、(d)所示。

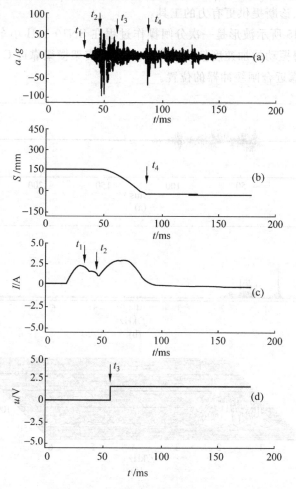

图 6-13 分闸操作的测试结果

由图 6-14 (a)可见,加速度波形较清晰,由一连串衰减的冲击振动所组成。与图 6-14(b)、(c)、(d)各运动状态相对照,可以找出操作过程中,各个重要构件的运动状态变化所对应的断路器支架上的冲击振动:t_1 为分闸脱扣电磁铁铁芯与联杆机构撞击时刻,对应着一个较微弱的振动;t_2 为机构联杆解列时刻,分闸弹簧开始驱动传动机构及触头系统运动,对应着分闸过程最大的冲击振动,幅值达 $80g$(g 为标准重力加速度值)左右;t_3 为主触头分离时刻;t_4 时刻对应动触头运动到头、制动缓冲所对应的冲击,也是个较强烈的振动信号。

可见在操作过程中,各个冲击子波与断路器运动状态有一一对应关系,可为监测断路器的状态提供依据。通过选择适当的部位,有可能从支架或外壳上的振动信号来判断内部某一特定动作。

同一操作过程在不同测量位置上的响应波形一般有较大差别,例如,操动机构铁芯运动的信息在灭弧筒上反应十分微弱,而断路器筒内动触头传动联杆的运动状态,则只有在灭弧筒上有明显反映,而在支架上测不到相应的振动信号[9]。

在许多情况下,单纯的时域分析并不能充分获取信号所包含的全部信息以及辨识信号间更细微的差别。运用频域分析或时、频域联合的三维分析方法,常可找出信号中所含的更细微的差别,为辨识、诊断提供更有力的工具。

图 6-14 和图 6-15 所示波形是一次分闸操作过程在 SN10-10II 小车少油断路器支架的两个不同位置上测得振动的加速度信号[17,18]。前者在支架横梁靠近 C 相的中部位置,后者在 A 相侧支架立柱靠近合闸缓冲器的位置。

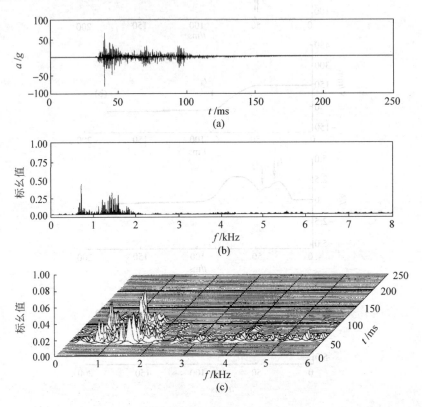

图 6-14   分闸操作振动特性(横梁中部位置)

从两个加速度的时域波形上看,二者差别并不十分明显,如图 6-14(a)和图 6-15(a)所示波形;如对加速度信号作 FFT 变换,得到的功率谱图如图 6-14(b)和图 6-15(b)所示;作出功率谱-时间-频率的三维谱图,如图 6-14(c)和图 6-15(c)所示,则可比较明显地看出两个测量位置上振动特性的差别。

从功率谱图上可看出,支架中部位置的振动主要集中在 500Hz、1.2kHz~1.5kHz,而在立柱位置,则主要在 2.5kHz 附近。这一差别说明在构架中的振动波传递的复杂性质,不同频率的子波的传递速度、衰减特性可能不同。由于各处边界条件的差别,使得同一冲击在不同位置测量到的振动响应差别很大。

图 6-14(c)和图 6-15(c)所示的三维图,比单纯的功率谱更直观、清楚地描述了整个操作过程振动信号的特点。从两个振动信号上都可看出,分闸过程的振动,在时间 50ms 附近出现高峰。这在机构动作顺序上,都对应着分闸弹簧开始驱动联杆机构的启动冲击时刻。在支架中部位置的冲击振动能量,集中在 0.5kHz~2.0kHz;而在立柱位置,则除了主要集中在 2kHz~3kHz 外,还分布在 1.5kHz~2.0kHz、3kHz~4kHz、5kHz~6kHz 较广的频域。

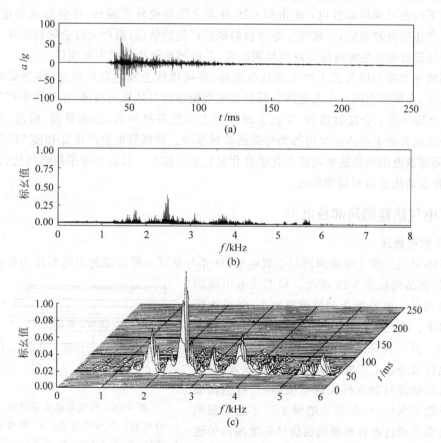

图 6-15　分闸操作振动特性(立柱位置)

对于 50ms 后的几个后续冲击振动,两个位置上的频率特性也是类似的。由此可知,加速度传感器监测位置的选择是很重要的。

6.4   GIS 绝缘故障的监测与诊断

GIS 的内部故障中绝缘故障所占比例很大,且后果严重。绝缘故障产生的原因可能有以下几种。

(1) 固体绝缘材料(如环氧树脂的浇铸件)内部缺陷损伤造成。

(2) 由于制造工艺不良、滑动部分磨损、触头烧损和安装不慎等因素在 GIS 内部残留的金属屑末(或称导电微粒)引起的放电。

(3) 高压导体表面的突出物(由于偶然因素遗留在导体表面造成的高场强点)引发的电晕放电。

(4) 由于触头接触不良,金属屏蔽罩固定处接触不良造成浮电位而引发重复的火花放电。

上述现象一般均会产生局部放电,分解 SF_6 气体,产生电场畸变,使绝缘材料损伤日趋严重。金属微粒在交流电压作用下会直立(对较长的微粒)、旋转、舞动(不断跳起落下及移动),在落下时会出现局部放电;撞击到 GIS 外壳上则会使外壳振动,还会形成导电通道。金属微粒产生的各种效应,一般强于绝缘材料缺损产生的效应,最严重时会导致击穿。可见 GIS 内的局部放电是绝缘故障普遍的早期征兆,是监测绝缘故障的主要项目。

局部放电会在 GIS 外壳上产生流动电磁波,在接地线上流过高频电流,使外壳对地显现高频电压,在周围空间产生电磁波。局部放电会使通道气体压力骤增,在气体中产生超声波;传到金属外壳上会反射透射,并在金属外壳上出现各种声波,包括纵波、横波、表面波等。这种金属外壳上的声波也可称为外壳的机械振动。局部放电会产生光和使 SF_6 气体分解,伴随局部放电出现的这些物理和化学变化是监测的依据。目前普遍采用电气法(包括特高频法)和振动法来监测局部放电。

6.4.1   电气法监测局部放电[3]

1. 外敷电极法

在 GIS 外壳上敷上绝缘薄膜与金属电极,外壳与金属电极形成的小电容作为拾取信号的耦合器,其结构如图 6-16 所示。局部放电引起的脉冲信号通过小电容耦合到监测阻抗上,经放大后被监测出来。小电容和监测阻抗对低频信号还起到隔离作用。另一种观点则认为 GIS 内的局部放电将在导电杆及外壳上产生流动波,由于集肤效应,在开始阶段流动波只能在外壳内壁流动,只有当流动波达到外壳不连续处(如盆式绝缘子),才能泄漏到外壳外表面。通过电容测量到的信号是泄漏出的流动波所产生的电压差。

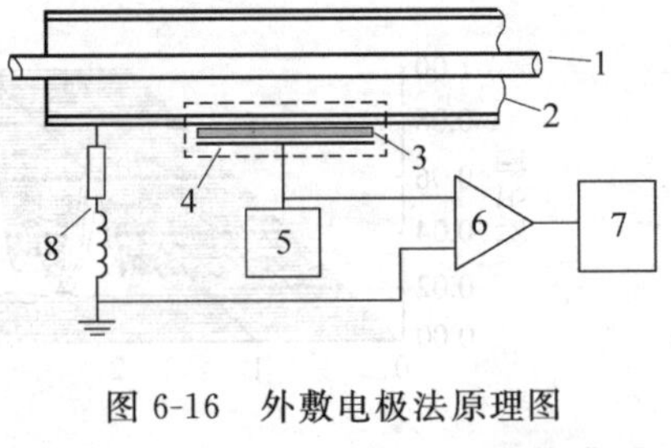

图 6-16   外敷电极法原理图

1—导电杆;2—GIS 外壳;3—绝缘薄膜;4—电极;5—监测阻抗;6—放大器;7—监测系统;8—接地导体

这种方法由于监测阻抗一端接电容,另一端接地,形成一个大环路,易受外界电磁干扰。改进的方法是将两个电容传感器分别置于绝缘子两侧,信号取自绝缘子两侧。在此情况下,信号电路环绕的空间面积很小,电磁干扰显著减弱。改进后监测频带也从 0.1MHz～1MHz 提高为 20MHz～40MHz。现场的监测灵敏度从改进前的 500pC 提高为 100pC～200pC。原英国 Roblnson 公司曾采用此原理研制了 TEV-646 便携式放电定位器,配一对电容传感器,带宽为 15MHz～80MHz,定位准确度为 200mm～300mm,质量仅为 5kg。

2. 内部电极法

该法是将 GIS 法兰稍加改造,在法兰内部加装金属电极与外壳形成电容,以此电容传感器提取局部放电的脉冲信号。当采用两个电容传感器(图 6-17)时即可定位,原理是采用信号到达两个传感器的时间差来定位。据称定位准确度可达 100mm,局部放电的监测灵敏度可达 7pC。英国电力研究中心将此法用于交接试验。

另一种内电极法是在盆式绝缘子内靠近接地端子处先埋设一个电极,如图 6-18 所示。我国华通开关厂生产的 GIS 盆式绝缘子即预埋有内电极。此法灵敏度高,当采取抗干扰措施时,可监测出 5pC 的局部放电量。由于 GIS 通常是多处接地,因此不宜采用从外壳接地线上监测脉冲电流的方法来测量局部放电。放电量的标定需在停电离线条件下,参照国家标准 GB7354—2003[19] 有关规定进行。

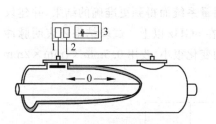

图 6-17　内部电极法原理图
1—触发；2—输入；3—示波器

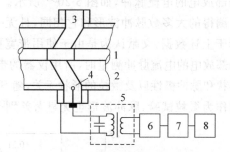

图 6-18　预埋内电极法原理图
1—导电杆；2— GIS 外壳；3—盆式绝缘子；4—内埋电极；5—监测
阻抗；6—高通滤波及放大器；7—整形电路；8—监测装置

3. 特高频法

近年来,国际上对用特高频监测 GIS 内的局部放电的研究较多。最早提出并进行研究的是英国 Strathclyde 大学[20,21],第一套 GIS 的特高频监测装置于 1986 年安装在苏格兰的 Torness 核电站[22]。一般局部放电的电脉冲信号的频谱是非常宽的,从数十赫到数百兆赫,并且随介质的击穿强度的提高而增加。SF_6 的击穿场强在稍不均匀电场结构下高于空气约 3 倍,故其击穿过程中放电形成时延较短,则放电形成的脉冲信号的前沿较陡,信号的频谱更宽。因此,一般充 SF_6 的 GIS 中的局部放电引起的脉冲信号的带宽,比之相同电场结构和间隙距离的、空气中局部放电的信号的带宽要宽,前者为 300MHz～3GHz,而后者为数百兆赫。例如,固体绝缘内的空隙放电、GIS 内的导电微粒的放电、因接触不良等原因引起的浮电位放电以及 GIS 内的电晕放电等引起的局部放电的脉冲信号,其上升时间为 0.35ns～3ns,脉冲的持续时间为 1ns～5ns[23,24]。

为了模拟导电微粒的放电,将直径为 2mm 的铝球放在一个接地的凹形盘状的铝电极中,当上电极(球形电极)加高压后,小球在电场下会在盘中稳定地持续缓慢滚动,用以模拟导电微粒的运动。将该放电模型装置在 420kV 变电站 GIS 的母线筒中,测得的局部放电频谱如图 6-19 所示,从模拟电晕和浮电位的放电源上也得到了类似的频谱图[20]。试验结果表明,GIS 中这几种典型的局部放电所包含的频谱均达 1GHz 及以上。

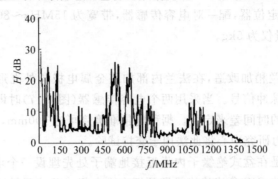

图 6-19　模拟导电微粒放电时脉冲信号的频谱图

后来 Strathclyde 大学又将上述电极装置密封于有机玻璃管中,构成一个小试验台。管内充以表压为 380kPa 的 SF₆ 气体,用采样率为 100GSa/s 的数字仪测得 300 多张由微粒引起的局部放电的电流脉冲,如图 6-20[24] 所示。其脉冲上升时间小于 50ps,半峰值脉宽小于 70ps。测得的大多数脉冲波形和它相同,且无一脉冲的上升时间大于几百皮秒。这一结果大大低于上述数据,文献认为是由于使用带宽更宽的测量系统而得到更准确的结果,并建议进行局部放电的电流脉冲测量时,所用仪器的带宽应当在 5GHz 以上。试验结果还表明脉冲波的形状和脉冲极性以及微粒的形状无关,随 SF₆ 气压的变化很小,改用 0.5mm×1mm×2mm 的钢屑作为微粒试验,脉冲波形也无显著差别[24]。

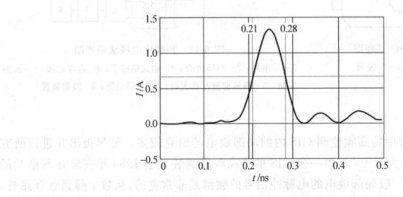

图 6-20　SF₆ 中微粒引起的局部放电的电流脉冲波形

特高频监测就是将局部放电监测频带选在特高频段,从数百兆赫至数吉(10^9)赫。由于特高频信号传播时衰减很快,故 GIS 以外的特高频段的电磁干扰信号(如空气中电晕放电的电磁辐射)不仅其频带比 GIS 中局部放电信号的带宽要窄,且其强度随频率增加而迅速下降,故一般不能到达 GIS。广播频段则又都远在监测频带之外,也不会影响监测。

由于 GIS 的金属同轴结构类似一个波导,其内部局部放电所产生的特高频信号可有效地沿着它传播。因此,比之其他方法,特高频监测可有效地抑制干扰,得到较高的信噪比。当然,GIS 并非是一个理想的波导,内有绝缘隔垫划分成 T 形截面或间隔,有时外壳直径还有变化,故特高频信号沿 GIS 传播还是要发生衰减的。在典型的 145kV GIS 上,频率为

1GHz 的信号,其传播衰减度约为 3dB/m。因此检测到的局部放电信号的振幅(即放电量)受检测点和放电源之间的距离以及间隔数的影响很大,也使校准很困难。

特高频监测可根据放电脉冲信号的波形和频谱特征进行放电类型(也即放电模式)的诊断,也可根据不同传感器测得的放电脉冲信号的时间差进行放电源的定位。

特高频监测一般是用内部电极作为耦合式传感器来检取局部放电信号。如英国 Strathclyde 大学是在 420kV GIS 的检修孔盖板上装一个直径 250mm 的电极,如图 6-21 所示[20,21 26]。电极与盖板绝缘,其间的电容值约为 100pF。信号由带气密的导管引出,电极与高压导体间的电容约为 2pF。电极与盖板间接有电阻,以将耦合器上的工频电压降为几伏。

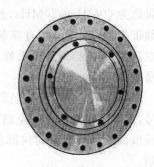

图 6-21　特高频监测用耦合器

对局部放电信号的连续监测可在频域或时域进行,前者的优点在于很容易识别出从架空线进入 GIS 的广播干扰。

频域监测一般可用频谱分析仪,此处用的是 Yaesu FRG-9600 宽带通信接收器,它以多种模式工作于 60MHz～905MHz 频率范围内。由于 GIS 中局部放电的峰值信号发生在 600MHz～900MHz,故此范围内需仔细检测,频率间隔选为 1MHz,以便检测到全部谐振峰值。利用该仪器已稳定地检测到模拟导电微粒放电源的放电,如图 6-19 所示。

时域监测可利用快速暂态监测仪(Gay FTM3CH 型)。时域波形诊断法也可用来识别放电源的类型,即根据放电脉冲在工频周期上出现时的相位、幅值和间隔来鉴定。例如金属部件因机械上的松动引起的浮电位放电,这是金属-金属间隙放电,通常间隙比较稳定,故放电脉冲的幅值和次数比较稳定。它发生在正半周的上升部分和负半周的下降部分,且放电量大于其他放电源。金属微粒间放电的放电量小,故脉冲幅值也较小。一般微粒的移动比较缓慢,使放电间隙相对稳定,故放电脉冲的幅值和间隔也较稳定,但和工频相位无直接关系。电晕放电的脉冲则和工频同期,一般发生在幅值附近,且工频正负半波的脉冲信号不对称。严重时放电脉冲密集,相互叠加,很难区分其幅值和间隔。为此常用工频电源同步触发仪器,扫描时基则选 20 ms。运用时域波形还可对放电源定位。考虑到 GIS 比变压器结构简单(均是同轴圆柱结构),信号脉冲的电磁波又是沿圆筒传播,因此有可能在 GIS 放电点的两端设置两个传感器,通过信号到达两个传感器的时差来估计发生在 GIS 内放电的轴向位置。

现场在线监测的波形如图 6-22 所示。信号先到达♯2 传感器,♯2 和♯5 传感器时差 $\Delta t = 72\text{ns}$,相隔的轴向距离 $L = 33.7\text{m}$,电磁波的传播速度 $v = 0.3\text{m/ns}$。则放电点距♯2 传感器的轴向距离 S 可按下式估计:

$$S = 0.5(L - v\Delta t) = 0.5(L - 0.3\Delta t) \quad (6\text{-}6)$$

得 S 为 6.05m。若 $v\Delta t > L$,则说明放电点在两传感器的外侧,需移动传感器的位置以满足 $v\Delta t < L$。上述波形是用 Tektonix 7104 型宽带示波器

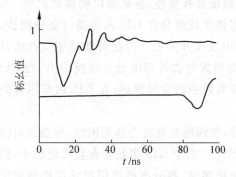

图 6-22　两个耦合器测到的接触
　　　　　不良的放电波形

测得的放电波形。该系统时间分辨力为 1ns，故定位准确度为 0.15m 左右。监测系统已在实验室 400kV GIS 试验段上实现了连续监测的试运行。

日本[27,28]将埋在盆式绝缘子接地端处的环形电极作为耦合器，用来监测局部放电信号，其结构示意如图 6-23 所示。他们认为局部放电频率范围在数十至数百兆赫，但将监测频带选为 60MHz～70MHz，其理由如下：①稳态和离散的噪声水平，诸如广播干扰水平在此频带相对较低；②数百兆赫的测量系统不易识别外部空气电晕的干扰，因空气电晕的频谱也达数百兆赫，而在更低频段则存在低噪声区；③数百兆赫的局部放电信号衰减较大；④易于实现。

现场检取的信号首先经带通滤波器、放大器后调制为调频波，再经电光转换器转换成光信号，信号通过光纤送往控制室的接收装置。已运用该系统在实验室进行了外部注入脉冲的模拟试验和 GIS 中的局部放电模型试验，并运用人工神经网络对局部放电类型进行了识别。

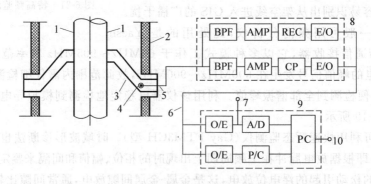

图 6-23　特高频在线监测系统原理框图

1—导体；2—GIS 外壳；3—盆式绝缘子；4—环形电极；5—同轴电缆；6—光纤；7—监测器；8—电光转换器；9—接收装置；10—输出；BPF—带通滤波器；AMP—放大器；REC—整流器；CP—比较器；E/O—电光转换，P/C—脉冲转换，A/D—模数转换；PC—微机

特高频监测的干扰主要来自空气电晕。虽然电晕的电磁辐射强度随频率升高而迅速下降，但当 GIS 端部接有空气套管时，套管头部强烈的空气电晕也可在 GIS 内部套管附近的位置监测到。电晕的高频电磁辐射频谱在数百兆赫以上，甚至 1GHz 的频率分量也能进入 GIS 母线筒，其部分频率分量和 GIS 中局部放电的频带会有重叠，甚至难以明确地识别[28]，这就会和局部放电信号混淆而降低监测灵敏度。但该干扰信号在 GIS 内传播时衰减很快，若套管和开关装置之间的连线较长，则干扰很少会出现在开关处。因此可能的解决办法是在 GIS 内，适当增加监测点，这样有助于识别内部局部放电和外部电晕。顺便指出，当 GIS 端部不接空气套管，而与电缆直接相接时，即便外部有较强的空气噪声，在 GIS 内部测得的噪声也会较低[27]。

利用内部电极监测局部放电在使用上不够灵活，在现场实现时会遇到困难，特别是对已投入运行的 GIS 设备。为此研究了体外监测方法[29,30]。由于 GIS 多处装有盆式绝缘子，使 GIS 外壳存在绝缘间隙，当电磁波沿 GIS 的金属筒传播时，部分电磁波可以从这里辐射出来。因此设计了天线式传感器，将天线放置在 GIS 的盆式绝缘子外缘，如图 6-24 所示。

为消除空间干扰的影响，需采用适当的屏蔽措施。图 6-25 是 M-200 型特高频传感器的

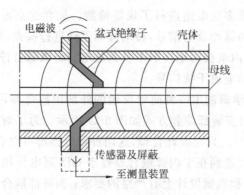

图 6-24　GIS 体外特高频传感器示意图

原理框图,它包含天线、特高频放大器和整形电路。天线接收局部放电的脉冲信号,经特高频放大电路放大,在 HO 端输出特高频窄脉冲信号,而经整形电路 MO 端输出的则是单极性宽脉冲信号,其监测频段在 0.2GHz~1.2GHz 之间可调。传感器后接一台 2 通道高速数字示波器,即可显示或记录脉冲信号。图 6-26 是用 M-200 型特高频传感器在现场测得的 GIS 中绝缘子附件的浮电位放电的脉冲波形图。据介绍对 GIS 中的主要放电类型的监测灵敏度可达 10pC,定位准确度达到 ±1m。

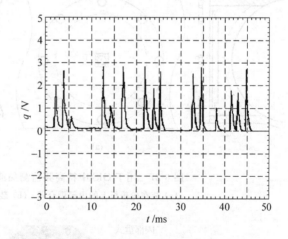

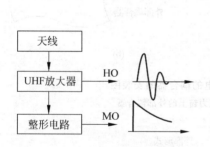

图 6-25　GIS 体外监测局部放电用
特高频传感器原理框图

图 6-26　在现场用特高频体外监测到的 GIS
中绝缘子附件的浮电位放电波形图

　　运用上述系统进行了局部放电源脉冲信号特性的模拟试验研究,试验表明除可利用脉冲信号的幅值、间隔和相位来识别局部放电类型外,不同类型和大小的局部放电源脉冲的频谱特性也不同。如前所述,这是由于电磁波高频成分的大小取决于放电脉冲的陡度。击穿过程越快,放电脉冲越陡,辐射高频电磁波的能力越强。击穿过程的快慢与放电间隙的距离、形状和介质有关。若模拟局部放电源的放电间隙距离增大,则辐射高频电磁波的能力将降低。在间隙距离相同时,金属间隙(例如用处于浮电位的金属尖电极和带高压的 GIS 母线模拟接触不良引起的浮电位放电)的频谱高于绝缘间隙(例如 GIS 母线和外壳间并接一对盘状绝缘间隙,以模拟固体绝缘中的缺陷)。因此也可探索根据不同频谱特性来识别不同类型的放电源的方法。

利用该监测系统对很多变电站进行了现场检测。如在北京城区变电站 110kV GIS 上检测到与工频电压同步的脉冲放电信号，移动检测天线进行探查，发现一个盆式绝缘子内电极的接地螺钉松动，导致内电极对地接触不良而放电。将该螺钉拧紧后，所测放电信号即消失。试验中未测到显著的电磁干扰信号。

英国 Strathclyde 大学研制出一种简单灵敏的外部用耦合器，又称窗耦合器，可安装在 GIS 体外进行监测。它的安装部位和方式如图 6-27 所示。为了对比，图中还给出了内部耦合器的安装部位和方式[31]。只要设计合理，这两种耦合器都可以有足够的监测灵敏度和对外部噪声的良好屏蔽。其差别在于内部耦合器处于 GIS 高电压场和高气压的环境下，成为绝缘系统的一部分，在电和机械设计上有严格的要求；而外部耦合器在玻璃窗外，没有这些要求，显然成本低得多，且维修、更换和安装方便，无需停电[32]。两种耦合器的外形图如图 6-28 所示，它们各自的频率响应如图 6-29 所示。由图 6-29 可知，虽然内部耦合器在 900MHz 附近有较高的峰值灵敏度，但外部耦合器在一个较宽的频带内有一个较高的平均灵敏度。从图 6-27 可知外部耦合器比内部耦合器距 GIS 内部的特高频电场更远，因而它对局部放电的监测灵敏度会比内部耦合器低。

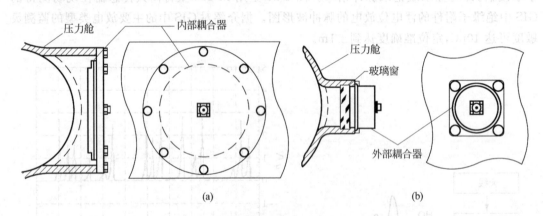

(a)　　　　　　　　　　　　　(b)

图 6-27　用于 GIS 中特高频监测局部放电的耦合器的安装图

(a) 装在舱盖板上的内部耦合器；(b) 装在压力窗上的外部耦合器

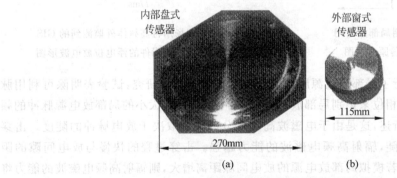

(a)　　　　　　　　　　　(b)

图 6-28　用于 GIS 中特高频监测局部放电的耦合器外形图

(a) 内部耦合器；(b) 外部耦合器

安装耦合器的窗和 GIS 的腔体一样，也是作为一个波导在运行，与其尺寸相对应的有一个截止频率 f_c。频率高于 f_c 的电磁波得以在窗内传播，而频率低于 f_c 的信号会被强烈衰减,相当于一个高通滤波器。故 f_c 越低,进入窗内的频率成分越丰富,信号越强,耦合器的灵敏度越高。显然,窗口直径 D 越大,f_c 越低,灵敏度越高。但要注意 GIS 尺寸的限制。增加窗口的深度 d 会降低耦合器的灵敏度[31]。

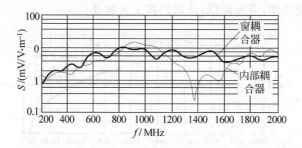

图 6-29 用于 GIS 中特高频监测局部放电耦合器的频率响应

研究表明,在外部耦合器窗的下部用介电常数比 SF_6 气体大的固体介质来替代,例如采用普遍用于 GIS 的介电常数 $\varepsilon_r = 5.5$ 的环氧树脂材料(图 6-30)。试验表明,加上介质块后,在 500MHz～1500MHz 频率范围内的平均灵敏比不加介质块增加 2.05 倍,即改善了 6.2dB,如图 6-31 所示[32]。在 GIS 实体上测得信号的平均功率则改善了 4.8dB。根据英国国家电网公司(National Grid Company)对电容性耦合器的技术条件规定,在上述频率范围内耦合器的平均灵敏度(对比电场强度而言)不得小于 $6mV/(V \cdot m^{-1})$[32]。符合该技术条件的传感器将能检测小于 5pC 的局部放电水平[22]。从图 6-31 可知:不加介质块时,平均灵敏度在 $4mV/(V \cdot m^{-1})$ 以下;而加上介质块后,在 1000MHz～1500MHz 频率范围内的平均灵敏度不小于 $6mV/(V \cdot m^{-1})$。

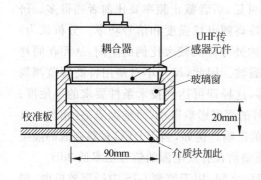

图 6-30 外部耦合器和校准板

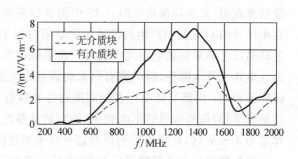

图 6-31 外部耦合器的频率响应

在 GIS 腔体中,特高频信号的激发和传播可用波导理论来分析[32]。在窗耦合器这样一个较小的波导内部,可假定电磁波在该波导的较高阶次的模式中传播。在空心圆形波导中最占支配地位的,也即具有最低截止频率的模式是 TE_{11} 模式,其他模式则有较强的衰减,可忽略不计。TE_{11} 模式的截止频率为

$$f_c = \frac{c}{3.41r \cdot \varepsilon_r - 0.5} \tag{6-7}$$

式中:r 为窗的半径,mm;ε_r 为窗内材料的相对介电常数;f_c 为截止频率,Hz;c 为光速,$c = 300mm/ns$。

由式(6-7)可计算出在加上介质块后，f_c 从 1954MHz 降低为 834MHz。图 6-32[32] 是 TE$_{11}$ 模式在图 6-30 铝制短管加或不加介质块时信号衰减随频率降低而增加的理论计算曲线。可见当使用介质块时，由于相对介电常数的增加，截止频率降低为原来的 1/2.3，使进入耦合器的频率分量增加，衰减降低，从而提高了灵敏度。

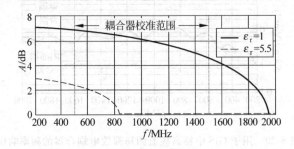

图 6-32   电磁波在铝管中的衰减与频率的关系

以上的理论分析和前述试验研究的结论是一致的。但要注意介电常数不能过大。当电磁波从 SF$_6$ 气体进入环氧树脂固体介质时，相当于从高波阻抗进入低波阻抗，一部分信号能量被反射，从而减少了进入耦合窗内的能量。介质的波阻抗降低，则进入耦合窗内的能量减小，直至降低截止频率的增益不能抵消能量的减少，从而使灵敏度下降。当窗的直径小于 100mm 时，需有内置的前置放大器，以得到可接受的灵敏度。理想的直径为 120mm～150mm，可使截止频率控制在所需的最低频率以下[32]。

Strathclyde 大学除如上所述对 400kV GIS 做了试验外，还对尺寸较小的 132kV GIS 的特高频监测进行了研究[33]。400kV GIS 的内、外导体直径分别为 0.1m 和 0.5m，而 132kV GIS 的内、外导体直径分别为 0.038m 和 0.024m，可见，后者截止频率要比前者高得多。研究结果表明，发生局部放电时，GIS 中仍有较高的特高频电场强度和信号功率。分析认为：在小尺寸的 GIS 筒中产生局部放电的缺陷占据了内外导体间较大比例的空间，从而在同样的缺陷尺寸和局部放电电流下会激发出更强的电磁波。因此，尺寸小对使用特高频监测局部放电并无基本障碍，但仍需有内置的前置放大器，这样即可达到技术条件要求的灵敏度。研究还表明：内部导体中存在的间隙对特高频信号的强度影响很小，而绝缘隔垫（相当于盘式绝缘子）对信号传递的影响较大，特别是其厚度的影响。例如，当用 PVC 材料制成的隔垫厚度为 36mm 时，在隔垫后测得的信号功率要比隔垫前含有放电源的信号功率低 3dB。

特高频按照定义其频带应在 0.3GHz～3.0GHz 之间，用于监测 GIS 中局部放电时，频带的选择可分成窄带和宽带两种不同类型。前者的频带仅几兆赫，甚至就在某特定的频率上检测。宽带则一般选在 0.3GHz～1.5GHz 之间[34]。按照这个划分，前述的几个实例都属于宽带特高频检测。窄带的主要优点在于其抗干扰能力强，能得到更高的信噪比。

ABB 公司在位于瑞士的实验室内对一段 550kV 的 GIS 试验装置用宽带特高频法检测其内部局部放电时，在空气套管端部用 30cm 长的铜导线产生了 30000pC 的电晕放电。传感器装在内部，检测中选用了一台 500MHz 的高通滤波器即可完全抑制电晕干扰。故此处的干扰是指在特高频范围内的其他干扰，主要来源于特高频电视、移动电话站和雷达站等通信装置所发射的特高频信号。这些干扰可从作为接收天线的架空输电线再通过诸如空气套管的连接进入 GIS 内。

用特高频传感器在 GIS 外面的实验室现场测得的干扰信号频谱图如图 6-33[34] 所示(图中 H 为相对振幅)。可知外来干扰信号密集地占据着特高频的频段,特别是上述三种干扰源分别占据着 470MHz~790MHz、862MHz~962MHz 和 1268MHz~1335MHz 的频段,且峰值高。当检测场所靠近这些干扰源或使用空气套管和架空线连接时,干扰更为严重。

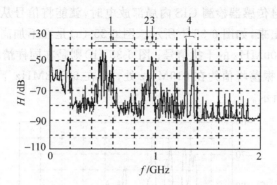

图 6-33 从 GIS 外面测得的干扰频谱图

1—特高频电视 21~60 频道(470MHz~790MHz);2,3—移动电话;4—机场的雷达控制塔

图 6-34[34] 是在 GIS 试验段内测得的干扰谱图。其中图(a)是用 2 号传感器检测的,它离空气套管约 10m。由于干扰信号被衰减,故测得的峰值较低。图(b)是用安装在套管附近的 3 号传感器测得的,故干扰水平较高。当拆掉空气套管而装上一块端盖后,2 号和 3 号传感器测得的干扰水平明显降低,如图 6-34 (c)、(d)所示。

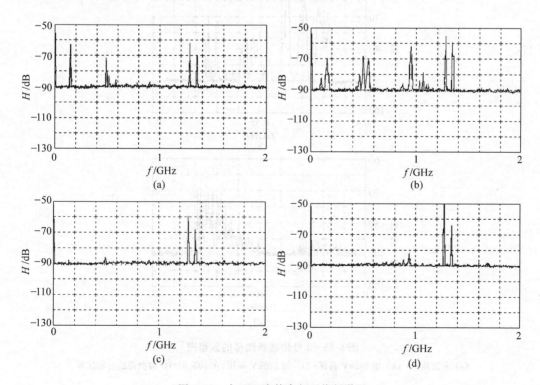

图 6-34 在 GIS 内特高频干扰频谱图

(a) 2 号传感器,有套管;(b) 3 号传感器,有套管;(c) 2 号传感器,无套管;(d) 3 号传感器,无套管

　　用 3 号传感器和宽带特高频法检测 GIS 内局部放电时，上述三种干扰信号形成了强大的背景噪声。加以传感器离放电源 9.5m，且其间经过 7 个绝缘隔垫，从而使放电信号衰减了 20dB。这些都是 3 号传感器信噪比低的原因。其结果是无法测得在 350kV 下相应放电量为 6pC 的局部放电。当去掉空气套管后，仅在 240kV 下即测到该局部放电源的信号。改用窄带特高频法和 3 号传感器检测 GIS 内局部放电时，就能将信号从干扰信号所密集占据的特高频频谱中区分出来，如图 6-35[34] 所示。图 6-35（a）是在不加高压即无局部放电情况下测得的 400MHz～700MHz 的干扰信号；图 6-35（b）则是在同样情况下加高压 240kV 时测得明显的局部放电，振荡峰值约在 610MHz 处；而在 605.8MHz 下测得的时域上局部放电信号如图 6-35（c）所示。

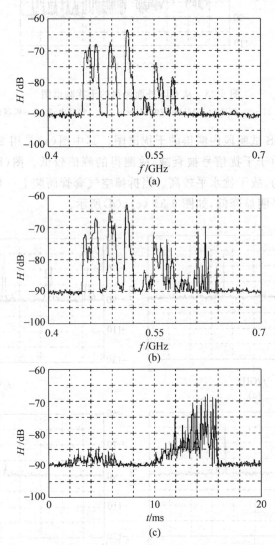

图 6-35　3 号传感器测得的频谱图

（a）未加高压；（b）加 240kV 高压；（c）加 240kV 高压，在 605.8MHz 时测得的时域波形

综上所述,当有外部特高频干扰信号时,选用窄带特高频法检测 GIS 内局部放电会得到很高的信噪比和检测灵敏度。同时也指出了在 GIS 检测现场要避免或远离移动电话的使用。

用特高频监测 GIS 局部放电的主要困难在于无法实现准确的放电量标定。传感器所监测到的信号的大小和诸多因素有关。除放电量大小外,还涉及放电源的类型、电磁波的传播路径、放电源的位置等,故只能通过积累历史数据进行对比估计。其次,因特高频信号衰减快(如前所述约 2dB/m),故当内电极作为电场传感器时,需要的传感器较多。例如每 10m 一个传感器时,对一套典型的 GIS 装置就可能要 60 个左右的传感器[27]。尽管如此,特高频监测由于具有较高的监测灵敏度和较强的抗干扰能力,仍是一种很有发展前途的监测技术。

6.4.2 机械振动法监测局部放电[3,14]

局部放电会产生声波。在 GIS 中通过 SF$_6$ 传播的声波和在变压器油中一样,只有纵波。

声波在 GIS 中的传播速度很慢,约为油中传播速度的 1/10,仅为 140m/s。它的衰减也大[35],当温度为 20℃~28℃、测量频率为 40kHz 时,衰减为 26dB/m(类似条件下在空气中仅为 0.98dB/m;在钢中,当频率为 10MHz 时,衰减为 21.5dB/m;在变压器油中则为在钢板中的 1/13),且随频率的 1~2 次方增加。

纵波在钢中传播速度较快,为 6000m/s;横波的传播速度较慢,约为纵波的一半,而且衰减也小。纵波和横波的衰减随着频率的增高而增大,但比在 SF$_6$ 中的衰减要小。与变压器油相比,由于声阻抗不匹配而造成的界面衰减,从 SF$_6$ 传到钢板要比从油中传到钢板造成的衰减大得多。因此从 GIS 外壳上测得的声波,往往是沿金属材料最近的方向传到金属体后,以横波的形式传播到传感器的。

局部放电产生的声波频谱分布很广,为 10Hz~10^{7}Hz。图 6-36 为 GIS 内部几种正常和故障条件下振动频率的分布范围和以加速度表示的振幅 a。

监测到的声波频谱则随不同的电气设备、放电状态、传播媒质以及环境条件而不同。在 GIS 中,由于高频分量在传播过程中都衰减掉了,能监测到的声波含低频分量比较丰富。除局部放电产生的声波外,还有导电微粒碰撞金属外壳、电磁振动以及操作引起的机械振动等发出的声波,但这些声波的频率较低,一般都在 10kHz 以下。

综上所述,因局部放电产生的声波传到金属外壳和金属微粒撞击外壳引起的外壳机械振动的频率在数千赫到数十千赫之间。根据传感器的频带,可以采用压电式加速度传感器和超声传感器监测振动信号。

图 6-37 是压电式加速度传感器的结构图。压电晶体产生的电荷与所受的压力 F 成正比,F 由质量块 m 的惯

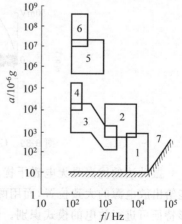

图 6-36 GIS 外壳振动的频谱

1—局部放电;2—导电微粒;3—电动力;2,4—静电力;5—断路器操作;6—对地短路;7—加速度传感器测量极限

性力产生,根据牛顿定律 $F=ma$,可知输出电荷 Q 正比于传感器的加速度。压电式加速度传感器的灵敏度 S(单位为 pC/ms^{-2} 或 pC/g)是一个重要参数。质量块的质量 m 越大,S 越高;但质量越大,传感器的自振频率 f_0 越小。一般允许工作频率为自振频率的 $1/3$,这也是加速度传感器的一个重要参数。

　　加速度传感器的输出电荷量很小。一般应用高放大倍数的电荷放大器放大以输出较高的电压。电荷放大器用于微弱信号监测,最主要的参数为噪声水平,它决定了所能测到的最小加速度值。图 6-38 是测得的有局部放电时的加速度波形图[17],图中波形显示为重复的突发性振荡波形,每半个工频周期放电一次,所用低通滤波器的截止频率为 30kHz。

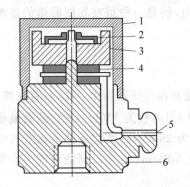

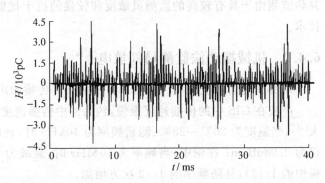

图 6-37　压电式加速度传感器的结构图　　　图 6-38　GIS 内局部放电时外壳上测得的加速度波形图

　　超声波传感器的频带一般在 10kHz～200kHz,谐振频率为几十千赫,监测灵敏度为几皮库,基本可以满足监测要求。现场检测发现,超声波法对 GIS 内部绝缘气隙放电和沿面放电的检测灵敏度较低,明显不及特高频法对这两类局部放电缺陷的检测灵敏度[35]。但其对部件松动、导体毛刺等原因引发的放电缺陷具有较高的灵敏度,这两类缺陷局部放电产生的超声波信号具有典型特征,其波形如图 6-39 和图 6-40 所示。

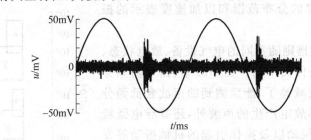

图 6-39　GIS 导体毛刺产生的超声波信号时域波形

　　振动法的优点是无电磁干扰。由于信号在 GIS 中有相当高的衰减,用一个传感器有可能给出放电源的大致位置,而用两个传感器的时间差可能进行 1cm 内的准确定位。根据波形特征可进行放电的模式识别。例如,自由金属微粒在 GIS 外壳底部蹦跳和撞击引起的振动信号不仅与工频相位相关,而且可依据它的峰值因数(幅值和有效值之比)、碰撞率以及起飞和下降电压之比等参数来推断粒子的形状和它的运动方式。声测法的缺点是由于信号衰减严重,不适用于固定安装的永久性装置,因为这样需要的传感器太多;另一个缺点是难以对放电量进行标定。

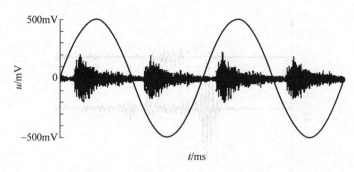

图 6-40　GIS 内电压互感器线圈松动产生的超声波信号时域波形

6.4.3　绝缘故障诊断

故障诊断包括三方面的内容：局部放电源定位、放电类型识别和放电量估计。

1. 局部放电源定位[36,37]

目前比较常用的基于特高频(ultra high frequency,UHF)检测信号的定位方法主要有以下几种。

1) 幅值比较定位法

利用 UHF 电磁波信号在传播过程中的衰减,把传感器分别放在各个盆式绝缘子处,比较各处所检测到的信号的大小,信号最大的盆式绝缘子的位置距离放电源最近。幅值比较法原理简单,适用于检测人员对放电源的初步定位,但其准确性也容易受到其他因素的影响,如当放电信号很强时,在较小的距离范围内难以观察到明显的信号强度变化,使精确定位面临困难。

另外,当 GIS 设备外部存在干扰源时,也会在不同位置产生强度类似的信号,难以有效定位。在发现有放电特征的信号后,应将传感器朝向外侧,对比两个信号特征及幅值,若空气中同样存在相位及变化规律相似的信号,且外部信号幅值大于内部信号,则初步识别信号来自外部。

2) 时差定位法[36,38]

时差定位法是利用传感器接收局部放电源发出的超高频信号的时间差来确定放电源位置。时延计算的基本方法是信号特征提取法,即测量信号具有特征的某一点的时间,然后直接将不同信号的对应特征点处的时间相减。一般选择波形上升沿的起点或峰值点作为信号的基准点。两路信号基准点之间的时间差,即为两路信号的到达时延。但实际中,由于背景噪声和信号传播过程中经历折反射等因素的影响,上升沿的起点很难确定,为减少误差,可以选择信号的第一个峰值为基准计算时延,实验室所测得的放电波形如图 6-41 所示。

在实际应用中所测得的信号波形远远没有图 6-41 那样理想。主要原因为：①背景噪声和干扰的存在,使得信号起始峰湮没在背景噪声及随机干扰里,难以对波形上升沿的起始点准确定位；②由于所测得 UHF 信号的时间差在纳秒级,不仅要求被测信号的起始峰清晰,而且需要测试设备具有很高的采样率和带宽,读取信号的起始峰的时间误差小。

时间延迟(时延,即时间差)是表征定位信号的主要特征参量,时延估计准确度将直接影响定位系统的性能。下面介绍几种提取时间差的常用算法[38]。

广义相关法是一种基本的时延估计方法,其基本思想是利用两接收信号 $x_1(t)$ 和 $x_2(t)$

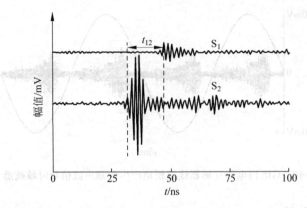

图 6-41　波形特征点法计算时延

的广义相关函数来估计时间延迟。假定局部放电定位中用于计算时间差的两信号是由 GIS 内同一放电源所激发的,经过不同的传播路径被传感器接收,将其中的一路信号简化为另一路信号的延时 D,故可假设信号的传输模型为

$$\begin{cases} x_1(t) = s(t) + n_1(t) \\ x_2(t) = s(t+D) + n_2(t) \end{cases} \tag{6-8}$$

式中:$s(t)$ 为发射信号;$n_1(t)$ 和 $n_2(t)$ 为不相关的噪声;D 为信号到达两个接收传感器的时间差。两个接收信号互相关函数定义为

$$R_{x_1 x_2}(\tau) = E[x_1(t)x_2(t-\tau)] \tag{6-9}$$

式中:τ 为信号 $x_2(t)$ 的时移数。将式(6-8)代入式(6-9)得

$$R_{x_1 x_2}(\tau) = E\{[s(t) + n_1(t)][s(t-\tau+D) + n_2(t)]\} \tag{6-10}$$

$s(t)$、$n_1(t)$、$n_2(t)$ 是不相关的,因此可以简化式(6-10)得到

$$R_{x_1 x_2}(\tau) = E[s(t)s(t-\tau+D)] = R_{ss}(\tau - D) \tag{6-11}$$

显然,当 $\tau = D$ 时,互相关函数取最大值,此时时移数 τ 即为所求时间差。

累计能量曲线法是将测得的局部放电信号波形数据进行能量转换,获取能量累积曲线,通过能量相关搜索来求取时间差[39]。信号的累积能量 E 可由下式算出:

$$E_i = \sum_{k=0}^{i} u_k^2 \quad i = 0,1,2,\cdots,N \tag{6-12}$$

式中:u_k 为所测到的一次波形中的第 k 点的电压值;N 为采样点数。

图 6-42 为采用 UHF 传感器在实验室获取的同一时刻两路局部放电信号典型波形(图中 u_F 为幅值),其对应的累积能量曲线如图 6-43 所示。信号能量最终将衰减为零,故累积能量曲线将趋于一常数。可以利用能量相关搜索来求取这两路信号之间的时间差。

在信号的谱分析中,相位谱和幅度谱占有同等重要的地位。由维纳-辛钦定理可知,信号的相关函数与其功率谱是互为傅里叶变换的。因此,相关函数中的时延信息完全可以由功率谱的相位谱得到。即信号之间的相似性,既可以由相关函数在时域比较,也可以由功率谱在频域比较。对式(6-11)两边求傅里叶变换,有

$$\varphi[R_{x_1 x_2}(\tau)] = \varphi[R_{ss}(\tau - D)] = G_{ss}(f) \, \mathrm{e}^{-\mathrm{j}2\pi f D} \tag{6-13}$$

由式(6-13)可见,时域内的时移信息转化为频域的相移信息,相位函数为

$$\varphi_{x_1 x_2}(f) = -2\pi f D \tag{6-14}$$

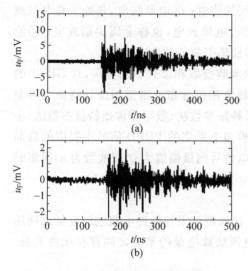

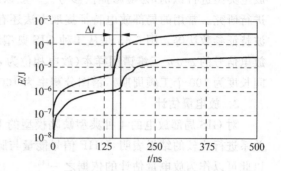

图 6-42　两路局部放电信号波形图
（a）通道 1 所测波形；（b）通道 2 所测波形

图 6-43　图 6-42 中两路放电信号的累计能量

应用中,可以由功率谱的相位函数估计值得到相位谱的时延估计值。该方法称为广义相位谱法,该方法实际上与广义相关时延估计法是等效的。

除此之外,还有功率曲线法、参数模型法等时间差提取方法。

3）平分面法

该方法一般适用于便携式或手持式带电检测仪器,定位原理如图 6-44 所示[40]。

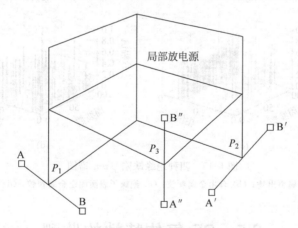

图 6-44　平分面定位原理

先选择一个方位,调整传感器 A 和 B 的位置,使两个传感器测得的局部放电信号的时差为零,即两个信号同时到达,此时表明局部放电源应在两点的垂直平分面 P_1 上。更换另外一个方位进行同样的操作,可得另一个平分面 P_2。用同样的方法又可得第三个平面 P_3。这三个平面的交点即为放电源。

2. 放电类型识别

GIS 中的典型局部放电类型包括：①自由金属颗粒放电,包括金属颗粒和金属颗粒间的局部放电以及金属颗粒和金属部件间的局部放电；②悬浮电位体放电,主要包括松动部件的悬浮电位放电、非移动金属颗粒和设备部件之间的放电；③电晕放电，是处于高电位或低电位的金属毛刺或尖端，由于电场集中，产生的 SF$_6$ 电晕放电，也称金属尖端放电；④绝缘件内部气隙放电，绝缘件内部空隙、异物和裂纹等缺陷引起的放电[41]。

可以采用与变压器局部放电类型识别中相似的参数提取和模式识别方法，对 GIS 中的放电类型进行识别，为检修提供参考。一般以局部放电相位分布三维谱图统计特征为对象进行研究。常用的局部放电特征提取方法还有分形特征参数法、数字图像矩特征参数法、小波特征参数法等。图 6-45 是从 4 种 GIS 典型缺陷模型上采集的 PRPD 信号中提取的局部放电信号的 $\varphi\text{-}v\text{-}n$ 三维谱图样本（放电相位为 φ，放电信号测量幅值为 v，周波数为 n，采集时间长度为 100 个工频周期），谱图分辨率为 100×360[42]。

3. 放电量估计

对 GIS 局部放电的 4 种典型缺陷模型的 UHF 法检测结果与脉冲电流法放电量之间的关系进行比较的结果表明，UHF 信号能量与脉冲电流法放电量的平方之间存在线性关系。以此可以作为放电量估计的依据之一[43]。

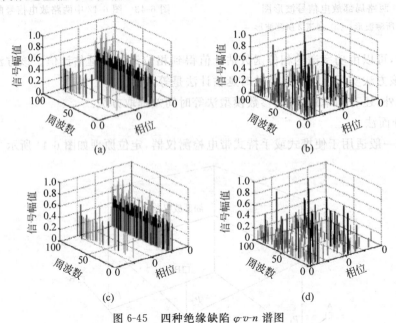

图 6-45　四种绝缘缺陷 $\varphi\text{-}v\text{-}n$ 谱图

(a) 金属突出物；(b) 自由金属颗粒；(c) 绝缘子表面固定金属颗粒；(d) 气隙

6.5　SF$_6$气体特性的监测

SF$_6$ 气体是一种无毒、无色、无味，化学性能极稳定的物质，具有优异的灭弧性能和绝缘性能，在电气设备中作为绝缘或灭弧介质而被广泛应用。高压电气设备内 SF$_6$ 气体中的微水含量超标和密度降低将严重影响 SF$_6$ 高压电气设备的电气性能，对安全运行造成严重隐患。SF$_6$ 气体特性的监测主要包括密度、微水和泄漏。

6.5.1　SF$_6$ 气体密度的监测

高压设备气室中充有 SF$_6$ 气体后，判定其是否满足绝缘要求常用 SF$_6$ 气体密度来衡量。

在实际工程中,直接监测 SF₆ 气体密度难以实现,通常会转化为对其压力的监测,但 SF₆ 气体的压力会随温度发生变化。因此,为了准确反映 SF₆ 气体压力变化是由漏气还是温度改变引起的,需要采用温度补偿的修正方法,无论外界温度如何变化,始终可计算对应20℃的标准压力,并将该值等效为 SF₆ 气体密度后与参考值进行比较。SF₆ 气体密度在线监测系统需要采集温度和压力两个特征量[44]。

SF₆ 气体状态参数计算可用 Beattie-Bridgman 公式表达:

$$p = 56.2\gamma T(1 + B) - \gamma^2 A \qquad (6-15)$$

$$A = 74.9(1 - 0.727 \times 10^{-3}\gamma)$$

$$B = 2.51 \times 10^{-3}\gamma(1 - 0.846 \times 10^{-3}\gamma)$$

式中:p 为压力,Pa;γ 为气体密度,kg/m³;T 为气体热力学温度,K。

根据式(6-15),当气体密度 γ 不同时,可得到 SF₆ 气体压力与温度按不同的斜率成线性变化的关系,SF₆ 气体压力-温度成一组状态参数据曲线簇,如图 6-46 所示[45]。

密度的测量一般通过机械式密度继电器或电子式密度变送器来实现。密度变送器的敏感元件采用温度、压力复合传感器芯片。复合传感器是通过一系列特殊的工艺,在一个硅片上集成压力传感器和温度传感器。可以感受设备内部同一点 SF₆ 气体的压力和温度,通过式(6-15)来求解 SF₆ 气体密度。

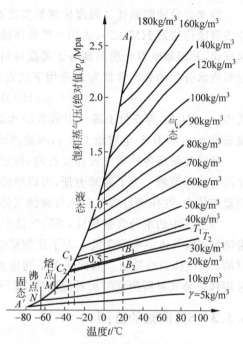

图 6-46　SF₆气体状态图

6.5.2　SF₆微水的监测

运行中的 SF₆ 气体绝缘设备尽管在安装及运行维护中已被严格控制,但设备内总会存有水蒸气,在常温下,SF₆ 气体中即使含有较多水分,也不会发生化学反应,因此在没有电弧或电晕的隔室中,水分的危害主要是降低耐压水平。例如,SF₆ 气体中水分含量达到30%以上时,沿面放电电压明显下降,可降到干燥时的60%~80%;而在有电弧或电晕的隔室中,除了降低绝缘能力,在电弧作用下,微量的 H_2O 与 SF₆ 气体、金属材料还会发生水解反应。例如:

$$SF_6 + Cu = SF_4 + CuF_2$$

$$CuF_2 + H_2O = CuO + 2HF（水解反应）$$

$$3SF_6 + W = 3SF_4 + WF_6$$

$$SF_4 + H_2O = SOF_2 + 2HF（水解反应）$$

这些反应会生成剧毒物和腐蚀性气体,损坏绝缘及腐蚀金属。因此,对微水含量的监测是十分必要的。

SF₆ 气体中微水含量有两种表示方法[44]:第一种以 SF₆ 中所含水汽的体积与 SF₆ 气体的体积之比来表示,即用 μL/L 表示,这是一种无量纲单位;第二种以 SF₆ 中所含水汽的质

量与 SF_6 气体的质量之比来表示,即用 $\mu g/g$ 表示,也是一种无量纲单位。由于水的分子量是 18,SF_6 气体的分子量是 146,两者之比是 1∶8.11,因此质量之比仅是体积之比的 1/8.11,也可以用露点(℃)来表示。

对于 SF_6 新气,IEC 标准规定水分含量不得高于 15×10^{-6}(质量比),而我国标准规定水分含量不得高于 8×10^{-6}(质量比)。

微水含量的监测通过湿度传感器实现在线测量。例如,法国 Humirel 公司的高分子膜介质湿敏传感器 HM1520,适用于低湿环境测量,且长期稳定性好,抗化学腐蚀能力强,响应速度快,其湿敏电容介质是高分子薄膜材料,介电常数为 ε_1,水的介电常数为 ε_2,高分子材料在吸收水分后的介电常数为 ε,可用下式表示:

$$\varepsilon = \left[\, \varphi_2(H_2O)(\varepsilon_2^{1/3} - \varepsilon_1^{1/3}) + \varepsilon_1^{1/3} \,\right]^3 \tag{6-16}$$

式中:$\varphi_2(H_2O)$ 为高分子薄膜中吸收的水的体积分数,随环境中水蒸气气压而变化。在低湿条件下,$\varepsilon \propto RH$,电容量 $C \propto \varepsilon$,因此测试 C 值就可求出 RH 值。

可以将湿度传感器安置在设备内,使它处于 SF_6 气体循环回路中,对 SF_6 气体的湿度变化进行实时监测。为了装卸方便,可以将湿度传感探头装于设备取气口外接的在线监测的测量腔体中,这样通过取气腔体与被测气体自扩散相连通。

与空气中的水分含量相比,SF_6 气体中水分含量是比较低的,因此必须用低湿度传感器来测量 SF_6 气体中水分含量。为了使测量结果具有可比较性,工业现场是采用温度为 20℃时的 SF_6 气体的湿度值。因此还需要测量实时温度值、实时压力值及修正后 20℃ 时压力值,采用修正公式对所测量的相对湿度值进行修正,以满足工业现场状况。

6.5.3　SF_6 泄漏的监测

SF_6 气体泄漏的危害综合起来有三个方面:①如果电气设备发生泄漏,SF_6 气体密度降低,会造成电气设备绝缘耐压强度降低;②SF_6 气体经过电弧放电,会生成剧毒物和毒性很强的气体,如果泄漏到大气中,则会影响人体健康;③SF_6 气体泄漏会增加使地球暖化的温室气体。SF_6 气体属于一种温室气体,它的暖化系数(global warming potential,GWP)约为 CO_2 的 24000 倍,1997 年举行的防止地球转暖的京都会议上 SF_6 被指定为限制排放气体[46]。

目前常见的监测 SF_6 泄漏方法有电晕法、电化学法、超声法和红外法等[47]。传统的红外法测量 SF_6 气体浓度的基本理论依据是 Lamber-Beer 定律。用红外光照射气体分子时,气体分子会吸收部分光能量,转化成自身的振动及转动能量,其吸收光强和气体浓度之间的关系遵循 Lamber-Beer 定律:

$$A(\lambda) = \lg[I_0(\lambda)/I_t(\lambda)] = K(\lambda)lc \tag{6-17}$$

式中:λ 为波点;A 为气体吸光度;I_0 为入射光的强度;I_t 为透射光强度;l 为光程;c 为吸收物质的浓度;K 为吸收系数。当 K 与 l 为定值时,吸光度 A 和浓度 c 呈线性关系。因此,通过对吸收度 A 的测量即可以得到气体的浓度 c。理论上直接利用 Lamber-Beer 定律也可检测气体的浓度,但实际上因光源的不稳定性、环境的影响、光探测器件的噪声、电路元器件的漂移等因素使得精确测量 SF_6 气体浓度很难,工程上多采用差分吸收的原理。差分吸收检测原理有三种实现方式:单波长双光束检测法、双波长单光束检测法、双波长双光束检测法。其中,双波长双光束法检测精度最高。

超声波在 SF_6 中的传播速度会随着 SF_6 浓度的变化而变化,传统方法通过测量声速、温度以及气体介质混合比例之间的函数关系推算出 SF₆ 的浓度。然而,超声信号极易受到周围压力、温度以及湿度等因素的影响,为提高测量精度,可以采用基于双腔室测相位差法测量 SF₆ 气体体积分数。

6.5.4 SF₆ 分解组分监测

纯净的 SF₆ 是一种高绝缘性气体,但是具有杂质的 SF₆ 绝缘性能会大幅下降。当设备长时间连续运行后,在内部存在电弧或者高温的情况下,SF₆ 气体本身或者其与设备内部的绝缘材料相互作用会产生一定种类和数量的杂质。例如,在电弧高温作用下,微量的 SF₆ 会分解为有毒的 SF_2、SF_3、SF_4 和 S_2F_{10} 等,电弧熄灭后,大部分又可还原,仅有极少部分在重新结合的过程中与游离的金属原子及水发生化学反应,产生 SO_2、SO_2F_2、SOF_2、SOF_4、S_2OF_{10}、金属氟化物以及 HF 等有毒性和腐蚀性的物质。因此,SF₆ 气体分解物的分析检测是电气设备故障诊断的一种重要手段[48]。

目前国内外对 SF₆ 分解产物的常用检测方法有气相色谱法、检测管法、傅里叶红外吸收光谱法等。气相色谱法使用的色谱柱需定期清洗与校准,检测管法能够检测的组分较少,且性能易受到温、湿度的影响,二者不适用于在线监测。傅里叶红外光谱吸收法对有效光程要求较高,气体池体积较大,消耗样气量大,微量气体检测灵敏度不高[49]。

下面介绍几种适用于 SF₆ 分解物带电检测和在线监测的方法。

1. 电离式纳米管传感器

电离式碳纳米管传感器是一种三电极式传感器,包括阴极、引出极和收集极。电极材料采用硅片制作,经过掩膜、光刻、刻蚀、溅射、退火等微电子机械工艺制做出传感器的三个电极,然后将结构优化的碳纳米材料阴极和硅片阴极粘接在一起作为整体,采用厚度定制的聚酯薄膜作极间绝缘材料,用绝缘胶将 3 个电极粘接在一起,传感器结构如图 6-47 所示[50]。使用时将传感器引出极和阴极之间施加 250V 电压,收集极和阴极之间施加 10V 电压。

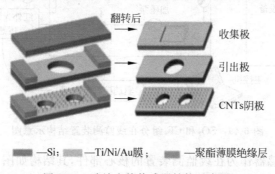

■—Si; ▨—Ti/Ni/Au膜; ▨—聚酯薄膜绝缘层

图 6-47 碳纳米管传感器结构示意图

在碳纳米管阴极附近发生气体放电并产生大量的电子与正离子。由于阴极与引出极之间的电场在远离碳管 $1\mu m$ 以外的范围衰减较快,正离子向引出极迁移扩散,并在收集极与引出极间反向电场的作用下向收集极做加速运动,由收集极收集正离子,作为传感器的输出电流。因离子数量与待测气体体积分数具有一定的函数关系,故输出电流大小与待测气体体积分数也呈一定函数关系,电离式碳纳米管传感器的工作原理如图 6-48 所示。将该传感器与微电流检测装置配合使用,可实现 SF₆ 气体多种分解物的监测。

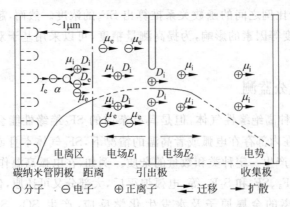

图 6-48 电离式碳纳米管传感器工作原理

2. 光声光谱技术

有关光声光谱检测监测气体浓度的原理,请参见第 3 章。采用红外光声气体传感器检测 SO_2 和 CF_4 的在线监测装置结构如图 6-49 所示[49],装置主要由采样气路、红外光声气体传感器、驱动控制电路及工控机等部分组成。通过工控机配合驱动控制电路实时控制采样气路和红外光声气体传感器的动作,完成对 SF_6 电气设备内部 SF_6 气体的取样、检测及送回。同时,驱动控制电路接收红外光声气体传感器测得的数据并实时传回工控机,由工控机对数据进行分析,并做出相应决策,实现整个在线监测装置的自动化运行及对 SO_2 和 CF_4 组分的在线监测和阈值预警。

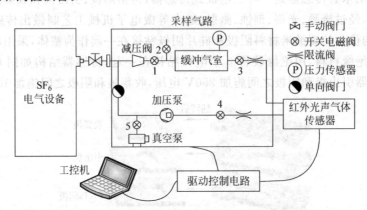

图 6-49 SO_2 和 CF_4 组分在线监测装置结构示意图

红外光声气体传感器作为在线监测装置的核心部件,其结构如图 6-50 所示。采用 GY-3 型宽谱红外光源,能够在 $0.6\mu m \sim 2.5\mu m$ 的光谱范围内辐射出连续红外光,可覆盖 IEC60480—2004 中 SF_6 分解组分标准红外谱图的吸收峰范围,通过驱动控制电路控制电动滤光轮切换对应不同组分的滤光片,即可得到只对应于某一种分解组分吸收峰的红外光。使用 C-995 型机械斩波器将红外光调制为周期性红外光束沿轴线入射光声池中。使用温压变送器获取光声池内的温度和气压,当背景气体为 SF_6 时,在 25℃、0.1MPa 下测得该光声池的最佳谐振频率为 1045Hz。选取 MPA201 驻极体电容式微音器作为微弱光声信号检测器件,将光声池中的微弱声信号按照比例转换为电信号输出。光声信号频率与红外光调制频率相同,采用锁相放大器对该频率光声信号进行定向检测,能够有效抑制其他频率的噪声干扰。

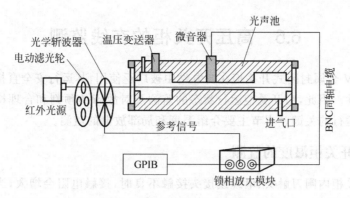

图 6-50 红外光声气体传感器结构图

3. 电化学传感器

电化学传感器是通过传感器电极与被测气体发生反应,产生与气体浓度成正比的电信号的原理来工作的。气体首先通过毛管型微孔被传感器捕获,然后经憎水屏障,到达传感电极表面。针对被测气体而设计的电极材料可催化气体与电极反应。连接电极间的电阻会产生电流,该电流与被测气体体积分数成正比。测量该电流或相应的电压信号便可确定气体的体积分数。相比于其他方法,电化学传感器法具有响应速度快、操作简单等优点,但也存在缺陷,例如交叉干扰、零漂及温漂、寿命不长等,因而在实际应用时需要定期校准检测仪器。目前,现场应用较多的传感器主要为 SO_2 气体传感器、H_2S 气体传感器、CO 气体传感器和 HF 气体传感器,但 HF 缺乏标准气体,其定性和定量存在一定的困难[50]。

图 6-51 是一种 SO_2 在线监测系统的取样结构图。基于电化学传感器的离线分析仪气体都是流动的,也就是在气体恒定流速的方式下进行测量(通常流速为 200mL/min),其一是因为电化学传感器是消耗型传感器,静止气体中的 SO_2 体积分数可能很快被传感器消耗掉,造成测量不准确;其二是为了降低 SO_2 被测量气室吸附量,提高检测准确度。鉴于此,该系统模拟离线测量方式在测量气室中增加微型泵,使气室中的气体处于流动状态,从而达到降低 SO_2 被消耗速度和被测量气室吸附量的目的,提高测量的准确度与稳定度。通过调节微型泵的供电电压,可以调节气体流速,提高 SO_2 检测的准确度[51]。

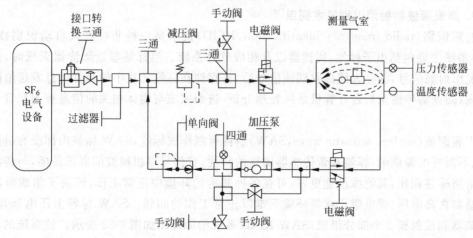

图 6-51 SO_2 在线监测系统取样示意图

6.6　高压开关柜的在线监测

10kV、35kV 金属封闭式开关柜在变电站中被广泛使用,其运行安全直接影响整个变电站的供电可靠性。因此,对开关柜运行状态的监测及对故障的预判和合理检修是保证开关设备安全可靠运行的关键。本节主要介绍温度和局部放电的监测。

6.6.1　高压开关柜温度的监测

当高压开关柜内闸刀触头、电缆线接头接触不良时,接触电阻会增大,当流过负载电流时会发热,由于高压开关柜的外部被金属壳整体封闭,不易散热,会使得开关柜内部温度过高,造成金属材料的机械强度下降和绝缘材料老化等,危及电气设备的安全运行[52]。因此,实时监测高压开关柜内温度十分必要。

除了第 2 章所介绍的温度传感器之外,还有如下方法适用于开关柜温度的监测。

1. 荧光光纤[53]

荧光光纤测温属于接触式测温方式。该装置依据测量荧光余晖寿命的长短来实现温度测量。涂抹在远处测温端的荧光物质受到特定波长的光激励后,会辐射出相应的荧光能量。撤销特定波长的光激励后,荧光余辉开始衰减。荧光余辉持续的长短取决于位于测温探头上的荧光物质,即待测物质的温度。特定波长光激励的选择和所选的荧光物质是相匹配的,不同的荧光物质的最有效的激发光波长是不同的。可根据荧光衰减趋势与温度的对应关系,得到当前所测物质的温度。

2. 红外测温[54]

红外热成像技术利用目标物体红外辐射的可测性,并通过光电信号转换,将待测目标物体的多点温度数据经 2.4G 无线串口传输出来。其核心是作为温度采集单元的红外传感器,例如 MLX90621。该传感器为 16×4 元全校准红外阵列,其 64 个像元都有相应的高速 ADC 电路和低噪声斩波放大器。芯片根据设定的延时速率扫描环境温度传感器和 64 元阵列热电堆,并使用这些输出数据和 EEPROM 中的校准系数来计算每个像素点的开关柜母线触头温度。

3. 声表面波和射频识别技术测温[55]

射频识别(radio frequency identification,RFID)技术是一种非接触式自动识别技术,RFID 系统主要包括电子标签、阅读器以及相应软件系统。当标签靠近阅读器天线时,阅读器会发出射频信号,标签天线接收到该信号后,将存储在标签芯片中的温度信息发送给阅读器天线,阅读器传输至后台计算机系统处理分析,进而完成与物体相关的信息查询和管理等工作。

声表面波(surface acoustic wave,SAW)器件可制作成标签,SAW 标签内部没有电路结构,也不需要电源供电,标签自带传感器属性的特性,且信号以机械波的形式传播,与传统的集成电路标签相比,其绝缘性能更好,可在各种恶劣的环境中正常工作,解决了集成电路温度传感器在高电压、强电磁干扰等环境下难以正常工作的问题。SAW 标签由压电基片、叉指换能器和反射栅 3 个部分组成,SAW-RFID 系统的原理图如图 6-52 所示。该系统的优势在于无源无线,实现了电气完全隔离,系统可靠性高。

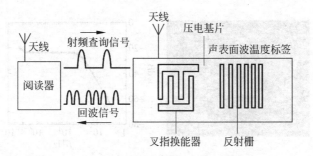

图 6-52　SAW-RFID 测温系统原理图

6.6.2　开关柜局部放电监测

对开关柜设备局部放电的检测方法主要有脉冲电流法、射频法、超声法、超高频法、暂态对地电压法等。应用较为广泛的是暂态对地电压法和超声法。

1. 暂态对地电压法

高压电气设备发生局部放电时,电荷往往先聚集在与接地点相邻的接地金属部位,形成对地电流在设备表面金属上传播。对于内部放电,电荷聚集在接地屏蔽的内表面,屏蔽连续时在设备外部无法检测到放电信号,但屏蔽层通常在绝缘部位、垫圈连接、电缆绝缘终端等部位不连续,局部放电的高频信号会由此传输到设备屏蔽外壳。因此,局部放电产生的电磁波通过金属箱体的接缝处或气体绝缘开关的衬垫传出,并沿着设备金属箱体外表面继续传播,同时对地产生一定的暂态电压脉冲信号,该现象由 Dr. John reeves 在 1974 年首先发现,并将其命名为暂态对地电压(transient earth voltage,TEV)[56]。

一般来说,单芯 10kV 电缆的阻抗约为 10Ω,35kV 的金属外壳母线室的阻抗则约为 70Ω,电缆或母线室发生局部放电产生持续 $10\mu s$ 的约 100mA 的弱电脉冲电流时,在金属外壳上会出现 1V~7V 的对地电压。电压、电流脉冲沿开关柜金属外壳的内表面传播,从开口、接头、盖板等处的缝隙传出设备,再沿着金属外壳的外表面传播至大地。目前 TEV 法检测设备大都采用电容性探测器来检测放电脉冲,其工作原理如图 6-53 所示[57,58]。

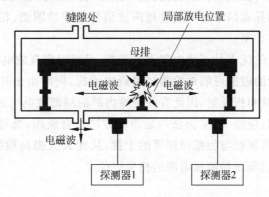

图 6-53　TEV 测量原理

由于开关柜表面为平板结构,因此 TEV 传感器的一般采用贴片式。图 6-54 是一种 TEV 传感器及幅频特性曲线[59]。

电磁波以一定速度传播,在不考虑电磁波折反射的情况下,电磁波到达置于不同位置探

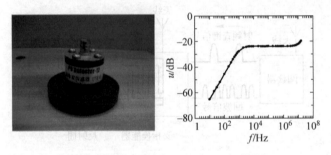

图 6-54　一种 TEV 传感器及其幅频特性

头的距离会不同,TEV 测试仪出现触发时间差;此外,电磁波信号在传播过程中会随距离出现不同的衰减特性,基于此原理可以实现设备内部放电源定位。

2. 超声法

开关柜发生局部放电时,在放电区域中,分子间产生剧烈撞击,宏观上产生了声波,频率大于 20kHz 的称为超声波。典型的超声波传感器的中心频率大约在 40kHz 附近,通常固定在开关柜外壳上或开关柜与电缆沟电缆之间的接头处,利用压电晶体作为声电转换元件。当开关柜内部发生放电时,局部放电产生的声波信号传递到开关柜表面,超声波传感器将其转换为电信号,通过放大器放大后传到采集系统。图 6-55 为超声波方法检测开关柜局部放电示意图。其中,路径①为超声信号在空气中以最短的路径传播到柜体内壁,再穿过铁皮到达传感器;路径②为超声波从放电源通过空气直接传到传感器位置,再穿过铁皮进入传感器[60]。

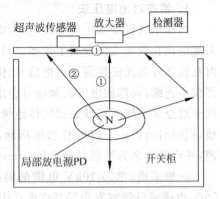

图 6-55　超声方法检测开关柜局部放电示意图

开展开关柜超声波带电检测应使用非接触式传感器在开关柜缝隙中进行测试,测试人员测试时除密切观察测试数据外,还应佩戴耳机侦听是否有异常声音。测到异常信号时可通过超声波信号的连续图谱、相位图谱、波形图谱、声音特征来判断局部放电类型。

超声波检测法最大的优点是不受电气上的干扰,且可以实现放电源的准确定位,但是开关柜内游离颗粒对柜壁的碰撞可能对检测结果造成干扰,同时由于开关柜内部绝缘结构复杂,且超声波会发生衰减和折反射,因此有些绝缘内部的局部放电可能无法被检测到。所以开关柜局部放电的检测,应将 TEV 方法与超声波方法结合应用,既可以排除现场电磁环境的干扰,又可以排除游离颗粒与柜壁碰撞等的干扰,从而大大提高检测结果的准确性,且采用声电联合的方法,可以实现局部放电源的精确定位[59]。

6.7　GIL 局部放电的监测

GIL 是气体绝缘输电线的简称。它也采用 GIS 的同轴圆筒结构,将作为输电线的金属导体用绝缘子或绝缘隔垫支撑在圆筒中心,筒内一般充以 250kPa 表压的 SF₆ 气体作为绝缘介质。事实上,GIS(图 6-1)中的母线筒也是一种 GIL,只是尺寸较短,且有 T 型分支,长度一般为数十米。在装有 GIS 的变电站中,变压器和 GIS 间的连接有时也用 GIL 以优化环境,距离视变电站的布置而定,一般 100m 左右。此外,由于水电站的机房和升压变压器常建在水坝深处,为将高电压引到架空线上,有时也选用 GIL,距离为数百米。

世界上第一条 GIL 于 1971 年在美国建成,电压为 345kV,长为 122m。至 1982 年,全世界共有 53 条 GIL,总长为 13140m。发展至今,GIL 已不限于用在变电站内和水电站的高压输出,也用于电站和城市的降压变电站之间的高压连接,即将高压电用 GIL 而不是架空线或电力电缆输送到城市的负荷中心,输送长度更长。例如,日本名古屋地区从 Shin Nagoya 热电站至 Tokai 变电站间建立了两条 275kV 的 GIL,每条长约 3.3km,内部导体外径为 170mm,外壳内径为 470mm,内充气压为 440kPa 的 SF_6 气体。整个 GIL 布设在埋深为 1.6m、直径为 3.6m 的隧道中。

GIL 一般是单相结构,故其外壳材料为铝合金。在工厂是分段制成的,一般每段为 10m～18m。每 4m～10m 用支柱绝缘子作为导体的绝缘支撑,段间用盆式绝缘子即绝缘隔垫作为绝缘支撑和连接件(参见 6.1 节),每隔一定距离还有波纹管以适应金属外壳在温度变化时的伸缩。

GIL 的主要监测内容是局部放电,其放电源主要是在现场安装期间存留在外壳内的自由金属微粒,此外还有尖端和接触不良等缺陷。安装后监测局部放电试验的目的就是检查出这些微粒。在雷电冲击耐压时,会引起 GIL 击穿的是直径为 0.2mm、长度 6mm 的自由金属微粒。与 GIS 一样,GIL 可用特高频监测局部放电。

与 GIS 相比,由于 GIL 一般都埋设在隧道中,其干扰小得多。在上述 275kV 的 GIL 现场,频带为 10MHz～1.5GHz,在低噪声条件下检测灵敏度小于 1pC。用特高频监测 GIS 中局部放电的内部耦合器和外部天线式传感器测试隧道中的背景噪声,原理如图 6-56 所示,测得的噪声频谱如图 6-57 所示。结果表明在隧道中的噪声和一个屏蔽室内的噪声水平相同[61],故 GIL 的背景噪声是很低的。

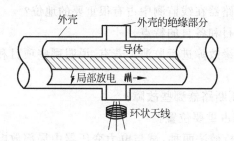

图 6-56 天线传感器原理图

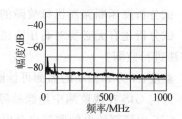

图 6-57 天线测得的噪声频谱

由于 GIL 结构简单而无分支,故局部放电产生的高频信号在传播过程中的衰减要比 GIS 小得多。GIS 中由于信号的衰减,特高频传感器的配置间隔为 30m～40m,但 GIL 的配置间隔就要大得多。当自由微粒的长度为 4mm 时,外部天线式传感器监测的极限距离可长达 700m[34]。但另一方面,长度数千米的 GIL 具有比 GIS 大得多的表面积,根据面积效应,其出现绝缘弱点或缺陷的概率会增加。在选择传感器的性能和数量时更须认真对待,首要的问题常常是投运前的检测。

关于监测频带选择的研究表明,由于特高频信号(频率为 300MHz～3GHz)比甚高频

(very high frequency，VHF)信号（频率为 30MHz～300MHz）在 GIL 中的衰减快，因此在传播到一定的距离后，其高频信号反而比特高频信号强。如图 6-58 所示，在 168m 后甚高频信号已为特高频信号的 3 倍，为此建议监测频带可选在甚高频段[34]。

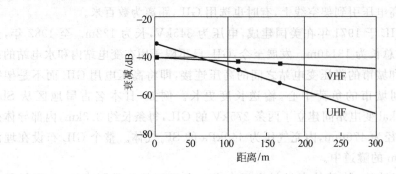

图 6-58　天线测得的信号传播的衰减

在 168m，275kV 全尺寸 GIL 试验段上进行放电产生的高频信号传播时衰减的研究[62]，用安装在 GIL 内导体端部间隙为 30mm 的针-板电极作为模拟金属微粒的放电源，以直径为 250mm 的盘状内部耦合器作为特高频传感器检测局部放电信号，其平坦的频率响应可到 1.5GHz。用两台高速数字示波器记录信号波形，其检测的模拟带宽分别为 300MHz 和 1.1GHz，采样率分别为 5GSa/s 和 4GSa/s。检测的结果表明，在信号频率为 50MHz 和 300MHz 时，100m 的衰减率分别为 2.5dB 和 8.7dB，且频率越高，衰减率越大。引起信号衰减的主要原因是支撑输电线的绝缘子，300MHz 时测得盆式绝缘子的衰减率为 0.8dB～1.1dB，支柱绝缘子的衰减率为 0.18dB～0.24dB。

思考和讨论题

1. 为何机械故障的监测和诊断在高压断路器在线监测中占有很重要的地位？

2. 试分析高压断路器机械故障的监测项目和各自的特点。

3. 试分析还有无必要对高压断路器的绝缘故障进行监测？若有，说明哪些项目和可用什么方法进行监测？

4. 温度、压力和振动的监测可诊断出高压断路器哪些故障？

5. 为何 GIS 在线监测中绝缘故障的监测占重要位置？

6. GIS 中局部放电的监测也分电气法和机械法两种，试与电力变压器中局部放电的监测相比较，二者有无异同？

7. 试简要比较监测 GIS 中局部放电时外界的干扰来源和监测电机、电力变压器时的异同。

8. 试全面分析一下特高频监测的优缺点。

9. 特高频监测的优点是信噪比高，那么是否意味这时候不存在噪声？为什么？

10. 试简要比较用特高频监测 GIS 中局部放电和监测电机、电力变压器的局部放电时的异同。

11. 与电机、电力变压器相比，为什么 GIS 中监测到的局部放电量较低，也即要求监测系统的监测灵敏度要高?

12. 为何对 GIS 要检测其气体 SF₆ 的泄漏量?

13. 与 GIS 相比,GIL 的局部放电监测有哪些特点?

参 考 文 献

[1] 中国国家标准化管理委员会.电工术语高压开关设备:GB/T 2900.20—2016[S].北京:中国标准出版社,2016.

[2] 李修斌,张节容,孙煦,等.SF₆高压电器和气体介质变电站[M].北京:华北电力试验研究所,1988.

[3] 钱家骊.GIS 内部绝缘故障在线监测述评[J].电器技术,1990(1):16-27.

[4] 王伯翰.高压开关在线检测诊断技术[J].电器技术,1986(1):41-45.

[5] JANSSEN A,MAKAREINIS D,SÖLVER C E. International surveys on circuit-breaker reliability data for substation and system studies[J]. IEEE TRANSACTIONS ON POWER DELIVERY, 29(2):808-814.

[6] 宋呆,崔景春,袁大陆.1999—2003高压断路器运行分析.电力设备,2005,6(2):6-13.

[7] 王旭昶,沈力,黄瑜珑.高压断路器暂时状态监测技术[C]//95年全国设备诊断技术术会议论文集,1995.11,17—21,武汉,358-361.

[8] 钱家骊,黄瑜珑.SF6高压断路器的状态监测综述[J].电器技术,1994(3):16-27.

[9] 王伯翰.高压开关机械故障的监测与诊断[J].高电压技术,1993,19(2):30-33.

[10] 陈志英,周小娜,卢超龙.高压断路器合(分)闸线圈电流在线监测系统的研制[J].厦门理工学院学报,2016,24(5):6-12.

[11] 钟建英,孙银山,张文涛,等.基于分合闸线圈电流信号的高压断路器在线监测系统[J].现代电子技术.2016,39(22):133-137.

[12] 黄瑜珑,王旭昶,王伯翰,等.高压断路器微机检测系统[C]//95年全国设备诊技术学术会议论文集,1995.11,17—21,武汉,310-313.

[13] 杨壮壮,徐建源,李斌,等.高压真空断路器机械状态监测系统研制[J].高压电器,2013,49(8):26-34.

[14] 曹阳,肖辉,莫臣.变电站高压断路器特性试验问题探讨[J].高压电器,2010,46(3):75-78.

[15] 孟永鹏,贾申利,荣命哲.真空断路器机械特性的在线监测方法[J].高压电器,2006,42(1):31-34.

[16] 王刘芳,史有强,王伯翰,等.高压断路器动作时间的体外检测[C]//95年全国设备诊技术学术会议论文集,1995.11,17—21,武汉,328-332.

[17] 王伯翰,黄瑜珑.高压断路器的操作振动现象[J].高压电器,1990,26(6):29-35.

[18] 黄瑜珑.断路器机械特性检测[D].北京:清华大学,1991.

[19] 中国国家标准化管理委员会.局部放电测量:GB/T 7354—2003[S].北京:中国标准出版社,2004.

[20] HAMPTON B F,MEATS R J. Diagnostic measurements at UHF in gas insulated substations[C]// IEE Proceedings,1988,135(2):137-144.

[21] PEARSON J S,HAMPTON B F,SELLARS A G. A continuous UHF monitor for gas-insulated substations[J]. IEEE Trans. 1991,26(3):469-478.

[22] JUDD M D,YANG Li,HUNTER LAN B B. Partial discharge monitoring for power transformers using UHD sensors part 1:sensors and signal interpretation[J]. IEEE Electrical Insulation Magazine,2005,21(2):5-13.

[23] STONE G C,SEDDING H G,FUJIMOTO N,et al. Practical implementation of ultra wide band detectors[J]. IEEE Trans. 1992,27(1):70-81.

[24] BAUMGARTNER R,FRUTH B,LANZ W,et al. Partial discharge-part X:PD in gas-insulated

subsatations-measurement and practical considerations[J]. IEEE Electrical Insulation magazine, 1992,8(1): 16-27.

[25] JUDD M D, FARISH O. High bandwidth measurement of partial discharge current pulse[C]// Conference Record of the 1998 IEEE International Symposium on Electrical Insulation(ISEI's 1998), Arlington, Virginia, USA, June 7—10, 1998,2: 436-439.

[26] LIGHTLE D, HAMPTON B F, TRWIN T. Monitoring of GIS at ultra high frequency[C]// Proceedings of the 6th ISH, 1989, Aug. 28—Sept. 1, New Orleans, USA, No. 23. 02.

[27] MASKI K, SAKAKIBARA T, MURASE H, et al. On-site measurement for the development of on-line partial discharge monitoring system in GIS[J]. IEEE Trans. 1994,9(2): 805-810.

[28] OYAMA M, HANAI E, AOYAGI H, et al. Development of detection and diagnostic techniques for partial discharge in GIS[J]. IEEE Trans. 1994, 9(2): 811-817.

[29] 刘卫东,钱家骊. GIS 内部局部放电的高频检测[J]. 电器技术,1993(4): 43-44.

[30] 刘卫东,钱家骊. 特高频在线检测 GIS 局部放电[C]//95 年全国设备诊断技术学术会议论文集. 1995,11,17—21,武汉,319-323.

[31] JUDD M D, FARISH O. A pulsed GTEM system for UHF sensor calibration[J]. Trans. on Instrumentation and Measurement 1998, 47(4): 875-880.

[32] JUDD M D, FARISH O, PEARSON J S, et al. Dielectric windows for UHF partial discharge detection[J]. Trans. on DEI, 2001, 8(6): 953-958.

[33] JUDD M D, HAMPTON B F, BROWN W L. UHF partial discharge monitoring for 132kV GIS [C]//Proceedings of the 10th ISH, Montreal, Canada, Aug. 25—29,1997,4: 227-230.

[34] KOCK N, CORIC B, PIETSCH R. UHF PD detection in gas-insulated switchgear-suitability and sensitivity of the UHF method in comparision with the IEC 270 method[J]. IEEE Electrical Insulation Magazine, 1996, 12(6): 20-26.

[35] 周电波,罗锦,肖伟,等.基于超声波原理的 GIS 局部放电现场检测及缺陷定位方法[J].四川电力技术,2016,39(4): 54-57/72.

[36] 唐炬,张晓星,曾福平.组合电器设备局部放电特高频检测与故障诊断[M].北京:科学出版社,2016.

[37] 冯新岩,孟庆承,李凯,等. GIS 特高频局部放电检测定位方法[J].山东电力技术,2016(10): 72-74.

[38] 陈敏,卢军,陈隽,等. GIS 局部放电源的时差定位方法研究[J].高压电器,2014,50(5): 46-50.

[39] 唐炬,陈娇,张晓星等.用于局部放电信号定位的多样本能量相关搜索提取时间差算法[J].中国电机工程学报,2009,29(19): 125-130.

[40] 朱德恒,严璋,谈克雄,等.电气设备状态监测与故障诊断技术[M].北京:中国电力出版社,2009.

[41] 马志广,冯新岩. 基于特高频带电检测技术的 GIS 局部放电缺陷的识别与诊断[J].国网技术学院学报,2015,19(1): 10-14.

[42] 张晓星,舒娜,徐晓刚,等.基于三维谱图混沌特征的 GIS 局部放电识别[J].电工技术学报,2015,30(1): 249-254.

[43] 张晓星,唐俊忠,唐炬. GIS 中典型局放缺陷的 UHF 信号与放电量的相关分析[J].高电压技术,2012,38(1): 59-65.

[44] 陈振生. SF$_6$气体的密度、水分及泄漏在线监测方法[J].华通技术,2006(3): 24-28.

[45] 袁峰,徐洪,邱国华,等. SF$_6$气体密度在线微机测量系统[J].微纳电子技术,2007(7/8): 417-419.

[46] 陈振生. GIS 高压电器 SF6 气体密度、湿度及泄漏检测技术[J].电气技术,2007(4): 16-20.

[47] 张英,李军卫,王先培,等.基于双传感技术融合的 SF$_6$电气设备泄漏分布式在线监测系统[J].高压电器,2016,52(12): 171-177.

[48] 唐彬,赵无垛,朱立平,等.光电子电离质谱在线监测 SF$_6$气体分解物[J].质谱学报,2015,36(5): 454-459.

[49]　张英,余鹏程,李军卫,等.基于光声光谱的 SF_6 分解组分在线监测装置[J].武汉大学学报(工学版),
　　　2016,49(1):105-109.

[50]　莫亦骅,张周胜. GIS 局部放电的 SF_6 分解物的检测方法[J].上海电力学院学报,2015,31(4):
　　　361-364.

[51]　史会轩,钱进,熊志东,等. SF_6 电气设备分解产物在线监测方法研究[J].高压电器,2014,50(1):56-
　　　60.

[52]　钱祥忠.高压开关柜内接头温度在线监测系统的设计[J].仪表技术与传感器,2007(2):73-75.

[53]　赵舫,唐忠,崔昊杨.基于荧光光纤测温的电气设备在线监测系统[J].电测与仪表,2015,5(4):
　　　85-89.

[54]　孙宇贞,胡超,方永辉.基于 MLX90621 红外传感器的开关柜温度无线监测系统设计[J].红外,
　　　2016,37(12):13-18.

[55]　徐长英,王宏,邓芳明.基于 SAW-RFID 高压开关柜温度在线监测技术研究[J].仪表技术与传感器,
　　　2016(11):42-45.

[56]　DAVIES N, CHEUNG J, TANG Y, et al. Benefits and experiences of non-instrusive partial
　　　discharge measurements on MV switchears[C]//CIRED 19th International Conference on Electricity
　　　Distribution. Vienna, Austria: CIRED, 2007: 0475.

[57]　任明,彭华东,陈晓清,等.采用暂态对地电压法综合检测开关柜局部放电[J].高电压技术,2010,
　　　36(10):2460-2466.

[58]　陈庆祺,张伟平,刘勤锋,等.开关柜局部放电暂态对地电压分布特性研究[J].高压电器,2012,
　　　48(10):88-93.

[59]　律方成,李海德,王子建,等.基于 TEV 与超声波的开关柜局部放电检测及定位研究[J].电测与仪
　　　表,2013,50(575):73-78.

[60]　陈武奋,刘爱莲,李英娜,等.无线超声传感器网络在开关柜局部放电中的在线监测研究[J].传感器
　　　与微系统,2015,34(3):31-33.

[61]　EGAWA T, MIYAZAKA A, TAKINAMI N. Partial discharge detection for a long distance GIL
　　　[C]//Proceedings of the 10th ISH, Montreal, Canada, August 25—29,1997, 4: 163-166.

[62]　OKUBO H, YOSHIDA M, TAKAHASHI T. Partial discharge measurement in long distance SF_6
　　　gas insulated transmission lins (GIL) [C]//Proceedings of the 10th ISH, Montreal, Canada,
　　　August 25—29,1997, Vol. 4: 167-170.

第 7 章

电力电缆的在线监测

7.1 电缆绝缘的劣化和诊断内容

以油纸绝缘结构为主的电力电缆,由于与电力电容器的绝缘结构相同,其劣化机理也基本一致。近年来,交联聚乙烯(cross-linked polyethylene,XLPE)塑料电缆由于其性能优良、工艺简单、安装方便而得到广泛应用,已逐步取代了传统的油纸绝缘电缆。20 世纪 80 年代初,我国曾将其与气体绝缘金属封闭开关设备(GIS)作为城市电力网技术改造的两项重要措施。现在,XLPE 已不仅用于配电网中,而且也已用于输电线路,工作电压可高达500kV。为此,本章主要介绍 XLPE 电缆的劣化机理及监测诊断方法。

XLPE 电缆绝缘劣化原因如图 7-1 所示,大致分为以下几种[1]。

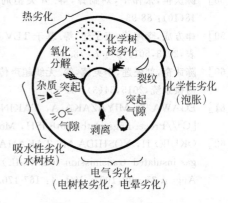

图 7-1　电缆绝缘劣化成因

1. 热劣化

电缆运行温度超过电缆材料的允许温度时,会发生氧化分解等化学反应,反应生成物由于电离作用,使电缆绝缘电阻和耐压性能下降,可通过检测其直流高压下的泄漏电流和测量交流电压下的介质损耗角正切来判断其绝缘状况。

2. 电气劣化

绝缘内部气隙、绝缘和屏蔽层之间空隙部位的电晕放电会侵蚀绝缘,使电缆绝缘的耐电强度下降,这称为电晕劣化。由于屏蔽层上有尖状突起,会引起局部放电,并逐渐发展为树枝状放电。因树枝状放电引起的耐电强度下降,称为电树枝劣化。

电气劣化程度可通过监测电缆的局部放电来诊断。但由于现场干扰严重,而规程规定电缆的局部放电水平要求很高(<10pC),因此,在线监测电缆的局部放电难度较大。

3. 水树枝劣化

有机材料的吸水现象在短时间内是不会有影响的,但长时间受水浸渍,材料将开始吸潮。由于电缆长时间在高场强下工作,水分将呈树枝状侵蚀电缆,形成水树枝劣化。

水树枝劣化从形式上可分为内导水树枝状劣化、外导水树枝状劣化和蝴蝶领结式水树枝劣化三种。其中:内导水树枝劣化和外导水树枝劣化是由电缆屏蔽层的突起造成的;蝴蝶领结式水树枝劣化则是由绝缘内的气隙或杂质引起的。

水树枝劣化也可用检测介质损耗角正切或直流泄漏电流等方法来诊断。

4. 化学性劣化

化学性劣化多发生在石油化工部门,其形态是溶涨、溶解、龟裂或化学树枝状劣化。电缆的这种绝缘状态亦可用测量介质损耗角正切和直流泄漏电流来判断。

综上所述,这些电缆绝缘劣化程度均可通过测量电缆的介质损耗角正切、直流泄漏电流或局部放电等方法来诊断。这些方法一般均在停电离线下完成,介质损耗角正切和局部放电则可以采用在线监测。介质损耗角正切的在线监测和电容型绝缘在线测量的方法相似,但有的电缆屏蔽层对地绝缘电阻太低,会影响 $\tan\delta$ 的测量。局部放电的在线监测将在 7.3 节详细讨论。

对国产 6kV～10kV XLPE 电缆加速老化的研究表明[2],在蒸汽环境下,交联电缆吸水老化后,会产生大量水树,使介质损耗明显增加,但击穿电压无显著变化。

若导体中也加水老化,其介质损耗无明显增加,但实际电缆绝缘已进一步老化,并产生大量水树,击穿电压已很低。若同时加水加电压老化,击穿电压虽已明显下降,但介质损耗和单独加水老化时相近。

由此认为,介质损耗可表示电缆吸水的程度,但作为衡量电缆老化的指标是不够妥当的。至于 6kV 带有挤包绝缘屏蔽层的干式交联电缆,由于半导体屏蔽层对水分的阻挡,未发现水树。

大量研究资料表明,XLPE 电缆绝缘击穿主要是由于绝缘层中形成了水树枝[3],其原因可能是制造过程中在绝缘中残留微水,或运行中因机械损伤使水分逐渐侵入,或运行中电缆长期受水浸渍等。

电缆在电场的长期作用下,绝缘中将形成由微小水滴及连接它们的水丝组成的水树枝,经长期逐步发展,最终导致绝缘损坏。

图 7-2 是交流击穿场强与水树长度的关系[4]。由此可看出,在线监测电缆水树枝劣化情况是十分重要的。以下将着重讨论监测水树枝劣化的主要方法,同时也讨论造成电缆电气劣化的局部放电的监测方法和电缆故障点的定位方法等。

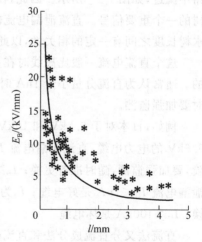

图 7-2   交流击穿场强 E_B 与水树长度 l 的关系

7.2 水树枝的在线监测

7.2.1 直流法

当电缆中有水树时,电缆结构类似于一对尖板电极,具有整流作用。图 7-3[4]示意性地说明了其整流作用的发生机理。设水树是从电缆的导电芯突起处开始发展,可将突起物看作尖电极,电缆外皮看作板电极。因电缆处于交变电场中,当尖电极为负极性时,尖板间是负空间电荷,它缓慢地往外皮运动,故在空间留下一大部分负离子(尖电极附近的正离子已进入尖电极)。

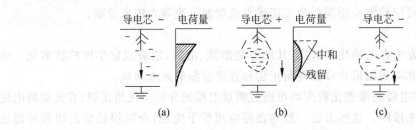

图 7-3　水树整流作用发生机理

当导电芯为正极性时,原有负离子被放电新产生的正离子中和,但还残留一部分负离子,因为尖电极负极性的电晕放电起始电压低,发生的放电电流大,留在空间的负离子就多。电源更换极性,尖电极又为负时,又有更多的负离子产生。由此下去,电缆外皮始终有一部分负离子流入,也即在导电芯发生水树时,从导电芯到外皮有一个负电流流过,这就是所谓的水树枝的整流作用。

当水树在外皮上发生时,流入外皮的将是正电流。在运行电压作用下,这个直流电流将在由电源线、电缆导电芯、XLPE 绝缘电缆接地线、接地保护用电压互感器、电源线构成的回路中流过,如图 7-4[3] 所示。因此,在电缆绝缘层中产生的微量直流泄漏电流是内部存在水树的一个重要信号。直流泄漏电流的大小(流过电缆绝缘中总的泄漏电流中的直流分量)和水树长度之间有一定的相关性,以此可判断水树或绝缘的劣化程度。

这个直流电流一般比离线时在直流高压下测得的泄漏电流小得多,是纳安(nA)数量级的。通常认为直流分量小于 1nA 时绝缘为良好,大于 100nA 时为绝缘不良,介于两者之间时要加强监测。

例如,日本对于 6.6kV 和 10kV 两种电缆,采用的比较普遍的标准是[3]:对额定电压为 6.6kV 的电力电缆,直流泄漏电流 I_D <0.5nA 是好电缆;I_D 为 0.5nA～30nA,则电缆有危险,要加强监测,随时准备更换;I_D >30nA 是坏电缆。对额定电压为 10kV 的电缆,则直流泄漏电流 I_D <1nA 是好电缆;I_D 为 1nA～100nA,则电缆有危险,要加强监测,随时准备更换;I_D >100nA 是坏电缆。

直流法又分直流成分法和直流叠加法两种。

1. 直流成分法

微电流测量装置串接在电缆接地线中,如图 7-4 所示。由于 XLPE 电缆芯已从配电网施加了 10kV 工频高压,所以较大的工频电流和由水树形成的微弱直流分量同时存在。通过低通滤波器滤去工频及其他高频干扰后,只留下直流分量进行放大,经模数转换后送入计算机处理。装置设有接地保护装置,在对地短路时,用来保证试验人员和监测装置的安全。该装置的分辨率力 0.2nA。

该测量方法存在的问题是,当电缆护层的绝缘电阻下降时,由于护层与地之间存在的化学作用电势 E_S 的作用,使测量装置中还会流过由 E_S 引起的杂散电流,影响测量和诊断的可

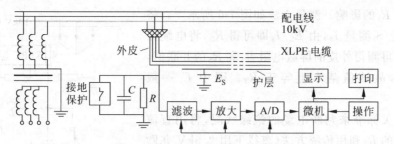

图 7-4 直流成分法测量原理框图

靠性。

根据试验结果，E_S 最大不超过 $0.5V^{[4]}$，当护层绝缘电阻 R_S 降为 $200M\Omega\sim500M\Omega$ 时，杂散电流将达到 $1nA\sim2.5nA$。该电流会影响电缆三相零序电流的波形，可由此波形推算出杂散电流的量值，再从测得的直流泄漏电流中扣除此杂散电流，从而得到准确的直流分量值。

2. 直流叠加法

直流叠加法的接线如图 $7-5^{[1,5]}$ 所示。它借助于电感线圈 L_1，将直流电压 E_1 通过 GPT 中性点在线地加到三相母线，并叠加于电缆绝缘上。并联电容 C_1 和 L_1 可将工频和直流电源隔开，避免交流高压对直流电源的影响。测量回路中 C_2 和 L_2 的作用也是滤去交流分量，使流经测量装置 M_2 的只是直流分量 I_2。图 7-5(b)是监测回路的等效电路，图中 R_m 为 M_2 的内阻，R_S 为电缆外皮上防护层对地的绝缘电阻，R_1 是电缆(图上为三相电缆)的绝缘电阻，R_B 是整个母线系统的绝缘电阻。

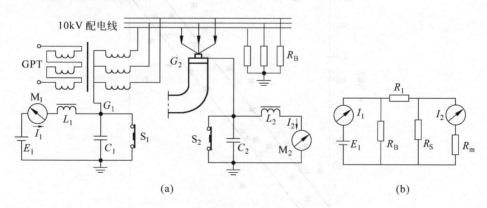

图 7-5 直流叠加法测量原理接线图

(a)监测回路；(b)等值回路

为防止直流电压影响 GPT 二次线圈开口三角的输出电压(电力系统的零序电压)，E_1 不能很高，一般为 $10V\sim50V$。由于电缆绝缘处于交流高压的作用下，故尽管 E_1 不高，但仍能真实反映绝缘的情况。研究表明，当水树增加时，直流叠加电流也迅速增加$^{[4]}$。

监测时将 S_1、S_2 断开，分别测量流经母线系统整体上的泄漏电流 I_1，以及流经电缆绝缘体上的泄漏电流 I_2，由 E_1/I_1 和 E_2/I_2 可分别算出相应的绝缘电阻。

监测 I_2 时要注意 R_S 应远大于监测装置 M_2 的内阻 R_m，否则会引起测量误差。

为此，除测定 R_1 外，有时还需测定防护层的对地绝缘电阻 R_S 和外皮的电阻 R_T，以分析

它们对测量 R_1 的影响。测量方法如图 7-6 所示[1]。将 S_2 断开,合上 S_3 测量 I_3,由 E_2/I_3 即可得 R_S,将电缆另一端接地即可测得外皮的屏蔽电阻 R_T 和 R_S 的并联值,因 $R_S \gg R_T$,故该值基本上等于 R_T。图中 E_2 一般取 5V。

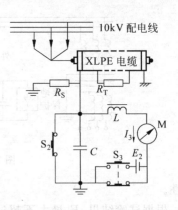

图 7-6　监测 R_S 和 R_T 的原理接线图

根据有关标准来判断电缆的绝缘状况,将用直流叠加法测得的 R_1 和用传统方法(离线下用 2.5kV 兆欧表和直流高压泄漏电流法)测得的绝缘电阻相比较,结果示于图 7-7[5]。图中两根直线分别代表两种类型的电缆,可见其趋势是一致的。

直流叠加法的优点在于可通过正反向叠加直流电压来消除 E_S 引起的杂散电流的影响。

日本已有电缆自动在线监测装置(AOLCM)产品,该类装置的特点是由计算机自动打印、显示、存储每天的监测数据,监测一条电缆线路约需 8min。目前在 3kV～6kV 电缆线路上已大量使用了这种监测装置,并积累了大量数据,10kV 电缆线路上也已开始试运行。

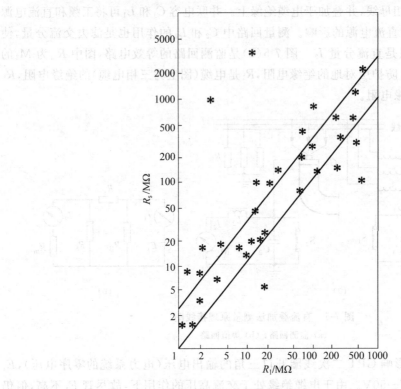

图 7-7　直流叠加法与传统方法比较

3. 判据

为了诊断电缆的绝缘状态,需要有一个诊断标准,表 7-1 是日本住友公司规定的判断标准。该公司的测量装置一般 E_1 取 50V。

表 7-1 直流叠加法的判断标准

项 目		测量结果	判 断	结 论
R_B		无判断标准,根据发生的情况凭经验判断		
$R_1/M\Omega$	6kV	>1000	良	继续使用
	10kV	>5000		
	6kV	300～1000	轻度不良	监视使用
	10kV	1000～5000		
	6kV	30～300	中度不良	计划使用
	10kV	100～1000		
	6kV	<30	严重不良	立即更换
	10kV	<100		
$R_s/M\Omega$		>1	良	继续使用
		<1	不良	定位,修理
R_T/Ω		<100	良	继续使用
		>100	不良	定位,修理或更换

7.2.2 电桥法

用电桥测量绝缘电阻的原理接线如图 7-8[4] 所示,这是个直流电桥电路。装置通过 GPT 的中性点 N 将直流电压 E_1 加在电缆的绝缘电阻 R_1 上,J 是接地器,不监测时可将 N 和电缆外皮直接接地。

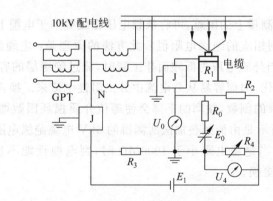

图 7-8 电桥法测量原理接线图

调节 R_4 使电桥平衡,这时 $U_0=0$。则 $R_1=(E_1-U_4)R_2/U_4$。

设 $E_1=20V$,$U_4=1mV$,$R_2=50M\Omega$,R_1 最大可测到 $100000M\Omega$,即该监测系统具有 0.2nA 的分辨力。

电缆防护层和地之间化学电势 E_S 的影响可通过调节 E_0 来消除,即反复调节 R_4、E_0,使 $U_0=0$,此时 E_S 对电桥平衡无影响。至于母线系统的绝缘电阻(图 7-5 中的 R_B),由于其与 R_3 并联,而 R_3 不参与计算,故 R_B 不影响监测结果。选择 E_1 时也要防止它对 GPT 的有害影响,一般 $E_1<50V$。

7.2.3 介质损耗角正切法

电缆测量介质损耗角正切(tanδ)的方法和电容性设备的 tanδ 测量方法相同,即从电压互感器取出电压信号,用电流传感器获取流经电缆绝缘的工频电流,而后通过数字化测量装置,测出电缆绝缘的 tanδ。

图 7-9 所示是 6kV XLPE 电缆的交流击穿电压与在线监测得到的 tanδ 之间的关系。有关资料提出,当 tanδ 大于 1%时,绝缘可判为不良。应用测量 tanδ 灵敏度为 0.01%的监测装置可很好地监测电缆的绝缘状况。由此法得到的信息能够反映出绝缘缺陷的平均程度[4]。

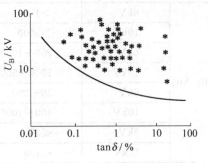

图 7-9 U_B 与 tanδ 间关系

7.2.4 低频法

低频法包括低频成分法、低频叠加法和交流外差法三种。

1. 低频成分法

由于水树枝的存在,除了产生直流成分外,在电缆的充电电流中还含有低频成分。根据频谱分析,其频率在 10Hz 以下,特别是在 3Hz 以下的幅度较大,如图 7-10 所示[6]。可在电缆接地线中接入监测装置,由测得的低频电流进行诊断。该低频电流也是纳安数量级的,故对监测装置的要求也很高。

2. 低频叠加法[4]

为避免直流微电流测量上的困难,可将低频电压在线叠加于电缆上,同样在电缆接地线中串入监测装置,以得到相应的绝缘电阻值。此方法的原理是:电缆绝缘层常可看成一个 R、C 并联的等效电路,当外施电压为低频而非工频时,流过绝缘层的容性电流较工频时小,而阻性电流却无显著变化,因而容易从总电流中分出阻性电流来。换言之,介质损耗因数等于频率、电容和电阻相乘的倒数,频率的下降会使等值介质损耗因数增大,即总电流中的阻性分量增大。图 7-11 所示是由低频叠加法所测得的 6kV 电缆绝缘电阻 R 与工频击穿电压 U_B 的关系。其判据为:当绝缘电阻小于 1000MΩ 时,判电缆性能不良;当绝缘电阻小于 400MΩ 时,电缆应立即更换。

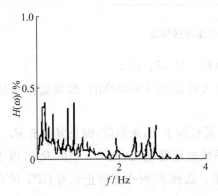

图 7-10 低频成分电流的频谱分析

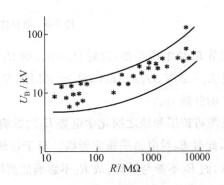

图 7-11 绝缘电阻与工频击穿电压的关系

该法一般采用 20V、7.5Hz 的低频电源,因此需要专门设计低频电源。

3. 交流外差法[7]

交流外差法是根据日本的 Kumazawa 等人的研究成果,在电缆屏蔽层上叠加一个交流电压(频率＝工频频率×2＋1Hz),即可检测出 1Hz 的特征电流信号,从而判断电缆的老化。图 7-12 所示为其原理接线框图。

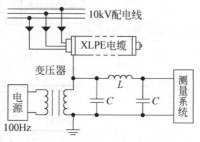

图 7-12 交流外差法检测原理图

交流外差法的原理是:当电缆绝缘老化产生水树时,水树的非线性伏安特性使两个不同频率的信号发生混频现象,从而产生差频信号。试验表明,在给老化电缆绝缘层上叠加频率为 101Hz 左右的信号时,会产生一个比较大的特征电流(与电源中微弱的的 2 次谐波混频)。

进一步的研究表明,该特征电流只在老化的电缆上产生,新电缆并不产生特征电流,并且当叠加信号的频率为 101.4Hz 时,特征电流达到最大值。这样所得出的关系式为

$$检测电流频率＝叠加电压频率－工频频率×2$$

7.3 电力电缆局部放电的监测

局部放电会在 XLPE 电缆内引起电树枝击穿,它是最危险的绝缘劣化形式之一。对于有挤包外屏蔽的干式交联电缆,特别是 200kV 及以上的电缆,国外均采用金属防水护层结构,这使局部放电导致的电劣化问题就更为突出[2,8,9]。有文献报道,当绝缘中电树枝达到 0.5mm 时,相应的局部放电量将超过 100pC,但最大局部放电量(q_{max})并不总是正比于树枝的长度。

与油纸绝缘电缆相反,XLPE 绝缘电缆对局部放电非常敏感[10]。例如在 3.2mm 厚的 XLPE 电缆模型上试验时,击穿电压为 36kV。当已形成击穿通道时,相应的局部放电量仅为 3pC,5.6s 后增至 500pC,随即发生击穿。故电缆局部放电对监测系统的灵敏度要求较高,该文献认为至少为 10pC。电缆局部放电监测的主要困难是现场严重的干扰。

7.3.1 电缆局部放电的监测方法

常规 XLPE 电缆局部放电测量多采用脉冲电流法,该方法在实验室中可以获得很高的灵敏度,也是国标和 IEC 推荐的方法。但该方法在检测时需要从检测阻抗上获取信号,不适合带电检测或在线监测。研究较多的适合于带电检测的方法主要有差分法、方向耦合法、电容耦合法、电感耦合法、电磁感应法、高频电容法、谐振高频测量法、超声波检测法、特高频测量法等。以下主要介绍前五种监测方法。

1. 差分法[9]

为了实现在线监测而又避免专门接入耦合电容 C_k,通用的做法是在电缆的外屏蔽处将电缆分割成两部分。例如,一般长电缆都有中间接头盒,制作时,只将电缆芯连上,而外屏蔽互相绝缘,如图 7-13 所示。这样就将电缆分成大致等长度的两段,其等值电容 $C_1 \approx C_2$,当局部放电发生在绝缘筒右侧 C_1 时,左侧的 C_2 起耦合电容作用。在 A、B 两点接上检测阻抗

Z_d 以检测局部放电。

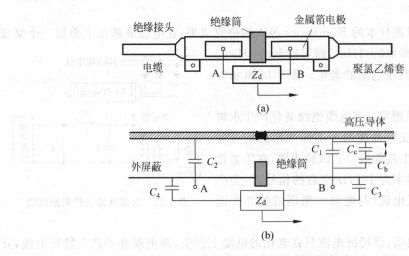

图 7-13 在电缆接头盒上监测局部放电
(a) 检测回路；(b) 等值电路

为了在线监测的安全,在绝缘桶两侧贴上金属箔电极。实际结构可以沿绝缘筒两侧的绝缘接头上各绕一圈金属箔。这样,电缆外屏蔽通过金属箔和外屏蔽间的电容 C_3、C_4 和 Z_d 相连。C_3、C_4 的实际值均为 $1500\mathrm{pF}\sim2000\mathrm{pF}$。

为了实现在线标定,采用了图 7-14(a) 所示的标定电路。方波从 A、B 点注入,分度电容 $C_0\ll C_1$ 和 C_2 (C_1 和 C_2 的单位长度电容一般为 $150\mathrm{pF}$)。为了便于比较,图 7-14(b) 给出传统的、离线下的方波注入方式。因 C_0 很小,方波发生器 U_0 可看作恒流源。又因 $Z_d\gg Z_{c1}$、Z_{c2},故 Z_d 的影响可以忽略。比较两种标定方式可知,当注入同样的电荷量时,采用在线标定方法,Z_d 上的脉冲电压将是传统标定方式的 2 倍。

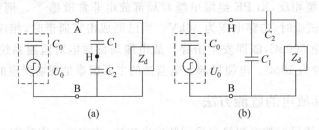

图 7-14 在线标定和传统标定的比较
(a) 在线标定法；(b) 传统标定法

也可通过图 7-13 所示的 C_3、C_4 注入标定用方波信号,因 C_3、$C_4\gg C_0$,故它们的影响可忽略。仍可用上述的分析方法,这些分析结果已在试验样品上得到实验验证。

差分法类似于脉冲电流法中的桥式接线法,当绝缘接线盒一侧的电缆发生局部放电时,另一侧的电缆可以充当耦合电容,将局部放电脉冲耦合至高阻抗 Z_d 上,形成的电压波经放大后输入测试仪器进行测量。该方法的优点是不必加入专门的高压电源和耦合电容,也无需改变电缆接线,且由于可等效为桥式电路,故能很好地抑制外界噪声。差分法既简单又安全,适于现场试验及在线监测。

2. 方向耦合法[10-13]

方向耦合器技术最早应用于德国柏林 400kV XLPE 电缆的在线监测系统中。方向耦合器是将电容耦合和电感耦合结合起来以达到辨别局部放电脉冲方向的目的。将传感器安装在电缆中间接头两侧,以监测局部放电电流脉冲的流动方向。方向耦合器安装于电缆的外半导电层和金属护套之间,这样的安装不会影响电缆的高压绝缘性能,其结构图如 7-15 所示。

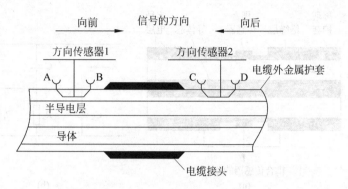

图 7-15　方向耦合器结构示意图

在工频电压下,由于绝缘层的阻抗远大于半导电层的阻抗,所以半导电层的电位和金属屏蔽层的电位几乎相等,此时就可以将外半导电层看作接地。在高频信号下,半导电层和绝缘层的阻抗具有可比性,此时半导电层可以看成绝缘层。对于高频信号来说,在半导电层中置入金属电极板之后,电缆芯线和电极板、电极板与金属屏蔽层之间就形成了分布电容,即可以从电极板上引出高频的电容分压信号。

根据电压行波理论,当发生局部放电时,局部放电电流脉冲信号将会分成大小相等的两部分沿相反的方向传输。所插入的金属电极板的轴向可以看作电感,当放电脉冲流经电缆芯线时就会在金属电极上耦合出感性的电压脉冲信号。这样,在金属电极板上就可以检测出感性与容性结合成的电压信号。方向耦合器特性的两个主要指标为耦合系数与方向性。耦合系数是指耦合到的输出信号与输入信号的比值;而方向性是指耦合到的正向和反向信号的幅值大小的比值。高频局部放电测量时,通常将方向耦合器安装在电缆中间接头的两侧,这样可以辨别出局部放电是来自中间接头的左侧、右侧,还是中间接头的内部。一个中间接头需要两个方向耦合器,四个输出端口,分别定义为 A、B、C、D。传感器只能感应到其中一侧传来的脉冲,这样就可以通过测量脉冲到达 A、B、C、D 四个点中的某几个点来判断脉冲传播的方向。该方法主要应用于电缆附件的局部放电检测,可以有效地区分脉冲的方向,有利于进一步辨别脉冲是局部放电信号还是噪声。方向耦合器信号与方向的判断关系如表 7-2 所示。

表 7-2　方向耦合器与信号方向判断关系

信号方向	A	B	C	D
左	√	—	√	—
右	—	√	—	√
接头内部	—	√	√	—

3. 电容耦合法[14-16]

从距离接头比较近的位置取一段电缆,把电缆的外护套绝缘层去掉,电极是在外半导电层的表面裹上一个导电体,这样就构成了容性耦合传感器。在发生放电时,通过电容耦合到脉冲电流信号。如图 7-16(a)所示,将电缆金属护套切一个 100mm 长的环形口子,将 40mm 宽的锡箔带缠于露出的电缆外半导电屏蔽层上作为耦合传感器。切断的金属屏蔽层用导线重新连接起来。传感器的安装并没有影响到电缆的主绝缘。

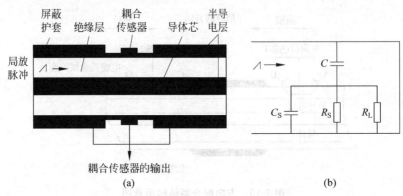

图 7-16   电容耦合法结构原理示意图

(a) 结构图;(b) 原理图

在等效电路图 7-16(b)中,C 就是耦合器构成的电容,其值取决于耦合器的长度和电缆单位长度的电容 C_0。由于在工频时外半导电层阻抗远小于绝缘层,而在高频时外半导电层的阻抗和绝缘层的阻抗具有可比性,故外半导电层可视为工频地,金属屏蔽层为高频地。

传感器的信号噪声比与剥去护套的长度、金属箔和护套之间的长度以及金属箔长度这三者之间是关联的,通过调整可以得到理想的信噪比。

该方法的优点是既不影响电缆的绝缘效果,又有利于对高频信号的获取。研究表明,该检测法的灵敏度可小于 3pC。

另一种类型的基于电容耦合法的传感器是谐振型高频局部放电(resonance-type high-frequency partial discharge,REDI)传感器。该传感器也是装在电缆外皮上,如图 7-17 所示[11]。它相当于用一个带通滤波器滤除局部放电信号中的"低频"分量,而仅检测局部放电电流脉冲的高频分量。

图 7-18 所示是检测回路的等值电路。当绝缘内部发生局部放电时,电流脉冲向接地线

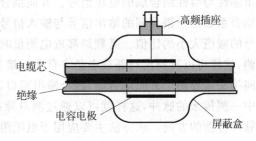

图 7-17   REDI 传感器

传播,传感器拾取所传播的局部放电脉冲上升时间所包含的高频分量。文献认为,环境噪声的高频分量大多低于 10MHz,则将 REDI 传感器的中心频率设置在 10MHz 以上,例如 25MHz,即可得到较高的信噪比。

用方波发生器在 275kV 的 XLPE 电缆样件上做离线标定,其接线如图 7-19 所示。当注入 10pC、传感器中心频率 f_0 为 25MHz 时,输出信号 u_s 如图 7-20 所示,其峰-峰值可达 280mV。当 REDI 传感器距离信号源由原来的 1m 增加到 5m 时,由于信号传播中的衰减,

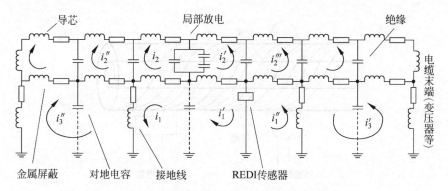

图 7-18   监测电缆局部放电时的等值电路

示波器上测得 u_s 的峰-峰值将下降 30%。由此认为,可以用 REDI 传感器检测整个电缆接头内的放电故障。REDI 传感器已用于电缆接头的击穿试验中检测其局部放电,并已清楚地观察到击穿前 $\varphi\text{-}q$ 特性的变化。由此认为,它可进一步用于运行中电缆接头的绝缘诊断。

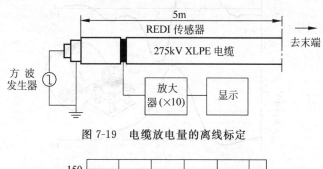

图 7-19   电缆放电量的离线标定

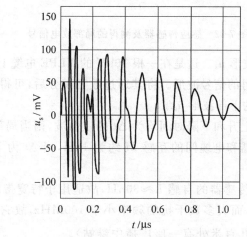

图 7-20   标定时 REDI 传感器的输出

4. 电感耦合法[10,17]

通常电缆外部的接地屏蔽由多股螺旋状金属带绕成。当局部放电产生的电流脉冲沿电缆流动时,在接地屏蔽上的电流可分解为沿电缆(轴向)和围绕电缆(切向)的分量。切向电流产生一个轴向磁场,该磁力线靠近电缆外侧,如图 7-21 所示。

在电缆外屏蔽上绕上一个线匝作为传感器,如图 7-22 所示,它包围了与切向电流成比例的磁通,于是在电流脉冲起始和终止时将因磁通变化而在传感器上感应出一个双极性电

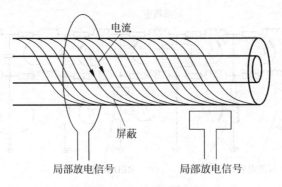

图 7-21　电感耦合法

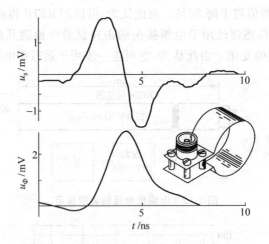

图 7-22　感应传感器及测得的局部放电信号

压,如图 7-22 所示的上部波形 u_s。这是在一根 10kV 的 XLPE 电缆上,距放电点(相应的视在放电量为 6pC)1m 处测得的信号波形。将其通过数字积分后,可得到相当于电流脉冲的原始波形,如图 7-22 所示的下部波形 u_Φ。

将电流脉冲近似看作上升和下降时间均为 Δt 的三角波,则当局部放电量为 q 时,感应电压为 $0.5Mq/\Delta t^2$。传感器和电缆间的互感 M 约为 1nH,当 Δt 为 1ns 时,检测灵敏度为 0.5mV/pC。

单匝线圈构成的感应传感器的自感 $L \approx 30$nH,故适用于特宽带的检测。图 7-18 所示传感器的频带为 400MHz,而大多数干扰的频率小于 100MHz,故它可得到较高的信噪比(特殊环境除外,例如附近几百米处有一座广播中继站)。曾在一段长 300m、10kV 的 XLPE 电缆的检测频域上,测到 460MHz、600MHz 和 800MHz 的干扰窄峰。

为减少低频干扰,还可在线匝一端串接一小电容(图 7-23)。它由聚四氟乙烯薄层分隔的两块小平板组成,$C \approx 20$nF。这样 L、C 和测量电缆的特性阻抗一起构成串联的 RLC 网络。

电容器极板

图 7-23　电容耦合的感应传感器

用窄带检测会使系统灵敏度降低,其原因是热噪声随频带的平方根降低,而信号幅值则随频带变窄而线性下降。在上述 300m 电缆上用无电容的感应传感器可得到的检测灵敏度为 10pC～20pC,而用平衡电桥在同一根电缆上得到的检测灵敏度为 100pC,可见在上述特殊环境下,它们比传统方法的灵敏度高一个数量级。

感应传感器记录信号用的是 600MHz 单通道数字仪(Tektronix 7912 AD)。感应传感器的优点在于安装方便,可以沿电缆任意选择安装位置,特别是在定位时,有利于找出最佳位置。

特高频信号传播时衰减较快,来自外部的高频干扰不会进入传感器,故它只对电缆局部范围的放电灵敏。这从另一方面也限制了它的监测范围,一般检测点应距放电点 10 m 以内。对于容易发生放电故障的电缆附件如连接盒,可将传感器直接安装在其附近。该监测方法的另外一个限制是只适用于有螺旋形屏蔽的电缆。

5. 电磁感应法[18-22]

电磁感应法是将高频钳形电流传感器卡装在电缆中间接头或中间接头的屏蔽层接地线上,通过感应流过电缆屏蔽层的局部放电脉冲来监测局部放电。宽频带电磁耦合法由于其抗干扰性较强,能够较好地反映局部放电信息,所以较早就应用于发电机、变压器的绝缘检测中,近些年也逐渐应用于 XLPE 电缆的局部放电检测中。瑞士和德国的学者都对内置式电磁感应法用于 XLPE 电缆局部放电在线监测进行了研究和改进。但由于内置式电磁感应传感器只能在电缆施工时预先安装在检测位置上或者在设备停运情况下安装,故具有一定的局限性,其安装位置如图 7-24 所示。

电流传感器安放位置

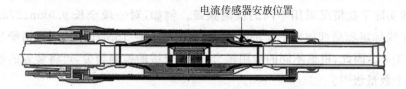

图 7-24　电磁感应法的内置式电流传感器安放位置图

外置式钳形电磁感应传感器由于具有小巧灵活、操作安全、可暂时或永久安放于电缆附件和接地线上、适用于现场测量和在线监测等优点,因此得到了较好应用,其结构如图 7-25 所示,安装位置如图 7-26 所示。

由于电磁感应法是将 XLPE 电缆接地线中的局部放电电流信号通过电磁感应线圈与测量回路相连,不需要在高压端通过耦合电容器来取得局部放电信号,因此适用于电缆敷设后的交接验收试验和运行中的带电检测或在线监测。

高频电流传感器是自积分式的宽带电流传感器,采用铁淦氧作磁芯材料。传感器的几何尺寸、线圈匝数、磁芯材料和外回路参数的选择要满足检测频带要求。

随着高频电流传感器和高速数据采集技术的不断进步,近年来,基于电磁感应法的宽带检测系统逐渐得到了普遍应用。检测系统的模拟带宽可达 50MHz,采样率为 100MSa/s。除了获取幅值和相位信息之外,还可以采集放电脉冲的波形,进而提取波形特征。根据放电脉冲和干扰信号之间波形特征的差异以及不同类型的放电脉冲之间波形特征的差异,可以进行脉冲分离,从而为干扰抑制和多类型放电的模式识别提供便利。

图 7-25　外置式钳形电磁感应传感器　　　　图 7-26　电磁感应法传感器安装示意图

7.3.2　干扰的抑制方法

1. 检测频带的选择

电缆局部放电的检测频率一般采用数十兆赫的频段,为提高信噪比和检测灵敏度,也可根据现场的实际干扰情况采用不同的检测频带。例如,对一段全长 9.5km、275kV 的电缆线路进行在线标定和局部放电的检测时发现,检测频率在 10MHz 附近时,信噪比和灵敏度最高,可达 1pC。因此,根据不同的应用场合,采用合适的检测频带,可将装置的检测灵敏度提高 2~3 个数量级[8]。

2. 差动平衡

电缆分成两部分后可各自接一个检测阻抗或电流传感器,以组成差动平衡电路来抑制干扰;也可接极性鉴别电路来识别是外部干扰还是电缆内部的放电。这些措施都可提高监测系统的信噪比,从而提高系统的检测灵敏度[7]。

3. 数字滤波和综合鉴别

应用滤波器可以对周期性的连续干扰加以有效抑制。图 7-27 是对一条长 460m、20kV 的 XLPE 电缆进行带电检测的信号[23]。在距测量点 120m 处人为设置了故障缺陷,用以产生局部放电信号。除了采用模拟滤波器外,还在信号处理时运用自适应算法的数字滤波器。采取双重措施后,使测量装置对干扰的抑制比达到了 30dB。

由于数字滤波仅将连续的周期性窄带干扰予以抑制,因而放电脉冲信号的识别还需根据其相位、极性和脉冲模式来鉴定。文献[23]提出了一种新的鉴别算法,其判别根据是:如果待鉴别的信号是局部放电脉冲,则在第 1 个脉冲之后将从电缆远处的开端传来一个反射脉冲。

鉴别算法要计算待鉴别的那个脉冲之前和之后一个特定时间间隔内,采样值的绝对值之和 A 和 B。如图 7-28 所示,该时间间隔为脉冲在电缆全长上传播时间的 2 倍(设监测点在电缆的首端)。若比值 B/A 高于阈值 F,则认为是局部放电脉冲,此时 B 由剩余的噪声和

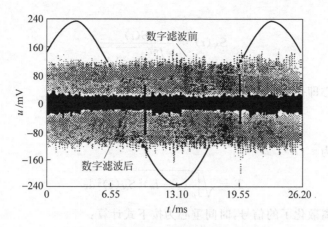

图 7-27 检测到的电缆局部放电信号

局部放电的反射脉冲组成。试验表明,F 的取值范围为 $1.3\sim1.8$ 时,识别可能获得成功。在以往的鉴别中证明,$F=1.6$ 是合适的。

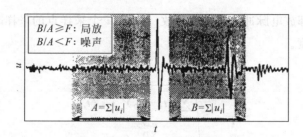

图 7-28 局部放电脉冲的识别

在确认是局部放电信号后,根据第 1 个和第 2 个脉冲最大值之间的时间间隔,即可对发生放电的故障点定位。

4. 基于波形特征的脉冲分离技术

2002 年,意大利 Bologna 大学和 Techimp 公司的 MONTANARI G C 和 CONTIN A 等人提出了以局部放电脉冲的等效时间长度和等效带宽来进行簇分离,以及利用模糊算法进行分类的思想[24],并在发电机定子绕组上进行了人工缺陷的实验室验证。在 2006 年,他们采用相同技术对现场安装后的 220kV 和 400kV 电压等级的 XLPE 电缆系统进行了离线测量[25](在每个电缆接头及终端都进行测量)。通过比较每个簇在各个测量点出现的情况来定性判断是干扰还是放电,且判断簇脉冲归属于哪个电缆片段。结果表明,等效带宽-等效时间长度分离能有效地将具有不同属性的放电脉冲进行簇分离。基于等效带宽-等效时间长度的簇分类在第 3 章中给出了介绍(图 3-44)。近年来国内也逐渐在使用和推广这种方法,取得了不错的效果[26-28]。

由于局部放电的波形特征取决于缺陷的类型以及放电源到检测点的传递函数,因此具有相同特征的脉冲应属于相同类型的放电源或来源于同一个放电点,目前一般采用等效时频分析方法来提取放电脉冲的波形特征。

等效时长和等效频率的计算方法如下。设一个信号的时域表达式为 $S(t)$,首先对其进行标准化处理：

$$S_N(t) = \frac{S(t)}{\sqrt{\int_0^T S(\tau^2)\,\mathrm{d}\tau}} \tag{7-1}$$

那么时间重心即平均时间定义为

$$t_0 = \int_0^T \tau \mid S_N(\tau) \mid^2 \mathrm{d}\tau \tag{7-2}$$

等效时长则定义为

$$T = \sqrt{\int_0^T (\tau - t_0)^2 S_N(\tau)^2 \,\mathrm{d}\tau} \tag{7-3}$$

对于经 AD 转换离散化了的信号，时间重心为按下式计算：

$$t_0 = \frac{\sum\limits_{i=0}^{N-1} t_i^2 \cdot s_i(t_i)^2}{\sum\limits_{i=1}^{N-1} s_i(t_i)^2} \tag{7-4}$$

式中：N 为每个局部放电脉冲的总采样点数；t_i 为第 i 个采样点的采样时刻；$S_i(t_i)$ 为采样时刻的放电脉冲幅度。

等效时长为

$$T = \sqrt{\frac{\sum\limits_{i=0}^{N-1} (t_i - t_0)^2 \cdot s_i(t_i)^2}{\sum\limits_{i=0}^{N-1} s_i(t_i)^2}} \tag{7-5}$$

时域信号 $S(t)$ 经过傅里叶变换得到 $S(\omega)$，与时间波形相似。

首先对频域信号进行标准化：

$$S_N(\omega) = \frac{S(\omega)}{\sqrt{\int_0^\infty S(\sigma)^2 \,\mathrm{d}\sigma}} \tag{7-6}$$

等效频率宽为

$$W = \sqrt{\int_0^\infty \sigma^2 S_N(\sigma)^2 \,\mathrm{d}\sigma} \tag{7-7}$$

对离散的局部放电脉冲序列进行傅里叶变换，得到傅里叶变换序列 $\{X_1(\omega_1), X_2(\omega_2), \cdots, X_j(\omega_j), \cdots, X_N(\omega_N)\}$，则等效频宽为

$$W = \sqrt{\frac{\sum\limits_{i=0}^{N/2-1} (\omega_i - \omega_0)^2 \cdot s_i(\omega_i)^2}{\sum\limits_{i=0}^{N-1} s_i(\omega_i)^2}} \tag{7-8}$$

得到如图 3-44 所示的脉冲簇之后，可以采用模糊聚类的方法进行分离，从而将干扰与放电脉冲，或者是不同类型的放电脉冲进行有效地分离。

7.4 电力电缆的故障诊断

由于电缆绝缘状态与其特性参数关系间的统计分散性,仅用一种方法来诊断绝缘会有漏判或误判的可能。如果采用几种方法,互相配合进行综合诊断,可提高诊断的准确性。有资料表明,采用包含直流叠加法及 $\tan\delta$ 法的综合诊断,对不良绝缘诊断的准确率高达 100%[4]。

图 7-29 所示是一套综合诊断系统的原理框图[29],该装置可对四个项目进行监测,包括 $\tan\delta$、直流分量、水渗透和电缆的轴向温度分布。前三项由测量系统依次按设定的时间进行测定,后一项则由现场的专用仪器通过光纤和监测系统进行数据通信。测量系统包括 $\tan\delta$ 测量单元、直流分量测量单元、水渗透检测单元和温度分布测量单元。

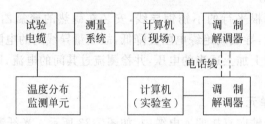

图 7-29 电缆综合监测系统框图

1. 电缆 $\tan\delta$ 测量单元

电缆 $\tan\delta$ 测量单元如图 7-30 所示。

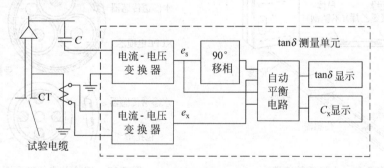

图 7-30 $\tan\delta$ 在线监测单元原理框图

由电容器 C(也可用接触棒通过电阻分压器)从架空线上抽取电压信号,经电流、电压转换器后,成为电压信号 e_s;由电流互感器 CT 从电缆接地线上取得电流信号,经电流、电压转换器后成为电压信号 e_x;e_s 和 e_x 是同相的,e_s 经 $90°$ 移相后,即滞后于 $e_x90°$。将这两个信号送入自动平衡电路(相当于一个电桥)即可测得 C_x 和 $\tan\delta$。

2. 直流分量测量单元

直流分量 I_1 的测量单元采用直流成分法,其原理接线如图 7-31 所示。由于要测的是整条电缆的直流分量,因此用 C 和低通滤波器滤去交流分量,由电压表测定 R 上的直流电压,并以数字形式显示于控制室的配电盘上。

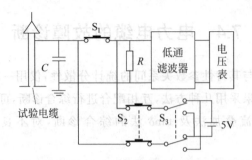

图 7-31   直流分量在线监测单元原理图

将 S_1 断开、S_2 合上，即可测定护套对地的绝缘电阻 R_S，通过 S_3 可改变加于护套上的电压极性，以消除杂散电流对测定 R_S 的影响。

3．水渗透测量单元

水渗透传感器用两根平行的不锈钢导线，安装在耐热的聚氯乙烯上，如图 7-32 所示。当水滴盖住两导线间时，导线间绝缘电阻会降低，故测量导线间的电阻即可监测出电缆中的水渗透情况。在两导线上加上适当的电压，并检测流过其间的电流，即可对水渗透电缆的情况做出判断。

4．温度分布测量单元

光纤温度传感器沿轴向直接埋入电缆中，如图 7-33 所示。光纤温度传感器的原理是利用光在光纤中的喇曼散射效应，是一种功能型光纤温度传感器。

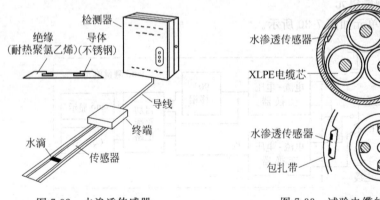

图 7-32   水渗透传感器   图 7-33   试验电缆的剖面图

当激光脉冲通过光纤时，会产生散射，包括瑞利散射和喇曼散射。后者与光纤温度有较密切的关系，故可通过测量和分析瑞利散射的背向散射（或者返回到光纤入射端的散射光）确定喇曼散射点的温度。

此外，还可通过测量入射的激光脉冲被散射并返回到入射端的时间，来确定散射点的位置，以此确定热点的位置[29]。

现场试验选择了一条运行中的 6.6kV 电缆线路，它由三段电缆组成，总长 500m。电缆内由三根 XLPE 电缆芯组成，每根均有金属屏蔽，故可分相测定电缆每相的 tanδ。三根电缆芯由一个总护套屏蔽起来，护套内装有测温度用的光纤及水渗透传感器。

为了监测方便安全，电压信号改为由 GPT 二次电压提供，这时需有相位补偿装置对它的角差进行补偿,监测结果和传统离线方法相比相当一致。

将三段电缆测得的 $\tan\delta$、I_1 和 R_S 的每月平均值分别列于表 7-3 和表 7-4 中。

表 7-3 $\tan\delta$ 测量结果　　　　　　　　　　　　　　%

年/月	电缆 1			电缆 2			电缆 3		
	A	B	C	A	B	C	A	B	C
1990/02	0.05	0.09	0.07	0.03	0.02	0.04	0.05	0.10	0.08
1990/03	0.06	0.09	0.08	0.02	0.01	0.05	0.04	0.10	0.08
1990/04	0.04	0.09	0.07	0.01	0.01	0.07	0.04	0.09	0.07
1990/05	0.04	0.08	0.07	0.02	0.02	0.08	0.04	0.09	0.07
1990/06	0.04	0.09	0.06	0.02	0.01	0.09	0.03	0.10	0.06
1990/07									
1990/08	0.03	0.09	0.06	0.01	0.01	0.09	0.04	0.10	0.06
1990/09	0.03	0.07	0.07	0.02	0.01	0.10	0.04	0.10	0.06
1990/10	0.04	0.08	0.07	0.02	0.02	0.09	0.04	0.10	0.07
1990/11	0.06	0.08	0.07	0.02	0.03	0.08	0.04	0.10	0.07
1990/12	0.05	0.09	0.07	0.02	0.02	0.07	0.05	0.10	0.09
1991/01	0.05	0.09	0.09	0.04	0.01	0.08	0.04	0.09	0.08

表 7-4 直流分量和护套电阻测量结果

年/月	电缆 1		电缆 2		电缆 3	
	I_S/nA	$R_S/\text{M}\Omega$	I_S/nA	$R_S/\text{M}\Omega$	I_S/nA	$R_S/\text{M}\Omega$
1990/10	0	272	0	263	0	306
1990/11	0	594	0	598	0	578
1990/12	0	1651	0	1973	0	1412
1991/01	0	2000	0	2000	0	2000

7.5 电缆的故障定位

如前所述,因各种因素引起电缆劣化而导致故障,故障的主要表现模式是绝缘故障。除了局部放电外,由于绝缘劣化可进一步发展为短路故障、低阻故障、高阻故障以及开路(断路)故障。由于电缆敷设于地下,且有相当的长度,所以对故障点的定位具有和发现故障同样重要的意义。

离线下的电缆故障定位,其基本原理依据电流波在电缆中的传输规律发展而来,称为行波法。目前,国内外已有一些相当成熟的测试仪器可供选用。定位方法按故障类型可分为以下两种。

(1) 对于开路、短路和低阻故障,可采用低压脉冲法,其原理如图 7-34 所示。测试仪向故障电缆的一端发送宽度为 $0.2\mu s$ 或 $2\mu s$、幅度为 $230V$ 的低压脉冲。测试仪上显示的脉冲从入射脉冲 t_1 开始,当

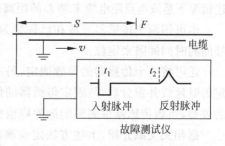

图 7-34 离线下电缆的故障定位原理图

脉冲传播到故障点 F 时,会产生反射波并回到始端;设到达始端的时间为 t_2,则 $t=t_2-t_1$ 是脉冲波从发出到达 F 后,又反射回来所经历的时间,等于波从始端传播到 F 的两倍距离 $2S$ 所需的时间。设脉冲传播速度为 v(油浸纸绝缘电缆为 $160\text{m}/\mu\text{s}$,XLPE 绝缘电缆为 $172\text{m}/\mu\text{s}$),则

$$S = 0.5vt \tag{7-9}$$

易知,对短路和低阻故障的电缆(绝缘电阻数值已很低),反射脉冲波的极性和入射脉冲相反,而开路故障的反射脉冲波的极性和入射脉冲相同。由此还可判断故障性质。

(2) 对于高阻性故障(绝缘电阻仍高达数百兆欧),低压脉冲对其不起作用,需要采用闪络测试法,即在故障电缆始端加上由直流高压产生的高压脉冲,使故障点强制性击穿。同时用测试仪测定入射的高压脉冲和反射的高压脉冲波之间的时间间隔 t,从而定出故障点的位置 F。

电缆利用行波法作故障点定位的准确度有限,这时还可用测定放电发生的声波来进一步精确定位。

从原理上讲,也可以用行波法来确定局部放电的位置,所不同的是脉冲是由局部放电源产生的。局部放电产生的电流脉冲沿电缆两侧流动,在电缆端部发生反射,传感器记录下入射和反射脉冲即可确定局部放电位置。

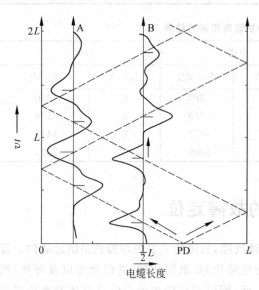

图 7-35　电缆局部放电定位的原理图

用感应传感器进行局部放电定位的原理如图 7-35 所示[17]。这个试验是在一根长 2.66m、10kV 的 XLPE 电缆上进行的。感应传感器 A 与 B 放在两个不同的位置,每次当入射或反射后的脉冲(以虚线表示,相应的箭头表示流动方向)通过 A 或 B(垂直线表示)时,将它记录下来,并经数字积分后成为图上的波形。其幅值的极性取决于电流脉冲的流动方向,故据此可确定电流脉冲的传播方向(参照波形图上极性的交换和曲线所示脉冲的传播方向)。

以传感器 B 为例,第 1、2 峰值间的时间间隔 $t=t_2-t_1$,即入射脉冲和反射脉冲之间的时间差,从极性判断可知,局部放电源在 B 的右侧。易知,按照式(7-11)算出的 S 在上述情况下是放电点距电缆末端 L 的距离。顺便指出,A、B 的波形是在不同时刻下测得的。

也可用两个传感器安放在已怀疑为故障地区的两侧,将积分后的两个信号相加,用两信号间的时间间隔来定位。

还可将一个传感器的位置固定,另一传感器的位置可变,可移动传感器输出的信号经一定的时延线并积分后,与固定传感器的信号相叠加。移动该传感器的位置并同时记录叠加的波形,当该传感器检测到的脉冲峰值极性发生变换时,该位置即为放电点。

据相关文献介绍,上述方法定位准确度可达到 5cm 甚至 1cm,并与电缆解剖结果相符。然而文献中没有提到在实际运行中电缆的在线定位结果。

电缆的局部放电离线定位还可用互相关法[30],其基本原理如下:参照图 7-35 所示的行波图,当发生局部放电时,电流脉冲沿电缆向两端传播,设到达端部的时间分别为 t_1 和 t_2,对应的距离为 L_1 和 L_2,则脉冲到达两个端部的时差为

$$\tau = t_2 - t_1 = (L_2 - L_1)/v = (L - 2L_1)/v \tag{7-10}$$

式中:L 为电缆全长;v 为脉冲传播速度。设 $t_2 > t_1$,则

$$L_1 = (L - \tau v)/2 \tag{7-11}$$

或

$$L_2 = (L + \tau v)/2 \tag{7-12}$$

可见,只要测出 τ,即可得到放电位置 L_1 或 L_2。通过测定电缆两端信号(可通过两个高压耦合电容来测定电流脉冲信号),并进行互相关分析,即可确定 τ。两端的信号表示为

$$v_1(t) = f(t - t_1), v_2(t) = f(t - t_2)$$

则其互相关函数为

$$R_{12}(\tau) = \lim_{T \to \infty} \frac{1}{T} \int_0^T f(t - t_1) f(t - t_2 + \tau) \mathrm{d}t \tag{7-13}$$

令 $t' = t - t_1$,则

$$R_{12}(\tau) = \lim_{T \to \infty} \frac{1}{T} \int_0^T f(t') f[(t' + \tau - t_2 + t_1)] \mathrm{d}t \tag{7-14}$$

当 $v_2(t)$ 在时域上左移一个 τ,且 $\tau = t_2 - t_1$ 时,$R_{12}(\tau)$ 将出现峰值。不断左移 $v_2(t)$ 使互相关函数出现峰值,即可求得 τ。易知,此法适用于工厂条件下试验过程中的放电定位。

思考和讨论题

1. 电力电缆绝缘的在线监测主要有哪几种方法?
2. 试比较电力电缆局部放电在线监测的几种方法的优缺点。
3. 为什么 XLPE 电力电缆更迫切地需要采用在线监测方法来判断其绝缘性能?
4. 试分析采用 $\tan\delta$ 法监测电力电缆绝缘的局限性。
5. 对中性点直接接地的电力系统(如 110kV 及以上的系统),你认为是否适用直流叠加法或交流叠加法在线监测其绝缘状态?

参考文献

[1] 吉林省电机工程学会. 设备诊断技术[M]. 长春:吉林科学技术出版社,1993.
[2] 蒋佩南,万树德,董五一. 国产交联电缆的寿命评定和分析[R]. 上海电缆研究所,1987.
[3] 蔡丹寅,周汉亮. XLPE 电缆现场在线诊断方法介绍[C]//第 2 届全国电气绝缘测试技术学术交流会论文集:154~156.
[4] 谈克雄,吕乔青. 交联聚乙烯电缆绝缘的在线诊断技术[J]. 高电压技术,1993,19(3):71-75.
[5] SOMA K, AIHARA M, KATAOKA Y. Diagnostic method for power cable insulation [J]. IEEE Trans. on EI, 1986, 21(6): 1027-1032.
[6] MUTO H, YAMASHITU Y, MARUYAMA Y, et al. A study of leakage current characteristics about field aged XLPE cable [C]//Proceedings of the 3rd ICPADM, Tokyo, Japan, July 8-12, 1991: 494-497.

[7] TAKAO K. A new hot-line diagnostic method for XLPE power cables-AC superposition method [C]. Proceedings of the 5th International Conference on Properties and Applications of Dielectric Materials, 1997: 394-397.

[8] KISHI K, HATSUKAWA S, YATSUKA K, et al. The study of partial discharge generated from defects in XLPE insulation [C]//Proceedings of the 4th ICPADM, Brisbane, Australia, July 3-8: 1994: 650-653.

[9] KATSUTA G, TOYA A, MURAOKA K, et al. Development of a method of partial discharge detection in extra-high voltage cross-linked polyethylene insulated cable lines [J]. IEEE Trans. On PWRD, 1992, 7(3): 1068-1079.

[10] POMMERENKE D, STREHL T, HEINRICH. R, et al. Discrimination between internal PD and other pulses using directional coupling sensors on HV cable systems [J]. IEEE Transactions on Dielectrics and Electrical Insulation, 1999, 11(6): 814-824.

[11] LEMKE E, STREHL T, RUSSWURM D. New developments in the field of PD detection and location in powercables under on-site condition [C]. Proc. 11th ISH, 1999, London: 106-111.

[12] CRAATZ P, PLATH R, HEINRICH R. Sensitive on-site PD measurement and location using directional coupler sensors in 110kV prefabricated joints [C]//Proc. 11th ISH, 1999, London: 317-321.

[13] 宫黛,孙静,孔德武,等. 110kV XLPE 电缆局部放电在线监测的方向耦合器技术实验研究[J]. 高压电器,2014, 50(11): 51-56.

[14] TIAN Y, LEWIN P L, et al. Partial discharge detection in cables using VHF capacitive couplers [J]. IEEE Transactions on Dielectrics and Electrical Insulation, 10(2), 2003: 343-353.

[15] 徐阳,钟力声,曹晓珑,等. XLPE 电缆及接头局部放电的超高频测量与分析[J]. 电工电能新技术, 2002, 21(1): 5-8.

[16] FUKUNAGA K, TAN M, TAKEHANA H, et al. New partial discharge detection method for live power cable systems [C]//Proceedings of the 3rd ICPADM, Tokyo, Japan, July 8-12, 1991: 1218-1220.

[17] WOUTERS P A A F, LEAN VANDER P C T. New on-line partial discharge measurement technique for polymer insulated cables and accessories[C]//Proceedings of the 8th ISH, Yokohama, Japan, August 23-27,1993,No. 63. 08: 105-108.

[18] 罗俊华,马翠姣,邱毓昌. XLPE 电缆局部放电的在线检测[J]. 高电压技术,1999, 25(4): 32-34.

[19] 段乃欣,罗俊华,邱毓昌. 用于 XLPE 电缆局放检测的宽频带电磁耦合法的研究[J]. 电线电缆, 2002 (2): 24-26.

[20] HEIZMANN T, ASCHWANDEN T, HAHN H, et al. On-site partial discharge measurements on premoulded cross-bonding joints of 170kV XLPE and EPR cables[J]. IEEE Transactions on Power Delivery, 1998, 13 (2): 330-335.

[21] AHMED N H, SRINIVAS N N. On-line partial discharge detection in cables [J]. IEEE Transactions on Dielectrics and Electrical Insulation, 1998, 5(2): 181-188.

[22] 韦斌,王伟,李成榕等. VHF 钳型传感器在线检测 110kV XLPE 电缆局放[J]. 高电压技术, 2004, 30(7): 37-39.

[23] BORSI H,GOCKENBANCH E,SCHICHLER O, et al. Monitoring of partial discharges (PD) in high voltage cables[C]//Proceeding of the 8th ISH, Yokohama, Japan,August 23-27. 1993,67(1): 173-176.

[24] CONTIN A,CAVALLINI A,MONTANARI G C,et al. Digital detection and fuzzy classification of partial discharge signals [J]. IEEE Transactions on Dielectrics and Electrical Insulation,2002,9(3): 335-348.

[25] MONTANARI G C, CAVALLINI A, PULETTI F. A new approach to partial discharge testing of HV cable systems [J]. IEEE Electrical Insulation Magazine, 2006, 22(1): 14-23.

[26] 杨丽君,孙才新,廖瑞金,等.采用等效时频分析及模糊聚类法识别混合局部放电源[J].高电压技术,2010,36(7):1710-1717.

[27] 鲍永胜.局部放电脉冲波形特征提取及分类技术[J].中国电机工程学报,2013,33(28):168-175.

[28] 罗翔,张孔林,蔡金锭,等.基于模糊聚类分析的 XLPE 电缆局部放电脉冲分离技术[J].高压电器,2013,49(9):102-107.

[29] AIHARA M, EBINUMA Y, MINAMI M, et al. insulation monitoring system for XLPE cable containing water senor and optical fiber [C]//Proceedings of the 3rd ICPADM, Tokyo, Japan, July 8-12, 1991: 765-768.

[30] WEEKS W L, STEINER J P. Instrumentation for the detection and location of incipient faults on power cables [J]. IEEE Trans on PAS, 1982, 101(7): 2328-2335.

第8章

输电线路的监测

　　输电线路在线监测技术是指直接安装在线路设备上可实时记录和表征设备运行状态特征量的测量系统及技术，是实现输电线路状态监测、状态检修的主要手段[1]。在线监测的主要类型有导线温度、导线弧垂、杆塔倾斜、线路微气象、视频图像、微风振动、绝缘子污秽度、绝缘子风偏等。本章重点介绍线路绝缘子污秽在线监测、输电线路覆冰监测和导线舞动监测，同时介绍输电线路监测系统中的电源和数据传输技术。

8.1　输电线路绝缘子污秽在线监测系统

　　输电线路和变电站的外绝缘要求在大气过电压、内部过电压和长期运行电压下均能可靠运行。运行中沉积于绝缘子表面的固体、液体和气体污秽微粒在雾、露、毛毛雨、融冰、融雪等气象条件下，将会使绝缘子的电气强度大大降低，从而使输电线路和变电站的外绝缘不仅可能在过电压的作用下发生闪络，更严重的是在运行电压下也会发生闪络，造成停电事故。随着工农业生产的迅速发展，大气污染日益加剧，而输电线路的电压等级不断提高，电网的分布范围也越来越广，因此电网发生污秽闪络的可能性也越来越高。污秽闪络引起的跳闸次数仅次于雷击跳闸，居于第二位，但污闪所造成的损失却是雷击闪络的 10 倍[2]。

8.1.1　泄漏电流监测与分析

1. 绝缘子污闪过程

　　绝缘子的污秽闪络过程一般受绝缘子表面特性的影响。但在运行中，其整个过程可归纳为绝缘子与污秽、受潮条件和所加电压(在实验室为电源阻抗)之间相互作用的过程。电弧在绝缘子表面的发展可能有几个周波或更多，因此，电弧在电流过零附近有熄灭和重燃过程。污秽绝缘子在电压作用下，表面泄漏电流及其热效应在几个周波内对污秽层进行部分干燥，此处的电流密度很大，从而形成所谓的干区。高阻干区使导电通道破坏，泄漏电流间断。加在干区(可能仅几毫米长)的相电压使空气击穿，干区由电弧桥接，与未干燥部分的电阻和污秽层的导电部分串联。绝缘子表面的每一次火花放电都产生一个泄漏电流脉冲。如果污秽层的湿润和导电部分的电阻足够低，则桥接越来越多，桥接干区的电弧沿绝缘子表面持续发展，使与电弧串联的电阻减小，电流增加，甚至将绝缘子表面桥接，最终导致相对地闪络。

2. 污闪过程中泄漏电流的变化

从运行中污秽绝缘的监视和预报角度出发，可以将自然污秽绝缘子交流闪络过程（升压法）的典型波形图分成三部分，如图 8-1 所示。如果以闪络电压为基准，A 点和 B 点的电压标幺值分别为 0.5 和 0.9，A 点之前称为非预报区，A、B 之间称为预报区，B 点之后至闪络为危险区。从图 8-1 中可以看出，出现在预报区的泄漏电流呈不稳定状态，常以脉冲群出现，并伴有局部的电弧形成和熄灭。预报区的泄漏电流脉冲幅值相对较小，通常在数十毫安至数百毫安之间。在闪络前，泄漏电流幅值会迅速增大，且频率也随之增高。根据泄漏电流的这一特点，可对出现在预报区中的泄漏电流进行监测和预报[3]。

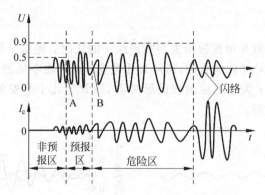

图 8-1 自然污秽绝缘子交流闪络过程的典型电压波形

3. 泄漏电流的采集

由于高压输电线路绝缘子工作在强电场环境，而泄漏电流通常为微安级，这就要求信号采集单元既具有很强的抗干扰能力，又具有很高的灵敏度。目前，切实可行的泄漏电流采集方法有两种：使用穿心式环形电流互感器或采用屏蔽电缆引流装置[4]。穿心式电流互感器的原理在前面章节中已有介绍，下面简要介绍屏蔽电缆引流装置。引流装置通常使用高导电率材料制成集流环，安装于绝缘子串近地侧的最后一片绝缘子表面上。根据泄漏电流沿表面形成的原理，集流环可截取流过整个绝缘子串的泄漏电流，再将截取的电流通过屏蔽线缆引到地面或杆塔上的屏蔽箱内进行处理。目前一般使用两种方法处理引入的微小电流：一种是使用电流传感器，这要求传感器有很宽的频带以便采集工频信号和高频电脉冲；另一种是采用精密无感电阻对电流进行取样，这种方法简单易行。引流装置安装于绝缘子串近杆塔侧的最后一片绝缘子表面上，并用双层屏蔽线将泄漏电流引入安装在杆塔上的数据采集箱内，如图 8-2 所示。采用该引流装置的优点是无需停电即可安装，不影响线路正常运行。所有外露信号线均采用双层屏蔽线，其中外层屏蔽线在最近铁塔的绝缘子铁头挂环处接地，而内层屏蔽在检测装置位置处接地。采集箱采用双层结构设计，外层使用铝合金材料，内层使用铁磁材

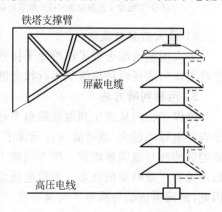

图 8-2 泄漏电流引流装置安装示意图

料,这样一方面可有效抗腐蚀,另一方面可屏蔽电磁干扰。

4. 泄漏电流特征量提取方法

目前较为认可的泄漏电流特征量包括最大脉冲幅值、泄漏电流脉冲数、临闪前最大泄漏电流、三倍频与工频幅值比、三次谐波与基波幅值比值等。其中泄漏电流的峰值、有效值、脉冲数能用于带电检测或在线监测,实行起来比较方便。此外,还需提取环境因子影响最大的相对湿度作为其中一个特征参量[5]。下面介绍几种常用的泄漏电流特征量提取方法[1]。

1) 脉冲计数法

在给定的时间内,记录承受工作电压下的污秽绝缘子超出一定幅值的泄漏电流脉冲数。泄漏电流的脉冲通常产生于交流污闪最后阶段之前,绝缘子表面污秽越严重,出现泄漏电流的脉冲频度和幅值越大。

2) 脉冲电流法

通过测量绝缘子的脉冲电流波形来判断绝缘子的状况。绝缘子脉冲电流的产生机理包含三种:由裂缝引起的局部放电脉冲,通常为几微安;由存在零值绝缘子引起的电晕脉冲,通常为几微安到几毫安;闪络之前出现的脉冲群,通常为几十毫安到几百毫安。图 8-3 是几种典型的泄漏电流波形。

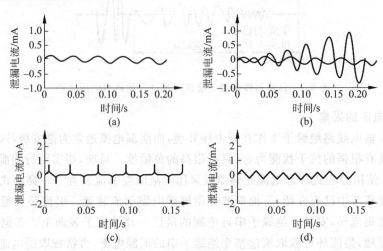

图 8-3　几种典型泄漏电流波形

(a) 正常绝缘子泄漏电流;(b) 泄漏电流脉冲群;(c) 绝缘子电晕脉冲;(d) 绝缘子局部放电脉冲

3) 最大泄漏电流法

最大泄漏电流表征了该绝缘子接近闪络的程度,因此可以将绝缘子上的泄漏电流的最高峰值作为表征污秽绝缘子运行状态的特征值。

5. 污秽判断方法

绝缘子污闪从发生到发展的整个过程中,都伴随着泄漏电流幅值和波形的变化。绝缘子表面电导率越大,或者施加在绝缘子上的电压越大,泄漏电流的幅值就越大,而且泄漏电流的脉冲数目也明显增多。随着绝缘子运行状态的恶化,泄漏电流的波形从近似的正弦波形发展为严重畸变的波形。泄漏电流波形的畸变说明了泄漏电流中谐波成分比重的变化。因此,泄漏电流信号携带了大量信息,可以用来预测闪络的发生。

1) 泄漏电流包络线分析

泄漏电流包络线的变化比瞬时变化的泄漏电流脉冲包含了更多绝缘子运行状态的信

息[6],而且,由于泄漏电流包络线相对于单个瞬时变化的脉冲来说是很慢的,其需要采集的数据点数相对较少,在利用傅里叶变换分析计算时 CPU 耗时要少得多。

信号包络线分析的一个非常有效的方法是利用 Hilbert 变换。假设泄漏电流主要的谐波成分在 7 次谐波以内,可以认为其属于带限信号。对于带限电流信号 $i(t)$,Hilbert 变换是电流信号与时间倒数的卷积,即

$$\tilde{i} = H[i(t)] = \frac{1}{\pi} i(t) \otimes \frac{1}{t} \int_{-\infty}^{+\infty} \frac{i(\tau)}{t - \tau} d\tau \tag{8-1}$$

Hilbert 变换对输入信号进行了 90°移相。泄漏电流信号的原始值与移相后的 Hilbert 变换之和组成一个复数解析信号 $i_a(t)$:

$$i_a(t) = i(t) + j \tilde{i}(t) \tag{8-2}$$

从 Hilbert 变换的性质可以知道,解析信号 $i_a(t)$ 的模就是泄漏电流的包络线 $i_{env}(t)$。利用包络线幅值函数 $i_{env}(t)$ 可以实现被测信号的解调分析,即包络线分析:

$$i_{env}(t) = |i_a(t)| = \sqrt{i(t)^2 + \tilde{i}(t)^2} \tag{8-3}$$

泄漏电流信号的包络和 Hilbert 变换的计算可以通过快速傅里叶变换来实现,即

$$i_a(t) = FFT^{-1}\{I(f)[1 + sgn(f)]\} \tag{8-4}$$

计算包络的过程为:采集泄漏电流的数字值,将泄漏电流的采样信号分为相等时间间隔的数据片断(如 1min);用 FFT 变换计算泄漏电流信号的 Hilbert 变换以及泄漏电流信号的包络。为了减少 FFT 的运算量,可在数据采样前,先用简单有效的低通滤波电路滤掉泄漏电流的高频成分,从而采用更低的采样率进行采集。

2) 模糊分析方法[7]

单个绝缘子自身劣化是绝缘子在制造过程中因材料糅合过程及制造工艺等内在原因和输电线路上的机械应力(如温度变化、各种条件引起的振动等)、工频高电压、冲击电压、污秽、自然老化及长期承受大的拉力负荷的疲劳等外在因素共同作用的结果。反映高电压下运行的绝缘子绝缘性能的状况参数如泄漏电流、电晕电流脉冲量等都是带有极大模糊特征的量,运用模糊逻辑方法对其进行分析是一种非常有效的手段。

模糊输出集是表征模糊诊断结果的一种表达方式,它的元素个数和名称可根据实际问题的需要由人们主观决定。在绝缘子在线监测的模糊信号处理过程中,针对所研究对象的特点,将其分为正常或轻微(NL)、一般(CM)、较严重(MS)和严重(SR)四个等级,即模糊输出集 $\boldsymbol{Y}$ 为

$$\boldsymbol{Y} = (NL, CM, MS, SR)^T \tag{8-5}$$

模糊输入集是表征影响被检测对象的各种外界因素的集合,其元素个数的多少由检测获取的反映被检对象的信号数量决定。电晕电流概率(F_c)、泄漏电流有效值(F_l)、泄漏电流峰值(F_p)及泄漏电流脉冲频度(F_f)等参量是能够检测到的用于判定绝缘子绝缘性能的主要电参数。因此,模糊输入集 $\boldsymbol{X}$ 为

$$\boldsymbol{X} = (F_c, F_l, F_p, F_f)^T \tag{8-6}$$

模糊关系集则是表征各模糊输入量的值对于不同输出结果影响程度的一个集合,通常用 $\boldsymbol{R}$ 表示,它是一个 $m \times n$ 阶矩阵,其中 m 等于模糊输出集的元素个数,n 等于模糊输入集的元素个数。$\boldsymbol{R}$ 中的各行反映了各种作用因素对该行输出结果的影响,即权重,因此,只要确定权重 $\boldsymbol{R}_i$,相应地就可以得到一个综合评估 $\boldsymbol{Y}_i$。$\boldsymbol{R}$ 中的各列反映了各种作用因素在不同输出

结果中所占的地位。通过建立一个从模糊输入 X 到模糊输出 Y 的模糊变换 R，即 $Y = R \times X$，就可得出模糊推导关系式。下面给出一个关系矩阵确定实例。

关系矩阵的第一行各元素对应的是各种检测电信号对于"正常或轻微"绝缘故障状态辨识的重要程度。绝缘子在这种情况下工作时的泄漏电流值较小，受绝缘子本身性能的影响较大，可靠程度低；脉冲放电基本上属于杂散放电形式，泄漏电流脉冲峰值及其发生概率对于绝缘子正常运行状况诊断的可信度更低；而电晕放电的出现则意味着局部放电现象或间歇小电弧状态的开始。因此，电晕电流的大小及频度（即 NY 图）对于绝缘子运行正常否起着标志性的作用。基于此，将关系矩阵的第一行赋值为 $r_1 = (0.80\ 0.15\ 0.05\ 0.00)$。

关系矩阵的第二行各元素对应的是各种检测电信号对于"一般"绝缘故障状态辨识的重要程度。绝缘子轻度污染（或有劣质绝缘子存在但不影响线路的正常运行）定义为绝缘子可以产生零星局部电弧状态的阶段。在这一阶段，泄漏电流的变化与绝缘故障之间的相关性随污秽程度的增加逐渐增大；而泄漏电流脉冲峰值及其发生概率在绝缘子"一般"故障运行状况下也会有所变化，即对于故障的诊断有一定的帮助。因此，此阶段的模糊推理方式是以电晕电流和泄漏电流有效值两个参数的共同作用为主，辅之以泄漏电流脉冲峰值及其发生概率参数。基于此，将关系矩阵的第二行赋值为 $r_2 = (0.30\ 0.50\ 0.15\ 0.05)$。

关系矩阵的第三行各元素对应的是各种检测电信号对于"较严重"绝缘故障状态辨识的重要程度。此阶段大致对应于线路绝缘子串产生经常性间歇小电弧状态，此时，电晕电流的发生概率已经接近 100%，该参数对于绝缘故障的诊断作用已相当微弱，泄漏电流有效值、泄漏电流脉冲峰值及其发生概率的作用则逐渐突出。因此，关系矩阵的第三行被定义为 $r_3 = (0.05\ 0.35\ 0.35\ 0.25)$。

关系矩阵的第四行各元素对应的是各种检测电信号对于"严重"绝缘故障状态辨识的重要程度。此时，绝缘子已处于绝缘子串产生间歇小电弧状态较严重的阶段，即处于临界闪络状态。发生这种情况后，绝缘保护装置应该紧急动作以防止发生沿面闪络事故。此时的电参数特征是泄漏电流急剧增加，泄漏电流峰值越来越大，泄漏电流脉冲频度越来越高；而电晕放电参数已不能反映任何问题。因此关系矩阵的第四行可表示为 $r_4 = (0.00\ 0.30\ 0.35\ 0.35)$。

通过绝缘失效过程及输出状态的划分，最后获得的关系矩阵的定义为

$$R = \begin{bmatrix} 0.80 & 0.15 & 0.05 & 0.00 \\ 0.30 & 0.50 & 0.15 & 0.05 \\ 0.05 & 0.35 & 0.35 & 0.25 \\ 0.00 & 0.30 & 0.35 & 0.35 \end{bmatrix}$$

(X, Y, R) 构成了一个模糊综合评估模型。

3）模糊神经网络用于绝缘子污秽度判定[8]

模糊逻辑比较适合于表达那些模糊或定性的问题，其推理方式类似于人的思维模式，但缺乏自学习和自适应能力。神经网络可以直接从样本中进行有效的学习，具有并行计算、分布式信息存储、容错能力强以及具备自适应学习功能等优点。在进行训练时，神经网络不能很好地利用已有的经验知识，不适于表达基于规则的知识，增加了网络的训练时间，甚至会陷入局部极值。将模糊逻辑与神经网络有效地结合起来，互相吸取彼此的长处所构成的模糊神经网络将是一个更强有力的分析研究手段。

模糊系统采用 5 输入 1 输出结构。模糊输入量为泄漏电流有效值 F_1、环境相对湿度

H、环境温度 T、泄漏电流峰值 F_p、泄漏电流脉冲频次 F_f 5 个参量,它们是能够检测到的用于判定绝缘子污秽程度的主要参数。模糊蕴含关系采用 Mamdani 的最小运算规则求取。在对大量的试验数据和现场监测数据进行研究分析的同时,使模糊输出采用包含 4 个取值的单点模糊集合,分别为污秽正常 NL、一般污秽 CM、较严重污秽 MS 和严重污秽 SR 4 个等级。对 F_i、H、T 这 3 个输入参量作模糊分割,其隶属度函数采用三角(梯形)表示。泄漏电流脉冲峰值和脉

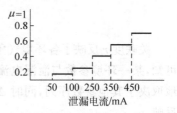

图 8-4 泄漏电流脉冲峰值隶属度函数

冲频度的隶属度函数采用离散型函数,如图 8-4 和图 8-5 所示。模糊神经网络结构如图 8-6 所示。

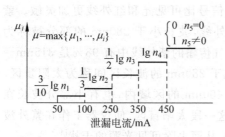

图 8-5 泄漏电流脉冲频度隶属度函数

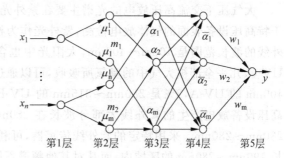

图 8-6 模糊神经网络结构

4) 灰关联分析法[9]

灰色关联分析法以"部分信息已知、部分信息未知"的灰色系统为研究对象,通过对"部分"已知信息的生成、开发,提取有价值的信息,来判断两个研究对象之间是否联系紧密,具有不要求大量数据和不要求服从某个典型概率分布的特点。

灰关联分析算法的步骤如下。

(1) 构造参考序列与比较序列:以绝缘子表面泄漏电流为参考序列,即 $X_0(k)=\{X_0(1), X_0(2),\cdots,X_0(n)\}$,其中 n 为监测数据点个数,k 为第 k 个监测点,$1\leqslant k\leqslant n$;以各环境因素序列为比较序列 $X_i(k)=\{X_i(1),X_i(2),\cdots,X_i(n)\}$,其中 $i=1,2,\cdots,M$,即有 M 个环境因素。

(2) 数据规范化:数据规范化是为了消除各序列数据的量纲影响,合并数量级,使各序列之间具有可比性。数据规范化常用的有初值化、均值化、区间值化、归一化等方法。

(3) 计算关联系数:关系系数 $L_i(k)$ 计算式为

$$L_i(k)=\frac{\Delta_{\min}+\rho\Delta_{\max}}{|X'_0(k)-X'_i(k)|+\rho\Delta_{\max}} \tag{8-7}$$

$$\begin{cases} \Delta_{\max}=\max_i\max_k|X'_0(k)-X'_i(k)| \\ \Delta_{\min}=\min_i\min_k|X'_0(k)-X'_i(k)| \end{cases} \tag{8-8}$$

式中:ρ 为分辨系数,反映各参数因子对关联度的间接影响程度,一般 $\rho\in(0,1)$;$L_i(k)$ 为在点 k 处比较序列 $X_i(k)$ 对参考序列 $X_0(k)$ 的关联系数,$1\leqslant k\leqslant n$。

(4) 计算各气象参数序列对泄漏电流的关联度并排序。各参数序列对泄漏电流的关联度为

$$r_i = \frac{1}{n}\sum_{k=1}^{n} L_i(k) \tag{8-9}$$

关联度 r_i 反映了各环境气象参数与参考序列泄漏电流变化趋势的接近程度。由式(8-7)可知,某一环境参数与泄漏电流的关联系数不仅取决于该参数序列和泄漏电流序列,还间接地取决于其他参数序列,同时 Δ_{max} 间接体现了系统的整体性,是系统整体性在关联空间中的反映。

8.1.2　绝缘子电晕放电的检测

电晕的存在以及发展状态是绝缘子老化性能的一个重要指示特征,也是绝缘子闪络的一个初步征兆[10]。

大气压下交流高压放电的光谱主要在紫外光区,可见光和红外光区都很微弱。可见,对于特高压设备表面的气体放电检测,紫外光作为检测信号比可见光和红外线更加灵敏。紫外线的波长范围是 10nm～400nm,太阳光中也含紫外线,波长小于 280nm 的部分被称为 UV-C,几乎全部被大气中的臭氧所吸收,可以通过大气传输的紫外线中有 98% 是 315nm～400nm 的 UV-A,2% 是 280nm～315nm 的 UV-B,低于 280nm 的波长区间称为太阳盲区。高压设备放电产生的紫外线大部分波长在 280nm～400nm 的区域内,也有小部分波长在 230nm～280nm。采用特定的紫外线传感器,可利用这一段太阳盲区,使仪器工作在紫外波长 190nm～280nm 的区域内,而其对其他频谱不敏感,从而去除可见光源的干扰[11]。

紫外成像技术就是利用专业仪器接收放电过程中产生的紫外线信号,经处理后成像并与可见光相叠加,以确定放电位置和放电强度。图 8-7 为日盲型紫外成像设备影像合成原理[12],首先利用紫外光束分离器将输入的光线分成两部分,一部分形成可见光影像,另一部分经过紫外太阳盲滤镜过滤后保留其紫外部分,并经过放大器处理后在电荷耦合元件 (charge coupled device,CCD) 板上得到清晰度高的紫外图像,最后通过特殊的影像工艺将紫外光影成像仪和可见光影像叠加在一起,形成复合影像。紫外成像仪采用双通道图像融合技术,将紫外光与可见光叠加,既可精确定位电晕的故障区域,又可显示放电强度。

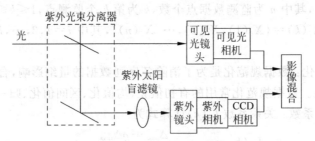

图 8-7　日盲型紫外成像设备影像合成原理

紫外成像检测仪不是电子检测设备,无法直接获取电晕放电量,它是利用平均每分钟放电产生的光子数来表征放电的强度,以此评估电晕放电缺陷的严重程度。此外,还可通过分析光斑面积大小判断电晕放电强弱。一般情况下,根据同一紫外视频中最大与最小光斑面积之比可判断电力设备电晕放电的稳定性。比值越小,说明电晕放电越稳定,一般是由绝缘体自身破损引起的放电;反之,说明电晕放电不稳定,可能是由污秽引起的电晕放电。

图 8-8 为对某变电站紫外检测时发现的某均压环放电情况,检测时为晴天,相对湿度为

68%,检测距离约为 10 m;因放电很明显,紫外线较强,所以设定较低的增益,本次增益设定为 60。根据紫外图谱可知,均压环上的电晕放电光斑面积较大,光子数较多(光子计数为 104380),电晕放电不稳定。综合判断认为该设备损坏较严重,需及时维修。进一步分析认为该均压环的引线连接端设计不合理,运行中电场集中、电荷密度过大导致放电。如果缺陷不及时处理,恶劣天气下可能引起对地绝缘击穿,造成事故。建议立即改进引线连接方式,消除此缺陷。

图 8-8 均压环引线端部放电

紫外光子计数受外界环境影响,主要的影响因素有检测距离、温度、湿度、所选增益、观测角度和风速等。

目前电力系统关于紫外线测试仪器用得最多的是南非的 CoroCAM 504 紫外成像仪和以色列的 SuperB 紫外成像仪,两款产品均利用紫外线检测原理,接收电气设备放电时产生的紫外信号,经处理后将其显示在仪器的屏幕上,达到确定电晕位置和强度的目的,从而为进一步评估设备的运行情况提供更可靠的依据。该类型紫外成像仪体积较大且价格昂贵,不易于实现在线监测。以日盲型紫外传感器为核心的电晕放电检测系统可以解决这些问题。如 HAMAMA TSU 公司生产的 UVTRON R2868 型紫外探测器的波长响应范围为 185nm～260nm,灵敏度为 5000cmp(counts per minute)(以 200nm 紫外光、辐射度为 10pW/cm² 情况下测得的每分钟脉冲数),工作温度为 -20℃～60℃,质量为 1.5g[11,13]。该类设备虽然无法进行紫外成像,但通过其监测的紫外脉冲数可定量反映其电晕强度,能达到同样的目的,且价格大大降低,便于在电力系统内推广使用。

8.1.3 等值附盐密度在线监测技术

等值附盐密度简称盐密(equivalent salt deposit density,ESDD),是输变电设备外绝缘污秽等级划分的唯一定量参数。目前多采用光学方法监测绝缘子的等值附盐密度。

光谱法测量盐密是基于介质光波导中的光场分布理论和光能损耗机理。置于大气中的低损耗石英棒是一个以棒为芯、大气为包层的多模介质光波导,将其作为光技术测量绝缘子盐密的传感器,在光传感器未受污染时,由光波导中的基模和高次模共同传输光能,其中绝大部分光能在光波导的芯中传输,只有少部分光能沿纤芯界面的包层传输。当光传感器上有污染时,由于污染物改变了基模及高次模的传输条件,同时,污染粒子对光能的吸收和散射等产生光能损耗,因此通过检测光能参数可计算出传感器表面的污秽度。由于光传感器与绝缘子处于相同环境,因此,可通过计算光传感器表面的污秽度得出绝缘子表面的污秽度[14]。

理论分析表明,石英玻璃棒中的光通量衰减与多种因素有关,包括石英玻璃棒与空气间的界面折射率、相对湿度、尘埃比率(将自然污秽物中的可溶性盐等效为氯化钠,不溶性颗粒等效为硅藻土,两者之比即为尘埃比率,用来表征可溶性盐在混合物中所占的质量比例等)等。其中许多因素都可使玻璃棒与空气间的界面折射率发生改变,对光能产生吸收和散射,从而产生光通量损耗。因此,为了根据光通量的衰减来预测绝缘子的积污量,需要进行积污量、相对湿度和尘埃比率对光传感器光通量的影响试验。图 8-9 给出了绝缘子盐分对光通量衰减特性的影响。图 8-10 则给出了湿度对衰减特性的影响[15]。

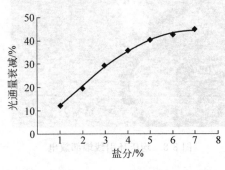

图 8-9 盐分含量与光通量衰减特性

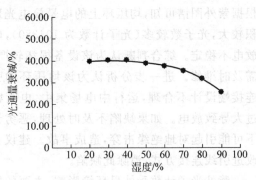

图 8-10 湿度对光通量衰减的影响

8.2 导线温度在线监测

随着导线允许温度的增加,导线的载流量逐渐增加,导线温度从 70℃增加到 80℃时,导线载流量增加了 180A 左右。目前各国对导线允许温度的规定不一样,我国为 70℃,而美国、日本为 90℃,德国、意大利为 80℃,英国为 50℃。将规程中的允许温度从 70℃提高到 80℃,相应增加的导电载流量是很可观的。

导线的温度与导线的载流量、运行环境温度、风速、日照强度、导线表面状态等有关,对于确定的环境条件,导线的允许载流量直接取决于其发热允许温度,允许温度越高,则允许的载流量越大。根据导线温度提高现有运行的线路载流量的方法有以下两种[16]。

(1) 导线允许运行温度为 70℃不变,根据运行环境实际情况核算线路载流量,对受限线路载流量进行精细管理。通过在线测量线路的导线温度、风速、日照强度和环境温度等确定线路的载流量。

(2) 环境温度仍按 40℃考虑,线路上的风速和日照强度完全按规程要求设定,提高导线允许运行温度到 80℃~90℃。

方法(1)的优点是现行运行标准不变,线路运行安全性不变,通过对导线温度和环境温度的在线监测充分挖掘输电线路的隐性容量。这是一种廉价、有效、安全的线路增容技术,一般可增加 10%~30%的线路输送容量。在电网事故 $N-1$ 情况下,通过对导线温度的实时监测,利用导线温升暂态过程的时间特性,短时较大地提高输送容量,可为事故处理赢得宝贵时间,为电网安全发挥很大作用。方法(2)能较大幅度提高输送容量,但导线运行温度将超过目前规程规定的允许温度 70℃,由此将带来 3 个问题:①不符合现行设计标准;②对导线、配套金具的机械强度和寿命有不同程度的影响;③由于温度提高,导线弧垂增加,导线对地交叉跨越空气间隙距离减小,从而影响线路对地及交叉跨越的安全裕度。因此这种方法要在做好各项技术和组织措施后采用。

增容方法(1)、(2)都需要线路导线在线温度、环境温度、风速、日照和载流量等的监测及数据传输装置[17]。

温度监测方式主要有红外监测、光纤温度传感器监测、集成温度传感器温度监测和声表面波温度监测等。受安装环境及成本的制约,目前后两种测温方式比较常用。

导线温度监测中还需要解决监测装置的供电问题和数据通信问题。一般采用导线取电或者太阳能供电[17],通过全球移动通信系统(GSM)/通用分组无线业务(GPRS)方式与后台主站传输数据。

8.3 输电线路覆冰雪在线监测

输电线路覆冰和积雪会导致其机械和电气性能急剧下降,引起绝缘子覆冰闪络、导地线断线、导线舞动、倒塔和电力通信中断等事故。2008年初,贵州、湖南、江西、浙江、湖北、云南、广西等多个省区遭受了严重的冰冻雨雪凝冻灾害,现场实测众多线路覆冰厚度达到了30mm~60mm,有的甚至达到了80mm,大大超过了设计值。造成国家电网、南方电网直接经济损失分别达104.5亿元和150亿元[18]。此次冰灾共造成全国范围内电网停运输电线路36740条,停运变电站2018座,110kV~500kV线路8381基杆塔倾倒及损坏,共170个县市发生供电中断,给电力系统的安全稳定运行和电力供应带来了极大的影响和威胁[19]。

目前覆冰在线监测的方法主要有图像监测法、称重法、倾角法、覆冰速率计算法、模拟导线法、电容法以及光纤传感法等,其中称重法和倾角法在国内实际应用最广。

8.3.1 图像监测法

将视频拍摄装置安装在杆塔上,对导线进行拍摄,一旦发现有覆冰现象,马上将这些数据信息传送到管理后台,再利用一些数学工具进行计算,最终判断导线的覆冰状况。例如通过摄像机采集覆冰图像,进而对图像进行边界检测处理,测量出覆冰厚度,覆冰图像及覆冰厚度通过GPRS无线传输方式发送到监控中心,由监控人员做出相应的处理。通过视频监测手段,可以直观地监测到输电线路导线的覆冰情况,操作简便。若覆冰造成摄像头遮挡,则会出现无法观测的情况[20]。

8.3.2 称重法

将拉力传感器安装在原来球头挂环的位置,通过测量导线的质量,再结合风的速度和方向以及绝缘子串产生的倾斜角度等各相关参数值,计算出输电导线的覆冰质量,再利用冰的密度(0.9g/cm³)换算出相应输电导线上覆冰厚度。就目前的研究成果而言,称重法在所有的计算模型中是最为准确、可靠的一种算法。一种监测覆冰用的拉力传感器如图8-11所示。

图8-11 一种监测输电线路覆冰用的拉力传感器

称重法具有非常实用的优点,拉力传感器结构简单,施工安装方便,不仅适用于静态测量,也能进行动态测量。不足之处是,现有的拉力传感器是基于电阻应变片研制而成的,随着工作时间的延长,会出现稳定性和可靠性方面的问题。

8.3.3　倾角法

倾角法包含水平张力-倾角法和倾角-弧垂法。

水平张力-倾角法是通过拉力传感器测量耐张段绝缘子串的轴向张力,角度传感器测量悬挂点的倾角数据,利用线路参数及气象参数得出覆冰质量。在算法上主要依据输电线路状态方程。水平张力-倾角法能够直接反映输电线路导线的安全情况。这个模型的不足之处是实际应用范围受限,只能应用于稳态下输电线路导线覆冰情况的测量。

倾角-弧垂法同样是利用了输电线路的状态方程,并结合一些气象参数信息,利用传感器传送过来的导线倾角、弧垂等数据信息,计算出输电线路导线覆冰状况。该方法的优点是原理简单,缺点是实施比较困难。输电线路的弧垂和倾角受到多种因素的影响,特别是500kV 及以上等级输电线路,导线的刚度较大,视作柔索将导致较大的误差。

图 8-12 是一种光纤布喇格光栅拉力倾角传感器,用于测量直线塔悬挂绝缘子串处所受的张力和倾角。该传感器由拉力测量、倾角测量和温度补偿三部分组成[21]。拉力传感单元用于测量导线覆冰造成的悬挂绝缘子的拉力变化,使用万能试验机对传感器进行了拉力标定,得到的传感器拉力传感灵敏度为 0.0413pm/N,分辨力为 24.21N,量程为 120kN。倾角传感单元用于测量覆冰变化造成的传感器处倾角改变。倾角标定试验结果表明该方法倾角测量灵敏,灵敏度为 16.17pm/(°),分辨力为 0.0619°。

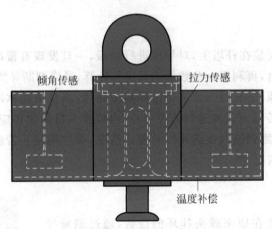

图 8-12　拉力倾角传感器结构

8.4　输电线路导线舞动监测

输电线路舞动是不均匀覆冰导线在风激励下产生的一种低频率(0.1Hz～3Hz)、大振幅(导线直径的 20～300 倍)的自激振动,其在形态上通常表现为在一个挡距内产生一个或几个半波。舞动形成的因素包括导线表面覆冰、导线的结构参数和风力作用。舞动极易导致单相和相间故障跳闸,此外还有断股断线、金具损坏、绝缘子掉串、杆塔螺栓松动等机械故障,严重的会造成电网大面积停电。输电线路舞动在线监测系统主要采用图像处理、加速度传感器和光纤传感器三种方法。

8.4.1　图像处理技术

　　该技术通过安装在杆塔上的摄像机拍摄图片来获取导线运动状态,判断是否发生舞动。从图像信息中判定舞动状态的一种方式是确定线路舞动时导线偏离的角度。通过摄像头将采集到的图像信息传给嵌入式计算机,然后对图像进行分析、处理,计算得出输电导线偏离杆塔的角度。当此时的角度大于预先设定好的安全角度时,就会将预警信号发送到运行人员手机上。

8.4.2　加速度传感技术

　　为定量描述导线运动状态,通常用加速度传感器求得导线的舞动轨迹。其基本原理是利用位移、速度、加速度之间的数学关系,对加速度进行一次和二次积分,得到物体运动的速度矢量和位移矢量。实际应用中在导线上布置一定数量的加速度传感器,当导线舞动时传感器检测到各个方向的加速度信息,经计算得到导线摆动的位移和倾角,最后将各点数据进行拟合和逼近得到输电导线舞动的轨迹曲线,实现对导线舞动定性、定量分析,达到评估的目的。

　　加速度传感器法在实际应用中会遇到传感器布置和随导线扭转的问题。传感器布置主要涉及传感器数量的选择。安装的传感器越多,得到的数据越充分,曲线拟合的精度越高,相应的成本和软件计算量也增大;反之,拟合精度降低,舞动轨迹估算将不准确。传感器随导线发生扭转时,易导致计算出的相对位移与实际运动偏差较大,无法还原出导线的真实运动轨迹。

　　一种采用惯性传感器的输电线路舞动监测系统如图 8-13 所示[22]。系统包括导线舞动无线传感器、气象传感器、导线舞动状态监测装置(condition monitoring device,CMD)(数量为 n)、状态监测代理(condition monitoring agent,CMA)、状态信息接入网关机(condition information acquisition gateway,CAG)、通信网络等。其中导线舞动监测装置及各类气象传感器均安装在杆塔上,气象传感器通过 RS-485 与导线舞动 CMD 连接。导线舞动无线传感器安装在运行导线上,其数量根据实际导线长度确定。导线舞动 CMD 利用 ZigBee 技术主动呼叫导线舞动无线传感器,各个导线舞动传感器同步完成导线舞动加速度信息采集,通过 ZigBee 网络将加速度数据发送给导线舞动 CMD。传感器完成加速度的一次和二次积分得到速度和位移信息,由 CMD 将加速度、速度、位移和环境等参数打包,通过 GPRS/CDMA/3G/WiFi/光纤等方式传输到 CMA,通过 CMA 将信息发送至 CAG,CAG 专家软件通过线路拟合分析,得到导线舞动轨迹,计算得到导线舞动幅值、频率等信息。

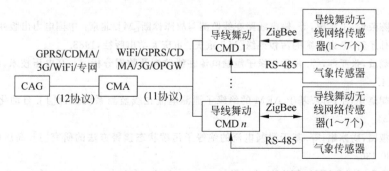

图 8-13　采用惯性传感器的输电线路舞动在线监测系统框图

8.4.3   光纤传感技术

　　光纤传感器具有很好的电绝缘性、很强的抗电磁干扰能力和较高的灵敏度,可实现不带电的全光型探头。可以将多个光纤传感器均布在输电导线上,构成准分布式光纤传感器网络,荷载变化经金属板传入光纤光栅,将采集的应力、温度信息传输回计算机控制中心。

　　由于输电线舞动主要发生顺风向、横风向和扭转振动,且通常扭转角在±10°以内,扭转对顺风向和横风向的加速度影响不大,所以对线路舞动的 X 和 Z 方向进行加速度测量可以较好地反映舞动的实际轨迹。将前面设计的加速度传感器按图 8-14 布置在输电导线上,在每个挡距上均布固定 8 个光纤光栅二自由度加速度传感器,通过定时或实时监测导线 8 个位置处的加速度,可以得到在不同时刻的舞动振幅[23]。

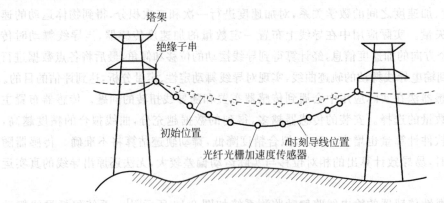

图 8-14   光纤加速度传感器安装示意图

思考题和讨论题

　　1. 为什么要监测绝缘子的泄漏电流?从泄漏电流中可以提取哪些特征量?
　　2. 如何根据泄漏电流来判断绝缘子的污秽情况?
　　3. 用紫外方法监测绝缘子电晕放电一般选用的波长范围是多少?为什么?
　　4. 输电线路覆冰雪在线监测有哪些方法?

参 考 文 献

[1]   黄新波,陈荣贵,王孝敬,等.输电线路在线监测与故障诊断[M].北京:中国电力出版社,2008.
[2]   顾乐观,孙才新.电力系统的污秽绝缘[M].重庆:重庆大学出版社,1988.
[3]   何慧雯,戴敏,张亚萍,等.污秽绝缘子泄漏电流在线监测及数据分析[J].高电压技术,2010,36(12):
      3007-3014.
[4]   姜小丰,胡晓光,左廷涛.基于 ARM 的绝缘子泄漏电流在线监测系统设计[J].自动化与仪表,2011
      (9):51-54.
[5]   杨洋,张淑国,尉冰娟,等.基于泄漏电流的绝缘子污秽状态预警方法的研究[J].高压电器,2016,52
      (11):130-136.
[6]   GEORGE G. KARADY, FELIX A. Signature analysis of leakage current for polluted insulators

[C]//Proc. of 1999 IEEE Transmission and Distribution Conference，2：806-812.

[7] 聂一雄,尹项根,刘春,等.用模糊逻辑方法对绝缘子串在线检测结果的评定[J].中国电机工程学报，2003,23(3)：131-136.

[8] 李琦,邓毅,焦尚彬,等.基于模糊神经网络的绝缘子表面污秽在线监测[J].高压电器,2006,42(5)：368-371.

[9] 刘云鹏,王亮,郭文义,等.基于灰关联算法分析环境因素对高海拔±800kV线路绝缘子泄漏电流的影响[J].高电压技术,2013,39(2)：318-323.

[10] 丁立健,李成榕,王景春,等.真空中绝缘子沿面预闪络现象的研究[J].中国电机工程学报,2001,21(9)：27-32.

[11] 程江洲,王思颖.高灵敏度绝缘子电晕放电检测系统研究[J].计算机测量与控制,2015,23(4)：1151-1154.

[12] 钱金菊,王锐,黄振,等.紫外成像检测技术在高压电力设备带电检测中的应用[J].广东电力,2016,29(4)：115-121.

[13] 杜林,崔婷,孙才新.UVTRON R2862型紫外传感器检测交流电晕放电[J].高电压技术,2009,35(2)：272-276.

[14] 骆东松,黄靖梅.基于RBF网络的盐密光纤在找监测系统的研究[J].陕西电力,2012年第10期：40-43/52.

[15] 张锐,吴光亚,刘亚新,等.光技术在线监测绝缘子盐密和灰密的实现及应用[J].高电压技术,2010,36(6)：1513-1519.

[16] 张启平,钱之银.输电线路实时动态增容的可行性研究[J].电网技术,2005,29(19)：18-21.

[17] 徐青松,季洪献,侯炜.监测导线温度实现输电线路增容新技术[J].电网技术,2006,30(增刊)：171-176.

[18] 李庆峰,范峥,吴弯,等.全国输电线路覆冰情况调研及事故分析[J].电网技术,2008,32(9)：33-36.

[19] 李昊,傅闯,刘旭,等.南方电网架空输电线路覆冰监测系统及其运行分析[J].陕西电力,2013(4)：20-23.

[20] 南福军.输电线路覆冰在线监测系统的研究现状[J].华电技术,2014,36(10)：23-26.

[21] 马国明,李成榕,蒋建,等.温度对线路覆冰监测光纤光栅倾角传感器性能的影响[J].高电压技术,2010,36(7)：1704-1709.

[22] 黄新波,赵隆,周柯宏,等.采用惯性传感器的输电导线舞动监测系统[J].高电压技术,2014,40(5)：1312-1319.

[23] 芮晓明,黄浩然,张少泉,等.基于传感器的输电线路舞动监测系统[C]//第三十届中国控制会议论文集,2011：4327-4330.

第 9 章

电机的在线监测与诊断

9.1 电机的故障特点与诊断内容

与变压器相比,电机由于增加了旋转部分,其结构更复杂,部件类型也更多,任一个部件的故障均可能导致失效。首先旋转电机对所用材料的机械强度要求较高,而电气强度和机械强度的要求之间常存在矛盾,绝缘材料常是电机所用材料中机械强度最脆弱的部件,因机械力而造成的损伤会使绝缘材料的性能劣化。其次,电机的散热条件不如变压器,受温度的影响更大,高温下,材料的绝缘性能会迅速下降。最后,由于电机不是完全密封型设备,运行时除了受温度、湿度、机械应力的作用外,还会受环境的污染等影响。综上所述,电机发生故障的原因较多,类型较多,现归纳其典型故障如下[1]。

1. 定子铁芯故障(发电机和电动机)

定子铁芯故障通常发生在大型汽轮发电机上。如果制造或安装过程中损伤了定子铁芯,会形成片间短路,流过短路处的环流随时间逐渐增大,以致使硅钢片熔化,并流入定子槽,烧坏绕组绝缘,最后因定子绕组接地导致电机失效。小型电机则可能由于自身振动过于剧烈、轴承损坏等造成定、转子间摩擦而损坏定子铁芯。这类故障的早期征兆是大的环路电流、高温和绝缘材料的热解。

2. 绕组绝缘故障(各类电机)

绕组绝缘故障的原因为:①绝缘老化,主要发生在空冷的大容量水轮发电机定子槽内,环氧云母绝缘因存在放电而受腐蚀,最后引起绝缘事故;②绝缘缺陷,主绝缘中的空洞或杂质引起局部放电,进一步发展引起绝缘故障;③电机的引线套管因机械应力或振动引起破裂,表面污染后,会导致沿套管表面放电。以上故障的征兆都是电机定子绕组放电量的增加。

3. 定子绕组股线故障(发电机)

绕组股线故障主要是股线短路故障,多发生于电负荷大、定子绕组承受较大的电、热以及机械应力的大型发电机。定子线棒由多根股线组合而成,股间有绝缘,并需进行换位。现代电机运用先进换位技术,股线间电位差很小,但老式电机因换位是在定子绕组端部的连接头上实现的,股线间电位差可高达50V。运行中,若发生严重的绕组机械移位,则可能损坏股线间的绝缘,导致股线间短路而产生电弧放电,进而侵蚀和熔化其他股线,热解定子线棒的主绝缘,还可能发展为接地故障或相间短路故障。当绕组振动过大时,也会引起槽口等处的定子线棒股线间绝缘疲劳断裂,而导致电弧放电。

这类故障的早期征兆是绝缘材料的热解,热解产生的气态物质会进入冷却系统,在水冷电机的冷却水中,可能存在热解气体。

4. 定子端部线圈故障(各类电机)

运行时,连续的作用力或因暂态过程产生的巨大冲击力,使定子端部绕组发生位移。大型汽轮发电机上此类位移有时可达几毫米,从而使端部产生振动,引发疲劳磨损,绝缘出现裂缝和发生局部放电。这类故障的先兆是振动和局部放电。

5. 冷却水系统的故障(各类电机)

因水质不洁等原因引起部分冷却水管道堵塞,导致电机局部过热并最后烧坏绝缘。其先兆是定子线棒或冷却水温度偏高,绝缘材料热解及可能引起放电。

6. 转子绕组的故障(异步电动机)

鼠笼式电机由于制造工艺等缺陷导致转子电阻值过大而发热,使转子温度过高;另外,由于作用于转子鼠笼端环上的离心力过大,端环和笼条会发生变形,最后导致端环和笼条断裂。笼条断裂的早期征兆是电机速度、电流和杂散漏磁通等出现脉振现象。绕线式转子电机由于离心力作用,会造成端部绕组交叉处或连接处的匝间短路,引起端部绕组损坏。转子绕组的外接电阻故障会造成相间不平衡,使流过转子绕组的电流也不平衡,从而产生过热并引起转子绕组绝缘迅速老化。但监测各相电流之间的较小差异是困难的,可通过振动和绝缘材料的热解来判断故障状态。

7. 转子绕组故障(发电机)

汽轮发电机中造成转子故障的主要原因是离心力,它使端部绝缘损坏,从而引起绕组匝间短路;或造成局部过热,进而损坏绝缘;还会导致更严重的匝间短路,形成恶性循环。匝间短路时,电机中会出现磁通量不对称和转子受力不平衡的现象,从而引起转子振动。可通过监测轴承振动是否加强、气隙磁通波形畸变程度以及与之相关的电机四周的漏磁通是否发生变化来诊断。

8. 转子本体故障(各类电机)

强大的离心力同样也可能引起转子本体故障,例如,转子自重力的作用导致高频疲劳,使转子本体及与之相连的部件的表面发生裂纹,裂纹进一步发展将导致转子发生灾难性故障。转子过热也会引起严重的疲劳断裂。电力系统发生突发性暂态过程时,对转子产生冲击应力,若电机和系统之间存在共振条件,则会激发扭振。扭振会导致转子或靠背轮发生机械故障。转子偏心也会引起振动,引发转子本体故障。这类故障的早期征兆仍是轴承处过量的振动。

综上所述,为诊断这些故障应包括以下监测内容:①放电监测;②热解产生的微粒监测;③振动监测;④温度监测;⑤磁场强度监测;⑥气隙间距监测,等等。

9.2 放电的监测

9.2.1 放电类型

电机中放电一般可分为三种类型。

1. 电机绝缘内部放电

电机放电可发生在绝缘层中间、绝缘与线棒导体间、绝缘与防晕层间的气隙或气泡里。这些气隙、气泡或是在制造过程中留下，或是在运行中由于热、机械力联合作用，引起绝缘脱层、开裂而产生的。特别是在绕组线棒导体的棱角部位，因电场更为集中，故放电电压更低。

2. 端部放电

电机线棒槽口处的电场类似于套管型结构，一般要采取防电晕放电的措施，即分段涂刷半导体防晕层。端部振动或振动引起的固定部件的松动，均会损伤防晕层，引起端部电晕。它比绝缘内部放电剧烈，破坏作用也大，甚至可能发展为更危险的滑闪放电。若机内湿度增大，会加剧电晕放电。

绕组端部并头套连接处的绝缘需要在现场手工处理，质量难以保证。当工艺控制不严或使用材料不合适时，运行中容易脱层。在振动和热应力作用下，其他部分绝缘也会开裂磨损。这些原因形成的气隙均会发生放电。放电侵蚀绝缘，使绝缘强度降低。水冷绕组的漏水进入气隙，也使绝缘强度进一步降低。

另外，端部不同相的线棒之间距离较小，当电机冷却气体的相对湿度过大，绝缘强度降低时，可能导致相间放电。不同相线棒间的固定材料易被漏水、漏油污染，引起滑闪放电，也可能导致相间短路事故。

端部并头套连接处的导线需要焊接，若焊接质量不好，或固定不可靠，运行中会因振动而断裂。股线断裂后，断头两端由于振动而造成若接若离的现象，形成火花放电，并由于开断额定电流而不断燃弧熄弧，使股间绝缘烧损、导线熔化、对地绝缘烧坏，甚至发展为相间短路和多处接地故障。

所以，大型发电机端部是绝缘事故的高发区。在诸多导致电机事故的因素中，定子绕组端部放电故障占很大比重[2-5]。

3. 槽部放电

电机运行时，定子铁芯的振动能导致线棒固定部件（如槽楔、垫条）的松动和防晕层的损坏；线棒和铁芯接触点过热造成的应力作用，也会破坏线棒防晕层。由于这些原因，线棒表面和槽壁或槽底之间将产生孔隙，而失去电接触，从而产生高能量的电容性放电。放电形式可能是电晕、滑闪放电，甚至是火花或电弧放电。除了主绝缘表面和槽壁间孔隙处放电外，绕组靠近铁芯通风道处，由于电场集中，也易发生放电。放电产生臭氧及氮的氧化物，氧化物与气隙内水分发生化学反应，引起防晕层、主绝缘、槽楔、垫条等的烧损和电腐蚀，会迅速损坏电机绝缘，危害较大。

9.2.2　监测灵敏度

由于发电机绝缘处于气体介质中，放电容易发展，放电量比其他电气设备都要大；但固体绝缘的抗放电能力远大于油纸绝缘，故电机要求可监测的最小危险放电量要比变压器高，即对监测灵敏度的要求可低些。例如，日本中央电气研究所定为 3.2×10^4 pC～3.5×10^4 pC；加拿大则允许放电量为数万皮库的发电机仍可运行[6]。

为此，有关专家曾提出，电机的放电量报警值可考虑设置为 10^6 pC～10^7 pC，且较为一致的看法是：对电机不再提局部放电，而称为放电的监测。监测系统可监测的最小危险放电量，应当在数万皮库或更高。由于电机的放电量大，因此现场虽也有各种电磁干扰，但与变压器、电抗器等户外设备相比,其信噪比要高得多(至少一个数量级)。相比之下,抗干扰的难度要小一些。

9.2.3 传感器和监测方法概述

国际上较早投入运行的电机在线监测系统是 1951 年西屋公司的约翰逊所研制的槽放电监测器[7]。它从发电机中性点接地电阻(阻值为 $40\Omega \sim 80\Omega$)上引出信号,信号通过阻抗连到带通滤波器($2.5\text{kHz} \sim 4\text{kHz}$, $4\text{kHz} \sim 10\text{kHz}$),滤波器的输出接示波器显示放电波形。在此基础上发展了出各种传感器和相应的监测方法,以下分别叙述。

1. 高频电流传感器

20 世纪 70 年代末,美国西屋公司的埃莫里(Emery F T),将高频电流互感器用于大型汽轮发电机,以监测定子绕组股线断裂产生的电弧。20 世纪 80 年代初,美国电力公司(AEP)将高频电流互感器用于水轮和汽轮发电机的局部放电的监测[8]。

高频电流互感器通常安装在电机中性点上,与变压器的局部放电监测类似,如图 9-1(a)、(b)、(c)所示;也可在电机高压出线端并联电容器,以耦合出放电信号,如图 9-1(d)所示。

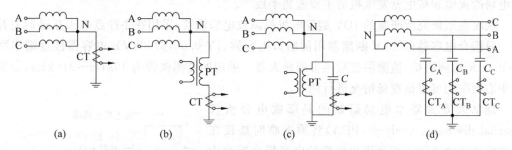

图 9-1 在线监测电机的局部放电时电流传感器安装方式

高频电流互感器的结构和变压器上用的传感器相似,外形如图 9-2 所示。可套装在发电机中性点或耦合电容器的接地线上,其频率响应范围为 $30\text{kHz} \sim 30\text{MHz}$。当用于高频时,应注意选择合适的磁芯材料。监测频带 Δf 的选择需要考虑干扰抑制的要求,同时也要

图 9-2 高频电流互感器

满足脉冲分辨率 $1/\tau_r$ 的要求，即 $\tau_r>2/\Delta f$。实际选用的监测频带较窄，例如埃莫利用的无线电干扰场强仪(radio interference field intensity，RIFI)，其中心频率 f_0 为 1MHz，带宽为 10kHz。

英国中央发电局(CEGB)的威尔逊(Wilson A)将高频电流互感器套在大型电动机的配电电缆上监测槽放电；也可套接在电机中性点接地线上监测放电，其中心频率也常为1MHz，带宽仅 15kHz[1,9]。

清华大学高电压和绝缘技术研究所研制的 DJYC-1 型电机绝缘放电在线监测装置，选用的监测频带为 50kHz～400kHz，高频电流互感器用的是宽带的，其频率响应范围为10kHz～1.2MHz，可以适应高速采样的要求。传感器采用如图 9-1 所示的安装方式。

2. 电容耦合器

20 世纪 70 年代，库尔兹(Kurtz M)等人提出，在发电机或电动机的三相高压出线端，各并联一个 375pF、25kV 的电容器，电容器通过电阻接地，两者组合成信号传感器。电阻上的信号作为传感器的输出送到 30kHz～1MHz 的带通滤波器，滤波器输出接至示波器显示放电波形。通过 150 台水轮发电机和 50 台汽轮发电机的监测证明，该方法行之有效。尽管绕组放电和外部干扰的识别尚需由专家完成，但该监测方法直到 1991 年，仍是加拿大安大略水电局的火电和核电站发电机的主要监测手段[8]。

武汉高压研究所研制的 JDY 型发电机故障放电监测仪，采用在中性点电压互感器上并联一只耦合电容器(220kV 断路器用的断口电容器，JY-0.0018/40kV)，电容器接地端串联一个 LCR 监测阻抗，监测阻抗后接带通放大器。采用的监测频带为 10kHz～210kHz，带宽和中心频率均可根据现场情况进行调节。

加拿大安大略水电局研制的局部放电分析仪(partial discharge analyzer，PDA)将原来临时搭接在发电机或电动机的三相高压出线端的电容耦合器改为永久性的，安装在水轮发电机每相绕组出线端并联支路，即环形母线上。其原理布置如图 9-3 所示[8]，PDA的带宽为 5MHz～350MHz。

每相并联支路上安装一对电容耦合器，电容量为80pF，两个耦合器的电容量差别应小于 2%。电容器另一端经 50Ω 电阻接地，由此引出的两个信号经同轴电缆接至 PDA 输入端，进入一个宽带型的差动放大器

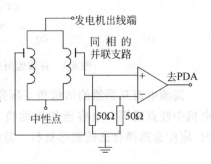

图 9-3　电容耦合器原理布置图

(带宽超过 50MHz)，其后接一个脉冲高度分析器，以测定其放电量和放电脉冲数。

从电力系统经升压变压器进入电机的噪声信号，将分两侧沿环形母线传播，或多或少会被衰减，到达耦合器的多为频率较低的噪声。若两侧环形母线长度相等，且同轴电缆又等长(要求长度差在 0.5m 以内，即信号脉冲传输的时间差为 1.5ns)，则进入 PDA 的干扰信号将作为共模干扰，被差动放大器消除。绕组内的局部放电信号，则将在不同时刻到达各自的耦合器，故差动放大器仍有输出，因此要求耦合器之间至少要有 2m 的间距。由于水轮发电机直径大，典型的环形母线可长达 10m，脉冲传播时间约为 30ns，完全能满足要求(参见9.2.7 节)。

耦合器的结构可做成环状电力电缆型[9,10]，如图 9-4(a)(加拿大 IRIS 公司产品)所示。20 世纪 80 年代期间，此种耦合器已安装在世界上 11 个电力部门的 500 多台水轮发电机

上[8,11]，成为普遍使用的放电传感器之一。也可在过桥母线上外贴电极，从而和过桥芯线组成一个电容耦合器[12,13]，其结构如图 9-4(b)所示。

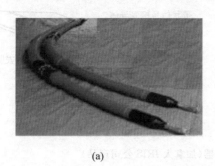

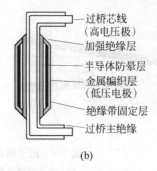

过桥芯线
（高电压极）

加强绝缘层

半导体防晕层

金属编织层
（低压电极）

绝缘带固定层

过桥主绝缘

(a)   (b)

图 9-4　电缆型耦合器外形

　　另一种耦合器是由环氧树脂-云母制成的小型高压电容器，如图 9-5 所示。电容量一般也为 80pF，电压则视电机的额定电压而定，可选 15kV 或 6.9kV。大型电动机、同步调相机和功率不大于 100MW 的汽轮发电机多选用这种耦合器，可能主要考虑其空间小、安装方便。当上述电机的出线端接有过电压保护用的电容器时，则改用射频电流传感器，其外形如图 9-2 所示，可将其套装在保护用电容器的接地线上。

　　中国长江电力股份有限公司从水轮发电机的结构和现场干扰的实际情况出发，借鉴加拿大斯通（STONE GC）等人提出的 PDA 监测法，将甚高频技术和改进后的时延鉴别技术引入到水轮发电机局部放电在线监测中，成功在葛洲坝水电站 19 号发电机应用了 BYG-Ⅱ型局部放电在线监测装置，并取得了较大的经济效益[14]。

图 9-5　电容耦合器

3. 定子槽耦合器

　　100MW 以上的大型汽轮发电机，因抑制干扰所要求的环形母线长度达不到要求，故不能用上述母线耦合器来拾取信号，而要用定子槽耦合器（stator slot coupler，SSC）。槽耦合器的外形和原理分别如图 9-6 所示[15]，它是由环氧玻璃布板制成的一条印制电路板。板的两侧由沉积于板上、厚度均为 25μm 的一根带状感应铜导线和一个接地平面所组成，导线两端均用微型同轴电缆引出。耦合器的特性阻抗应和同轴电缆的阻抗相匹配（50Ω）。铜导线和接地平面外侧均覆盖一块环氧玻璃布薄片，每个耦合器约 50cm 长、1.7mm 厚，宽度和定子槽相同[15,16]。其尺寸既受定子槽尺寸的限制，同时也受特性阻抗的影响（包括带状感应铜导线的宽度、与接地平面的间隔及绝缘材料的介电常数等）。

　　当局部放电脉冲的电磁波沿带状感应导线传播时，可从同轴电缆输出端得到一对信号，比较这对信号的时域波形，能够确定脉冲的传播方向和放电位置（放电发生在定子槽中还是定子绕组的末端地区）。因此它是一种定向的电磁耦合器，其耦合方式既不是容性的，也不是感性的，而是具有分布参数的，类似天线的作用原理。它具有很宽的频带，典型的数据是下限截止频率为 10MHz，上限截止频率高于 1GHz[11]。在 30MHz 和 1GHz 之间存在相对平坦的频响特性。

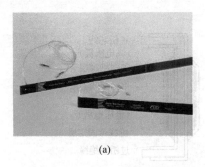
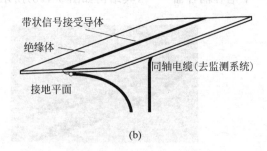

(a)   (b)

图 9-6   定子槽耦合器(加拿大 IRIS 公司产品)

(a) 定子槽耦合器外形；(b) 定子槽耦合器简化图

    由于定子绕组每个并联支路出线端的场强最高,SSC 传感器一般安装在这些槽的槽楔底下。大型汽轮发电机的绕组通常每相由 2 个并联支路组成,则 1 台发电机至少要安装 6 个耦合器。耦合器的安装位置很接近容易放电部位,并且通过直接耦合可监测到其附近定子条的放电信号,特别是高频分量的监测灵敏度高。

    图 9-7(a)[11] 是用 SSC 传感器配以带宽为 900MHz 的模拟示波器(Tektronix-7104)在一台 22kV、500MW 运行中的汽轮发电机定子绕组上测得的局部放电脉冲 q,它的上升时间为 2ns,脉宽 5ns~10ns。当然监测系统的带宽也要与 SSC 传感器相匹配,例如,为监测出上述脉冲波形,系统的带宽应当在 150MHz 以上。而当监测的放电脉冲的上升时间为 0.35ns 时,要求带宽为 1GHz。随着系统带宽的增加,监测系统的信噪比也会增加。例如,测量脉宽为 1.5ns(按半峰值计算)的局部放电脉冲时,带宽为 1MHz 时的灵敏度为 0.1pC,而当带宽为 350MHz 时灵敏度为 0.01pC。图 9-7(b)[11] 是用 HP 54111D 数字示波器在一台运行中的 22kV、500MW 汽轮发电机上测得的局部放电脉冲,一次扫描的带宽为 250MHz,采样率为 1GSa/s。

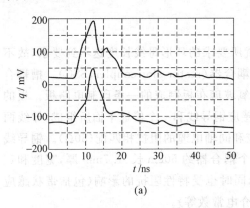
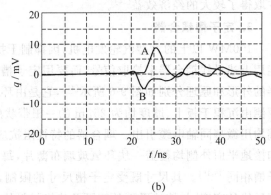

(a)   (b)

图 9-7   定子槽耦合器在运行中汽轮发电机上测得的局部放电脉冲

A-位于定子铁芯末端；B-位于铁芯槽内 45cm 处

    图中两个脉冲波分别对应 SSC 传感器的两个接口,输出 A 位于定子铁芯末端(即出槽口)几厘米处,B 是 SSC 传感器的第 2 个输出,它位于进入铁芯槽内 45cm 处。由图可知,B 比 A 先触发,也即局部放电脉冲从定子绕组槽内向外传播。

图 9-8[11] 显示了局部放电脉冲的高频分量在 500MW 汽轮发电机定子绕组上的衰减情况。这是用 2 个 SSC 传感器在相距 30cm 处用同样仪器测得的信号波形。A 是在最接近放电处测得的,而相距 30cm 的 B 测得的脉冲幅值已衰减了 50%,上升时间至少也增加了一倍。而在相距 4m 外,脉冲波形将变得无法确定。

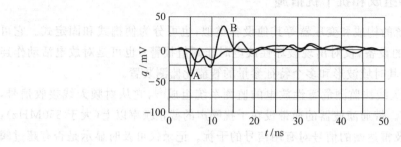

图 9-8　放电脉冲高频分量的衰减特性

由此可知,放电脉冲所包含的高频分量在绕组中传播时会很快衰减,这一特点也同样适用于外来的干扰信号。当它传播到绕组时,由于严重的衰减,波形已成为上升时间增至 15ns~20ns、持续时间约为 $1\mu s$ 的"低频"振荡。这就为抑制噪声和识别放电脉冲信号提供了很有利的条件。

存在的一个问题是 SSC 传感器能有效地监测邻近线匝的放电脉冲,但不可能监测遍及整个绕组的放电信号,除非每个定子槽内都安装耦合器。尽管如此,根据水轮发电机的监测经验[11],它对绕组的高场强部分,仍有足够的有效监测区域。又因为在绕组的中性点附近发生放电的可能性是极低的,因此只在绕组的出线端,即高场强部位安装定子槽耦合器。

至 2012 年,已在超过 1000 台 300MW~500MW 的大型汽轮发电机上安装了定子槽耦合器,连续运行表明,它们对发电机的可靠性并无影响[16]。

4. 天线

梅里克(Malik A K)[1] 等人的研究表明,严重的局部放电、火花放电和电弧放电等有破坏性的放电,放电脉冲的上升时间比一般基准电晕放电和局部放电(每台好的电机都有一定的基准电晕放电和局部放电)的脉冲更短,从而含有更多更高的高频分量,其频率可高于 350MHz。

频率高于 4MHz 的电磁波信号不仅沿绕组传播,也可从放电处通过空间辐射传播,为此也可用安装在电机外壳内部或外部的紧挨外壳空隙处的射频天线来监测,即用天线作为传感器来监测破坏性放电。这实际上也是一种特高频监测,不过其灵敏度比 SSC 传感器显然要低。

从图 9-9 可知,此法对背景放电噪声的信噪比较高,报警阈值容易确定。在电机机壳外,靠近中性点处安装天线也无困难。用它组成的监测仪已可监测到绕组股线的电弧放电与其他危害性放电,使用的结果是满意的。缺点是收到的信号和放电量无直接联系,难以标定,且没有放电信号的相位信息,无法进一步进行识别和诊断。

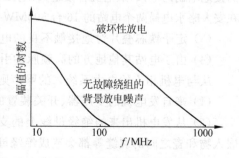

图 9-9　不同性质放电的频谱

　　日本大阪大学松浦研究室研究了氢冷汽轮发电机放电的监测[17]，认为定子绕组内氢气冷却管恰好类似于微波的波导管，可将特高频的放电信号传播出来，用天线接收后，送入频响为 3GHz 的接收装置进行调制、滤波，用自适应滤波器抑制背景噪声。

9.2.4　监测系统的组成和抗干扰措施

　　电机放电监测系统的构成和变压器等其他设备类似，也可分为便携式和固定式。它可以是在功能上较简单的设备，仅对出现破坏性放电时作阈值报警；也可是对放电活动作连续监测，并能存储记录其时域波形和多个特征参量的智能化监测装置。

　　图 9-10 所示是用天线法监测危害性放电的监测系统组成[1]，它从射频天线接收信号，经滤波、放大后再监测。带通滤波器的通带设在干扰噪声的截止频率以上（大于 350MHz），可避免附近无线电台及雷达站的信号对有用信号的干扰。记录仪可及时显示是否有超过阈值的危害性放电。

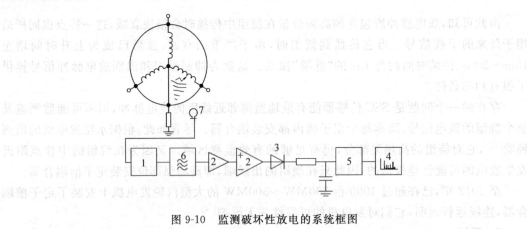

图 9-10　监测破坏性放电的系统框图

1—衰减器；2—射频放大器；3—检波器；4—记录仪；5—信号处理装置；6—可调带通滤波器；7—射频天线

　　从安大略水电局的 4 个大型燃料和核电站噪声信号的调查中发现[18]，噪声有许多不同的来源，可概括为内部和外部噪声两大类。内部噪声主要包括以下几种。

　　(1) 励磁机的滑环和碳刷间不良接触引起的电弧，所需的直流电流越大，则电弧和噪声也越大。

　　(2) 汽轮发电机转子轴上为消除由于气流打击汽轮机叶片等原因引起的静电电荷而安装的接地电刷的电弧，发电机容量越大，电弧和噪声也越大。该噪声只发生在汽轮发电机。例如在安大略水电局两个电站的 16 台 500MW 汽轮发电机中，有 6 台有明显的轴接地电刷电弧。

　　(3) 定子铁芯叠片对地接触不良的电弧。

　　(4) 由于电站其他地方的高频脉冲引起定子铁芯地电位升高。

　　从与电机相连的电力系统来的噪声则为外部噪声，其有以下来源。[18,19]

　　(1) 来自发电机的变压器、开关装置的电晕放电或局部放电。

　　(2) 从发电机出来的绝缘母线上的支持绝缘子的局部放电。例如绝缘子的焊缝、金属嵌入物和瓷之间的裂缝等都会造成绝缘母线的局部放电。

　　(3) 从发电机出来的绝缘母线由于劣化、氧化或安装引起接触不良等所导致的接触电弧。例如大型发电机的绝缘母线常有数百个连接螺栓，随时间会逐渐劣化，其中一些螺栓会发生引起明显干扰的接触电弧。例如在对某电站 8 台平均运行时间为 15 年的 500MW 发电机的调查中发现,有 3 台发电机有显著的接触电弧。用一套传统的局部放电检测系统在电机端部测得接触电弧的电压脉冲值高达 100V,而达到显著水平的局部放电的脉冲值为 0.1V,故接触电弧是重要的外部噪声源。

(4) 电动工具的操作,例如焊机、可控硅的动作等。

研究发现,大型电动机、100MW 或以下的汽轮发电机、同步调相机的噪声干扰主要来自外部[18-20]。为抑制干扰,在每相出线上安装两个 80pF 电容耦合器[16,19,20],如图 9-11 所示。耦合器 N 和 F 之间的距离至少为 2m,这样从电机内部传播出来的局部放电脉冲将先到达 N 而后到达 F,而外部来的噪声脉冲将先到达 F 而后到达 N,按照脉冲传播速度约为 0.3m/ns

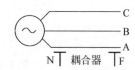

图 9-11 装于电动机 A 相馈线上的母线耦合器

考虑,脉冲到达 N 和 F 的时间差为 6ns。运用数字电子技术测定并比较脉冲信号到达两个耦合器的时间,可识别该脉冲是内部放电信号还是外部干扰信号。若耦合器 N 首先测得脉冲信号,则认为它是定子绕组的局部放电信号,通过自动判断后对信号进行处理并画出二维或三维图。反之则认为是外来干扰,不予处理。至 1995 年,已有 150 台电机装设了电容耦合器。N 通常装在电机的端子箱内,而 F 则装在电压互感器的配电盘上或开关装置上。相应的监测仪器称为 B 型汽轮发电机分析仪(TGA-B),仪器的带宽为 5MHz~350MHz。

图 9-12[16,20]是装在南中国海石油平台上的 4 台运行中的 6MW、4kV 汽轮发电机中一台发电机 A 相的监测结果。该发电机通过 50m 屏蔽型电力电缆连接到开关装置。电容耦合器分别装在发电机端子箱内和开关装置内,由图可知存在着相当的外部噪声,但仍能监测到较小的放电信号。通过目测检查,确认定子绕组端部处于完好状态,这表示在电机外部电路上存在接触不良。应当指出的是,这些干扰脉冲来自电力系统,而连接发电机或电动机的电缆本身通常并非是干扰源。

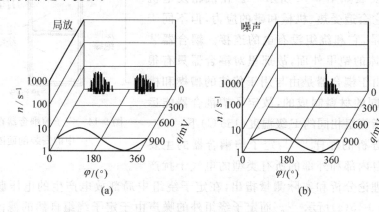

图 9-12 TGA 对 6MW 电机 A 相定子绕组的监测结果

当发生在开关装置中接触不良等情况下的外部噪声信号沿电缆向电机传播时,信号将发生畸变,其脉冲上升时间会变长而幅值将降低,电缆越长,畸变越严重,这是因为电缆的半导体屏蔽对脉冲的高频能量有强烈的吸收性。图 9-13[21]是一个局部放电信号经不同长度电缆后的畸变情况,例如脉冲信号经 300m 电缆后,脉冲幅值将降低为原来的 1/10,脉冲上升时间则从 3ns 增长为 15ns,即增大为原来的 5 倍。

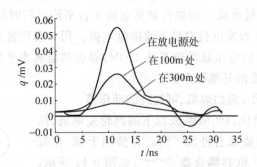

图 9-13　局部放电脉冲信号经不同长度电缆后的畸变

由于上述局部放电信号和噪声信号在脉冲形状上有明显的差别，因而就有可能从噪声中识别出单个脉冲的局部放电信号。也即每相只需要用一个传感器，根据脉冲的形状和幅值即可从噪声中分离出局部放电信号。但必须注意两点：一是必须在电机的端部监测，以保证局部放电信号有最高的幅值和最短的上升时间；二是传感器必须有足够的带宽，如100MHz，以保证能测量出脉冲波形纳秒级的差别。

用一般电流传感器去监测接有过电压保护用的电容器（$0.1\mu F \sim 0.25\mu F$）的电机时，其频率不超过几百千赫，对上升时间为 3ns 和 25ns 的脉冲信号将产生同样的响应。故必须将射频电流互感器的铁淦氧铁芯[22]的特性调整到接近从 80pF 电容耦合器得到的频率响应和幅值响应的水平。因此，当接到开关装置的电缆长度超过 300m 时，只需在电机每相端部安装一个电容耦合器[19]。

100MW 以上的大型汽轮发电机不仅存在外部噪声，而且存在严重的内部噪声[19]。为此选用定子槽耦合器作为监测局部放电的传感器，耦合器在汽轮发电机定子槽中的安装如图 9-14 所示[19]。在汽轮发电机的运行环境下它会遭受热、机械和磁的应力，但不同于电容耦合器的是，它和绕组没有电的连接。耦合器装在定子排半导体的铠甲外面，故那里对耦合器只有很小的电应力。由于耦合器是由与用于传统的槽楔和槽衬垫的材料相同的材料制成的，故定子槽耦合器能运行在与环氧树脂绕组相同的 F 级温度（155℃）下。

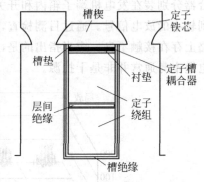

图 9-14　定子槽耦合器在定子槽中的安装剖面图

正如前面分析的那样[16,19]，定子槽耦合器的主要优点是能对来自内部和外部的所有类型的电气干扰产生不同响应。理论分析和实际测量指出，在定子绕组中局部放电产生的电压脉冲宽度为 1ns～5ns，如图 9-15（a）所示[19]。而定子绕组外的噪声由于定子绕组自然的滤波效应和传播过程中的衰减，其脉宽超过 20ns，如图 9-15（b）所示。与定子槽耦合器相连的监测系统称为 S 型汽轮发电机分析仪（TGA-S），其带宽为 5MHz～800MHz，它逐一监测来自定子槽耦合器的全部脉冲信号宽度。如同前述，为了识别放电信号和噪声，若脉宽大于 8ns，则认为是噪声，不予处理；若脉宽小于 8ns，则是来自定子绕组中的局部放电信号，对此信号作进一步处理，测定其放电量 q、放电次数 n 和相位 ϕ，并可画出三维图或二维图。

PDA、TGA-B 和 TGA-S 型监测系统的带宽虽然不同，但均已属于特高频或特宽带监

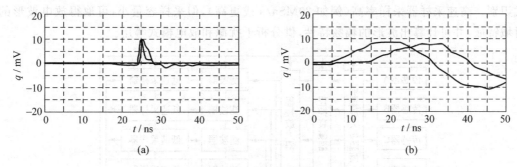

图 9-15　定子槽耦合器和 1GHz 示波器测量结果
(a) 局部放电脉冲；(b) 噪声脉冲

测,其优点是能较好地抑制干扰,同时又能监测到更真实的局部放电脉冲波形,特别是它的高频分量。

原武高所研制了 JDY 型发电机故障放电监测仪,它以监测超过危害性放电阈值为主要目标,其构成如图 9-16 所示。它与一般便携式局部放电仪类似,只是放电信号需从耦合电容器处引出。如前所述,为了抑制现场载波通信、无线电广播、高频保护等干扰,选用了窄带选频放大器。其频带可进行调节,高通滤波器截止频率为 10kHz、50kHz、90kHz、130kHz、170kHz,低通滤波器的截止频率为 50kHz、90kHz、130kHz、170kHz、210kHz,故频带范围为 10kHz～210kHz。耦合电容和监测阻抗均在发电机处,信号用同轴电缆引入 JDY 内。JDY 放电量表指示范围为 $10^3\,\mathrm{pC}$～$10^8\,\mathrm{pC}$。危险放电量的报警阈值设定为 $10^7\,\mathrm{pC}$,报警的同时,将打印出实际放电量和相应的时间,并追忆 8h。

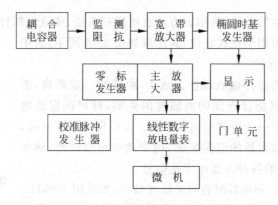

图 9-16　JDY 型发电机故障放电监测仪框图

清华大学高电压和绝缘技术研究所研制的 DJYC-1 型电机绝缘放电在线监测系统,除选用高频电流互感器作为传感器外,也可在固定型电容耦合器接地端串联电阻作为监测阻抗,以拾取放电信号。系统组成如图 9-17 所示,传感器频响为 10kHz～1.2MHz,可同时监测四路信号,根据现场情况取舍。例如三路从电机出线端拾取,另一路从中性点拾取。滤波器的频带视现场干扰情况而定。为达到放电量的监测和放电的模式识别,既要求获得信号的波形特征,也要求获得信号的统计特征,监测系统采用了双速采集器。低速采集器采样率低(例如 50kSa/s),但采样容量大(例如可存 8 个工频周期信息)。对数据作统计分析后,可给出类似 TGA 那样的二维谱图(包括 q-t、q-φ、q-n、φ-n 等)和三维谱图(φ-n-q),用于放电模式识别。高速采样器采样率高(例如 20MSa/s 或更高),但采样容量小,可取得放电波形的时域特征,并可计算出波形的幅频特性,供分析干扰源和放电模式等用。

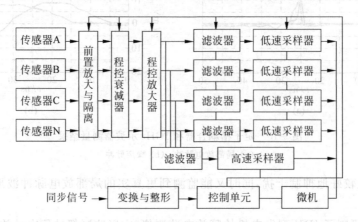

图 9-17　DJYC-1 型电机绝缘放电在线监测系统原理框图

监测系统还具有定时连续存储监测结果的功能,可随时调用供分析比较。为取得放电的相位信息,从工频电源处引入同步触发信号,整形为方波后送入控制单元。控制单元是采集系统的核心,它除了要完成对程控衰减器、程控放大器、滤波器、低速和高速采集器的控制外,还要通过通信接口实现和外部的数据交换,并取得所采集信号的相应信息等。

9.2.5　放电源的定位和放电模式识别

1. 放电源定位

为了确定放电发生的部位,常用的方法有电磁探头法、槽放电探针法、无线电接收法等,其中仅无线电接收法可用于在线定位,其原理如图 9-18 所示,其中 C_0 为耦合电容,约为 10pF。

用一根高磁导率的磁棒做成磁性天线 L,距线圈一定距离,沿定子绕组端部移动。根据接收到的电磁波的强弱,即可确定放电严重的部位。它相当于一个可移动的耦合器。L-C 构成谐振回路,其频率等于后接选频放大器的谐振频率,测量频率可以较高,例如达数兆赫,以避开现场的各种无线电干扰信号。

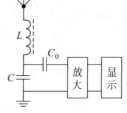

图 9-18　无线电接收法原理图

对于端部表面放电,频率低时监测灵敏度较高,如选用 180kHz;监测绝缘内部放电则选用较高频率,如选用 5MHz。槽内部分定子线棒一般均涂有半导体防晕层,因其高频电阻相当高,对放电产生的高频电磁波不起屏蔽作用,故放在线棒外的天线仍能接收到。据介绍,测量内部放电的灵敏度可达 10pC[23]。

在线应用时,也可将多个天线固定安装在发电机两侧端部的不同部位,根据信号的强弱和距离远近成比例关系,可以区分出是汽轮机侧还是励磁机侧,以及线棒放电的大致部位。

清华大学 DJYC-1 型电机绝缘放电在线监测系统采用了直径为 10cm、匝数为 6 匝的小环天线,将其对称地安装在发电机端部机壳的人孔盖板处,汽轮机侧和励磁机侧各装 6 个[24]。天线传感器的频带为 50kHz~2MHz,其灵敏度和放电点的距离基本呈线性关系。天线传感器的输出可接便携式监测仪(类似图 9-18 所示装置),也可接图 9-17 所示的监测系统。

2. 放电模式识别和放电源的定位

根据时域上放电的相位和波形可以判断放电的类型或模式,例如是绝缘内部气隙放电还是槽放电等,并根据放电模式确定放电的部位。

例如,绕组绝缘内部气隙的局部放电,其放电脉冲分布在 $0 \sim \pi/2$ 和 $\pi \sim 3\pi/2$ 相位上,且位置对称,幅值很接近,图形稳定,形似绒团,如图 9-19(a)所示。发生在绕组绝缘与导体间气隙的局部放电,放电脉冲则分布在 $0 \sim \pi/2$ 和 $\pi \sim 3\pi/2$ 间,幅值不等。$0 \sim \pi/2$ 间的幅值大、所占相位宽度如图 9-19(b)所示。对于槽放电,则 $\pi \sim 3\pi/2$ 间的幅值比 $0 \sim \pi/2$ 间的幅值大,如图 9-19(c)所示。绕组端部表面的局部放电,其波形如图 9-19(d)所示,正负半周更不对称,正半周幅值大得多。在未发展成刷状放电时,图形不稳定;形成刷状放电后,图形稳定。靠近铁芯端部接地端表面放电时,图形也极不对称,相位与前者相反[23]。

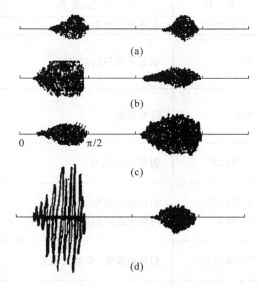

图 9-19 不同部位放电的波形

这个方法用于在线识别时,现场的干扰会给其带来相当的困难,尚需积累经验和采取抗干扰措施来对此方法加以改进。

此外,也可通过放电的 $\varphi\text{-}q\text{-}n$ 三维谱图的指纹诊断和放电波形的特征参数,用人工神经网络进行模式识别[25],当然这也存在如何抑制干扰和实际结构较复杂的问题。

加拿大 IRIS 公司在世界范围内已安装运行了包括 PDA、PGA 在内的一千多台发电机局部放电监测装置,在对发电机故障模式的分析判断方面,积累了丰富的经验。以下是该公司归纳出的发电机绝缘故障模式识别和故障定位的一些规则。

(1)定子绕组绝缘失效机理和放电特征之间的关系如表 9-1 所示。

表 9-1 定子绕组绝缘失效机理和放电特征之间的关系

失效机理	极 性	负载效应	温度效应	放电相位
热破坏	无极性差异	无负载效应	负效应	45°和 225°
负载循环	负极性占优	无负载效应	负效应	45°
绕组松动	正极性占优	有负载效应	负效应	225°
槽部放电	正极性占优	无负载效应	负效应	225°
浸渍不良	无极性差异	无负载效应	负效应	45°和 225°
污染	无极性差异	无负载效应	负效应	15°,75°,195°和 255°
绝缘间隔不够	无极性差异	无负载效应	负效应	15°,75°,195°和 255°
半导体防晕层	正极性占优	无负载效应	正效应	225°
端部线圈振动	不明	不明	不明	不明

(2) 发电机放电类型和相位的关系如表 9-2 所示。

表 9-2 发电机放电类型和相位的关系

相 位	放 电 类 型	极 性 差 异
45°和 225°	主绝缘中的空穴	无极性差异
45°	靠近导体侧的空穴	负极性占优 产生原因可能是：安装质量差；线圈长期过热；放电随温度升高而减弱
225°	沿面放电	正极性占优 产生原因可能是：线圈松动；端部线圈放电痕迹；半导体漆问题；半导体层梯级表面问题
45°和 225°	朝 0°方向倾斜	严重槽部放电的征兆 接近击穿
15°和 195° 75°和 255	相对相的放电 向典型方向倾斜 30°	爬电痕迹 产生原因可能是：污染；不适当的绝缘距离；有强烈的放电区域；可以向朝 0°方向偏移
90°和 270°	相对地放电,和电压相关	在半导体层表面电晕强烈 在控制区域内有非常强烈的放电区域
105°和 285° 165°和 345°	交叉耦合	因为其他相的影响,相位偏移 60° 交叉耦合的脉冲是极性相反,在邻近相监测到的信号相位差 180°—120°＝60°
135°和 315°	交叉耦合	由于相对地放电活跃,导致交叉耦合
0°和 180°	外部放电,和机械原因相关	导体连接松动 在槽部引出端产生电弧

(3) 发电机运行状态和放电的关系如表 9-3 所示。

表 9-3 发电机运行状态和放电的关系

影响因素	放 电 特 点
负载影响	正负极性相比较,正极性占优。当发电机减少 40%负载时,如果正极性放电减弱,则可能是线圈松动
温度影响	正负极性相比较,负极性占优。负极性放电随着温度升高而减弱,可能是因为铜体积膨胀而导致内部空穴减小 正负极性相比较,正极性占优。当温度增加时,绝缘漆的电阻减小,使负极性放电增强

9.2.6 放电量的标定

电机的在线标定比变压器要困难,因它没有现成的类似变压器高压套管电容那样可作为注入电荷用的分度电容,故不能用套管注入法。目前,电机的放电量标定一般在离线下,采用传统的标定方法进行。可对标定数据作必要的修正,然后用于在线监测。

9.2.7 GenGuard 监测系统特点

GenGuard 局部放电监测系统是加拿大 IRIS 公司的产品,它是在 PDA 和 TGA 的基础上研发的可自动连续地监测多台电机局部放电的固定式装置。该装置在国外已累计投入运行一千多台。近年来,国内也有多台监测装置应用在水轮发电机的放电监测上。以下根据作者实际应用该系统的体会和有关资料,对该装置的特点作简单介绍。局部放电监测装置和发电机的连接如图 9-20 所示。

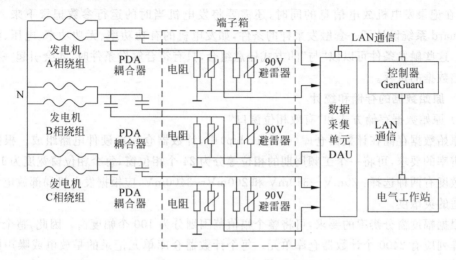

图 9-20 GenGuard 系统的原理图

1. 基本监测参数和功能

监测发电机定子绕组各相的放电量、放电相位和放电次数;计算最大放电量和平均放电量;提供放电的二维谱图、三维谱图和历史趋势分析图。

2. 主要技术特性

六通道输入,输入电阻为 1500Ω;输入动态范围为 25mV~3200mV;干扰去除采用逻辑判断;测量频带为 5MHz~350MHz。

3. 监测装置各部分功能

(1) PDA 是局部放电耦合器(传感器),采用 80pF 的云母电容器。每相安装两组电容器,要求两组电容器的安装距离不小于 4m,使拾取的信号可用作逻辑判断,以判断发电机内外的放电信号。

(2) DAU 是数据采集单元,每台 DAU 最多可以带 24 个 PDA。其作用为监测 PD 信号、分离噪声并与控制器通信。每个 DAU 包含 5 个部分:①一块低速 AD 转换卡,用来对发电机的电压、功率、温度等参数进行数据转换;②一块脉冲记录板,具有四个独立的脉冲高度分析器,按顺序扫描每一个幅度窗内的脉冲个数,以定出局部放电脉冲的数目和幅度。③四个脉冲高度分析器,可同步监测两个耦合器正负极性的脉冲,每个耦合器正负极性的脉冲均有相应的计数器记录发生的脉冲个数,而噪声也有相应的计数器记录;④计算机(下位机)监测控制系统,记录板的计数器每隔 200ms 将计数值下载到计算机的内存中去,并由计算机处理脉冲个数、脉冲幅度和工频电源之间的相位关系。

（3）GenGuard 控制器是一台工控机（上位机），通过局域网（LAN）和 DAU 通信。每台控制器能控制 8 台 DAU。控制器上运行 GenGuard 系统的监测软件（如 Pdview、Advanceview）来控制整个系统的协调工作。

（4）GenGuard 系统通过 LAN 与电厂的其他计算机相连，还可以与远程计算机相连。远程计算机可以与多个预处理工作站通信，组成一个分布式监测系统。

4. 触发条件

发电机定子绕组的放电程度和发电机的运行状态是密切相关的。为便于和历史数据作比较，在记录发电机放电信息的同时，还需要将发电机当时的运行参数记录下来。为此，GenGuard 系统设计了一套触发采样的条件，如发电机的有功功率、无功功率、电压、温度和时间。这些触发条件可以以"与"的方式任意组合，只有符合触发条件时，才会引起一次采样和存储数据的过程。

5. 原始数据的存储和统计

1）原始数据存储方式和"有效相位窗口"

原始数据存储在计数器仓库（counter bin）中，计数器仓库由硬件电路组成。根据相位窗分辨率的要求，可将一个工频周期的相位等分为 24 个相位窗，每个相位窗宽度为 15°。监测灵敏度有两种选择：20mV～340mV 和 200mV～3400mV，应根据发电机局部放电大小选择合适的灵敏度。

根据幅度窗分辨率的要求，可将整个幅值范围划分为 100 个幅度窗。因此，整个计数器仓库阵列应有 2400 个计数器仓库单元。每个计数器仓库单元记录的是放电或噪声脉冲的个数，而每个计数器仓库单元在直角坐标系中的位置，就决定了放电脉冲的相位和幅值。图 9-21 所示为计数器仓库阵列示意图（图中幅度窗只象征性地画出 12 个）。

按照传统局部放电理论，电力设备放电只发生在特定的工频相位区间。为此，定义了有效相位窗口。只有在有效相位窗口中出现的脉冲才视为放电脉冲，否则均视为噪声或干扰。有效相位窗口定义为：正脉冲测量范围为 144°～310°，负脉冲测量范围为 324°～130°。

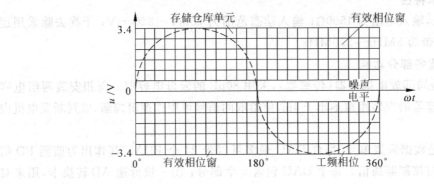

图 9-21　计数器仓库阵列

2）平均放电量 NQN

平均放电量 NQN 的定义为：在有效相位窗口范围内，不同脉冲幅度的正（或负）极性脉冲数 N 的对数和与幅度窗电压级差 U 的乘积。NQN 的值正比于被试设备放电活性的总体水平，反映了发电机定子绕组绝缘的平均状态。NQN 的计算规则为：只有当最后一个或最大幅度窗的放电次数 N 为零时，NQN 才视为有效，否则不计算 NQN 的值。正、负极性放电脉冲 NQN 的计算公式分别为

$$NQN_+ = \sum_{M+} \lg N_{144°-310°} \cdot U$$

$$NQN_- = \sum_{M-} \lg N_{324°-130°} \cdot U$$

式中：M_+、M_- 为存在放电脉冲的幅度窗数。

3）最大放电量 Q_{max}

最大放电量 Q_{max}（mV）表示设备放电活跃程度。

Q_{max} 的计算规则 1：当脉冲重复率降为 10 次/s 时，对应的电压即为 Q_{max} 的值，例如图 9-22 所示 $Q_{max}=50$mV。

Q_{max} 的计算规则 2：放电重复率必须先超过 10 次/s，然后再降到低于 10 次/s，Q_{max} 才视为有效，否则 Q_{max} 视为零。当有两个或多个脉冲幅度超过 10 次/s 时，取最大的值作为 Q_{max} 的值，例如图 9-23 中，$Q_{max}=82.5$mV。

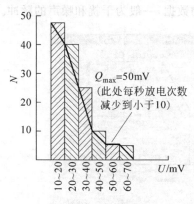

图 9-22　Q_{MAX} 计算示例 1

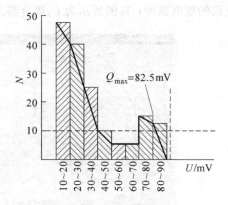

图 9-23　Q_{MAX} 计算示例 2

6. Pdview 主要显示界面

GenGuard 系统具有 Pdview 和 Advanceview 两种监控软件，用户可根据不同需求选择。Pdview 监控软件功能较简单，可满足一般用户的需要。

1）显示放电量数据 NQN 和 Q_{max}

点击"NQN QM"按钮可显示正极性和负极性的放电量数据，图 9-24 所示为显示界面。

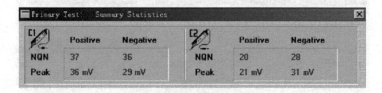

图 9-24　放电量数据

2）二维图

点击"2-D Graph"按钮可显示二维图形，图 9-25 左图所示为 C_1 耦合器采集的数据，一般为发电机的放电脉冲；右图所示为 C_2 耦合器采集的数据，一般为干扰和噪声的脉冲。

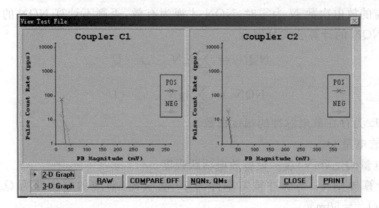

图 9-25　二维图

3）三维图

点击"3-D Graph"按钮可显示三维图形,图 9-26 左图所示为 C_1 耦合器采集的数据,一般为发电机的放电脉冲;右图所示为 C_2 耦合器采集的数据,一般为干扰和噪声的脉冲。

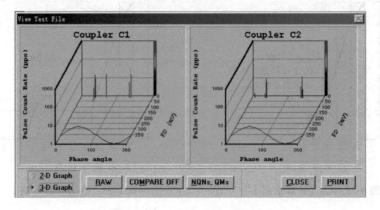

图 9-26　三维图

4）趋势分析图

图 9-27 所示为历史数据显示界面,通过点击"NQN Graph"和"QM Graph"按钮可分别显示平均放电量和最大放电量。

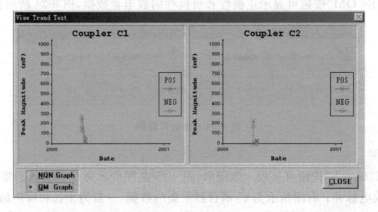

图 9-27　趋势分析图

9.3　微粒的监测[1]

热劣化也是电机绝缘损坏的重要原因。当绝缘温度超过运行中最大允许值(例如160℃)时,绝缘材料中的溶剂开始挥发。当温度升高达到分子量较大的合成树脂的沸点时,会产生分子量较大的烃类气体,如乙烯。当温度进一步升高超过180℃时,树脂中的化学成分开始分解。在冷却气体中,绝缘的高温区附近形成较重的烃类分解物的过饱和蒸气,它随冷却气体离开热区后很快凝聚,产生凝聚核(直径为 $0.01\mu m \sim 0.1\mu m$)。凝聚核随凝聚的进展继续变大,直到形成稳定的雾状液滴。

温度再升高到超过300℃~400℃后,树脂材料、木质、纸质、云母或玻璃纤维也都相继开始劣化和碳化,并同冷却气体(如空气)中的氧气或是同树脂中复杂的烃类化合物分解产生的氧气相作用,生成 CO 及 CO_2 等气体。热解产生各种气体和液滴,甚至产生某些固体微粒,它们组合在一起形成从绝缘物质中释放出来的烟雾。

因此,通过监测冷却气体中有无微粒的存在,或监测所含气体成分,便可以判断绝缘是否劣化或是否存在局部过热。

9.3.1　烟雾监测器

用烟雾监测器来测定微粒是最普通的方法。它用一个离子室来监测烟雾中的微粒,如图 9-28 所示[1,26]。

当冷却气体进入离子室时,被放射线源(钍-232)电离。离子流通过加有电压的两个极板,气体中的自由电荷被电极收集,构成电流。电流经外接的静电放大电路放大,放大器的输出电压正比于离子流。

当烟雾随冷却气体进入离子室时,烟雾粒子也被电离,但它们的质量比冷却气体分子大,故移动速度慢。当它进入电极之间时,离子流减小,可从放大器输出电压的减小程度来监测烟雾的存在情况,进而判断绝缘热劣化程度。

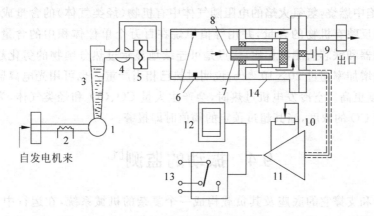

自发电机来

图 9-28　铁芯监测器示意图

1—流量控制阀;2—测试粒子源;3—流量汁;4—电磁阀;5—粒子滤器;6—射线源;7—收集器;8—电极;9—极化电压源;10—增益控制电位器;11—静电放大器;12—指示仪表或纪录仪;13—报警继电器;14—离子室

由于该监测器最初用来监测铁芯过热引起的热劣化,故又称为铁芯监测器。实际上它对铁芯故障以及其他形式的绝缘过热都有反应。

监测器用配管和发电机相连(配管长度小于 30m),利用发电机送风机的压差即可使气体产生循环,实现在线监测。铁芯监测器的局限性在于它不能判断出是哪种绝缘材料过热。

9.3.2   微粒的化学分析

在铁芯监测器报警后,需对过滤器所收集的微粒物质进行监测分析,以鉴别其成分并判定过热材料。可以用气相色谱分析,将热分解物吸附在少量的硅胶上,而后对硅胶加热,释放出热分解物,再作气相色谱分析。该方法的缺点是需要在测到局部过热后立即进行采样,因为热分解物在冷却气体中存在的时间有限,有时只有几分钟。另一缺点是气相色谱分析虽能得到冷却介质中各种有机化合物的色谱图,但难以区分绝缘的热分解物和油的过热产物,而后者是在任何一台电机里都存在的。

紫外光谱分析比色谱分析简单。用一定波长的紫外灯照射过滤器,器内收集到的有机物会发出荧光,形成紫外光谱,如图 9-29 所示。它可将绝缘和油的过热产物区分开来。也有人提出用高性能的液相色谱分析来区分过热产物,但至今尚无一种方法能可靠地确定过滤器所收集到的微粒的成分。

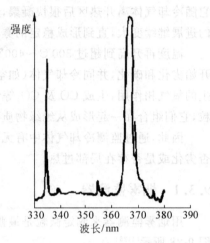

图 9-29   典型的氢气中绝缘
              分解物的紫外光谱

9.3.3   气体成分的在线监测

过热分解物的气体在冷却系统中滞留的时间较长,对其进行连续的监测分析可发现早期的过热故障。将氢冷发电机中的气体引入(在气相色谱仪中广泛使用的氢火焰离子化鉴定器的)氢氧焰中燃烧,氢氧火焰的电阻随气体中有机物(烃类气体)的含量成正比下降,测定电阻值即可反映有机物的含量,并用等值甲烷在百万个单位体积中的含量($\mu L/L$)来表示。此种监测器和铁芯监测器相比,优点是可连续地显示过热分解物的劣化趋势,例如,当有机物总量的增加率超过 $20 \times 10^{-6}/h$,说明过热已相当严重。也可用光电离监测器来进行测定,其灵敏度更高。空冷发电机过热时,会产生大量 CO、CO_2 和烃类气体,为此可用红外监测器来测定 CO 的浓度,当其超过预定的阈值时即报警。

9.4   振动的监测[1]

电机本身和支撑它的底座及其负载构成一个复杂的机械系统,在运行中会发生振动。它可以其固有频率自由振动,也可以多种频率强迫振动。在电气或机械上发生异常情况时,振动也会发生变化。例如,轴承不同心或磨损,容易引起电机转子偏心,运转中会引起定子振动。汽轮发电机转子长而直径相对小,有很大可能性产生强迫扭振。这种扭振很可能是由电的扰动产生,例如,因输电线路相间短路产生的轴力矩而引起的振荡,振动可使大轴产生疲劳而毁坏。故振动的监测对电机而言也是十分重要的诊断内容。在本书第2章中已介绍了测量振动的各种传感器,以下介绍常用的监测量和监测部位。

1. 振动的总均方值

一般选择10Hz~10kHz的带宽,以监测机组轴承盖上的振动速度。速度的均方根值的变化反映了振动强度的变化,并根据标准规定的阈值作出诊断。所用仪器和方法简单易行,但要求测试人员有较高的技术水平。

2. 频谱分析

对监测到的振动信号进行频谱分析,即测定振动速度随频率变化的情况。预先可制定一张基准频谱图作为标准,将监测记录与其作比较。还可设定运行中振动的允许极限值,如图9-30所示。

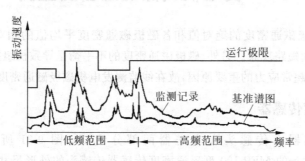

图9-30 振动速度的频谱分析

3. 外壳振动(定子力波)的监测

当定子发生匝间短路或电源电压不对称(包括单相运行)时,会在外壳振动频谱中出现频率为基波偶数倍的谐波分量,如100Hz、200Hz及300Hz;转子偏心则会出现50Hz、100Hz、200Hz(或它们附近)的振动。可根据机壳的振动来监测电机故障,特别是监测异步电机的各种故障。

4. 扭振的监测

测定汽轮机非驱动端轴端的角位移和励磁机的非驱动端轴端的角位移,将两者进行比较即可监测出轴的扭转变形。其他如冲击脉冲监测法是专为监测滚动轴承缺陷的,一些特殊的监测技术如倒谱分析、时间信号平均技术则主要用作对齿轮箱的故障分析。

9.5 温度的监测

9.5.1 局部温度的监测

局部温度可用热电偶或电阻温度计进行测量,需将其埋入被测部位,例如定子绕组或定子铁芯内,且尽量放在最热的部位。由于它们是由金属元件组成,不能放在定子绕组的热点上,只能放在定子线棒的绝缘层外,和铜线有一定距离,故所测温度不是线棒本身的温度,而是其近似值。可以在测温元件外包上足够厚的绝缘层,这样测得的温度就比较接近铜线温度。正在研究发展中的光纤温度计等则可直接放在被测的导体上。

直接在线监测发电机转子绕组温度的技术目前还不成熟,本书9.10.2节将介绍一种测量转子绕组平均温度的方法,该方法已在水轮发电机上得到了应用。

9.5.2　最热点温度的测量

局部温度的测量还不能保证测到最高温度点,这就要借助红外监测技术,运用红外测温仪、热像仪、热电视等监测定子铁芯、槽孔的表面、定子绕组的不良焊点、发电机的碳刷和滑环上的温度等,其突出优点是可远距离、不接触地进行在线监测。

此外还需测定反映电机整体发热状态的平均温升,一般可用热电偶测量入口和出口处冷却介质的温度。

9.6　发电机气隙磁通密度监测

通过监测各磁极磁通密度的绝对值和各磁极磁通密度平均值的相对变化,可以判断转子绕组是否存在匝间短路现象。另外,磁极磁通密度的不平衡是导致机组振动、发电机过热和定子、转子部件承受超常应力的重要原因,故在线监测发电机磁极磁通密度具有重要意义。

9.6.1　磁通密度传感器

磁通密度传感器由传感头和变送器两部分组成。图 9-31 所示为加拿大威宝(VibroSystm)公司生产的 MFP-100 型磁通密度传感器传感头的外形尺寸图。其最大磁密输入为 1.5T,工作温度为 0～125℃。传感头通常采用强力胶水粘贴在发电机气隙的定子铁芯表面。

传感头输出信号经 10m 长的同轴电缆和变送器连接。变送器输出信号可用通用数据采集装置进行模数转换,然后由计算机进行数据处理,得到发电机磁通密度的变化信息。

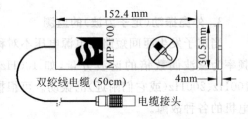

图 9-31　MFP-100 型磁通密度传感头

图 9-32 所示为 MFC-100 型变送器的外形尺寸图。变送器输出为 ±5V(有效值)或 4mA～20mA 直流,准确度为 ±1%(满刻度),线性度为 ±0.5%(满刻度),测量范围为 30mT～1.5T,温度漂移小于 500×10^{-6}/℃,工作温度为 0℃～55℃,电源输入为 24V/2.4W。

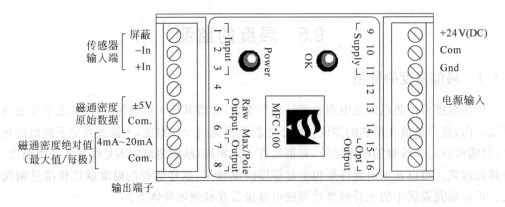

图 9-32　MFC-100 型变送器

9.6.2 气隙磁通密度分析方法

由磁通密度传感器转换得到的发电机气隙磁通密度电信号通常采用以下两种分析方法。

1. 幅值相对比较法

由于发电机的气隙磁通密度本身随运行状态而变,因此用磁通密度的绝对值来衡量它的变化是不恰当的。用磁通密度的相对偏差 $\underline{B}_{1m}$ 来衡量,更能准确反映磁极在运行中的状态。

设发电机有 22 对磁极,分别测出 44 个磁极的磁通密度幅值 B_{1m},B_{2m},$\cdots$,B_{44m},求 44 个磁极的磁通密度的平均值:

$$B_{mpj} = (B_{1m} + B_{2m} + \cdots + B_{44m})/44$$

平均磁通密度的相对偏差

$$\underline{B}_{1m} = (B_{1m} - B_{mpj})/B_{mpj}$$

$\underline{B}_{1m}$ 应不大于 ±5%。

2. 气隙磁密微分法[27]

从图 9-33 可看出,如对气隙磁密进行微分,可大幅提高监测灵敏度。发电机的气隙磁通密度瞬时值表达式为

$$B(t) = a_m (t - A/2)^3 + (b_m t - c_m) + [a_n (t - A/2)^2 + b_n] \sin(\omega_n t + \pi) \quad (9\text{-}1)$$

对式(9-1)微分可得

$$B'(t) \approx [3 a_m (t - A/2)^2 + b_m] + \omega_n [a_n (t - A/2) + b_n] \cos(\omega_n t + \pi) \quad (9\text{-}2)$$

式中：a_m、b_m、c_m、a_n、b_n、A 为与电机转子结构和定转子电流有关的常数；ω 为角频率；ω_n 为转子齿谐波角频率,且

$$\omega_n = \pi d \omega / y$$

其中：d 为转子直径；y 为转子线槽槽距。

比较式(9-1)和式(9-2)可看出,磁密经微分后,其高频分量增大了 ω_n 倍,故用 $B'(t)$ 反映故障的灵敏度比微分前相应提高了 ω_n 倍。

9.6.3 水轮发电机气隙磁通密度在线监测与故障诊断

清华大学研制的水轮发电机组状态监测系统,采用 MFM-100 型磁通密度传感器将磁密信号转换为电信号,然后由计算机采集系统转换为数字信号,最终经计算机数据处理后输出结果。如图 9-33 所示是该系统发电机气隙磁通密度的图形界面。图中上部图形用线条高度表示各磁极磁通密度的相对偏差,横坐标上面 22 根为 N 极,下面 22 根为 S 极。中间图形为选中磁极号的发电机气隙磁通密度的时域波形,下部图形为相同编号磁极的发电机气隙磁通密度的微分图形。通过在界面上的相应位置,设置所要观察的磁极编号,即可显示对应编号的波形。

图形界面的左侧显示的信息有正负磁极的平均值、最大相对偏差磁极的编号和数值、磁通密度的绝对值、气隙间距以及发电机的运行参数。

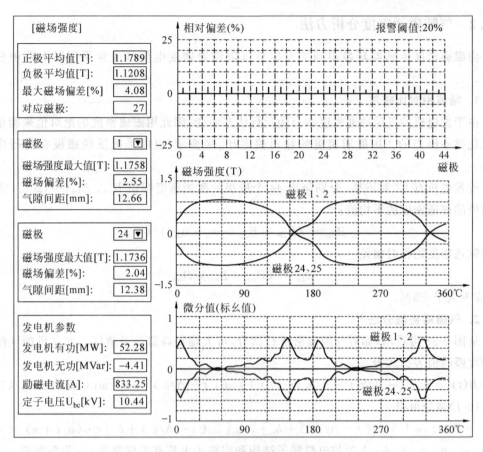

图 9-33　磁通密度监测图形界面

9.7　发电机气隙间距的在线监测

气隙间距在线监测具有实际工程应用价值,其作用可归纳为以下几方面。

(1) 检查气隙不均匀性,以检验机组的制造、安装和维修质量。

(2) 监测不同工况下气隙的变化,以制定最佳运行工况。

(3) 监视运行中发电机气隙的变化趋势,避免发生转子磁极松动等机械故障。

(4) 因为气隙间距不均匀会产生单边的不平衡拉力,引起机组振动,故气隙间距监测可作为机组振动监测的一个辅助分析手段。

加拿大一家电力公司曾经通过气隙间距的监测及时发现了由于键子磨损造成的转子极靴变形,保证了机组的安全运行,故国外的发电机组状态监测系统已将该项内容作为基本的监测参数。

一种气隙间距传感器(加拿大威宝公司的电容式传感器)的外形如图 9-34 所示。图中,3 种传感器分

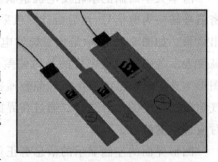

图 9-34　气隙间距电容传感器

别为:VM3.1,测量范围为 2mm～20mm；VM3.2,测量范围为 1mm～15mm；VM5.0,测量范围为 5mm～50mm。应根据发电机的气隙尺寸选择不同的传感器。

电容式传感器的优点有以下几个方面。

(1) 传感器为非接触型,使用时无损于机组的运行；采用强力胶粘贴在发电机气隙的定子槽壁上,安装时不需抽发电机转子。

(2) 结构简单,工作可靠,免维护,寿命长；具有高度的"免疫力",其准确度不受表面油及碳粉等污垢的影响。

(3) 温度系数小,具有较强的抗电磁干扰能力。

基本的气隙距离监测系统的连接如图 9-35 所示。

本系统在发电机气隙中安装了 4 个距离传感器(大型发电机可安装 8 个),它们沿定子整个圆周相隔 90°分布。数据采集单元将各个磁极对应的气隙传感器的模拟量转换成数字量,同步探头的作用是给每个磁极编号。采集单元通过 RS-485 网络和主计算机通信,计算机中的监测程序对数据进行处理后,给出各磁极气隙间距的瞬时值、平均值以及瞬时值与平均值的偏差、最大与最小气隙间距的位置等基本参数,同时用图形直观地显示发电机定子和转子的椭圆度。

气隙间距监测结果可以直观地用气隙圆图表示,圆图中标明了最大、最小气隙间距对应的磁极号和角度位置,以及它们的绝对值大小。图 9-36 所示为在现场实际采集到的气隙间距圆图,图形显示发电机气隙间距是均匀的。

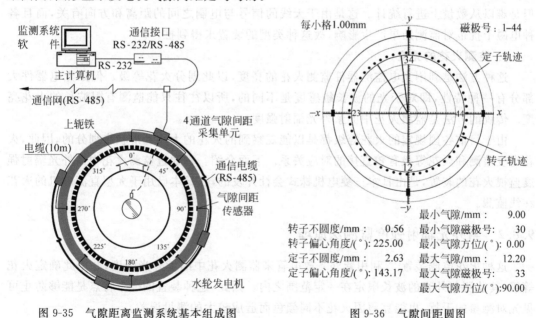

图 9-35 气隙距离监测系统基本组成图	图 9-36 气隙间距圆图

9.8 发电机励磁碳刷火花监测

运行中的发电机,由于励磁碳刷和滑环之间接触不良,或压力调整不合适,会产生火花。火花会加速碳刷和滑环之间的不良接触,这又会使火花越来越严重,甚至发生环火,导致励磁回路短路,严重威胁发电机的正常运行。

9.8.1 火花评定和监测的各种方法

运行人员通过人眼观察换向火花并评定火花,这是到目前为止国内发电厂一直在采用的办法。这种评定办法的最大问题是火花等级的确定往往带有观察者的主观感觉。

很久以来,换向火花的监测技术一直是很多电机制造厂家、使用单位和研究部门致力于开发的课题。目前,尚未有较成熟和可靠的监测仪器和装置问世。以下介绍几种常用的电机火花监测方法。

1. 监测放电电压

火花是一种电弧放电现象,监测它的电弧电压就能划分火花等级。研究表明,火花电压主要频谱是在 30kHz～3MHz 之内,因此,如果设计一个合适的带通滤波器,就可以监测火花的放电电压。但是这种滤波式火花监测装置存在一个问题,即它监测的电压中的频率成分同时包括了其他电机(或静止整流电源)的火花频率成分,由于它们在同一个主回路中而无法区分,因而其应用受到限制。

2. 监测火花的电磁辐射能量

火花是一种电弧放电现象,在放电时必然有电磁能量向四周辐射,如果能监测火花的电磁辐射能量,就可以测出火花的大小。这种监测装置通常包括一个射频接收天线、射频放大器和指示仪表,射频接收范围通常为 5MHz～100MHz。装置也可以灵敏地指示火花大小,但是难以从数量上进行统计。这是由于天线的信号与电刷之间的距离和方向有关,而且各种电磁干扰也对监测结果产生影响,故这种类型的装置未得到推广。

3. 监测火花的亮度

这种方法是利用光电监测器件监测火花的亮度,以此划分火花等级。但是光电器件大部分有一种特性,即对于光的波长敏感度是不同的,所以往往只能监测有限波长的火花亮度。传统的方法是监测火花中的紫外光辐射强度。

由于目前各国规定的火花等级都是以能观察到的火花的大小和形状来划分的,因此,火花亮度监测和火花等级有较直接的对应关系。下面介绍一种通过监测火花中紫外光辐射强度监视火花的装置,是由日本三菱电机株式会社开发的,在日本已用于大型直流电机的火花在线监测。

9.8.2 紫外光辐射强度监测法原理

这种火花监测装置[28]利用紫外光放电管来监测火花中的紫外光强度,并据此确定火花等级,其监测紫外光的波长限定在一定范围之内。因此,这种装置的一个特点是能够防止可见光对测量的干扰,也能克服因火花不同颜色而造成较大的测量误差。

监测装置由火花监测器、测量放大器、指示和报警系统等部分组成,如图 9-37 所示。

1. 火花监测器

火花监测器的监测元件是一个紫外线放电管,在紫外线辐射时就能产生放电现象,通过监测放电脉冲就能测得换向火花中的紫外光辐射强度。除监测元件外,监测器前部有一个紫外光石英滤光片,其作用是只能让 180nm～260nm 波长的紫外光进入监测器。在紫色滤光片后是一个由几块透镜组成的光学系统。它的作用是将一定视野的火花紫外光聚焦在放

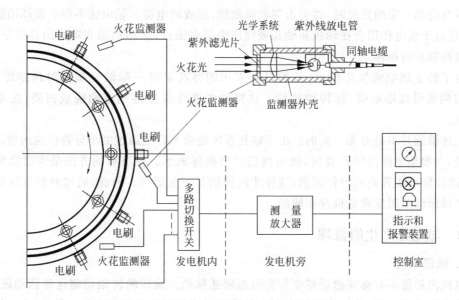

图 9-37　碳刷火花监测装置原理图

电管上,以提高监测灵敏度。监测器的放电管由 500V 直流电源供电。监测器外形是一个直径为 34mm、长度为 110mm 的金属壳圆柱形探头,装设在端罩内,方向对准电刷边缘。为防止电磁干扰,探头和引出电缆必须屏蔽。

2. 测量放大器

测量放大器的作用是将火花监测器的脉冲放电信号转换成标准的直流电信号并放大,其电路主要部分由整流回路、直流放大器、电平比较器和高阻抗放大器组成。直流放大器的输出是直流电压信号,供给指示仪表。电平比较器将测量电压与设定电压进行比较,当测量值达到设定值时,立即进行报警。高阻抗放大器的输出是与火花成正比的模拟量,可供显示器显示。测量放大器中还包括一个直流电源,它除了向测量放大器电路供电外,还可向火花监测器提供 500V 直流电压。

3. 指示和报警系统

电机有很多排刷架,监测系统中也往往有多个火花监测器,但不可能也不必要同时指示这些刷架的换向火花,因此,几个火花监测器都由一个切换开关控制,指示器只显示最大读数。

报警系统由继电器和声、光报警元件组成,当测量放大器中电平比较器动作后,继电器动作,实行声、光报警。

报警和指示系统通常装在控制室内,以便操作人员随时监视碳刷的运行情况。

9.9　发电机轴电压监测

9.9.1　轴电压监测和诊断的意义

设计和运行条件正常的电机转轴两端只会有很小的电位差,这种电位差就是通常说的轴电压。当电机的设计、调整存在问题或电机出现故障时,电机往往会出现较高的轴电压。

轴电压升高到一定的数值时,将会击穿轴承油膜,形成轴电流。轴电流不但会破坏油膜的稳定,而且由于放电作用会在轴颈和轴瓦表面产生很多蚀点,破坏轴颈和轴瓦的良好配合,进一步加剧轴瓦的损坏。

为了防止轴电流损坏轴承,长期以来采用的办法是将一端轴瓦基座对地绝缘,在轴瓦座内侧装设接地电刷,将转轴接地。这样轴电流将通过接地电刷构成回路,而不致损坏轴承。

上述措施并不是万无一失的。由于轴瓦基座绝缘不良或通过细小异物接地的情况很难被发现,当接地电刷接触不良时,轴电流仍然会损坏轴承。较可靠的方法是实时监测轴电压,排除使轴电压升高的种种因素,这样才能使轴瓦安全运行。因此,通过对轴电压的在线监测和诊断能及时发现电机存在缺陷。

9.9.2　轴电压产生的机理

1. 磁通脉动

电机内磁路不对称或磁场畸变都会引起磁通脉动。旋转的转轴切割这些脉动磁通,会在两端产生感应电压,其幅值和频率完全与脉动磁通的幅值与频率有关。另外,由于绕组匝间短路而出现的不对称、电源电压不对称、转子断条、非全相运行等故障均会造成气隙空间谐波磁场分布的畸形,也会在轴上产生感应电势。

2. 单极效应

由于电机中存在环绕轴的各种闭合回路(如电刷装置的集电环、换向极和补偿绕组连接线、串激绕组连接线等),设计时应考虑让它们相互抵消。但当设计不周时,它们的磁势不能相互抵消,就会产生一个环轴的剩余磁势,使转轴磁化;当电机旋转时,在转轴两端也会产生一个感应电压,其原理和单极发电机一样,故称为单极电势。这种单极效应产生的轴电压在负载恒定时表现为直流分量,并随负荷电流而变化。

3. 电容电流

转子绕组与铁芯之间存在分布电容,在采用可控硅静止电源供电时,电流的脉动分量在转子绕组和铁芯之间产生电容电流,从而在轴与地之间产生电位差。这种轴电压的量值是由电源中脉动电压和各种分布电容所决定的,而频率是由电源中的脉动分量频率所决定的,往往是高频分量。因此,采用静止整流电源时,电机的轴电压更应引起注意。

9.9.3　轴电压的监测和诊断

监测仪器的测点位置配置如图 9-38 所示[29]。轴电压 U_{ab} 是转轴两端轴承的内侧测量点 a 和 b 之间的电动势,c 和 d 是两端轴承座底部测量点,U_{ac} 和 U_{bd} 是转轴对地电压。利用数据采集装置采集轴电压信号后,可利用分析软件对信号作幅度和频谱分析。因轴电压的频率成分较复杂,测量时必须采用高输入阻抗的测量装置,否则会有很大的测量误差。表 9-4 为文献[29]介绍的试验数据。

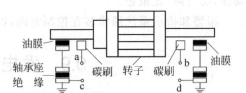

图 9-38　轴电压测量部位

表 9-4 轴电压的幅值和频率

机组号	额定功率/MW	极数	运行年数	轴电压峰-峰值/V	频率分析	
					频率/Hz	电压峰-峰值/V
1	6.6	2	22	5	60	1.6
					180	3.3
2	150	2	12	28	60	9.5
					180	18.0
3	150	2	9	9	60	1.8
					180	7.0
4	150	2	7	10	60	0.9
					180	2.8
5	300	2	3	13	300	12.0
					900	0.5
6	300	2	18		180	13.0
					540	4.2
7	500	2		68	60	41.0
					180	14.0
8	800	4		26	60	16.2
					420	8.8

9.9.4 轴电压和电磁数据采集装置的连接

一般发电机的励磁侧转轴上已安装一个接地碳刷,为了采集轴电压,需要在发电机转轴的另一侧增设一个接地碳刷。

轴电压相当于一个高内阻的信号源,需要连接高内阻的测量装置才能保证监测到的信号不失真。一般可用阻抗变换器来匹配,要求阻抗变换器的输入阻抗不小于 2MΩ。清华大学研制的水轮发电机组状态监测系统,其发电机轴电压监测装置原理框图如图 9-39 所示。

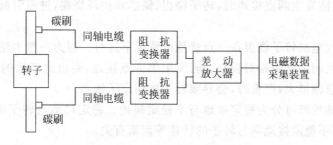

图 9-39 发电机轴电压监测装置

图 9-40 所示为在现场实际运行时采集到的轴电压波形。图中上部为轴电压的时域图,左侧给出轴电压最大的峰-峰值;下部为轴电压的频域图,频域图左侧给出 5 个最大频率分量的频率值和幅值。

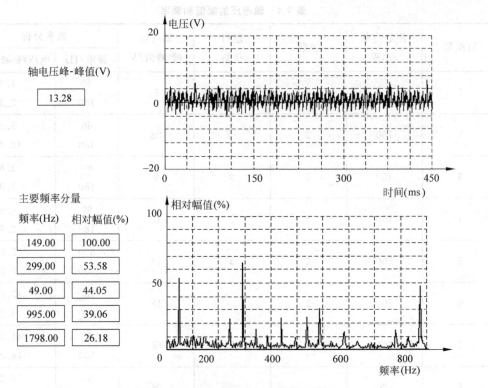

图 9-40   发电机轴电压监测图形界面

9.10   转子绕组的绝缘电阻和平均温度监测

9.10.1   转子绕组的绝缘电阻

发电机转子绕组在运行中,电、热和机械等应力的综合作用使转子接地故障时有发生。转子接地故障分为一点接地和多点接地(包括两点接地)。

当汽轮发电机转子绕组绝缘发生一点接地时,允许发电机继续运行;但应该立即投入接地保护装置,以防发生两点接地时,转子绕组、铁芯和护环烧损,进而引起转子本体的磁化及附加振动。

应严禁水轮发电机转子绕组在一点接地的情况下运行。因为一般水轮发电机的转子直径较大,定、转子之间的气隙相对较小。若发生第 2 点接地,则由此产生的单边磁拉力可能使发电机的振动急剧增大,严重时,会导致转子擦伤定子铁芯。

转子绕组接地故障可分为稳定接地与不稳定接地。稳定接地与转子的转速、电压和温度等因素无关,而不稳定接地则与转子的转速等因素有关。

按电阻数值的大小,接地可分为低电阻(接近金属性)接地和高电阻(非金属性)接地,因此可通过测量绕组的接地电阻来判断转子绕组的接地故障。

接地电阻可用直流压降法测量,该方法不仅能测量出接地电阻值,而且还能通过计算确定接地点的具体位置,其原理如图 9-41 所示[28]。图中:W_r 为转子绕组长度;P_g 假设为接地点;b 及 b′ 为转子正、负极滑环;R_{vi} 为电压表内阻;R_g 为接地电阻;R_1 和 R_2 为转子绕组的分段电阻值（以接地点为分界点）。一般 R_1 和 R_2 的值远小于 1Ω，发电机的转子电流可达数千安，电压表的内阻 R_{vi} 要求大于 $1M\Omega$。

下面简述直流压降法的测量原理。

1. 测量正负两滑环间及滑环对地电压

对转子绕组施加直流电压 U_{dc}，绕组流过电流 I_f，由于 $I_f \gg I_{v1}$，显然，U_{+e} 和 U_{-e} 主要由电阻 R_1 和 R_2 决定。由于接地电阻 R_g 上有压降，故 U_{+e} 和 U_{-e} 之和小于 $U_{bb'}$ 是正常的。

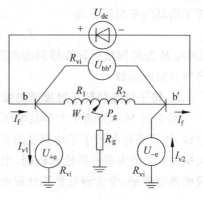

2. 列电压方程式，并求 R_g

图 9-41　直流压降法试验接线

$$U_{bb'} \approx I_f(R_1 + R_2) = I_f R_1 + I_f R_2 \qquad (9-3)$$
$$I_f R_1 = U_{+e} + I_{v1} R_g = U_{+e} + (U_{+e}/R_{vi})R_g \qquad (9-4)$$
$$I_f R_2 = U_{-e} + I_{v2} R_g = U_{-e} + (U_{-e}/R_{vi})R_g \qquad (9-5)$$

将式(9-4)和式(9-5)代入式(9-3)，解得接地电阻 R_g 为

$$R_g = R_{vi}[U_{bb'}/(U_{+e} + U_{-e}) - 1] \qquad (9-6)$$

3. 计算接地点的位置

由于接地点的电阻 R_g 不为零，并考虑 R_g 上的电压降，计算接地点的步骤如下。

(1) 流经电压表的电流 I_{v2} 为

$$I_{v2} = U_{-e}/R_{vi}$$

(2) R_g 的电压降为

$$U_g = I_{v2} R_g$$

(3) 负滑环到接地点之间的电压为

$$U_{b'K} = U_{-e} + U_g$$

(4) $U_{b'K}$ 占总电压的百分比为

$$k_1 = U_{b'K}/U_{bb'}$$

(5) 由线圈尺寸可计算负滑环至接地点的距离。

9.10.2　转子绕组的平均温度

1. 测量方法

在线监测发电机转子绕组的温度，目前还有相当的难度。比较经济、实用的方法是通过监测转子绕组的直流电阻间接计算转子绕组的平均温度。通过分析转子绕组的阻值，还可以判断绕组的匝间绝缘状况。

测量转子绕组平均温度的关键是准确测量转子绕组的直流电阻。转子绕组的直流电阻一般远小于 1Ω，而转子电流可达千安级，故采用直流压降法测量小电阻时，碳刷和滑环之间的压降不可忽视。可参照四端法测量小电阻的原理，专门设计一对电压信号取样碳刷，从而大大提高测量的准确度。

转子绕组直流电阻计算公式为

$$R_t = U_{dc}/I_f$$
$$R_t = R_{75}[1 + \alpha(T_t - 75)]$$

转子绕组的平均温度为

$$T_t = (R_t - R_{75} - 75\alpha R_{75})/\alpha R_{75} \tag{9-7}$$

式中：R_t 为经测量后计算得到的电阻值；R_{75} 为转子绕组折合到 75℃时的直流电阻；α 为铜导体的温度系数。

2. 转子绝缘和转子温度监测装置

图 9-42 所示为清华大学高电压和绝缘技术研究所在福建池潭水电厂实际应用的原理接线，转子绝缘和转子平均温度的监测采用同一套测量装置。图中发电机励磁回路装有两组碳刷：一组为原有的励磁碳刷，用来传导发电机转子的励磁电流（数千安）；另一组为增设的测量碳刷，专为测量装置获取电压信号。

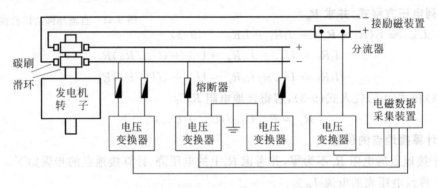

图 9-42　转子绝缘和转子平均温度监测原理框图

电压和电流信号均通过变送器转换成标准信号后送到数据采集装置，由计算机进行数据处理。电压变送器技术条件：输入直流 0～250V，输出 4mA～20mA(DC)，准确度±0.2%。电流变送器技术条件：输入直流 0～75mV，输出 4mA～20mA(DC)，准确度±0.2%。

9.11　电机寿命的预测

考虑电机（特别是大型发电机）的重要作用及其昂贵的价格，对其寿命的预测有特别重要的意义。但寿命预测至今尚无较成熟的方法，以下介绍一些国家在这个领域的研究状况和取得的成果。

卢森堡的克雷斯克（KRECKE M）和比利时沙城电气制造厂（ACEC）的戈福克斯（COFFAUX R）对预测电机[30]的剩余寿命进行了有益的尝试。他们认为反映绝缘老化程度的是绝缘介质中平均迁移离子的浓度 N_1，当绝缘接近寿命终点时，N_1 随时间增长非常快。N_1 可以用定子绕组绝缘的参变函数 U_{BF} 来表示。在离线情况下，将定子绕组或线棒作为试品 C_x 接到传统的西林电桥的高压臂上，而后在桥路对角线上依次并接带通滤波器，用高灵敏度的峰值电压表作为监测仪，当绕组或线棒发生老化时，在原电桥参数下（未发生老化时），电桥会失去平衡而使监测仪出现读数 U_{BF}，U_{BF} 单位为 mV 表示[31]。为了便于比较，通常在 1kV 下测定 U_{BF}，它与 N_1 成正比。随着运行时间 t 的增加，N_1 随老化发展而增加，U_{BF} 也会增加。故在 1kV 下测定 $U_{BF}(t)$ 值，该值能反映绝缘的老化程度。

在高压绝缘寿命终结时，即 $t = T$ 时，U_{BF} 达到最大值 $U_{BF,max}$。可通过加速老化试验测定 $U_{BF,max}$ 的值，得到特性曲线 $U_{BF,max}$。从曲线形状、是否出现最大值、何时出现以及最大值的数值大小等方面,也可判断绝缘的状况。

N_1 取决于绝缘电性能老化发展过程连续作用的三个不同阶段。

1. 初始阶段

因主绝缘气隙放电产生的离子撞击,造成分子链的断裂,使浸渍树脂的电性能下降。这一降解机理在高压绝缘电老化的开始阶段(离子撞击阶段)起主导作用。在此阶段平均迁移离子的浓度增加很少,电性能下降缓慢。

2. 基本阶段

基本阶段是热老化的发展阶段。连续运行中的高压绝缘,由于温度的作用,因浸渍树脂聚合物的氧化而产生离子,在其撞击下使分子链断裂。断裂的时间常数取决于浸渍树脂的温度,故这个老化过程是由于热激发引起的。

3. 最后阶段

放电产生的电子电荷注入由迁移离子急剧堆积而建立的局部高电场区间,形成丝状电流,同时产生窄的导电通道和树枝状放电。导电通道的发展使树脂受到腐蚀,使其厚度随时间减小,老化显著加速。

这三个阶段在整个寿命期间的时间间隔分别为:$0\sim0.26T$; $0.26T\sim0.78T$; $0.78T\sim1.0T$。如图 9-43 所示。

三个阶段的平均迁移离子的浓度随时间增长(反映为 U_{BF} 的增加)的规律分别为 $t^{1/2}$、t^2、t 和 $\exp(t/\tau_d)$,其中 τ_d 是局部老化时间常数,与运行时间(约为 16500h)相比很小。

图 9-43 中,$U_{BF}(t)$ 为运行 t 时间后测得的 U_{BF} 值,T 为寿命时间。通过对绝缘的加速电老化试验,可以得到比值 $U_{BF}(t)/U_{BF,max}$,即可从图中查得 t/T 值,从而评估电机的预期寿命和剩余寿命。

表 9-5 所示是根据图 9-43 的理论特性曲线估算得到的电机剩余寿命和实际寿命的比较结果。可以看出,两者很接近。

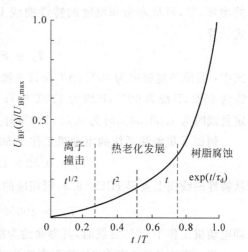

图 9-43　$U_{BF}(t)$ 理论特性曲线

表 9-5　电机的寿命预测

电机参数	绝缘	t/T	T/a	剩余寿命/月	
				预测	实际
6kV,1840kW 同步电动机	聚酯	0.92	11	10	9
6.3kV,450kW 同步电动机	虫胶卷烘绕	0.88	22	<32	20
6.3kV,200kW 同步电动机	虫胶卷烘	0.91	22	<26	17
10.5kV,30MW 发电机	虫胶卷烘	0.97	26	9	<12
6kV,200kW 同步电动机	虫胶卷烘	1.0	20	0	第一次启动时击穿
6.6kV,24kW 同步电动机	环氧	0.97	9.25	3	第一次启动时击穿

对于中小型电动机寿命的评估[32]，一般以其运行温度为基础，即主要考虑热的老化寿命 $L(h)$ 和运行温度 $T(K)$ 满足以下关系：

$$\ln L = \ln B + \varphi/kT \tag{9-8}$$

式中：k 为波耳兹曼常数，$k = 0.8617 \times 10^{-4} \text{eV}/k$；$\varphi$ 为激活能，eV；B 为由经验决定的常数。

为了得到 L 和 T 的确切关系，可在不同运行温度下对电动机的物理模型（绝缘结构、材料和产品完全一样，仅在尺寸上按比例缩小）进行加速老化试验，得到寿命和温度的特性曲线，即 L 和 T 的回归直线（式(9-8)）及其置信区间。

L 也可用保证寿命（设为 20000h 或 2.3 年）的百分数来表示，在低于绝缘材料等级所规定的运行温度下工作，其寿命将更长。在低于额定负载下运行时，其寿命的评估公式如下：

$$L_x = L_{100} \times 2^{\frac{T_e - T_x}{\text{HIC}}} \tag{9-9}$$

式中：L_x 为在 $x\%$ 负载时的百分比寿命，L_{100} 是在额定负载下的百分比寿命（$L_{100} = 100\%$）；T_e 是该绝缘等级的允许温度（例如 A 级绝缘为 105℃，F 级为 155℃）；T_x 是该绝缘的热点温度，℃；HIC 为等分区间，是回归直线上寿命百分数减少 50% 所对应的温度的增量，℃，可从寿命和温度的特性曲线上（已统计处理成一条回归直线）查得。T_x 由下式计算：

$$T_x = F \times \Delta T + 40℃ \tag{9-10}$$

式中：假设环境温度为 40℃，ΔT 是该绝缘等级在上述环境温度下的允许温升（例如 A 级绝缘为 65℃，B 级为 90℃，F 级为 115℃ 等）；F 为不同负载下的寿命损耗因数（例如 100% 额定负载时为 1.00，50% 时为 0.52，110% 时为 1.19 等）。

例如 F 级绝缘系统的电动机工作于 50% 负载时，其热点温度为

$$T_x = 0.52 \times 115℃ + 40℃ \approx 100℃$$

从特性曲线图上查得 HIC＝9.3，则相应的预期寿命 L_{50} 为

$$L_{50} = 100\% \times 2^{\frac{155-100}{9.3}} \approx 6013\%$$

即电动机工作于 50% 负载时，其寿命约为额定负载时的 60 倍。

高于额定负载下运行时，将用别的公式评估。此外，不同的环境温度和电动机启动次数也都需作修正。即便如此，得到的也只是估计值。

思考和讨论题

1. 与电力变压器相比较，为何监测电机的局部放电时信噪比较高？

2. 试根据发电机和变压器的绕组结构，分析发电机承受局部放电能力远大于变压器的原因。

3. 试从接线、安装方式、监测频带和灵敏度等方面比较监测电机局部放电的 3 种不同的传感器（电流传感器、电容耦合器和定子槽耦合器）。

4. 发电厂在线监测通常会遇到哪些干扰？对不同的干扰源，应采取什么抑制措施？

5. 发电机转子平均温度在线监测，为什么要采用四端法接线？如何实现？

6. 发电机状态综合监测的主要包括哪些监测内容？

参 考 文 献

[1] 姜建国,史家燕.电机的状态监测[M].北京:水利电力出版社,1992.

[2] 冯复生.氢气湿度对氢冷汽轮发电机安全运行的影响[J].大电机技术,1994(5):18-27.

[3] 沈良伟.关于汽轮发电机机内冷却气体的湿度问题[J].大电机技术,1995(2):13-19.

[4] 张为杰.汽轮发电机定于绕组端部短路的分析[J].大电机技术 1992(3):9-12/(4):7-11.

[5] 盛昌达.分析发电机定子端部事故的几个问题[J].大电机技术,1993(2):20-26.

[6] 王昌长,李福祺,高胜友.电力设备的在线监测与故障诊断[M].北京:清华大学,2006.

[7] JOHNSON J S, WARREN M. Detection of slot discharge in high-voltage stator windings during operation[J]. IEEE Trans. Part II,1951,70:1998-2000.

[8] STONE G. C. Practical techniques for measuring PD in operating equipment[J]. IEEE Electrical Insulation Magazine, 1991, 7(4):9-19.

[9] 王振远.大电机绝缘放电在线监测与识别的研究[D].北京:清华大学,1996.

[10] KURTZ M,LYLES J F, STONE G C. Application of partial discharge testing to hydro generator maintenance[J]. IEEE Trans. on PAS,1984, 103(8):2148-2157.

[11] STONE G C, SEDDING H G, FUJIMOTO N, et al. Practical implementation of ultra wideband partial discharge detectors[J]. IEEE Trans. on EI, 1992, 27(1):70-81.

[12] SELKIRK N R. 发电机绝缘的不停机诊断性试验-并头套耦合器[J]. 国外大电机,1984(2):34-38.

[13] WANG Shaoyu. In service partial discharge detecting of hydro-generators stator winding insulation [C]//Proceedings of the 2nd Sino-Japanese Conference on Electric Insulation Diagnosis, Shanghai, China, Oct. 13-16, 1992(4):3.

[14] 付海涛,余维坤,张松涛.基于PDA技术的水轮发电机局部放电在线监测[J].大电机技术,2010(2):25-29.

[15] SEDDING H G, CAMPBELL S R, STONE G C, et al. A new sensor for detecting partial discharges in operating turbine generators[J]. IEEE Trans. on EC, 1991, 6(4):700-706.

[16] STONE G C, SEDDING H G. Comparison of UHF antenna and VHF Capacitor PD deteetion measurements from turbine generator stator windings[C]//2013 IEEE Intenational Conference on Solid Dielectrics,Blolgna,Italy June 30-July 4,2013,63-66.

[17] KAWADA M, YI R, KAWASAKI Z. An experiment of the detection of partial discharge by microwave[C]//Proceedings of 1994 International Joint Conference:26th Symposium on Electrical Insulating Materials, 3rd Japan-China Conference on Electrical Insulation Diagnosis, 3rd Japan-Korea Symposium on Electrical Insulation and Dielectric Mateerials, Osaka, Japan, Sept. 26-30, 1994:383-386.

[18] CAMPBELL S R, STONE G C, SEDDING H G, et al. Practical on-line partial discharge tests for turine generators and motors[J]. IEEE Trans. on EC, 1994, 9(2):281-287.

[19] STONE G C, SEDDING H G. in-service evaluation of motor and generator stator windings using partial discharge tests[J]. IEEE Trans. on IA, 1995, 31(2):299-303.

[20] STONE G C, SEDDING H G, COSTELLO M J. Application of partial discharge testing to motor and generator stator Winding maintenance[J]. IEEE Trans. on IA. 1996, 32(2):459-464.

[21] TETRAULT,STONE G C, SEDDING H G. Monitoring partial discharge on 4kV motor windings [C]//IEEE PCIC Conference, Banff, AB, September, 1997.

[22] STONE G C, CAMPBELL S R, SEDDING H G, et al. A continuous on-line partial discharge monitor for medium voltage motors[C]//IEEE the 4th CEA/EPRI International Conference on Generator and Motor Partial Discharge Testing, Houston, USA, May, 1996.

[23] 邱昌容,王乃庆.电工设备局部放电及其测试技术[M].北京:机械工业出版社,1994,9.

[24] 王振远,朱德恒,谈克雄.大型电机绝缘在线监测系统的研究[J].清华大学学报,1995,35(2):
      78-82.

[25] 谈克雄,朱德恒,王振远,等.采用人工神经网络对电机绝缘模型放电的识别[J].清华大学学报,
      1996,36(7):46-51.

[26] 吉林省电机工程学会.设备诊断技术[M].长春:吉林科学技术出版社,1993.

[27] 王绍禹,周德贵.大型发电机绝缘的运行特性与试验[M].北京:水利电力出版社,1992.

[28] 沈标正.电机故障诊断技术[M].北京:机械工业出版社,1996.

[29] 李伟清.汽轮发电机故障检查分析及预防[M].北京:中国电力出版社,2002.

[30] KRECKE M, GOFFAUX R.交流高压旋转电机绝缘剩余寿命预测的尝试[J].国外大电机,1989
      (2):25-32.

[31] GOFFAUX R. A novel electrical methodology of diagnosis for the HV insulation of alternating
      current generators[C]//CIGRE, 1986:11-12.

[32] BRANCATO E L. Estimation of lifetime expectances of motors[J]. IEEE Electrical Insulation
      Magazine, 1992, 8(3):5-13.

第 10 章
物联网技术和云计算的应用

10.1 物联网技术

物联网(Internet of Things,IoT),即"物物相连的互联网",最早是在 1999 年由麻省理工学院提出,其定义也比较简单,即把通过射频识别等信息传感设备与互联网连接,从而实现对所有物品的识别和管理的技术称为物联网技术。该概念自提出以来,已经演变成继信息互联网之后的新技术引擎。物联网与智能监测有天然契合性,世界各主要国家均制定了物联网研究和应用计划[1,2]。

物联网是互联网应用的延伸,其目的就是借助射频识别技术、传感器技术、纳米技术和智能嵌入技术等核心技术来对物品进行标签、感知、思考和微缩,并将处理结果与信息互联网连接在一起,方便对物品的识别与管理。当前,物联网发展出两种重要的应用形式,即机对机(machine to machine,M2M)和信息物理融合系统(cyber-physical system,CPS)。

物联网体系包括感知层、网络层和应用层三个结构层次。感知标识技术是支撑基础[3],其实现对物理事件的感知与识别,主要含射频识别、Rubee、EPC、二维码等技术门类。通信网络技术实现对感知信息的可靠、安全传输,网络有传感器网络、无线自组织网络(Ad-hoc)等,通信技术有无线保真、近场通信、ZigBee、蓝牙、通用无线分组业务等。物联网应用于输变电设备状态监测,将面临海量信息的融合、存储、挖掘等挑战,需要以"云计算"为代表的信息处理技术作为核心支撑。

在对输变电设备状态进行监测时,将物联网技术引入其中,对所有的输变电设备实施全寿命周期管理,可以提高输变电设备的运行状态。应用物联网技术对输变电设备状态进行监测,需要将输变电设备物联网体系构建起来,采用分层分布式架构,包括智能感知层、网络层(包括数据通信层、信息整合层)和智能应用层,如图 10-1 所示。

10.1.1 智能感知层

输变电设备物联网体系的智能感知层是以物联网为载体,将所应用的感知设备组合,包括智能传感器、GPS/北斗全球定位系统、红外定位感应器、EPC 标签等,以对输变电设备运行中所产生的状态数据进行智能感知,并收集全寿命资产信息。感知层所收集的信息包括

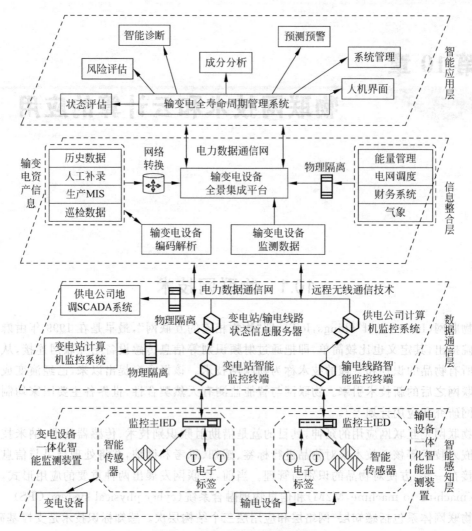

图 10-1　输变电设备物联网体系

来自传感器网络的输变电设备状态信息、来自调度的电网运行信息以及来自信息管理系统的运维信息,还要对输变电线路上所安装的设备信息进行收集,包括气象信息、自然灾害信息等[4]。

1. 射频识别技术

射频识别(radio frequency identification,RFID),是一种非接触式的自动识别技术,它通过射频信号自动识别目标对象,并获取目标中的相关数据。RFID 主要由电子标签、阅读器及射频天线构成。电子标签是识别目标的身份标识,具有唯一的电子编码;阅读器通过电子标签读取设备信息,对设备信息进行修改或直接写入;射频天线负责电子标签与阅读器之间的通信。

RFID 技术的基本工作原理为:电子标签进入磁场后,接收阅读器发出的射频信号,凭借感应电流所获得的能量发送出存储在芯片中的产品信息(无源标签或被动标签,passive tag),或者由标签主动发送某一频率的信号(有源标签或主动标签,active tag),阅读器读取信息并解码后,送至中央信息系统进行有关数据处理。根据 RFID 卡片阅读器及电子标签之间的通信及能量感应方式可将其分成感应耦合及后向散射耦合两种。一般低频的 RFID 大都采用第一种方式,而较高频 RFID 大多采用第二种方式。阅读器根据使用的结构和技术不同可以是读或读/写装置,是 RFID 系统信息控制和处理中心。阅读器通常由耦合模块、收发模块、控制模块和接口单元组成。阅读器和应答器之间一般采用半双工通信方式进行信息交换,同时阅读器通过耦合向无源应答器提供能量和时序。在实际应用中,可进一步通过 Ethernet 或 WLAN 等实现对物体识别信息的采集、处理及远程传送等管理功能。应答器是 RFID 系统的信息载体,应答器大多是由耦合元件(线圈、微带天线等)和微芯片组成的无源单元。

RFID 是一项易于操控、简单实用且特别适合用于自动化控制的灵活性应用技术,可自由工作在各种恶劣环境下。短距离射频产品不怕油渍、灰尘污染等恶劣的环境,可以替代条码,例如:用在工厂的流水线上跟踪物体;长距射频产品识别距离可达几十米,多用于交通上,如自动收费或识别车辆身份等。

射频识别系统主要有以下几个方面的优势。

(1)读取方便快捷。数据的读取无需光源,甚至可以透过外包装来进行;有效识别距离更大,采用自带电池的主动标签时,有效识别距离可达到 30m 以上。

(2)识别速度快。标签一进入磁场,阅读器就可以即时读取其中的信息,而且能够同时处理多个标签,实现批量识别。

(3)数据容量大。数据容量最大的二维条形码(PDF417),最多也只能存储 2725 个数字;若包含字母,存储量则会更少;RFID 标签则可以根据用户的需要扩充到数 10000。

(4)使用寿命长,应用范围广。其无线电通信方式,使其可以应用于粉尘、油污等高污染环境和放射性环境,而且其封闭式包装使得其寿命大大超过印刷的条形码。

(5)标签数据可动态更改。利用编程器可以向标签写入数据,从而赋予 RFID 标签交互式便携数据文件的功能,而且写入时间相比打印条形码更少。

(6)更好的安全性。射频识别系统不仅可以嵌入或附着在不同形状、类型的产品上,而且可以为标签数据的读写设置密码保护,从而具有更高的安全性。

(7)动态实时通信。标签以与每秒 50~100 次的频率与解读器进行通信,所以只要 RFID 标签所附着的物体出现在解读器的有效识别范围内,就可以对其位置进行动态的追踪和监控。

在输电设备状态监测系统中,通过在输电线路上部署覆冰、弧垂、舞动、拉力等无线传感器,并在杆塔上安装摄像头、防盗螺栓、倾斜角度传感器等信息感知设备,实现杆塔与线路状态实时监测和偷盗防护功能。另外,阅读器通过读取 RFID 标签信息获取设备的本体属性以及巡检信息,并传送至监测主智能电子设备(intelligent electronic device,IED)中,完成信息的汇聚和初步处理。

在变电设备中,通过在变电站各设备上部署局部放电、油中溶解气体、介质损耗因数及电容量以及温、湿度等智能监测传感器,实现变电设备在线监测信息的感知与采集,并传送至监测主 IED 中。另外,同输电设备一样,利用阅读器读取设备电子标签,并实现对设备本体属性、巡检信息等状态信息的采集[5]。

2. 二维码技术

二维码(two-dimension code)(quick response code,QR Code),是近几年来在移动设备

上超流行的一种编码方式,它比传统的 Bar Code 条形码能存更多的信息,也能表示更多的数据类型,如图 10-2 所示。

二维码通过特定几何图形在二维平面上有规律的分布,形成黑白相间的图像来标记信息,并在图像被识读后,利用特定图形与二进制的对应规则实现数据符号的自动识别处理[6]。二维码通过图像输入设备或光电扫描设备自动识读以实现信息自动处理,它具有条码技术的共性:①每种码制有其特定的字符集;②每个字符占有一定的宽度;③具有一定的校验功能等。同时它又具有对不同行信息自动识别及处理图形旋转变化点等功能。这些技术特

图 10-2　二维码

点保证二维码能够被快速识别,符合巡检系统对设备快速识别的核心要求。随着二维码业务的推广和物联网技术的提高,其应用潜力将不断凸显。与 RFID 相比,二维码使用光学方法读取,其技术具有通用性更强、制作方便、成本更低、不受电力设备电磁干扰的影响等特点[7]。其便捷方便、成本低廉的特点非常贴合电气设备巡视——电力系统运行管理工作的重要环节的需求。

随着摄像技术的发展,越来越小的高清摄像头普及到我们手中的移动终端上,这对二维码快速扫描提供了帮助,也降低了使用二维码进行巡视管理的设备成本。此外,以前的移动终端使用封闭化的平台系统,不利于终端的应用开发,随着终端平台的开放化、智能化,基于智能移动平台的 APP(application)已经成为企业信息化管理的重要手段。二维码的技术与运行维护成本的优势都非常适合建立一套使用二维码识别的电力设备巡视系统来满足现场工作的需求,使这项工作实时化、规范化、科学化、计算机网络管理化[8]。

10.1.2　数据通信层

通过数据传输通道,将异构网络介入,以使输变电设备无缝接入。输变电设备物联网运行中,信息的传输所涉及的通信层包括三个层次,即传感器网络、变电站和供电公司。传感器网络发挥着智能监测的作用,输变电设备的状态信息传输到终端,是通过宽带、光纤以及短距离无线通信网络来完成的。数据进入智能终端后,经过技术处理进入变电站和供电局。变电站采用串口通信、光纤以太网等将信息传输到变电站的智能监控系统中。输电线路的智能终端根据需要从通用接口与通信网络建立连接,包括电力数据通信网、自承式光缆、电力无线专用网络等。当信息传输到变电站的智能监控系统中之后,就要充分考虑输变电线路的兼容性以及扩展性。关于输电线路的信息,还可以在移动公网上直接传输给变电设备网络信息管理平台。供电公司的网络承担着变电站信息和输变电线路信息的汇集工作,并将信息整理后传输出去。因此,供电公司的网络层需要建立光纤组网,将变电设备连接起来,以实现信息交互。

1. ZigBee 无线网络

ZigBee 是一种短距离、低速率无线网络技术,它是一种介于无线标记技术和蓝牙之间的技术提案。ZigBee 的基础是 IEEE 802.15.4,这是 IEEE 无线个人区域网工作组的一项标准,被称作 IEEE802.15.4(ZigBee)技术标准。

ZigBee 技术主要有以下几个特点。

(1) 传输速率低,最高传输速率为 250kb/s,适用于报文吞吐量较小的通信应用场合。

（2）功耗低,在低耗电待机模式下,两节普通 5 号干电池可使用 6 个月到 2 年。这是 ZigBee 的独特优势。

（3）网络容量大,每个 ZigBee 网络最多可支持 255 个设备。

（4）时延短,通常时延为 15ms～20ms,非常适合应用于工业环境的实时数据传输系统。

（5）安全性高,加密算法采用 AES-128,提供了数据完整性检查和鉴权功能[9]。

电力设备在线监测系统对数据传输设备有特定要求,包括数据通信的可靠性、灵活性和实时性。

1）可靠性

ZigBee 协议在各个层面上分别采用了不同的安全保障机制。在物理层上,IEEE 802.15.4 协议采用了直接序列扩频(direct sequencing spread spectrum,DSSS)技术来抑制噪声的干扰。

实验证明,在信噪比为 4dB 的情况下,ZigBee 的误码率可达到 10^{-9},达到同样误码率, IEEE 802.15.1 的信噪比必须达到 15dB,IEEE 802.11b 的信噪比必须达到 10dB。

2）灵活性

作为无线通信设备,基于 ZigBee 技术的通信模块几乎无需布线,可随意摆放。无线通信网络建立之后,在信号覆盖区域内任何一个位置都可以无缝接入网络,并且可以"漫游"。因此,ZigBee 无线通信网络具有很强的可扩展性。

3）实时性

在电力设备在线监测系统中,实时性是另一项重要指标。ZigBee 无线通信网络新增节点的典型网络参与时间为 30ms,节点从休眠状态激活进入工作状态的典型时延为 15ms,处于工作状态的节点的典型存取时间为 15ms,对于最长等待时间在 10ms 量级以上的控制环境,ZigBee 技术完全可以满足实时性的要求。

图 10-3 是基于 ZigBee 技术的高压电气设备温度在线监测系统,主要由 ZigBee 模块构成无线传感器网络,采用以汇聚节点为中心的树形拓扑结构,通过光纤(TCP/IP 协议)远传到监测中心,在监测中心可进行数据的分析存储、历史与实时数据的显示等功能[10]。

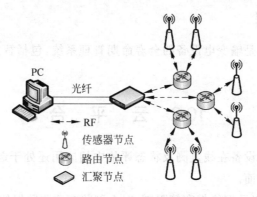

图 10-3 基于 ZigBee 技术的高压电气设备温度在线监测系统

2. GPRS 技术

GPRS 系统在 GSM 系统中引入分组数据单元提供无线系统上的数据业务。作为承载网络,GPRS 系统本身采用 IP 网络结构,并对用户分配独立地址,将用户作为独立的数据用户,从而实现了从网络到移动用户的端到端的数据应用。该种通信方式尤其适用于光纤无法铺设的场合,例如对于输电杆塔和线路的监测。

与 GSM 网络相比,GPRS 具有以下优势。

（1）快速传输。GPRS 数据传输速率高于 GSM 网络 10 倍左右,理论上可以达 171.2kb/s,这样的传输速率可以满足大部分在线系统数据传输的要求。

（2）瞬时上网。接入时间非常短,无需拨号,只需 2s～5s 就可以接入互联网。

（3）永远在线功能。只要用户的 GPRS 手机一直处于开机状态,就可以随时与 GPRS 网络保持联系。

（4）仅按数据流量计费。根据用户接收和发送的数据量来计算费用,并不是根据在线的时间来计算费用。

（5）自由切换。与需要拨号上网不同之处在于,它可以实现数据传输和语音传输同时进行或自由切换进行。

10.1.3　信息整合层

伴随着电网规模的快速增长和电网结构的日趋复杂,电力设备在线监测系统在数据存储、查询和数据分析等方面面临巨大的技术挑战。主要体现在:①监测数据规模巨大;②对数据处理的速度要求高;③需要对多源异构数据进行关联分析;④监测数据具有时空属性;⑤数据价值密度低。因此,电力设备在线监测数据具备了大数据所拥有的体量大、类型多、变化快（动态）和价值密度低（大量数据涉及正常状态,有用数据少）的种种特征,适用于新兴的大数据存储与处理技术[11]。

云计算作为一种新兴的计算模式,将数据存储和处理任务分布在由大量服务器所构成的资源池上,根据用户需求提供存储空间、计算能力及信息服务。云计算通过虚拟化、海量分布式数据存储、并行编程模型等技术,可以有效地解决海量数据的存储和大数据的并行计算问题。

10.1.4　智能应用层

智能应用层的核心是输变电设备的全寿命期管理系统,包括智能诊断、状态评价、风险评估和维修决策等。

10.2　云　平　台

目前云技术在电力设备在线监测及状态评估中的应用还处于起步阶段,主要包括数据存储及并行处理两个方面。

目前,受存储容量以及网络带宽等限制,对电网状态监测数据的处理方式大多采用就地计算的方式,原始采样数据经过分析后,表征设备状态的相关数据接入状态监测系统中,原始采样数据并未保存,这种就地处理的方式会导致放电波形等重要信息丢失,影响电力设备状态评估的准确率。例如,在利用变压器局部放电信号进行故障诊断和状态评估时,已有方法大都利用波形宏观特征（熟数据）进行评估,而非常重要的放电过程波形（微观特征）被丢弃,这会影响诊断或评估的结果准确率。伴随设备硬件(存储容量和网络带宽)的改善,采集、传输并保存完整电力设备状态高速采样数据成为可能,因此,有必要研究电力设备状态高速采样数据的高效存储方法,为下一代数据中心存储电网设备的动态信号提供理论支持和技术储备[12]。

10.2.1 开源平台

Hadoop 是 Apache 开源组织的一个分布式计算框架,支持在大量廉价硬件设备组成的集群上运行数据密集型应用,具有高可靠性和良好的可扩展性。Hadoop 的系统架构如图 10-4 所示,用户可以在不了解分布式底层细节的情况下,开发分布式程序,充分利用集群的优势进行高速运算和存储。

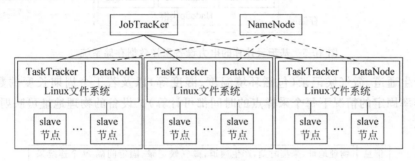

图 10-4　Hadoop 系统架构

Hadoop 实现了一个分布式文件系统(hadoop distributed file system,HDFS)。HDFS 有高容错性的特点,并且设计用来部署在价格低廉的硬件上;而且它提供高吞吐量来访问应用程序的数据,适合那些有着超大数据集的应用程序。HDFS 放宽了 POSIX 的要求,可以以流的形式访问文件系统中的数据。Hadoop 的框架最核心的设计就是 HDFS 和 MapReduce。HDFS 是 Google File System(GFS)的开源实现,为海量的数据提供了存储;而 MapReduce 是 Google MapReduce 的开源实现,为海量的数据提供了计算。

HBase 建立在 HDFS 之上,提供高可靠性、高性能、列存储、可伸缩、实时读写的数据库系统。它介于 NoSQL 和 RDBMS 之间,仅能通过主键(RowKey)和主键的 Range 来检索数据,仅支持单行事务,主要用来存储非结构化和半结构化的松散数据。

参照云计算技术的体系结构,并结合电力设备采样数据的存储与业务应用需求,采用如图 10-5 所示的基于云计算的电力设备采样数据存储系统。

存储系统分为以下 3 层。

(1) 存储层为 Master 管理下的 Hadoop 集群,用于数据的物理存储。集群中的普通 PC 通过 Visual Box 虚拟化技术建立同质的 Linux 系统,并使用 Hadoop 平台建立 HDFS 文件系统。

(2) 应用层包括基于 HDFS 文件系统的 HBase 和 MapReduce 编程模型,依据所提供的存储接口和并行编程接口完成数据存储以及应用开发。

(3) 管理与接口层由数据产生区域、客户端和 Master 组成,可以通过客户端完成电力数据的云存储和实时访问。

电力设备采样数据具有类似的结构,如图 10-6 所示,包含设备节点物理地址(唯一)、初

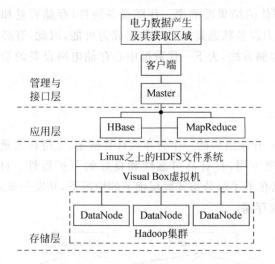

图 10-5 基于云计算的电力设备采样数据存储系统

始时标、产生通道、微气候记录(包括环境温度、湿度等)以及若干个周期长度的数据(默认值,在采样率固定的情况下每个采样点的时间都可计算)。设备的物理地址可映射为具体的物理设备。

信息格式	物理地址,采集时刻,产生通道,微气候记录,固定间隔 N 个连续采样点数据(34528,31824,33248,32560,31856,…)

图 10-6 电力设备采样数据信息格式

10.2.2 商业化平台

公有云计算平台以按需租用的方式,将用户从硬件采购、组网、平台搭建、系统软硬件维护中解脱出来,将存储资源、计算资源以 Web Service 的方式封装,并对外售卖,使用户可以专心于构建系统的业务逻辑。例如,商业阿里云平台由于有庞大的研发和维护团队,在存储容量、计算性能、可靠性、扩展性、可维护性等诸多方面已远远超出许多学者或团队自建的云平台[13]。

开放数据处理服务(open data processing service,ODPS)是阿里云提供的海量数据处理平台,主要服务于批量结构化数据的存储和计算,数据规模达千万亿字节(PB)级别。ODPS 目前已在大型互联网企业的数据仓库和商业智能(business intelligence,BI)分析、网站的日志分析、电子商务网站的交易分析、用户特征和兴趣挖掘等领域得到大规模应用。ODPS 相对于自建 Hadoop 平台,优势主要体现在两方面。首先,ODPS 具有弹性伸缩的特性。每次计算任务使用的硬件资源随处理的数据量不同自动伸缩,这使得并行任务的执行性能非常平稳。其次,ODPS 提供了扩展 MapReduce 模型 MR2,可以在 Reduce 后面直接执行下一次的 Reduce 操作,而不需要中间插入一个 Map 操作。可以支持 Map 后连接任意多个 Reduce 操作,比如 Map-Reduce 1-Reduce 2-…Reduce n,每一次 Reduce 的输出,作为下一次 Reduce 的输入,中间结果始终保持在内存中,形成高效的处理链路。另外,ODPS 还具备易扩展、免维护、低成本等诸多优势,适合用于电力设备监测大数据的存储和处理。

ODPS 的生态圈完整,包含数据上传下载通道、SQL 及 MapReduce 等多种计算分析服务接口,其功能组件如图 10-7 所示。

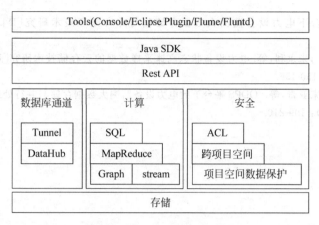

图 10-7　ODPS 框架和功能组件

在图 10-7 中,数据库通道用于提供高并发的离线数据上传下载服务;ODPS 还提供了FSQL、MapReduce、图集算(Graph)、流计算(Stream)等多种计算模式和功能强大的安全服务,包括 ACL、项目空间数据保护等。在开发方 FF 面,则提供了 RestAPI、SDK 以及多种客户端工具和插件。

在应用场景方面,ODPS 主要适合于海量结构化数据的批量计算,即对实时性要求不高的应用场景。因此,ODPS 也适合用于存储和批量处理电力设备监测中的海量结构化的数据,比如,适合用于快速分析波形信号数据。ODPS 目前不能存储和处理非结构化数据。

思考题和讨论题

1. 物联网技术在电力设备在线监测与故障诊断中有哪些应用?

2. 如何利用云平台和人工智能技术,使其更好地服务于电力设备的在线监测和故障诊断?

参 考 文 献

[1]　江大军.基于物联网技术的输变电设备状态监测研究[J].电工文摘,2016(4):10-12.

[2]　李小明.基于物联网技术的输电线路在线监测系统[J].电子技术与软件工程,2014(13):47.

[3]　余贻鑫,栾文鹏.智能电网述评[J].中国电机工程学报,2012,29(34):1-8.

[4]　李红岩,苏海峰,郝宇贤.物联网技术在输变电设备状态监测中的应用[J].电子技术与软件工程,2016(10):23.

[5]　何宁辉.RFID 技术在输变电设备状态监测中的应用[J].宁夏电力,2015(1):6-9/67.

[6]　陈荆花,王洁.浅析手机二维码在物联网中的应用及发展[J].电信科学:2010,26(4):39-43.

[7]　陶莉,朱小光,王善红.使用二维码识别的电力设备巡视系统设计[J].电气技术,2016(4):119-122.

[8]　金红核,倪振华,陈志红.变电设备巡检管理系统的应用[J].华东电力,2003(7):78-80.

[9]　吕镇庭,曹建.ZigBee 技术在电力设备在线监测系统中的应用[J].电子测量技术,2008,31(2):

191-194.

[10] 滕志军,李国强,何鑫,等.基于 ZigBee 的高压电气设备温度在线监测系统[J].电测与仪表,2014,
51(1):85-88.

[11] 宋亚奇.云平台下电力设备监测大数据存储化与并行处理技术研究[D].北京:华北电力大
学,2016.

[12] 宋亚奇,刘树仁,朱永利,等.电力设备状态高速采样数据的云存储技术研究[J].电力自动化设备,
2013,33(10):150-156.

[13] 朱永利,李莉,宋亚奇,等.ODPS 平台下的电力设备监测大数据存储与并行处理方[J].电工技术学
报,2017,32(9):199-210.